Hinweis

Alle in diesem Buch enthaltenen wissenschaftlichen
und technischen Angaben sind wahr,
und alle hier abgehandelten Theorien und
Hypothesen werden von namhaften Wissenschaftlern
vertreten.

Die Romanserie um Tomás Noronha erscheint in Deutsch in anderer Reihenfolge als im portugiesischen Original. In Absprache mit dem Autor haben wir uns entschieden, zunächst seinen bekanntesten Titel, *Das Einstein Enigma*, zu veröffentlichen und anschließend mit einem verwandten Thema fortzufahren, anstatt die chronologische Reihenfolge einzuhalten. Das Leben von Tomás Noronha im deutschsprachigen Raum verläuft also nicht linear, wobei jeder Roman völlig eigenständig gelesen werden kann.

José António Afonso Rodrigues dos Santos ist TV-Moderator und Sprecher der Abendnachrichten des portugiesischen Senders RTP1, mehrfach ausgezeichneter Kriegsberichterstatter und ehemaliger Dozent für Journalismus an der Neuen Universität Lissabon. Er hat das Talent, selbst anspruchsvollste Sachverhalte leicht und spannend zu vermitteln.

Mit seinen Büchern erreicht er ein Millionenpublikum und regelmäßige Bestsellerauflagen, insbesondere mit *Das Einstein Enigma* (420.000 Exemplare in Frankreich, 210.000 Exemplare in Portugal), das zudem in Kürze verfilmt werden soll. 18 Romane und 7 Essays liegen mittlerweile von ihm vor. Insgesamt wurden mehr als 3 Millionen seiner Bücher verkauft, in bis zu 20 verschiedenen Sprachen.

Folgende Werke sind oder werden in Kürze bei *luzar publishing* veröffentlicht: *Das Einstein Enigma*; *Vaticanum; Codex 632*; *Das letzte Geheimnis Jesu* und das vorliegende *Der Schlüssel des Salomon*, die thematische Fortsetzung von *Das Einstein Enigma*.

José Rodrigues dos Santos lebt in Lissabon.

Der Autor informiert regelmäßig über aktuelle Ereignisse unter:
www.joserodriguesdossantos.com

J.R. Dos Santos

Der Schlüssel des Salomon

J.R. Dos Santos

Der Schlüssel des Salomon

Aus dem Portugiesischen von Vikoria Reich

luzar publishing.com

Für meine Frau Florbela
und meine Töchter Catarina und Inês.

Der Sinn, der sich aussprechen lässt,
ist nicht der ewige Sinn.
Der Name, der sich nennen lässt,
ist nicht der ewige Name.
„Nichtsein“ nenne ich den Anfang von Himmel und Erde.
„Sein“ nenne ich die Mutter der Einzelwesen.
Darum führt die Richtung auf das Nichtsein
zum Schauen des wunderbaren Wesens,
die Richtung auf das Sein
zum Schauen der räumlichen Begrenztheiten.
Beides ist eins dem Ursprung nach
und nur verschieden durch den Namen.
In seiner Einheit heißt es das Geheimnis.
Des Geheimnisses noch tieferes Geheimnis
ist das Tor, durch das alle Wunder hervortreten.

Tao Te King, 1. Buch, Kapitel 1,
von Laotse im 6. Jh. v. Chr.
übersetzt von Richard Wilhelm

VORGESCHICHTE

2014

Dynamischen Schrittes durchquerte Frank Bellamy die Eingangshalle, wobei ihm zahlreiche Überwachungskameras auffielen, die er bei seinem letzten Besuch im CERN noch nicht gesehen hatte. Doch eine riesige Trikolore in der Halle erinnerte ihn daran, dass in der nächsten Woche der französische Präsident das Europäische Zentrum für Kernforschung besuchen würde und die Sicherheitsmaßnahmen sicherlich auch seinetwegen verschärft worden waren.

„Verdammte Franzosen", murmelte er.

Genervt ignorierte er das Förderband, auf das er eigentlich den Inhalt seiner Taschen legen sollte, und ging direkt zum Metalldetektor. Ein Sicherheitsangestellter, auf dessen Namensschild ‚Jean-Claude Bloch' zu lesen war, winkte ihn heran. Als Bellamy zwei Schritte nach vorn machte, schlug der Detektor Alarm.

„Breiten Sie bitte die Arme aus", sagte der Sicherheitsmann.

Der Besucher gehorchte. Kaum hatte der Wachmann seinen Scanner auf Höhe der Hüften angesetzt, piepte und blinkte das Gerät. Bellamy fuhr mit den Händen in die Taschen, wie ein Kind, dem man seine Bonbons wegnehmen wollte.

„Das sind nur meine Schlüssel, ein paar Münzen und mein Mobiltelefon", brummte er. „Nichts Außergewöhnliches, wie Sie sehen."

Bloch blickte ihn missbilligend an und deutete auf das Förderband.

„Das nächste Mal, wenn Sie hierher kommen, legen Sie bitte alle Metallgegenstände auf das Band."

Bellamy murrte etwas Unverständliches, während der Wachmann ungerührt seine Arbeit fortsetzte. Er fuhr mit dem Scanner über die Beine des Besuchers und forderte ihn auf, seine Schuhe auszuziehen. Dann ließ er das Gerät über Schultern und Arme gleiten. Als er bei der Brust angekommen war, schlug das Gerät erneut an.

„Mist!", rief Bellamy. „Ich habe mein kleines Spielzeug vergessen."

Er fuhr mit der Hand in die Innentasche seiner Jacke. Dem Wachmann gingen fast die Augen über, als er sah, dass dort ein Revolver steckte. Er machte einen Sprung zur Seite und zückte prompt seine eigene Waffe.

„Keine Bewegung!", schrie er, während er auf den Besucher zielte. „Bleiben Sie, wo Sie sind!"

Von den Rufen ihres Kollegen alarmiert, stürzten weitere Sicherheitsangestellte mit gezückten Waffen herbei. Dazu dröhnte der Alarm durch die Halle und steigerte die allgemeine Verwirrung. Einige Menschen fingen an zu schreien, andere rannten zum Ausgang. In nur einem Augenblick war die Ruhe dem Chaos gewichen.

„Jetzt übertreiben Sie mal nicht, das ist nur mein alter Colt. Wie soll sich ein ehrlicher Bürger denn sonst in dieser gewalttätigen Welt verteidigen?"

„Keine Bewegung", wiederholte Bloch, der seine Glock weiter auf den Eindringling gerichtet hielt. „Gehen Sie langsam in die Hocke und legen Sie Ihre Waffe auf den Boden." Dazu schwenkte er seine Pistole. „Ganz langsam, verstanden? Bei der geringsten verdächtigen Bewegung schieße ich."

„Ist ja schon gut", erwiderte Bellamy, den die ganze Aufregung ziemlich kalt ließ. „Ich kenne das Prozedere, keine Sorge."

Langsam ging er in die Hocke und legte seinen Colt auf den Boden. Dann richtete er sich mit erhobenen Händen auf. Der Sicherheitsmann kickte den Revolver mit der Fußspitze ein Stück weit weg und deutete sichtlich erleichtert auf den Boden.

„Hinlegen! Die Hände in den Nacken!“

Bellamy entgegnete gelangweilt: „Hören Sie, finden Sie nicht, dass Sie etwas übertreiben? Das ist doch nur ein kleiner ...“

„Hinlegen!“

Nach einem langen Augenblick, während dem er die Sicherheitsleute mit ihren gezückten Waffen herablassend musterte, seufzte er schließlich und senkte langsam die Arme. Alle erwarteten, dass er sich auf den Boden legen würde, doch der alte Mann blieb stehen.

„Haben Sie nicht gehört, was ich gesagt habe?“, fauchte Jean-Claude Bloch ihn an. „Legen Sie sich endlich hin!“

Der Besucher hielt seinen eisigen Blick nach wie vor auf das Wachpersonal gerichtet, während er aufreizend langsam erneut in seine Jackentasche griff.

„Keine Bewegung!“, brüllte Bloch, der fürchtete, er würde eine weitere Waffe hervorholen. „Hände hoch, oder ich schieße!“

Bellamy ignorierte auch diesmal die Drohung und zog eine Karte aus seiner Jackentasche, die er dem Sicherheitsmann hinhielt. Dieser warf trotz der Anspannung einen Blick auf das Dokument. Er verglich das Foto mit dem Gesicht des Mannes vor ihm. Die stahlblauen, berechnenden Augen waren die gleichen, ebenso wie die Falten in seinen Augenwinkeln, das lange, hagere Gesicht, das kantige Kinn und die schlohweißen Haare. Es bestand kein Zweifel: Dieser Ausweis gehörte dem Besucher.

Dann betrachtete er die Karte genauer. Rechts war der Kopf eines Adlers auf blauem Hintergrund zu sehen, im unteren Teil ein langer Strichcode. Zwischen dem Foto im linken Teil der Karte und dem blauen Kreis rechts standen die persönlichen Daten des Inhabers. Oben war zu lesen ‚Mitarbeiter 1123-x0‘, darunter der Status *Directorate of Science and Technology, Director* und darunter der Name und die Sicherheitsstufe 5.

„Bellamy“, sagte der Alte mit der Sicherheit dessen, der gewohnt ist, Befehle zu erteilen. „Frank Bellamy.“

Der schweizerische Sicherheitsangestellte betrachtete den Ausweis mit offenem Mund.

„Sie sind von der …"

„Der CIA", bestätigte Bellamy schneidend. „Herzlichen Glückwunsch, mein Junge, Sie können lesen. Sie sind ein echtes Genie."

Im Kontrollraum des CERN herrschte hektische Betriebsamkeit. Die Ingenieure, Informatiker und Physiker starrten teils gebannt auf die Kontrollbildschirme, teils kommentierten sie nervös flüsternd das Geschehen. Die Spannung war geradezu greifbar. Das war wenig überraschend, denn sie bereiteten sich gerade auf ein Experiment von höchster Bedeutung vor. Ein Experiment, das einige der grundlegenden Fragen der Menschheit beantworten könnte: Wie ist das Universum entstanden? Wie viele Dimensionen gibt es? Gibt es ein Antiuniversum?

Die Computer und Klimaanlagen liefen auf vollen Touren, und ihr Brummen erfüllte den Raum. Ein konstanter Lärm, nur unterbrochen von der trockenen Stimme des Forschungsleiters, der die Vorbereitungen überwachte, sowie vom Stakkato der Antworten seiner Mitarbeiter.

„Der Booster?", erkundigte sich der Leiter, eine Kaffeetasse mit dem Logo des CERN in der Hand. „Läuft er mit voller Leistung?"

„Negativ", antwortete der Mann am Kontrollpanel. „Er ist noch in der Beschleunigungsphase."

„Welches Niveau?"

„Energie: 70 MeV steigend."

„Die nächste Injektion erfolgt in Schleife eins, Segment eins. Zwei Energiepakete."

„Ich verifiziere."

Der Leiter schwieg. 70 Megaelektronenvolt waren ein relativ schwaches Energieniveau. Aber die Mikropartikel verließen den Linearbeschleuniger mit 50 MeV, und es dauerte eine gewisse Zeit, bis der

Booster 1,4 GeV, also Gigaelektronenvolt, erreichte, die Energie, die notwendig war, um die Protonen in den ältesten Teilchenbeschleuniger des CERN, das Protonen-Synchrotron, zu leiten. Er trank einen Schluck Kaffee, während er die Anzeigen auf dem Bildschirm beobachtete.

„Paul, was ist mit den Magneten? Sind sie mit dem Protonenbeschleuniger in Phase?"

„Positiv", antwortete Paul, dessen Aufgabe darin bestand, die Magneten aus Niob und Titan zu überwachen. „Das Magnetfeld ist aufgebaut und steigt entsprechend der Protonengeschwindigkeit. Keine Schwierigkeiten in diesem Bereich."

Der Leiter wandte seinen Blick nicht vom Bildschirm, auf dem die Zahlenwerte in rascher Folge anstiegen.

„Max, das Helium?", fragte er einen weiteren Techniker. „Ist es stabil?"

„Positiv."

Hochkonzentriert beobachtete der Leiter eine Zahlenkolonne und schüttelte missbilligend den Kopf. Er brummte etwas, stellte seine Kaffeetasse ab und drehte sich um.

„Was macht der PS, Heinrich?", erkundigte er sich ungeduldig nach dem Stand des Protonen-Synchrotrons. „Ist er bereit?"

„Negativ, Herr Direktor. Die 1,4 GeV sind noch nicht erreicht."

„Wie ist das aktuelle Niveau?"

„290 MeV steigend."

„Herrje!", rief er aus, da ihm bewusst war, wie wichtig das Timing für den Erfolg der gesamten Operation war. „Der Beginn der nächsten Phase duldet keinen weiteren Aufschub. Beschleunigen Sie! Ich will, dass der PS bereit ist, wenn die Protonen 1 GeV erreicht haben, verstehen Sie?"

„Jawohl, Herr Direktor."

Frank Bellamy hatte das deutliche Gefühl, dass ihm jemand folgte. Er blieb stehen und schaute sich um, suchte nach verdächtigen Bewegungen oder Schatten, konnte jedoch nichts Auffälliges feststellen. Der Lärm des Teilchenbeschleunigers übertönte zudem jedes Geräusch eines potentiellen Verfolgers.

„Das kann ja wohl nicht sein!", schimpfte er. „Entweder werde ich senil, oder der Typ, der mir folgt, ist wirklich gut."

Er bog um eine Ecke des verlassenen Gangs und setzte seinen Weg aufmerksam fort. Er wusste, dass seine Intuition ihn selten trog. Wenn er sich verfolgt fühlte, hieß das, dass tatsächlich jemand hinter ihm her war. Er kannte dieses Gefühl bereits aus Addis Abeba und aus Ostberlin zu Zeiten des Kalten Krieges. Damals war es ihm dank seiner Eingebung gelungen, seine Verfolger rechtzeitig auszuschalten.

Er versuchte, sich wieder zu fassen. Bestimmt trug auch der ungewöhnliche Ort dazu bei, ihm die Sinne und den Verstand zu trüben. Wer weiß, ob nicht die von den mächtigen Elektromagneten erzeugte Feldstärke ihn narrte? Er wusste nur zu gut, dass oberhalb eines bestimmten Niveaus der Magnetismus das menschliche Denkvermögen beeinträchtigen konnte. Vielleicht war dies ja gerade der Fall.

Am Ende des Ganges befand sich eine Tür mit der Aufschrift ‚Hadronen-Speicherring'. Bellamy wusste, dass der Zugang nur Mitarbeitern des CERN gestattet war, keinesfalls jedoch während eines Experiments, wie das, das gerade im Gange war. Doch von solchen Nebensächlichkeiten ließ sich der verantwortliche Leiter der Abteilung Wissenschaft und Technologie, einem der fünf Leitungsorgane des amerikanischen Auslandsgeheimdienstes CIA, nicht abhalten. Er gab die Zahlenkombination, die er wenige Tage zuvor von den Verantwortlichen des CERN erhalten hatte, auf der Codetastatur an der Wand ein. Auf dem kleinen Bildschirm erschienen zwei englische Worte: *Access denied.*

„Scheiße!", fluchte der CIA-Agent und versetzte der Wand einen Tritt. „Scheiße! Scheiße! Scheiße!"

Die blinkende Anzeige auf dem Bildschirm schien sich über ihn lustig zu machen, aber er hatte sich schnell wieder unter Kontrolle. Der

Code, den er erhalten hatte, gewährte ihm offenbar nur Zugang zum allgemeinen Komplex, aber niemand konnte sich dem Großen Hadronen-Speicherring nähern, während dieser in Betrieb war.

Er würde improvisieren müssen. Er tastete nach dem Holster unter seiner Jacke, merkte jedoch, dass es leer war, und erinnerte sich, dass die Sicherheitsleute seinen Revolver konfisziert hatten. Dann holte er einen Schlüssel aus seiner Hosentasche und begann, mit dessen Spitze die Abdeckung der Tastatur aufzuschrauben. Keine fünf Minuten später hatte er das Gehäuse abmontiert, und die Versorgungsdrähte lagen offen vor ihm.

Anschließend nahm Bellamy sein Mobiltelefon zur Hand und drückte auf eine Taste, die eine kleine Klinge hervorspringen ließ. Der CIA-Agent lächelte. Er packte die Kabel, durchtrennte sie und hielt ihre Enden aneinander.

„Voilà!"

Lautlos öffnete sich die Tür.

Bevor er eintrat, suchte Bellamy erneut den Gang hinter sich ab. Das Gefühl, jemand sei in seiner Nähe, hatte sich noch verstärkt.

In dem Maße, wie die Protonenpakete von einem Beschleuniger in den nächsten injiziert wurden, stieg die Spannung im Kontrollraum. Die Physiker hatten ihr Murmeln eingestellt, und die Atmosphäre war zum Zerreißen angespannt. Der entscheidende Augenblick stand kurz bevor.

„Heinrich", rief der Leiter des Experiments. „Welches Niveau haben die Protonen?"

„405 GeV steigend, Herr Direktor."

„Maurice, ist der Große Speicherring bereit für die Ladung?"

„Ja."

„Paul, was machen die Magneten?"

„Das Magnetfeld steigt entsprechend der Beschleunigung der Protonen, Sir."

Durch die von den Supermagneten erzeugte Feldstärke wurden die Protonen beschleunigt und abgelenkt und so im Großen Hadronen-Speicherring gehalten. Das Experiment hatte nun seine kritische Phase erreicht.

„Heinrich, ist alles bereit?"

„Beinahe, Herr Direktor."

„Starten Sie die letzte Phase."

„Energie: 415 GeV steigend … 420 GeV steigend … 425 GeV steigend …"

„Achtung … Injektion der Energiepakete … Bereiten Sie die Rampe vor."

„Energie: 430 GeV steigend … 435 GeV steigend … 440 GeV steigend …"

„Achtung … Pakete, Rampe. Starten Sie den Injektor. Drei, zwei, eins."

„Energie: 445 GeV steigend … Energie stabil bei 450 GeV."

„Injektion!"

Kaum hatte Maurice den Auslöser gedrückt, wurden die Protonen in die Röhre des Großen Hadronen-Speicherrings eingespeist. Die finale Beschleunigungsphase hatte begonnen.

„Injektion abgeschlossen!", rief der französische Ingenieur. „Energie auf dem *flat top* stabil."

„Teilchenpakete anpassen", ordnete der Leiter an. „Wir haben zwanzig Minuten, um auf 7 TeV zu kommen."

Sieben Teraelektronenvolt waren ein ungeheuerliches Energieniveau, wie schon die Abkürzung TeV andeutete: Das ‚T' leitete sich ab von Tera, dem griechischen Wort *teras* für Monster, Ungeheuer.

Mit dem letzten Beschleunigungsschritt würden die Protonen also das ungeheure Niveau von sieben Billionen Elektronenvolt erreichen. In anderen Worten, die Masse der Protonen würde sich um mehr als das Siebentausendfache erhöhen, so dass die Zeit für die Protonen 7460 Mal langsamer als für ihre Beobachter abliefe. Ein Energieniveau, das dem der subatomaren Teilchen unmittelbar nach dem Big Bang, der Entstehung des Universums, entsprach. Bei 7 TeV würden die Protonen mehr als 99,9 Prozent der Lichtgeschwindigkeit erreichen, während sie durch das 27 Kilometer lange Netz des Großen Speicherrings jagten, durch eine Röhre, nicht dicker als ein Haar. Die Ausmaße des Forschungszentrums in der Nähe von Genf waren gigantisch. Und es enthielt die wohl komplexeste und perfekteste Maschine, die jemals von Menschen entwickelt wurde.

„Paul, sind die Magneten noch in Phase?“

„Positiv, Sir. Sie werden in etwa zwanzig Minuten ihr Maximum erreicht haben.“

Auf höchster Leistungsstufe generierten die Supermagneten ein Magnetfeld, das einhundertsiebzigtausend Mal stärker als das der Erde war – eine unerlässliche Voraussetzung dafür, dass die Protonen annähernd mit Lichtgeschwindigkeit unterwegs sein konnten. Sollte das Energieniveau der Protonen 7 TeV übersteigen, wäre es nicht mehr möglich, ihre Flugbahn innerhalb des Speicherrings zu halten, und sie würden sich verlieren.

Der Experimentleiter drückte auf den Knopf eines internen Kommunikationssystems.

„CMS Beta. Bereit?“

„Positiv“, erklang die Antwort des Ingenieurs, der den schwersten jemals gebauten Teilchendetektor überwachte. „Wir sind bereit, die Kollision zu starten.“

Der Leiter drückte eine andere Kommunikationstaste.

„ATLAS Beta“, fragte er. „Bereit?“

Aus dem Lautsprecher war zunächst nur ein Rauschen zu hören, doch dann ertönte die Stimme eines spürbar verwirrten Mitarbeiters.

„Wir … haben hier … ein Problem.“

In diesem Moment fingen auch die roten Kontrollleuchten im Raum zu blinken an. Die Wissenschaftler tauschten entgeisterte Blicke aus, ohne den Ursprung oder die Reichweite des Problems zu verstehen.

War im Detektor ATLAS ein Feuer ausgebrochen? Sollte der Große Hadronen-Speicherring aufgrund der ungeheuren Energiebelastung geborsten sein? Waren sie in Gefahr?

Der Leiter des Experiments reagierte als Erster. Maßlos enttäuscht hob er die Arme und gab mit sorgenvoller Stimme das gefürchtete Kommando.

„Abbruch!“, rief er. „Alles abschalten.“

Die Tastatur gab erst wieder ein Lebenszeichen von sich, als das Magnetfeld deaktiviert war. Dann tippte Jean-Claude Bloch den Zahlencode ein, und die Tür öffnete sich mit einem Seufzen.

„Gehen wir?“, fragte sein Kollege, mehr, um sich selbst Mut zu machen, als weil er wirklich eine Antwort erwartete.

Die beiden Wachmänner betraten den Hochsicherheitsbereich, in dem sich der Große Hadronen-Speicherring befand. Im Tunnel zögerte Bloch einen Moment lang aus Respekt vor den schier unvorstellbaren Naturgewalten, die hier gebündelt waren. Er betrachtete die riesige Stahlröhre, die inmitten des Tunnels verlief, und suchte nach Auffälligkeiten. Wie die beiden Männer wussten, ging bei einem Defekt die größte Gefahr vom Inneren dieser Röhre aus, in der sich die Injektoren, die Niob- und Titanmagneten und ganz besonders das Kühlsystem befanden, das die Magneten auf eine Temperatur von unter zwei Kelvin oder minus 271 Grad Celsius, nur knapp über dem absoluten Nullpunkt, kühlte, eine Temperatur, die nötig war, um die Supraleitfähigkeit der Magneten zu gewährleisten. Falls die Leitungen ein Leck hatten und flüssiges Helium aus ihnen austrat, würden sie einen schnellen Tod sterben. Eilig setzten die beiden ihre Gasmasken auf.

Bloch schaltete sein Funkgerät ein.

„Falke 1 an Nest. Wir sind drin. Bitte kommen.“

Es ertönte ein Rauschen.

„Nest an Falke 1. Wie ist die Situation?“

„Alles scheint ruhig zu sein, es ist nichts Ungewöhnliches zu sehen. Was machen wir jetzt?“

„Gehen Sie zu ATLAS, Falke 1, dort ist das Problem aufgetreten. Ende.“

Der Tunnel war gut erleuchtet, aber die beiden Sicherheitsmänner hielten ihre Taschenlampen eingeschaltet, um die Röhre von allen Seiten zu inspizieren. Während sie ihren Weg fortsetzten, tanzten die Lichtkegel über den kalten Stahl.

„Brrr“, machte Jean-Claude Bloch. „Ist das unheimlich.“

Sein Kollege schüttelte sich.

„Du sagst es.“

Gut zehn Minuten schritten sie so voran, aufmerksam in alle Richtungen schauend. Dann erweiterte sich der Tunnel zu einer riesigen Halle. Darin stand mit einem Durchmesser von 25 Metern eine ungeheure Maschine, die aus einer Folge konzentrischer Zylinder bestand – ein wahrer Stahlriese, der unter der Erde zu schlafen schien.

Sie hatten ihr Ziel erreicht. ATLAS war einer der wichtigsten Teilchendetektoren des CERN, in dem bereits das berühmte Higgs-Boson oder ‚Gottesteilchen‘ entdeckt worden war. Hier war es auch, wo die Kollision der Protonenpakete bei einer Geschwindigkeit nur knapp unter der des Lichts stattfinden sollte, und bei diesem Zusammenprall der Teilchen entstanden Myriaden von Mikroteilchen wie Quarks, Elektronen, Myonen, Gluonen, Neutrinos, W- und Z-Bosonen, Photonen und vielleicht sogar Gravitonen, die es möglich machten, die grundlegenden Kräfte und Bestandteile der Natur zu erforschen.

Bloch schaltete das Funkgerät wieder an.

„Falke 1 an Nest“, sagte er. „Wir sind am Ziel. Wohin jetzt? Kommen.“

„Nest an Falke 1, dem Computer zufolge befindet sich das Problem in der Nähe des äußeren Myonen-Detektors. Schauen Sie nach.“

Die beiden Männer blickten augenblicklich in Richtung des großen Rades mit dem äußeren Myonen-Detektor. Dort stimmte in der Tat etwas nicht. Ohne sich einen weiteren Schritt vorwärts zu wagen, richteten sie ihre Taschenlampen dort hin und entdeckten mit Entsetzen eine Dampfwolke.

„Das Helium!“, rief Bloch. „ATLAS verliert Helium!“

„Was machen wir jetzt?“, fragte der andere. „Rufen wir Verstärkung?“

„Welche Verstärkung, Idiot? Wir sind die Verstärkung!“, herrschte ihn Bloch an, der seine Nervosität nur schwer verbergen konnte. „Wir müssen da hingehen, um zu sehen, wo exakt das Leck ist.“

Mit größtmöglicher Vorsicht näherten die beiden Männer sich dem Detektor. Neben der riesigen Maschine fühlten sie sich wie Zwerge. Sie umrundeten das große Rad des äußeren Myonen-Detektors und hielten argwöhnisch die Dampfwolke im Blick.

„Ist da nicht etwas in der Wolke?“

„Wo?“

Jean-Claude Bloch richtete den Kegel seiner Lampe darauf.

„Da. Siehst du es jetzt?“

Auf die Entfernung und mit all dem Dampf konnten sie unmöglich erkennen, was es war. Sie mussten noch näher herangehen. Trotz ihrer Schutzmasken kostete sie jeder Schritt enorme Überwindung, als näherten sie sich dem Krater eines aktiven Vulkans. Der Schein ihrer Lampen flackerte unsicher über die Dampfwolke.

Zwei Meter vor ihrem Ziel blieben sie stehen, um dem Helium nicht zu nahe zu kommen. Es war kalt. Im Kontakt mit der Luft dehnte sich das Gas aus und verdrängte den Sauerstoff. Wer sich ihr ohne Schutzmaske zu sehr näherte, würde ersticken.

Bloch rang mit der Kälte, die ihn zu lähmen drohte, und erhellte das Objekt, das er vorher gesehen hatte.

„Heilige Scheiße!“, entfuhr es ihm.

Dort lag ein Mensch, sein Oberkörper im Inneren der Maschine, die Beine ragten daraus hervor, das Gesicht war blau angelaufen. Der Mann war offensichtlich tot; entweder aus Sauerstoffmangel erstickt oder den inneren Verbrennungen erlegen, die das Einatmen von Heliumdampf verursachte. Die Autopsie würde die genaue Todesursache klären.

Als er das Gesicht des Opfers erhellte, zuckte Jean-Claude Bloch erstaunt zusammen.

„Das ist der Alte, der Typ von der CIA!“

„Wer?“

„Der Typ, der heute Vormittag mit einer Waffe hier rein wollte.“

„Bist du dir sicher?“

„Absolut! Ich hatte mit ihm am Eingang zu tun. Frank … Frank Sowieso.“ Er überlegte einen Augenblick. „Bellamy! Das ist es. Frank Bellamy. Ich glaube, der ist ein hohes Tier bei der CIA.“

„Und was hatte der hier zu suchen?“

Bloch machte sich nicht die Mühe zu antworten. Er untersuchte den Körper im Schein seiner Lampe und bemerkte, dass der linke Arm ausgestreckt war und zwischen den Fingern ein Stück Papier hervorschaute.

„Was ist das denn? Siehst du das Papier?“

Sein Kollege schaute in die angegebene Richtung und nickte.

„Ja. Da steht etwas geschrieben.“

Die beiden Männer drehten ihren Kopf, um die Schrift lesen zu können.

„Was soll das denn bedeuten?“

Bloch richtete seine Lampe auf die Leitung, aus der das Helium austrat. Das Kühlsystem hatte ein Loch, und ein Hochtemperaturperforator lag direkt daneben.

„Schau dir nur das an!“, rief er aus.

„Mein Gott!“, sagte sein Kollege entsetzt. „Das Loch … das flüssige Helium, das hat jemand absichtlich gemacht.“

Bloch nahm abermals sein Funkgerät zur Hand.

„Falke 1 an Nest. Wir haben die Ursache des Problems identifiziert. Im hinteren Teil des äußeren Myonen-Detektors liegen eine Leiche und ein Hochtemperaturperforator neben dem Heliumleck. Das war kein Unfall. Ich wiederhole, das war kein Unfall. Erwarte Anweisungen. Bitte kommen."

Einige Sekunden lang war nichts als Rauschen zu hören.

„Nest an Falke 1. Können Sie das wiederholen?"

„Wir haben in ATLAS eine Leiche gefunden und ein Gerät, mit dem die Heliumleitung absichtlich beschädigt wurde. Der Tote hat einen Zettel mit einem Namen in der Hand. Ich nehme an, das ist der Name des Mörders."

Diesmal dauerte das Rauschen noch länger. Die Verantwortlichen im Sicherheitszentrum mussten diese Informationen sicher erst einmal verarbeiten.

„Nest an Falke 1", kam schließlich die Antwort. „Kommen Sie umgehend zurück. Wir wollen einen vollständigen Bericht. Die Feuerwehr soll sich um das Helium und die Leiche kümmern. Bis auf Weiteres bleibt der Zugang zu ATLAS und der Maschinenhalle untersagt. Ende."

Die beiden Sicherheitsangestellten warfen einen letzten Blick auf den Toten und stürzten dann zum Ausgang. Sie umrundeten erneut das große Rad des Myonen-Detektors und gingen auf dem gleichen Weg, den sie gekommen waren, durch den Tunnel zurück.

Bloch dachte wieder an den Vorfall, der sich am Vormittag in der Eingangshalle abgespielt hatte und an das Verhalten des alten CIA-Direktors.

„Wer auch immer dieser Tomás Noronha sein mag", murmelte er, „die CIA wird über ihn herfallen. Dem werden sie die Hölle heißmachen."

Aber das war nicht sein Problem. Er zuckte mit den Schultern und beschleunigte seinen Schritt. Je schneller sie hier draußen waren, umso besser für sie.

I

Irgendwann wurde der Sprinkler abgestellt, und das feuchte Gras glänzte in der Sonne. Eine Aktentasche in der Hand, überquerte Tomás Noronha den Rasen und betrat das hochmoderne Gebäude der Gulbenkian-Stiftung. Gut gelaunt summte er eine Melodie, die er gerade im Radio gehört hatte. Er grüßte die Dame am Empfang, dann ging er in Richtung eines Büros am Ende des Flurs und öffnete die Tür.

„Guten Tag, Albertina", sagte er.

Die Sekretärin schaute von ihrem Bildschirm auf.

„Professor Noronha, hatten Sie eine gute Reise?"

„Ausgezeichnet", antwortete der Mann mit den grünen Augen und betrat den Raum, in dem er als wissenschaftlicher Berater der Stiftung arbeitete. „Ich bin gestern Nachmittag in Lissabon gelandet. Das war früher als gedacht, aber so bin ich gerade noch vor dem Streik der spanischen Fluglotsen nach Hause gekommen."

„Wie war es in Genf? Ist es da nicht sehr kalt?"

Der Historiker fuhr mit einer Hand in seine Tasche.

„Eisig", sagte er, während er seiner Sekretärin eine kleine rote Schachtel reichte. „Hier, ich habe Ihnen echte Schweizer Schokolade mitgebracht."

Albertina nahm das Geschenk und lächelte.

„Oh, Professor. Das wäre doch nicht nötig gewesen!"

Tomás stellte seine Aktentasche ab.

„Es ist mir ein Vergnügen“, sagte er, während er seinen Mantel auf einen Bügel hängte. Dann fragte er: „Gibt es etwas Neues?“

Albertina nahm augenblicklich eine professionelle Haltung ein und blätterte in ihrem Kalender.

„Ja. Jemand von der Neuen Universität Lissabon hat angerufen. Ich habe ihm erzählt, dass Sie unterwegs seien und er sich morgen wieder melden solle. Er hat mir nicht gesagt, worum es ging.“

Tomás konnte sich ein Lächeln nicht verkneifen.

„Das ist auch nicht nötig. Die Kollegen nerven mich schon, dass ich wieder an die Fakultät komme.“

„Meiner Meinung nach zu Recht“, erklärte Albertina tadelnd. „Seit wann gibt es denn so etwas, dass ein Gelehrter wie Sie, einer der besten Kryptologen der Welt, der zig alte Sprachen beherrscht, keine Vorlesungen an der Uni hält? Ganz ehrlich, das ist eine Schande.“

Tomás wollte das Thema beenden. Er rückte seinen Stuhl zurecht, setzte sich und schaltete seinen Computer ein.

„Sonst noch etwas?“

„Ein Ingenieur Ferro möchte Sie um 15 Uhr sprechen. Es geht um den Kauf, wegen dem Sie in Genf waren.“ Sie warf ihm einen fragenden Blick zu. „Haben Sie gefunden, wonach Sie gesucht haben?“

Tomás beugte sich zu seiner Aktentasche hinab.

„Ja, es hat geklappt.“

Die Sekretärin fixierte ihn mit unverhohlener Neugier.

„Wirklich? Kann ich es sehen?“

Tomás öffnete sein Köfferchen und zog ein verschnürtes Bündel daraus hervor.

„Hier ist es“, sagte er. „Sie ahnen gar nicht, wie viel Arbeit mich das gekostet hat.“

Er strich zärtlich über das Päckchen. Die Verhandlungen mit dem Genfer Antiquar waren sehr schwierig gewesen. Es ging um ein seltenes Manuskript, dessen Ankauf er der Gulbenkian-Stiftung ans Herz gelegt hatte. Nach einer eingehenden Untersuchung des Dokuments hatte er ein Angebot unterbreitet, und zu guter Letzt war der Handel zu einem Preis zustande gekommen, der kaum über seinem ersten Angebot lag. Tomás war derart aus dem Häuschen, dass er die Besprechung mit Ferro kaum abwarten konnte; der Museumsdirektor würde bestimmt begeistert sein.

„Kann ich es sehen?", wiederholte Albertina. „Oder muss Ihr kleiner Schatz eingewickelt bleiben?"

Tomás lachte herzlich.

„Ich kenne niemanden, der so ungeduldig ist wie Sie! Aber gern, ich zeige es Ihnen."

Er löste das Klebeband des Päckchens und zog ein altes, vergilbtes Manuskript heraus, das zum Schutz vor der Umgebungsluft in Plastik eingeschweißt war. Er hielt seiner Sekretärin das Werk hin und deutete auf den Titel, unterhalb dessen die ersten Zeilen in mittelalterlicher Kalligraphie zu lesen waren.

„*Tabula Samri … Smiragda … na*?", versuchte Albertina, den Text zu entziffern.

„*Tabula Smaragdina*", korrigierte Tomás, „was soviel heißt wie ‚Smaragdene Tafel'. Der Text wird Hermes Trismegistos zugeschrieben. Vielleicht haben Sie schon von ihm gehört."

„Aber sicher doch. Das war ein Magier der Antike, nicht wahr?"

„Sozusagen. Hermes Trismegistos war ein berühmter Alchemist, dessen wahre Identität ein Rätsel ist. Es heißt, er sei das Ergebnis der Verschmelzung des griechischen Gottes Hermes und des ägyptischen Gottes Thot, zwei Gottheiten der Magie und des Schreibwesens. Es wird angenommen, dass sich hinter Hermes Trismegistos der große Ägypter Imhotep verbirgt. Den verehrten auch die Griechen, zusammen mit ihrem Gott der Medizin, Asklepios, als sie im griechisch-ptolemäischen Zeitalter Ägypten besetzt hielten. Trismegistos bedeutet ‚der dreifach größte Hermes'; er soll ein Heiliger und Verfasser zahlreicher Texte gewesen sein. Zu den berühmtesten gehören die nach ihm benannten hermetischen Schriften aus dem 2. bis 4. Jahrhundert, eine Sammlung von Dialogen, in denen ein Meister – Hermes Trismegistos – seinem Schüler die Gesetze der menschlichen und göttlichen Weisheit sowie der Entstehung der Welt erklärt."

„Sind diese Texte heute noch erhalten?"

„Selbstverständlich. Ursprünglich waren sie auf Papyrus geschrieben, doch es gibt Übersetzungen in Latein aus dem 15. und 16. Jahrhundert." Er zog die entsprechenden Unterlagen, die er in den letzten Wochen vor seiner Reise nach Genf zusammengetragen hatte, aus seiner Aktentasche. „Das *Corpus Hermeticum* enthält tiefe, noch heute gültige Weisheiten." Er suchte eine bestimmte Stelle in seinen Notizen. „Nehmen wir nur dieses Zitat aus dem 14. Buch: ‚Und ich bin von mir aufgegangen in einem unsterblichen Leibe, und ich bin nun nicht derjenige, der ich zuvor war, sondern geboren in dem Gemüte.'"

„‚Sondern geboren in dem Gemüte?' Was soll das heißen?"

Tomás wiegte den Kopf.

„Das ist die hermetische Weisheit. Es bedeutet, dass wir es mit einer Geheimlehre zu tun haben. Dieser Satz ‚Ich bin geboren in dem Gemüte' scheint auszudrücken, dass die wahrhaftige Wirklichkeit die des Gemütes ist. Wir sind das, was unser Gemüt empfindet. Es gibt keine Wirklichkeit jenseits des Gemüts."

Diese Idee war für Albertina zu sonderbar, als dass sie sie ernst nehmen konnte.

„Das ist also das Manuskript, das Sie in Genf erworben haben?", fragte sie mit Blick auf das eingeschweißte Schriftstück in Tomás' Händen. „Wovon handelt es?"

„*Die Smaragdene Tafel* ist der Text, auf dem die gesamte Alchemie beruht, die islamische ebenso wie die westliche. Ihm verdankt Hermes auch seinen Namenszusatz Trismegistos, denn er schreibt darin, die drei Teile der Weisheit des Universums zu kennen. Eine davon ist übrigens die Alchemie, die Kunst der Umwandlung von Elementen."

„Noch so ein Humbug …"

Tomás schnitt eine Grimasse.

„Täuschen Sie sich nicht", entgegnete er. „Die Alchemie ist die Wissenschaft von der Umwandelbarkeit von Metallen und anderen Elementen. Eines der größten alchemistischen Ziele bestand lange Zeit darin, Eisen in Gold umzuwandeln. Wir wissen heute, so unglaublich es klingen mag, dass eine solche Umwandlung tatsächlich möglich ist. Der erste Wissenschaftler, dem dies gelungen ist, war der Brite Ernest Rutherford. Er wandelte Stickstoff durch Bestrahlung mit Alphateilchen in Sauerstoff um, und er trug zum Verständnis des Prozesses bei, wie die Sterne Kohlenstoff, Eisen und Gold mittels Umwandlung aus anderen Atomen produzieren."

Albertina nickte und zeigte wieder auf das Manuskript.

„Und hier steht, wie die Alchemie funktioniert?"

„In der *Smaragdenen Tafel* geht es zwar um die Alchemie, aber eher um die allgemeinen Prinzipien des hermetischen Wissens." Tomás nahm das betreffende Werk zur Hand und las die ersten Zeilen daraus vor: *„Verum, sine mendatio, certum et verissimum. Quod est inferius est sicut quod est superius, et quod est superius est sicut quod est inferius, ad perpetranda miracula rei unius. Et sicut omnes res fuerunt ab Uno, mediatione unius, sic omnes res natœ fuerunt ab bac una re, adaptatione."*

Albertina lachte.

„Professor, ich verstehe kein Wort. Mein Latein ist etwas eingerostet, wissen Sie?"

„‚Wahrhaftig, ohne Täuschung, gewiss und wahrheitsgetreu: Was unten ist, gleicht demjenigen, das oben ist, und was oben ist, wiederum demjenigen, das unten ist, auf dass sie gemeinsam das Wunder des Einen Dinges vollbringen. Und ebenso wie alles aus dem Einen entstammt: ebenso werden auch alle Dinge aus diesem Einen Ding in gleicher Art und Weise gezeugt.'"

„Ich verstehe immer noch nicht ..."

„Wie gesagt, haben wir es mit einer Geheimlehre zu tun", erklärte Tomás, während er das Manuskript wieder in seiner Aktentasche verstaute. „Die Bedeutung des zweiten und dritten Satzes ist zweideutig, aber Hermes Trismegistos scheint damit sagen zu wollen, dass die Wirklichkeit einzigartig ist und die Unterschiede zwischen den Atomen, uns und den Sternen eine Illusion sind. Wir sind alle Teile einer großen Einheit. ‚Was unten ist, gleicht demjenigen, das oben ist, und was oben ist, wiederum demjenigen, das unten ist.' Alles, uns Menschen eingeschlossen, ist ‚das Eine Ding', weil ‚alle Dinge aus diesem Einen Ding in gleicher Art und Weise gezeugt werden'. Mit anderen Worten, der Eindruck, wir seien unabhängige Individuen, ist nichts als eine Täuschung. In Wirklichkeit ist alles mit allem verbunden, alles ist Teil des Ganzen, alles ist eins."

Als Tomás die grundlegenden Aussagen des Hermes Trismegistos genauer erläutern wollte, ging die Tür auf, und eine Mitarbeiterin reichte Albertina einen Umschlag, der gerade mit der Post gekommen war. Die Sekretärin warf einen Blick auf die Anschrift und wandte sich an ihren Chef.

„Professor, das ist für Sie."

„Ah, das muss das Buch über die althebräische Schrift sein, das ich bestellt habe. Kommt es aus Jerusalem?"

Albertina betrachtete den Umschlag.

„Es steht kein Absender darauf, Professor. Aber den Briefmarken nach zu urteilen, kommt es aus der Schweiz."

Tomás zog die Augenbrauen hoch.

„Aus der Schweiz?", fragte er und nahm Albertina den Umschlag ab. „Aber da war ich doch gerade erst."

Die Sekretärin legte den Kopf schief und lächelte vielsagend.

„Bestimmt haben Sie dort eine neue Verehrerin …"

II

Ein violetter Streifen zeigte sich am Morgenhimmel über Bethesda, vor dem sich die großen amerikanischen Rotkiefern abzeichneten. Die Sonne bereitete sich darauf vor, die Nacht zu vertreiben, aber Walter Halderman war noch nicht einmal zu Bett gegangen. Er hatte die letzten acht Stunden damit verbracht, einen Bericht, den er noch am Morgen ans Weiße Haus schicken musste, zu schreiben und zu überarbeiten. Er war überzeugt davon, dass sein Einsatz für die Agency eines Tages erkannt und entsprechend belohnt würde.

Sein Mobiltelefon klingelte.

Es war viel zu früh für ein übliches Gespräch, aber Halderman war nicht überrascht. Er glaubte zu wissen, woher der Anruf kam, und ein Blick auf die Anzeige bestätigte ihm, dass er recht hatte.

„Halderman."

„Guten Morgen", sagte die Stimme am anderen Ende der Leitung. „Entschuldigen Sie bitte die Störung zu dieser frühen Stunde, aber unser Mann an der Botschaft von Bern sagt, es sei dringend und er müsse Sie sprechen."

„Stellen Sie ihn durch."

Wenige Augenblicke später meldete sich eine neue Stimme.

„Hallo?"

„Hier ist Halderman, stellvertretender Leiter der Direktion für Wissenschaft und Technik der CIA. Sie wollen mich dringend sprechen?"

„Ja, genau. Ich bin Paul Zelazny von der Informationsabteilung der amerikanischen Botschaft in Bern. Die Genfer Polizei hat mir gerade eine schlechte Nachricht übermittelt. Ich bedaure, Ihnen mitteilen zu müssen, dass vor ungefähr einer halben Stunde Ihr Direktor, Frank Bellamy, unter … wie soll ich sagen … merkwürdigen Umständen tot aufgefunden wurde."

„Frank Bellamy ist tot?"

„Ja."

Halderman ballte die Hand zur Faust.

„Wie?"

Sein Gesprächspartner atmete tief ein und seufzte.

„Seine Leiche wurde im CERN gefunden, in einem riesigen Teilchenbeschleuniger. Es scheint, als sei er erstickt. Die Polizei hat mit den Untersuchungen begonnen und glaubt, es handelt sich um Mord."

„Mord? Was veranlasst Sie zu dieser Annahme?"

„Nun, man hat mir gesagt, dass Frank Bellamy einen Zettel mit dem Namen seines Mörders hinterlassen habe."

„Tatsächlich? Wer ist es?"

„Der Mörder soll ein gewisser Thomas Norona sein. Sagt Ihnen das was?"

„Thomas Norona? Nicht vielleicht Tomás Noronha?"

„Ja, gut möglich."

„Den kenne ich. Hat die Polizei ihn schon verhaftet?"

„Sie ist an der Sache dran."

Halderman schaute kurz auf seine Uhr. Es war beinahe 6 Uhr morgens.

„Hören Sie, Herr …"

„Zelazny. Paul Zelazny."

„Hören Sie, Paul. Sobald Ihnen eine Kopie der Notiz vorliegt, schicken Sie sie mir umgehend nach Langley. Ich will, dass sie auf meinem Schreibtisch ist, wenn ich ins Büro komme. Ich werde mich persönlich um die Angelegenheit kümmern. Danke für Ihren Anruf und schönen Tag noch.“

Ohne auf eine Antwort zu warten, legte Halderman auf. Er blickte aus dem Fenster und genoss die Schönheit des jungen Tages, ein zufriedenes Lächeln auf den Lippen.

Jetzt, da Frank Bellamy beseitigt war, lag der Weg in eine goldene Zukunft endlich frei vor ihm.

III

Wer, zum Teufel, hatte ihm bloß diese Sendung geschickt, fragte sich Tomás, und das auch noch per Eilpost. Er betrachtete den Umschlag von allen Seiten, inspizierte die Briefmarken und den Poststempel und sah, dass er am Tag zuvor in einer Postfiliale in Genf abgegeben worden war.

„Was für ein Zufall …"

Dieses Timing überraschte ihn. Warum hatte der Absender ihm den Umschlag nicht persönlich übergeben? Vielleicht wusste er nicht, wo er ihn erreichen konnte? Das war jedenfalls die einzige einleuchtende Erklärung, die ihm in den Sinn kam. Dann riss er den Umschlag auf.

Als er den Inhalt herauszog, glaubte er zunächst, es handele sich um eine CD, doch kaum hatte er die Schutzfolie entfernt, erkannte er, was es war.

„Verdammt und zugenäht!", entfuhr es ihm.

Eine Art großes Jojo aus Kupfer mit einem Rand aus Leder füllte seine gesamte Handfläche aus. Auf einer der beiden Seiten war eine geometrische Figur eingraviert, umgeben von einem Ring aus hebräischen und lateinischen Schriftzeichen. In ihrer Mitte war ein Davidstern mit vergoldetem Rand zu sehen.

Tomás' erstaunter Gesichtsausdruck machte Albertina neugierig.

„Was ist los, Professor? Gibt es ein Problem?"

Der Historiker untersuchte das Objekt und dessen Verzierung. Dann wandte er sich an seine Sekretärin.

„Schauen Sie, man hat mir ein Pentakel geschickt."

„Und was ist das?"

„Ein Pentakel ist ein Amulett, das für magische Beschwörungen verwendet wurde." Er fuhr mit dem Zeigefinger über die geometrischen Linien. Dann deutete er auf die Schriftzeichen מפתח שלמה oberhalb des großen Sterns. „Hier steht *Maphteah Shelomo*. Das ist Hebräisch. Ich nehme mal an, Ihr Hebräisch ist ähnlich gut wie Ihr Latein …"

Albertina lachte.

„Haargenau."

„Nun, *Maphteah Shelomo* ist die hebräische Bezeichnung für die *Clavis Salomonis*, ein Handbuch für Magie, das üblicherweise dem König Salomon zugeschrieben wird." Er senkte geheimnisvoll die Stimme. „Das besagt zumindest die Legende. In Wahrheit ist die *Clavis Salomonis* im 14. und 15. Jahrhundert in Italien entstanden. Sie soll vielmehr von anderen magischen Schriften wie dem *Lemegeton* oder der *Clavicula Salomonis Regis* inspiriert sein."

Albertina schaute etwas verwirrt.

„Aha, und wieso hat man Ihnen dieses Amulett geschickt?"

Tomás suchte auf der Verpackung nach einem Hinweis auf den Absender, schaute im Inneren des Umschlags nach einem Brief oder zumindest einer handschriftlichen Notiz, die ihm Aufschluss über die Herkunft des Amuletts geben konnte, aber vergeblich.

„Ich weiß es nicht", gestand er. Doch dann kam ihm eine Idee. „Ah, es muss von Herrn Perrin stammen. Wer sonst sollte mir etwas Derartiges schicken?"

„Ist das einer Ihrer Bekannten?"

„Das ist der Antiquar, von dem ich die *Tabula Smaragdina* gekauft habe."

„Und wieso sollte er Ihnen dieses Amulett schicken?"

„Ich habe nicht die geringste Idee", antwortete er. „Vielleicht will er es verkaufen, und seine Taktik besteht darin, mich auf diese Weise neugierig zu machen."

„Er hat Ihnen also eine Kopie geschickt?"

Das war eine gute Frage, dachte Tomás. Er begutachtete das Amulett aufmerksam. Er fühlte die Textur des Materials, roch daran, und fuhr über die lederne Einfassung. Es schien echt zu sein. Wenn es tatsächlich eine Kopie sein sollte, war sie jedenfalls hervorragend gemacht.

„Vielleicht, ich bin mir nicht sicher."

Er dachte einen Moment lang nach. Warum um alles in der Welt hätte ihm der Antiquar ein Original geschickt, ohne eine Garantie, dass er es auch kaufen würde? Das ergab keinen Sinn, es musste einfach eine Kopie sein. Entschlossen steckte er das Pentakel in seine Hosentasche.

„Darum kümmere ich mich später. Ich werde die Jungs aus dem Labor nach ihrer Meinung fragen. Vielleicht können sie eine Radiokarbonanalyse oder etwas Ähnliches machen."

„Aber wenn Sie doch gestern erst in Genf waren, warum hat der Antiquar Ihnen das Amulett nicht dort gegeben? Warum sollte er es Ihnen per Post schicken, und dann auch noch ohne eine Erklärung?"

„Das ist wirklich zu seltsam. Wie schon gesagt, es könnte eine Verkaufstaktik sein. Aber ich werde ihn einfach anrufen und fragen."

Tomás suchte in seinem Notizbuch die Telefonnummer des Händlers, tippte sie umgehend auf der Tastatur seines Telefons ein und lauschte ungeduldig dem Freizeichen. Nach dem fünften Klingeln verkündete der Anrufbeantworter, dass leider gerade niemand erreichbar sei.

Notgedrungen beschloss Tomás, später eine Antwort auf all diese Fragen zu finden. Bis dahin hatte er genug andere Dinge zu erledigen.

Er startete sein E-Mail-Programm und beantwortete einige der Nachrichten. Anschließend loggte er sich in das Intranet der Stiftung ein, ging auf die Seite ‚Berichte über Objektankäufe' und trug in der Rubrik ‚Objekt' *Tabula Smaragdina* ein. Dann machte er sich daran, das Formular auszufüllen.

„Professor Noronha?"

Er war ganz in seine Arbeit vertieft und rief sich noch einmal alle Einzelheiten des Verhandlungsgesprächs in Erinnerung, die Werte seines ersten Angebots, den Gegenvorschlag des Händlers, die folgenden Argumentationen auf beiden Seiten, die …

„Professor Noronha?"

Tomás schaute Albertina abwesend an.

„Was ist?"

Die Sekretärin hielt ihren Telefonhörer in der Hand.

„Ein Anruf für Sie. Frau Sequeira aus Coimbra möchte Sie sprechen."

Beim Anblick des Telefonhörers schossen Tomás im Bruchteil einer Sekunde gleich mehrere Gedanken durch den Kopf. Da war zunächst das Klingeln des Apparats, das zuvor gar nicht bis in sein Bewusstsein vorgedrungen war; dann die Erinnerung, dass er erst am Vortag, kaum dass er in Lissabon gelandet war, mit Maria Flor telefoniert hatte; er war es leid, ständig von einer Frau zur nächsten zu ziehen, er brauchte Ruhe und Beständigkeit, wollte mit ihr aber nichts überstürzen; der dritte Gedanke war fast lächerlich, wenn auch nicht ohne praktischen Hintergrund, nämlich, dass der Akku seines Handys leer war und er ihn schnellstmöglich aufladen musste, weil Maria Flor ihn sonst nur auf seiner Festnetznummer erreichen konnte.

Dann hatte er seine Lethargie überwunden und winkte seiner Sekretärin.

„Stellen Sie sie bitte durch."

„Sofort."

Bevor er antwortete, stand Tomás auf und schloss die Tür seines Büros.

„Hallo Flor", sagte er sanft. „Sag mir nicht, dass du es kaum erwarten kannst, mein Geschenk zu öffnen, das ich dir …"

„Tomás", fiel sie ihm mit nervöser Stimme ins Wort. „Setz dich hin und hör mir zu. Ich habe eine schlechte Nachricht für dich."

Bei diesen Worten hielt Tomás die Luft an. In Anbetracht der Umstände konnte nur seine Mutter gemeint sein. Sie lebte seit ein paar Jahren in dem Seniorenheim von Coimbra, das Maria Flor leitete, und ihr Ton verhieß nichts Gutes.

„Es geht um meine Mutter?“, fragte Tomás nach einer Schrecksekunde. Ihm zogen sich die Eingeweide zusammen. „Ist ihr etwas zugestoßen?“

Maria Flor schwieg einen Moment und suchte nach Worten.

„Deine Mutter hatte einen Herzinfarkt. Sie ist im Krankenhaus“, sagte sie so ruhig wie möglich. „Komm schnell her. Schnell, hast du gehört?“

Tomás saß wie betäubt da. Er hatte vor acht Jahren bereits seinen Vater verloren und wusste natürlich, dass er eines Tages auch seine Mutter verlieren würde. Dennoch hoffte er, die Dinge würden sich langsamer entwickeln, das Unvermeidliche könne sich noch aufschieben lassen.

„Sie hatte …“, stammelte er. Das schreckliche Wort wollte ihm nicht über die Lippen kommen. „Sie hatte einen …“

Er hörte ein resigniertes Seufzen.

„Sie liegt im Koma. Ihr bleibt nicht mehr viel Zeit.“

IV

Er hatte schon immer Schwierigkeiten damit gehabt, seine Krawatte ordentlich zu knüpfen, wie auch diesmal ein Blick in den Spiegel bestätigte. Er löste den Knoten und fing erneut an. Danach war er mit dem Ergebnis zufrieden. Er schaute auf seine Uhr. Fast 7 Uhr morgens.

Er nahm sein Mobiltelefon zur Hand und suchte in der Kontaktliste den Namen des Direktors der CIA. Als er ‚Harry Fuchs' gefunden hatte, drückte er die Kurzwahltaste.

„Halderman, alter Gauner", scherzte die Stimme am anderen Ende der Leitung. „Was verschafft mir das Vergnügen?"

„Bellamy ist tot."

„Ich weiß. Gute Nachricht, nicht wahr? Diesen Dinosaurier brauchte die Agency schon lange nicht mehr."

„Die Schweizer fahnden wegen Mordes, und das kann die Sache verkomplizieren. Glaubst du, die haben einen Verdacht?"

Die Antwort ließ einen Moment auf sich warten, als wählte der Direktor seine Worte mit besonderem Bedacht.

„Spielst du darauf an, dass mein Dienst den Alten liquidiert hat?", fragte er enigmatisch. „Stell dir vor, dass ich mich auch schon gefragt habe, wer ein Interesse an seinem Verschwinden haben könnte. Und rate mal, wer mir zuerst eingefallen ist. Du!"

„Denk gar nicht daran, mir den Schwarzen Peter in die Schuhe zu schieben!", brauste Halderman auf. „Das steht außer Frage!"

„Irgendjemanden muss es wohl treffen, mein Lieber. Er ist getötet worden, soviel steht fest, aber ich habe schon vorgesorgt, um ruhig schlafen zu können."

„Auch ich habe mein Alibi vorbereitet, also pass auf, was du tust und sagst, verstanden?"

Das Gespräch stockte kurz; beide Seiten versuchten, die Position des anderen zu durchschauen.

„Hör zu, der Zettel, den der Alte noch geschrieben hat, kann die Lösung des Problems sein", schlug Fuchs in versöhnlichem Ton vor. „Hast du ihn schon gesehen?"

„Die Botschaft in Bern hat ihn mir ins Büro geschickt, wo er auf mich wartet. Was hast du vor?"

„Auf dem Zettel steht ein Name, nicht wahr? Das ist ein Glückstreffer! Diesen Typen müssen wir unbedingt zu fassen kriegen. Weißt du, wer er ist?"

„Ja, ein portugiesischer Geschichtsprofessor und Kryptologe, der schon für uns gearbeitet hat, wenn auch unfreiwillig. Ganz schön ausgebufft, sag ich dir. Vor dem müssen wir uns in Acht nehmen."

„In Acht nehmen? Machst du Witze? Seit wann versetzt irgendein kleiner Professor die CIA in Angst und Schrecken?"

„Erinnerst du dich nicht, dass er die Ajatollahs im Iran ordentlich ausgetrickst hat?"

„Die Iraner? Warte mal, sag mir nicht, dass das dieser Portugiese ist, der …"

„Doch, genau der. Die Sache war damals *top secret*, und es ging um die nationale Sicherheit. Das ist ein cleveres Kerlchen, sag ich dir. Den sollten wir nicht unterschätzen."

„Okay, okay… Ich frage mich nur, was sein Name auf dem Zettel zu suchen hat."

„Ich habe mir auch schon das Hirn zermartert. Bellamy war zwar nicht gerade nett zu ihm, aber ich weiß, dass er ihn respektiert hat. Warum in drei Teufels Namen hat er kurz vor seinem Tod noch an ihn gedacht?"

Fuchs machte eine kurze Pause. Dann hatte er eine Idee.

„Schick mir eine Kopie dieses Zettels, sobald du im Büro bist", sagte er bestimmt. „Ich schicke ein Sonderkommando los und werde ihn brauchen."

„Einverstanden."

„Und mach dir keine Sorgen. Ich werde schon dafür sorgen, dass das nicht auf uns zurückfällt, verlass dich auf mich."

Sie legten auf. Halderman schaute wieder aus dem Fenster und war überrascht, wie schnell das Tageslicht die Landschaft verwandelt hatte. Dann zog er seinen Mantel an, nahm seine Aktentasche und warf einen Blick in den Spiegel. Sein ganzes Leben lang hatte er die Stiefel seiner Vorgesetzten geputzt und sich von den Mächtigen demütigen lassen. Jetzt, wo Bellamy von der Liste gestrichen war, lag nur noch ein letzter Schritt vor ihm, um Leiter der Direktion für Wissenschaft und Technologie der CIA zu werden. Wenn er die Karten geschickt spielte und Fuchs das tat, was er zu tun hatte, wären alle Hindernisse beseitigt, und er könnte den Platz des verstorbenen Leiters übernehmen. Er fuhr sich mit der Hand durch die Haare und ging zur Tür. Ein Lächeln umspielte seine Lippen. Alles lief bestens, der Portugiese hatte den Schwarzen Peter gezogen.

V

Langsam öffnete Tomás die Autotür und ließ sich in den Fahrersitz fallen. Dann startete er den Wagen. Mit einem Kloß im Hals rollte er vom Parkplatz der Stiftung und fädelte sich in den Straßenverkehr Lissabons ein, um so schnell wie möglich auf die Autobahn in Richtung Norden zu kommen.

Während der zweistündigen Fahrt nach Coimbra wiederholte Tomás in einer Art Endlosschleife sein Gespräch mit Maria Flor. Er versuchte ein ums andere Mal, den Ton ihrer Stimme zu interpretieren, um vielleicht herauszuhören, ob noch Hoffnung bestand. Doch die vernichtenden Worte ‚Herzinfarkt' und ‚Koma' holten ihn stets auf den Boden der Tatsachen zurück. Die Zeit drängte.

Koma. In ihrem Alter bedeutete dies höchstwahrscheinlich, dass sie dem Tod nahe war. Vielleicht war es sogar schon zu spät. Er würde es noch nicht einmal sofort erfahren, da er ja am Abend zuvor vergessen hatte, den Akku seines Handys aufzuladen.

„Was bin ich nur für ein Idiot!", schimpfte er und versetzte dem Lenkrad einen Schlag.

Er wollte mit Maria Flor sprechen, wollte wissen, wie es seiner Mutter ging und was die Ärzte über ihren Zustand dachten. Er wollte seiner Mutter noch einmal nahe sein und sich von ihr verabschieden, auch wenn sie ihn nicht mehr hören können würde. Doch er saß im Auto und musste sich vor allem gedulden.

„Ich muss an etwas anderes denken“, murmelte er, „sonst werde ich noch verrückt.“

Das Pentakel. Er versuchte, sich vorzustellen, was der Antiquar sich dabei gedacht haben mochte, ihm das Amulett einfach so zu schicken. Er ging ein gewaltiges Risiko ein, denn niemand garantierte ihm, dass die Stiftung das Objekt tatsächlich kaufen würde. Wenn Tomás unehrlich wäre, könnte er es sogar für sich behalten, denn die Sendung war noch nicht einmal als Einschreiben geschickt worden. Es gab also keinerlei Nachweis, der belegte, dass er den Umschlag erhalten hatte.

War das Pentakel überhaupt echt? Er hatte zwar den Eindruck gehabt, aber das ergab keinerlei Sinn. Wieso hätte der Händler ihm ein solches Wertobjekt ohne jeglichen Kommentar schicken sollen, und das auch noch unversichert?! Es musste einfach eine Kopie sein. Die Laboranalyse der Stiftung würde es sicher bestätigen, doch würde dies bis zu seiner Rückkehr aus Coimbra warten müssen, wo seine Mutter …

‚Sie liegt im Koma, und ihr bleibt nicht mehr viel Zeit.‘ Die letzten Worte von Maria Flor hallten in seinem Kopf wider. ‚Sie liegt im Koma.‘ Was war inzwischen passiert? Und was genau bedeutete ‚ihr bleibt nicht mehr viel Zeit‘? Ein paar Minuten, ein paar Stunden, ein paar Tage? Würde sie noch am Leben sein, wenn er endlich nach Coimbra käme?

„Ah, geht das schon wieder los!“, rief er ärgerlich und schlug erneut mit der flachen Hand aufs Lenkrad. „Ich werde diesen Gedanken einfach nicht los!“

Der Anblick der Stadt, die von der alten Universität überragt wurde, ließ ihn aufatmen. Bald würde er Coimbra erreichen.

Er stürmte die Stufen des Pflegeheims hoch und eilte die Gänge entlang, in denen es nach Desinfektionsmitteln roch. Gleich würde er endlich wissen, wie es um seine Mutter stand.

„Vierzehn … fünfzehn … sechzehn“, zählte er die Zimmernummern. „Hier ist es.“

Ohne zu klopfen, riss er die Tür auf und trat ein. Maria Flor saß am Fußende des Bettes, hübsch wie immer. Sie lächelte.

„Tomás!“, rief sie erleichtert aus. „Endlich!“

Mit unsicherem Blick näherte er sich dem Bett seiner Mutter. Als er sie sah, traute er seinen Augen nicht.

Sie lächelte.

„Mein Sohn. Schön, dich zu sehen.“

Den Blick fest auf seine Mutter geheftet, öffnete und schloss Tomás seinen Mund, ohne einen Ton zu sagen. Er hatte sich auf das Schlimmste vorbereitet, und jetzt lächelte sie ihn fröhlich an.

„Mutter“, sagte er schließlich. „Geht es dir gut?“

„Selbstverständlich“, antwortete sie. „Was machst du nur für ein Gesicht!“

Entgeistert schaute Tomás von seiner Mutter zu Maria Flor und versuchte, die Situation zu verstehen. Er hatte mit allem gerechnet, aber nicht damit.

„Du hattest also doch keinen … äh …“ Er zögerte, das verhasste Wort ‚Herzinfarkt‘ auszusprechen. „… keine Schwierigkeiten?“

Graça Noronha verzog ihre Lippen und winkte ab.

„Oh, das war gar nichts“, sagte sie. „Maria Flor hat sich zwar Sorgen gemacht, aber um ehrlich zu sein, war das wohl ziemlich übertrieben. Viel Lärm um nichts.“ Sie drohte Maria Flor spielerisch mit dem Zeigefinger. „Wirklich übertrieben, glaub mir.“

‚Übertrieben‘ schien auch Tomás der passende Ausdruck zu sein. Wie konnte sie ihn glauben machen, seine Mutter stünde kurz vor dem Tod, wenn sie nur zwei Stunden später offenbar in bester Verfassung war? Er warf Maria Flor einen tadelnden Blick zu, dass sie ihm einen unnötigen Schrecken eingejagt hatte.

Doch die junge Heimleiterin ließ sich nicht beeindrucken. Sie stand auf und sagte zu Tomás: „Kann ich kurz mit dir sprechen?“

Sie verließen das Zimmer und suchten einen Ort, an dem sie ungestört miteinander reden konnten.

„Deine Mutter hat sich heute früh nicht wohl gefühlt und wenig später das Bewusstsein verloren“, begann Maria Flor. „Während die Pfleger versucht haben, sie wiederzubeleben, habe ich den Notarzt gerufen, der einen Herzinfarkt diagnostiziert hat. Daraufhin haben wir sie umgehend ins Krankenhaus gebracht, und der diensthabende Kardiologe hat sie sofort in den Schockraum gebracht. In der Zwischenzeit habe ich mehrmals versucht, dich auf dem Handy zu erreichen, aber es war immer nur der Anrufbeantworter dran.“

„Ja, tut mir schrecklich Leid, ich hatte vergessen, den Akku …“

„Nach einer Viertelstunde kam Doktor Colaço zu mir und bestätigte, dass deine Mutter einen Herzinfarkt hatte“, fuhr sie fort. „Die Versuche, sie zu reanimieren, waren ohne Erfolg geblieben. Doktor Colaço sagte, sie sei eigentlich schon gestorben, auch wenn er den Tod noch nicht offiziell bestätigen könne. Er sagte, das Herz habe aufgehört zu schlagen, und das Elektroenzephalogramm sei schon seit ein paar Minuten flach. In dem Moment kam eine Krankenschwester auf ihn zugestürzt und rief ‚Doktor Colaço, kommen Sie, schnell!‘ Ich stand also wieder allein auf dem Flur, und mir war klar, dass ich unbedingt mit dir sprechen musste. Deshalb habe ich in der Stiftung angerufen. Eigentlich wollte ich dir schon sagen, dass deine Mutter tot sei, habe es aber nicht über mich gebracht. Und letztlich hatte ich auch noch einen Funken Hoffnung. Jedenfalls habe ich es vorgezogen, dir zu sagen, sie liege im Koma.“

Tomas zeigte in Richtung des Zimmers seiner Mutter.

„Aber ganz offensichtlich ist sie nicht tot …“

„Stimmt, aber bitte vergiss nicht, dass deine Mutter technisch gesprochen bereits tot war und dann wieder zurück ins Leben kam“, beharrte Maria Flor. „Es ist wichtig, dass du das im Hinterkopf behältst, wenn du mit ihr sprichst, verstehst du?“

„Heißt das, dass ihr Gehirn Schaden genommen hat?“

„Nicht wirklich. Sie macht vielmehr einen klareren Eindruck als vorher. Auch ihr Sprachvermögen hat sich anscheinend verbessert, und ich würde fast sagen, dass es deiner Mutter für jemanden, der schon seit einigen Jahren an Alzheimer leidet, ungewöhnlich gut geht."

„Aber das sind ja … großartige Neuigkeiten!"

„Sicher, aber denk daran: Sie war tot und ist ins Leben zurückgekehrt. Vergiss das nicht, hörst du?"

Tomás schürzte die Lippen.

„Was willst du mir damit sagen? Wenn sie klarer im Kopf ist als sonst und wenn ihr Sprachvermögen sich verbessert hat, worin genau besteht das Problem?"

Maria Flor atmete tief durch.

„Wenn du mit ihr sprichst, wirst du es verstehen …"

Als sie wieder ins Zimmer kamen, lag seine Mutter nach wie vor im Bett. Auf ihrem Gesicht lag ein unverändert glückliches Strahlen. Sie schien ihren Frieden gefunden zu haben.

„Nun, mein Sohn, wie geht es dir?", fragte sie. „Reist du immer noch um die ganze Welt?"

„Ja. Ich bin erst gestern von meiner letzten Reise zurückgekehrt."

„Erzähl mir bloß nicht, dass du wieder in einem dieser Länder warst, wo alle Nase lang eine Bombe explodiert und die Leute anderen den Kopf abschneiden", begann sie mit sorgenvoller Stimme ihre übliche Litanei. „Wann kommst du nur endlich zur Vernunft, Junge? Dein Vater hat mir aufgetragen, gut auf dich aufzupassen, aber du weißt, ich bin alt und habe nicht mehr die Kraft, dir zu helfen …"

„Mach dir keine Sorgen um mich", entgegnete Tomás und versuchte, das Thema zu wechseln. Er streichelte ihre Hand. Sie war erstaunlich warm und weich. „Und du, wie geht es dir?"

Ein zufriedenes Lächeln erhellte erneut das Gesicht von Graça Noronha.

„Ausgezeichnet! Um ehrlich zu sein, geht es mir so gut wie schon lange nicht mehr."

„Wirklich? Und wie kommt das?" Er zwinkerte ihr zu. „Sag mir nicht, dass du heimlich Schokolade genascht hast."

Seine Mutter lachte.

„Was für eine Idee! Es geht mir gut, weil ich deinen Vater gesehen habe, endlich wieder, nach all den Jahren. Du weißt, wie sehr er mir fehlt. Ihm geht es übrigens auch gut."

„Ach, ja? Hast du die alten Fotoalben angeschaut?"

Graça schaute ihn mit großen Augen an.

„Wieso Fotoalben? Ich war bei ihm, ich habe ihn gesehen. Wir haben sogar ein wenig zusammen gesprochen." Sie seufzte. „Schade nur, dass es so schnell vorbei war …"

„Ja, die schönsten Träume sind immer viel zu schnell vorbei. Dabei hätte man so gern, dass sie noch länger dauern, dass sie nie zu Ende gehen."

„Aber was redest du da!", ereiferte sich seine Mutter. „Ich sage es dir noch mal: Ich war wirklich bei deinem Vater. Glaubst du mir etwa nicht?"

Tomás streichelte seiner Mutter erneut die Hand. Alzheimer war für die Angehörigen so schwer zu ertragen.

„Mutter", setzte er an. „Vater ist nicht mehr bei uns. Er ist vor einigen Jahren gestorben, weißt du nicht mehr?"

„Natürlich weiß ich das. Ich erinnere mich noch haargenau an seine Beisetzung. Aber ich sage dir, dass ich gerade eben bei ihm war."

„Gerade eben?"

„Heute morgen, vor etwa zwei Stunden."

Tomás tauschte einen erstaunten Blick mit Maria Flor, die wieder auf dem Stuhl am Fußende des Bettes saß. Sie zuckte mit den Achseln, als wollte sie sagen, ‚Ich habe dich gewarnt.'

„Es war wundervoll", murmelte Graça. Ein Leuchten erhellte ihre grünen Augen. „Ich bin gestorben und habe deinen Vater getroffen … Es war wundervoll."

VI

‚Tomás Noronha‘ stand unübersehbar auf dem Deckblatt der Akte mit dem Vermerk *top secret* unter dem Logo der CIA, die seine Sekretärin ihm auf den Tisch legte.

„Das ist alles, was wir über ihn haben, Sir."

„Sind das die Unterlagen, die Halderman geschickt hat?"

Die Sekretärin öffnete die Akte.

„Ja, Sir."

Harry Fuchs schaute den Ausdruck aufmerksam an.

„Das ist also die Spur, die der Alte hinterlassen hat?", sagte er mit einem hinterhältigen Lächeln. „Den Namen dieses Tomás Noronha und eine Art Kreuz." Er wiegte den Kopf, zufrieden mit dem, was er sah. „Ausgezeichnet."

„Ist das alles, Sir?"

Der Direktor nahm die Akte zur Hand und betrachtete ihren Inhalt. Auf der ersten Seite blickte ihm der portugiesische Historiker entgegen, der lächelnd in die Kamera schaute.

„Noch etwas, Tish", sagte Fuchs. „Rufen Sie unseren Mann in der Botschaft von Lissabon an. Es ist dringend."

„Sofort, Sir."

Die Sekretärin verließ das Büro und schloss die Tür. Harry Fuchs las derweil den Bericht über Noronhas unfreiwilligen Einsatz im Iran[1].

---

[1] Nachzulesen in *Das Einstein Enigma*.

Dann nahm er die zweite Akte zur Hand, die von Frank Bellamy, und untersuchte die Liste der kleinen technischen Schätze, die die Direktion für Wissenschaft und Technologie ihren Geheimdienstagenten zur Verfügung stellte. Eine dieser Erfindungen, die der verstorbene Direktor nie mit seinen Kollegen geteilt hatte, war das *Quantum Eye*, das *Quantenauge*.

„Jetzt ist Schluss mit deinen kleinen Geheimnissen, alter Mistkerl", murmelte Fuchs. „Wo du endlich die Radieschen von unten betrachtest, übernehme ich hier das Ruder."

Sein Telefon klingelte.

„Ich habe unseren Mann in Lissabon in der Leitung, Sir", teilte seine Sekretärin mit. „Er heißt James Krongard."

Dann stellte sie das Gespräch durch.

„Mister Krongard", sagte Fuchs anstelle einer Begrüßung. „Wir haben ein Problem mit der Installation, und ich will, dass Sie sich darum kümmern. Ich hoffe, Sie sind ein guter Klempner..."

„Genau deshalb bin ich hier, Sir. Worum geht es?"

„Die Zielperson heißt Tomás Noronha. Er hat in Genf den Verantwortlichen unserer Direktion für Wissenschaft und Technologie umgebracht. Man hat uns darüber informiert, dass dieser Verrückte sich in Lissabon aufhält. Kümmern Sie sich um ihn."

„Wie soll ich mit der portugiesischen Polizei umgehen, Sir? Soll ich ihr die Information weitergeben und verlangen, dass sie den Fall unverzüglich übernimmt?"

„Ich will die Polizei nicht in die Sache hineinziehen. Und auch sonst niemanden außerhalb der Agency. Die Operation muss mit höchster Diskretion durchgeführt werden, und ich will, dass niemand außer Ihnen davon erfährt."

„Aber Sir, unsere Politik in Portugal und den anderen NATO-Ländern war immer ..."

„Dieser Hurensohn hat einen CIA-Direktor auf dem Gewissen!", brüllte Fuchs. „Finden Sie, dass man den mit Samthandschuhen anfassen sollte? Ich nicht! Der Mistkerl muss für seine Tat bezahlen. Finden Sie ihn und machen Sie ihn dingfest."

„Und danach? Soll ich ihn zu Ihnen schicken? In dem Fall müssten Sie ein Transportflugzeug autorisieren, das …"

„Ich kümmere mich um die Autorisation, verlassen Sie sich drauf", fiel Fuchs ihm ärgerlich ins Wort. „Ich lasse Ihnen außerdem eine Akte und einen vertraulichen Befehl zukommen. Aber das ist nichts als Papier, verstehen Sie? Ich will nicht, dass unser Mann hier ankommt. Habe ich mich verständlich ausgedrückt?"

Krongard zögerte erneut einen Moment lang.

„Äh … um ehrlich zu sein, nicht ganz. Könnten Sie es bitte etwas deutlicher formulieren, Sir?"

Harry Fuchs polterte los.

„Sind Sie bescheuert, oder wollen Sie mich verarschen? Nehmen Sie diesen Typen fest und lassen Sie ihn entwischen, verstanden? Dieser Drecksack hat einen von uns umgebracht, und ich will nicht, dass er hier herkommt, damit man ihn in Seidenpapier wickelt."

Am anderen Ende der Leitung herrschte ungläubiges Schweigen.

„Ich soll ihn entwischen lassen?", fragte Krongard schließlich.

Der CIA-Direktor seufzte gequält.

„Damit Sie ihn niederschießen können!", zischte er in den Hörer. Seine Geduld war am Ende. „Ist Ihnen jetzt klar, was Sie zu tun haben?"

„Glasklar."

VII

Im Gesicht von Graça Noronha spiegelte sich trotz der Falten ein engelsgleicher Ausdruck. Sie wirkte heiter, gelöst; sie sprach bedächtig, als genieße sie jedes Wort und jeden Gedanken. Dabei drückte sie sich so klar und verständlich aus wie schon lange nicht mehr.

„Alles hat damit angefangen, dass ich einen spitzen Schmerz in der Brust spürte", erzählte sie und legte ihre Hand aufs Herz. „Der Schmerz war sehr stark, und ich erinnere mich nur noch, dass ich zu Boden gefallen bin. Als ich wieder wach wurde, war ich in einem Krankenwagen. Überall an meinem Körper hingen Kabel, und ein Notarzt drückte mir auf die Brust." Sie schaute Maria Flor an. „Sie saßen hinter dem Mann und sahen sehr besorgt aus. Als Sie mich angeschaut haben, haben Sie sich die Hand vor den Mund gehalten."

„Du bist also im Krankenwagen wieder zu dir gekommen?", fragte Tomás.

Maria Flor, die dem Bericht aufmerksam folgte, schüttelte den Kopf.

„Nein. Ich habe deine Mutter im Krankenwagen begleitet und alles genau beobachtet. Sie hatte seit ihrem Herzstillstand die Augen geschlossen. Während der gesamten Fahrt hat der Notarzt versucht, sie zu reanimieren, aber vergeblich. Das EEG war flach. Sie war bewusstlos, daran besteht kein Zweifel."

„Aber das ergibt keinen Sinn", erwiderte Tomás. „Wenn meine Mutter sich daran erinnert, den Arzt gesehen zu haben, der versuchte, sie zu reanimieren, dann muss sie ja wohl bei Bewusstsein gewesen sein und die Augen geöffnet gehabt haben. Wie sonst ließe sich erklären, dass sie ihn bei der Herzmassage beobachtet und auch dich gesehen hat?“

Maria Flor tätschelte ihrer Patientin den Arm.

„Bitte, Graça, erzählen Sie selbst, was danach passiert ist.“

„Irgendwann ging die Tür des Krankenwagens auf, und ich wurde in ein Gebäude gebracht, ich nehme an, es war das Krankenhaus. Dort liefen etliche Menschen in weißen Kitteln herum, alle in heller Aufregung, und dann habe ich gesehen, dass ich in einem Raum voller Maschinen war.“

„Der Schockraum“, fügte Maria Flor hinzu. „Und ich schwöre dir, dass sie keinerlei Lebenszeichen von sich gegeben hat, als ich in den Raum gekommen bin.“

Graça Noronha versuchte vergebens, Ordnung in ihre Haare zu bringen.

„In dem Moment habe ich meinen Körper verlassen.“

„Wie bitte?“, fragte Tomás. „Du bist aufgestanden?“

„Nein, ich bin nicht aufgestanden. Ich habe die ganze Zeit gelegen, und da waren noch ein anderer Arzt und zwei Krankenschwestern bei mir. Ich kann nicht richtig erklären, was da passiert ist, aber ... ich habe meinen Körper verlassen.“ Sie zuckte mit den Schultern. „Ich weiß auch nicht ... Es war, als würde ich schweben. Ich bin aus meinem Körper getreten, anders kann ich es nicht ausdrücken. Dann habe ich mich an der Decke im Schockraum wiedergefunden und beobachtet, wie mein Körper da lag und der Arzt und die Krankenschwestern um mich herumgewuselt sind. Dabei hat der Arzt sich ein Knie an einem Schrank gestoßen und vor Schmerz laut geschrien, der Arme. Das war ein Riesentrubel, aber ich habe trotzdem verstanden, was sie gesagt haben.“

„Ach ja? Und was genau hast du gehört?“

„Dazu kann ich nicht viel sagen“, antwortete sie lachend. „Weißt du, ich habe nicht wirklich verstanden, was sie gesagt haben. Sie haben die ganze Zeit dieses Fachchinesisch gesprochen." Sie änderte ihren Tonfall. „Geben Sie ihr dieses Sowieso, bereiten Sie mir das Was-weiß-ich vor, was zeigt das Kardio-Dingsbums an, sie reagiert nicht auf das Dingenskirchen. Lauter solche Sachen. Dann hat der Arzt mir ein paarmal auf die Brust gedrückt, genau wie im Film."

„Ich verstehe", sagte Tomás. „Du hattest also den Eindruck, das alles von der Decke aus zu beobachten. Und danach?"

„Danach bin ich weiter und immer höher geschwebt, bis plötzlich alles dunkel wurde und ich in eine Art Tunnel gekommen bin. Dann habe ich das Licht gesehen, am Ende des Tunnels, wie in der U-Bahn."

„Du hast bestimmt Angst gehabt ..."

„Ehrlich gesagt, nein. Ich war ganz ruhig, das alles war sehr angenehm. Ich erinnere mich sogar, gedacht zu haben: So ist es also, wenn man stirbt. Ich war selbst erstaunt, aber die ganze Situation hat mich nicht im Geringsten erschreckt."

„Und was ist dann passiert?"

„Ich bin auf das Licht zugeschwebt, als würde es mich anziehen, bis ich den Tunnel hinter mir gelassen habe. Dann war an einem schönen Ort, an dem auch meine Eltern und meine Schwester Lourdes waren. Sie haben mich umarmt, und Lourdes hat mich irgendwohin mitgenommen, wo mein Leben noch einmal vor mir abgelaufen ist. Alles ist ganz schnell gegangen, ich kann nicht erklären, wie man ein ganzes Leben in so einem kurzen Augenblick wiedergeben kann, aber genau das war der Fall. Ich habe alles gesehen, meine Kindheit, meine Jugendliebe, die Schule, meine Heirat, deine Geburt ... alles. Dann ist dein Vater aufgetaucht und hat mir gesagt, ich solle wieder zurückgehen, weil meine Zeit noch nicht gekommen sei. Ich habe mich so wohlgefühlt, dass ich gar nicht auf ihn hören wollte, ich wollte bei ihm bleiben, aber er hat darauf bestanden und gesagt, es sei nicht möglich. Er hat mir aufgetragen, ich solle auf dich aufpassen, denn deine nächste Reise sei sehr gefährlich. Das war es dann auch, was mich davon überzeugt hat, zurückzukehren. Ich bin also umgedreht und lag einen

Augenblick später wieder da. Ich hatte die Augen weit offen, und die Krankenschwester, die das gesehen hat, ist hinausgerannt. Dabei hat sie gerufen ‚Doktor Colaço, kommen Sie, schnell!'"

Als Graça Noronha ihren Bericht beendet hatte, herrschte im Zimmer ehrfürchtiges Schweigen. Tomás hatte während ihrer Erzählung kaum gewagt zu atmen, und er musste erst einmal verdauen, was er soeben gehört hatte. Er schaute Maria Flor an und hoffte, sie würde etwas sagen. Doch als er merkte, dass sie nichts hinzufügen würde, wandte er sich an seine Mutter.

„Hast du diese Geschichte dem Arzt erzählt?"

Die alte Dame seufzte.

„Weißt du, mein Junge, eigentlich wollte ich gar nichts sagen. Ich hatte Angst, dass man mich für verrückt erklären würde. Aber als der Arzt in mein Zimmer kam, hat er gehinkt, und als ich den Armen so gesehen habe, habe ich ihm empfohlen, den Schrank woanders hin zu stellen, sonst würde er sich nochmal stoßen und womöglich noch mehr weh tun. Er war völlig überrascht und fragte, woher ich das wüsste."

„Sie haben sich verplappert", sagte Maria Flor lächelnd.

„Ja, ich habe mich verplappert. Dann habe ich ihm erzählt, dass ich gesehen habe, wie er sich an dem Schrank gestoßen hat. Er sagte, das sei absolut unmöglich, da zu der Zeit mein Herz aufgehört habe zu schlagen und die Geräte keinerlei Hirnaktivität mehr verzeichneten. Ich könne also nicht gesehen haben, was sich ereignet hatte. Ich müsse es wohl von den Krankenschwestern erfahren haben." Sie zog die Augenbrauen zusammen. „Als er das gesagt hat, bin ich fuchsteufelswild geworden. Ich wäre am liebsten …"

„Warum?", fragte Tomás. „Diese Geschichte ist wirklich total unglaublich. Ich finde es ganz normal, dass er seine Zweifel …"

„Der Arzt hat mich wie eine Lügnerin behandelt!", erwiderte seine Mutter. „Ich, eine Lügnerin? Oh, nein! Das konnte ich nicht auf mir sitzen lassen. Lieber wollte ich als verrückt gelten, aber nicht als Lügnerin. Deshalb habe ich ihm die ganze Geschichte erzählt, absolut alles: von dem Moment an, in dem ich gemerkt habe, dass ich im Krankenwagen lag bis zu dem Augenblick, in dem ich im Schockraum die Augen wieder aufgemacht habe."

„Und wie hat er reagiert?"

Graça schaute ihren Sohn nachdenklich an.

„Er hat nichts Außergewöhnliches gemacht. Er hat mir in aller Ruhe zugehört, sich bei mir bedankt und mich darauf hingewiesen, dass ich eine ganz besondere Erfahrung gemacht habe. Dann hat er den Schwestern aufgetragen, ein paar Herzuntersuchungen zu machen und mich in ein Einzelzimmer zu legen. Das war alles."

„Und er hat geglaubt, was du erzählt hast?"

„Das ist ja wohl die Höhe!", sagte Graça ungehalten. „Warum sollte er mir nicht glauben? Wenn man dich so hört, hätte der Arzt mir wohl besser nicht glauben sollen."

„Das meine ich nicht", lenkte Tomás ein, der merkte, dass er seine Worte sorgfältiger wählen musste, um seine Mutter nicht aufzuregen. „Ich wüsste nur gern, ob er diese Geschichte normal fand. Gib zu, man hört nicht jeden Tag eine Geschichte wie diese."

„Das stimmt", bestätigte seine Mutter versöhnlich. „Deshalb hat der Arzt ja auch gesagt, dass ich eine ganz besondere Erfahrung gemacht habe. Ich habe ihm die Wahrheit gesagt und hatte nicht den Eindruck, als glaube er, ich würde ihm ein Märchen erzählen." Sie schaute ihren Sohn an. „Wie ich dich kenne, glaubst du mir weniger als er."

Volltreffer, dachte Tomás. Es wäre jedoch sicher besser, seine Zweifel zu verbergen, um nicht zu riskieren, dass seine Mutter einen weiteren Herzinfarkt erlitt.

„Nein, ich zweifle überhaupt nicht daran", sagte er. „Ich versuche nur … zu verstehen, wie der Arzt auf all das reagiert hat."

Sie blickte ihn an und nickte.

„Mein Sohn, ich kenne dich jetzt so lange", sagte sie mit einem nachsichtigen Lächeln. „Und soll ich dir etwas sagen? Du bist genau wie dein Vater. Ganz genau. Du glaubst nur an die Wissenschaft, an das, was wissenschaftlich beweisbar ist, und an nichts anderes. Das ist ja auch alles schön und gut, die Wissenschaft, die Vernunft, die wissenschaftliche Methode und so, aber es gibt auch Dinge, die die Wissenschaft nicht beweisen kann. Zum Beispiel das, was mir heute Vormittag passiert ist. Dein Vater weiß es inzwischen, aber du bist starrköpfiger als ein Esel. Solange es dir nicht selbst passiert, glaubst du es nicht. Und wahrscheinlich würdest du es nicht einmal dann glauben."

„Ich glaube dir doch", wiederholte Tomás so überzeugend wie möglich.

„Lügner", sagte seine Mutter. „Aber das macht nichts. Ich liebe dich trotzdem." Sie zog ihre Decke bis unter das Kinn und seufzte. „Wenn es euch nichts ausmacht, würde ich mich jetzt gern ausruhen. Ich hatte einen sehr bewegten Vormittag, und das ist mehr, als ich in meinem Alter verkrafte."

Sie rückte ihr Kissen zurecht und legte sich auf die Seite. Tomás beugte sich über sie, gab ihr einen Kuss auf die Stirn und schloss die Vorhänge. Dann gab er Maria Flor ein Zeichen, und sie verließen auf Zehenspitzen das Zimmer.

Auf dem Flur lag ein Patient auf einer Tragbahre, sonst war weit und breit niemand zu sehen.

„Ich muss mit einem Arzt sprechen", sagte Tomás. „Ich will verstehen, was mit meiner Mutter los ist."

„Doktor Colaço ist jetzt zu Tisch", sagte Maria Flor. „Er kommt aber heute Nachmittag wieder und will deine Mutter dann noch einmal genau untersuchen. Dann kannst du bestimmt mit ihm sprechen."

„Der Arzt ist beim Mittagessen?"

Maria Flor hielt ihm ihr linkes Handgelenk hin und deutete auf das Ziffernblatt ihrer Uhr.

„Es ist fast eins. Zeit, einen Happen zu essen, findest du nicht auch? Arzt hin oder her."

„Dann sollten wir uns wohl ein Beispiel an ihm nehmen."

Tomás hakte sich bei Maria Flor ein, und sie gingen Richtung Ausgang.

„Sag mal, das, was meine Mutter erzählt hat, ist doch nicht normal, oder?"

„Nein, normal ist es nicht", stimmte seine Freundin zu. „Aber sie scheint die Wahrheit zu sagen. Glaubst du ihr nicht?"

„Doch, sicher sagt sie die Wahrheit. Daran zweifle ich nicht im Mindesten. Meine Frage ist vielmehr, ob sich das wirklich alles so ereignet hat."

„Weißt du, ich habe schon Berichte von ähnlichen Fällen gelesen."

„Ja, ich weiß", sagte Tomás. „Schon Platon schilderte im 4. Jahrhundert vor Christus in *Die Republik* die Geschichte eines Soldaten, der auf dem Schlachtfeld starb und nach seiner Auferstehung erzählte, er habe eine Reise durch die Finsternis gemacht, bis ihm ein Licht erschienen sei und er gemeinsam mit einem Begleiter der Bilanz seines Lebens beiwohnte. Er hat das Ganze als sehr schöne und friedliche Erfahrung bezeichnet."

„Und was genau ist dein Problem?"

„Ich glaube das alles nicht. Ich habe das Gefühl, das sind Legenden oder Schwindeleien, die die Leichtgläubigkeit der Menschen ausnutzen. Wer würde nicht gern nach dem Tod weiterleben? Die Menschen sind leicht beeinflussbar, weil sie das glauben, was sie glauben möchten."

„Du glaubst also, deine Mutter lässt sich von irgendjemandem beeinflussen?"

Während sie die Gänge des Krankenhauses entlanggingen, ließ Tomás sich mit der Antwort Zeit. Dann schaute er Maria Flor an.

„Meine Mutter hat nun einmal Alzheimer…"

VIII

Sorgfältig beobachtete James Krongard das Wohnhaus, insbesondere den ersten Stock. Dann näherte der CIA-Agent sich der Gegensprechanlage und verglich das Namensschild. Er drückte die Klingel und wartete. Nichts. Er klingelte noch einmal, ebenfalls ohne eine Reaktion. Er wartete etwa zehn Minuten und klingelte erneut.

Überzeugt davon, dass tatsächlich niemand in der Wohnung war, drückte er eine Klingel im zweiten Stock.

„Ja, bitte?"

„Post für Professor Noronha."

„Sie irren sich, er wohnt eine Etage tiefer."

„Ich weiß, aber da antwortet niemand, und ich habe hier ein eiliges Telegramm aus dem Ausland für ihn."

Krongard hörte ein leises Summen, gefolgt von einem Klicken, und die Tür des Wohnhauses sprang auf. Ruhig und wie selbstverständlich ging er hinauf in den ersten Stock und blieb vor der Wohnungstür stehen. Er zog seine Handschuhe an, ging in die Knie und öffnete das Schloss mit einem Dietrich.

In der Wohnung schien alles ruhig zu sein. Er schlüpfte hinein und schloss lautlos die Tür hinter sich. Dann nahm er ein Zimmer nach dem anderen in Augenschein. Seine Zielperson war nicht zu Hause. Er musste nur warten, bis sie zurückkäme.

Um sich die Zeit zu verkürzen, ging er in die Küche und schaute in den Kühlschrank. Der war fast leer, aber in einer Ecke lag noch eine

Dose Bier. Krongard nahm sie heraus, öffnete sie und ging wieder ins Wohnzimmer, wo er es sich auf dem Sofa bequem machte. Er war es gewohnt, zu warten. Das gehörte zu seinem Leben als Geheimdienstagent. Und dieses Appartement war einer der angenehmeren Orte, nicht zu vergleichen mit seinen jüngsten Einsätzen in Kandahar und Peschawar. Dennoch hoffte er, dass sein Mann nicht allzu lange auf sich warten ließe und er noch rechtzeitig nach Hause käme, um das Spiel der Boston Celtics zu sehen. Vor allem jedoch hoffte er, dass er diesen Tomás Noronha kurz und problemlos ins Jenseits befördern könnte.

IX

Tomás und Maria Flor machten es sich auf der Estrade des Restaurants bequem, auf der auch eine Gruppe Studenten in schwarzen Soutanen und Umhängen die letzten Akkorde eines Fado spielten. Ihre Stimmen waren klangvoll, aber ohne Tremolos, wie es sich für den Fado Coimbras gehörte, dessen Sanftheit vor allem in seinem Text statt in seiner Melodie lag.

Leb wohl nun, meine liebe Stadt,
die mich so lang beherbergt hat.
Der Tag unserer Trennung scheint
gekommen; meine Seele, sie weint.

Süßer denn je klingt dein Gesang
Je näher rückt der Augenblick
des Abschieds. Dauert er auch nicht lang,
schau doch bedauernd ich ewig zurück.

Tosender Applaus feierte die Musiker, die daraufhin *Verdes Anos* anstimmten, und im Saal herrschte wieder andächtige Stille. Mit strahlenden Augen summte das Publikum die Melodie mit; keine andere Musik drückte die portugiesische Seele treffender aus als diese.

Kaum hatten die Studenten das Lied beendet, sprangen alle im Saal von ihren Stühlen auf und applaudierten.

„Dieses Lied macht mich immer ganz ergriffen“, sagte Maria Flor und wischte sich eine Träne aus dem Augenwinkel. „Jedes Mal, wenn ich es höre, habe ich das Gefühl, die Stimme Portugals zu hören.“

Tomás lächelte und wandte sich seinem Risotto zu. Die Atmosphäre war angenehm und entspannt. Dennoch begannen sie ihre Mahlzeit schweigend; Tomás war mit seinen Gedanken woanders.

„Hat der Arzt nicht mit dir gesprochen, nachdem meine Mutter ihm ihre Geschichte erzählt hat?“, fragte er plötzlich.

„Nein. Aber was beunruhigt dich genau daran? Findest du das alles so fantastisch?“

Er verharrte mit seiner Gabel in der Luft und betrachtete sie eine Weile lang, als ringe er mit sich, ob er sie wirklich zum Mund führen solle.

„Von einem wissenschaftlichen Standpunkt aus stellt sich die Frage sehr klar“, sagte er nachdenklich. „Entweder gibt es in unserem Kopf zwei verschiedene Einheiten – Seele und Gehirn – oder nur eine einzige, das Gehirn, in dem das Bewusstsein entsteht. Alle großen Religionen, mit Ausnahme des Buddhismus, sagen, dass es eine separate Seele gibt.“

„Die Vorstellung einer vom Körper getrennten Seele scheint mir natürlich zu sein“, stimmte Maria Flor zu. „Übrigens ist diese Idee sehr intuitiv. Wenn ich den starken Eindruck habe, dass es in meinem Körper ein inneres Ich gibt, das einzigartig und kontinuierlich ist, liegt es wohl daran, dass es tatsächlich existiert, oder?“

„Das stimmt. Aber egal, wie die Wissenschaft bislang nach zwei getrennten Einheiten gesucht hat, hat sie nur das Gehirn gefunden.“

„Deine Mutter hat Recht, du glaubst nur an die Wissenschaft.“

„Ich bin Akademiker und kann nichts akzeptieren, das nicht überzeugend bewiesen ist. Die Frage lautet doch wie folgt: Wenn wir eine Seele haben, wo ist sie? Wie interagiert die Seele mit dem Gehirn? Wenn unsere Erinnerungen in den Zellen unseres Gehirns gespeichert sind, und wenn diese mit unserem Tod ebenfalls sterben, wie soll es dann möglich sein, dass die körperlose Seele sich nach unserem Tod an Dinge erinnert, die uns zu Lebzeiten widerfahren sind? Das ist nicht möglich! Die Erinnerungen sind in den Gehirnzellen gespeichert, sie wabern nicht durch irgendeinen ätherischen Raum. Wenn die Gehirnzellen sterben, stirbt auch die Erinnerung.“

„Vielleicht gibt es einen Mechanismus, der das Überleben des Gehirns erklärt“, sagte Maria Flor. „Wie du weißt, erscheinen uns viele Dinge im Universum absurd, aber es gibt trotzdem eine vernünftige Erklärung für sie.“

„Sicher, aber wir brauchen Beweise.“

„Und wie erklärst du dann das Gefühl, das ich habe, mehr zu sein als nur mein Körper?“, fragte sie. „Wie erklärst du, dass wir alle den deutlichen Eindruck haben, ein bewusstes inneres Ich zu haben, das unabhängig vom Gehirn existiert?“

„Maya.“

„Wie bitte?“

„Maya ist ein Begriff des Buddhismus für die Illusion, in dem Sinne, dass eine Sache etwas anderes ist als das, was sie zu sein scheint. Buddha zufolge entsteht das menschliche Leiden aus der irrigen Vorstellung vom Ich, und es endet erst, wenn wir uns von unseren Begierden und Anhaftungen befreien.“

„Heißt das, dass es kein inneres Ich gibt? Mein Bewusstsein wäre nichts als eine Illusion? Das ist absurd!“

„Selbstverständlich gibt es das innere Ich“, beeilte Tomás sich zu sagen. „Aber es ist nicht das, was es uns zu sein scheint. Das innere Ich ist nur eine konventionelle Bezeichnung für ein komplexes Phänomen in Zusammenhang mit der Gehirnaktivität. Buddha hat erklärt, dass alles von allem abhängt. Der Eindruck, es gebe ein von meinem Gehirn unabhängiges inneres Ich, das ist *maya*; genauso ist der Eindruck, ich sei ein Individuum und du ein anderes, ebenfalls *maya*. Und die wissenschaftlichen Untersuchungen über das Bewusstsein gehen in die gleiche Richtung. Das innere Ich bezeichnet nichts kontinuierlich Existierendes, es ist eine von der Erinnerung geschaffene Illusion.“

„Du redest daher wie ein Materialist, als bestünde alles nur aus Energie und Materie. Wie kann ein Gehirn, das ja aus organischer Substanz besteht, etwas so Komplexes und Vielseitiges wie das Bewusstsein entstehen lassen?“

Das Thema war in der Tat nicht einfach. Tomás stocherte ein wenig in seinem Essen herum, während er überlegte, wie er seine Antwort am besten formulieren sollte.

„Wir wissen heute viele schier unglaubliche Dinge, zum Beispiel über die Entstehung der Materie und des Universums und über die Gesetze der Physik, aber wir wissen immer noch nicht, was in unserem Gehirn vor sich geht“, sagte er schließlich. „Das menschliche Gehirn ist das Komplexeste, was wir bisher im Universum entdeckt haben, das letzte große Geheimnis der Wissenschaft. Es besteht aus mehreren Milliarden Neuronen, zwei Hemisphären, vier Hauptbereichen, einer einheitlichen Substanz – der Großhirnrinde, auch Cortex genannt –, und das Ganze bildet eine gallertige Masse, die kaum fünfhundert Gramm wiegt. Die entscheidende Frage lautet, wie du schon gesagt hast: Wie ist es möglich, dass die Zellen des Gehirns, die Neuronen, die für sich genommen keine Gedanken erzeugen können, in ihrer Gesamtheit so fantastische Dinge produzieren wie die Vorstellungskraft, Träume, Gefühle von Liebe und Freundschaft, von Schönheit, Gerechtigkeit und Freiheit und von einem inneren Ich?“

„Genau deshalb muss es eine Seele geben. Eine andere Erklärung gibt es nicht.“

„Selbstverständlich gibt es eine. Der Beweis, dass das Bewusstsein die Folge der Gehirnaktivität ist, zeigt sich bei einer Gehirnschädigung oder der Einnahme von persönlichkeitsverändernden Drogen. Eine Gehirnverletzung kann das Bewusstsein tiefgreifend beeinflussen. Das Bewusstsein ist also nachweislich ein Ergebnis der Gehirnaktivität.“

„Aber wie funktioniert das? Wenn das Gehirn aus Zellen besteht, wie können diese das Bewusstsein entstehen lassen? Um zu sagen, dass das Bewusstsein ausschließlich ein Ergebnis der Gehirnaktivität ist, musst du zuerst erklären, wie das Bewusstscin entsteht.“

„Durch die emergenten Eigenschaften.“

Nach dieser lakonischen Antwort vertiefte Tomás sich wieder in den Inhalt seines Tellers. Maria Flor wartete einen Augenblick, ob er noch mehr als diese vier Worte sagen würde, aber er aß weiter, als habe sich jede weitere Erklärung erübrigt.

„Was soll das heißen?“, fragte sie ungeduldig nach. „Die emergenten Eigenschaften.“

Tomás legte sein Besteck zur Seite und zog einen Kugelschreiber aus seiner Tasche. Damit zeichnete er einen Buchstaben auf die Papiertischdecke.

„Was ist das?“, fragte er.

„Ein S. Wieso?“

Er schrieb weitere Buchstaben dazu.

„Und jetzt?“

„Na, jetzt hast du das Wort ‚schön‘ geschrieben. Worauf willst du hinaus?“

Tomás antwortete nicht. Stattdessen schrieb er weitere Worte auf die Tischdecke.

„Und jetzt?“

Seine Freundin lachte.

„Das ist ein Kompliment. Du lässt aber auch keine Gelegenheit aus ...“

„Stimmt, ich lasse keine Gelegenheit aus, die Wahrheit zu sagen“, bestätigte er lächelnd. „Was ich mit diesem kleinen Beispiel zeigen möchte, ist, dass jedes Wort für sich genommen eine Bedeutung hat, aber dass sie, wenn man sie auf eine bestimmte Weise zusammenbringt, einen zusätzlichen Sinn ergeben. Anders gesagt ist das Wort ‚schön‘ einfach die Summe der Buchstaben s, c, h, ö und n. Auf die gleiche Weise haben auch die anderen Worte einzeln betrachtet eine Bedeutung, aber wenn man sie mit anderen Worten verbindet, erhalten sie einen neuen Sinn. Sprich, der Satz ‚Das Leben ist schön, und du bist schön‘ ist viel mehr als einfach nur die Summe der Worte ‚ist, Leben, das, schön, du, und, bist‘.“

„Ich verstehe. Eine Fußballmannschaft ist mehr als die Summe der elf Spieler; eine Gruppe *fadistas* ist mehr als die Summe der vier Studenten.“

„Ganz genau. Und dieser Effekt beschränkt sich nicht auf die Sprache oder die Gesellschaftsstrukturen; es ist vielmehr ein in der Natur tief verankertes Prinzip. Beschreibe mir doch bitte, was ein Atom ist“, bat er.

„Ein Atom ist ein Elementarteilchen. Es hat einen Kern, der aus Protonen und Neutronen besteht, um den die Elektronen kreisen, etwa wie die Planeten um die Erde, nur in winzigen Dimensionen.“

„Ich würde die Elektronen nicht mit Planeten vergleichen, sondern eher mit Wolken, die den Kern umgeben“, entgegnete Tomás. „Aber ein Atom ist scheinbar etwas ganz Simples. Das, wodurch sich die Atome der verschiedenen Elemente voneinander unterscheiden, ist ausschließlich die Anzahl der Protonen im Kern. Und doch ist allein diese unterschiedliche Protonenzahl die Ursache emergenter Eigenschaften. Das Heliumatom weist ein ganz anderes Verhalten auf als das Sauerstoffatom, und doch besteht der einzige Unterschied zwischen den beiden darin, dass das Sauerstoffatom aus mehr Protonen und noch mehr Neutronen und Elektronen besteht als das Heliumatom. Wenn Atome sich zu Molekülen zusammenschließen, erhalten sie neue, oft erstaunliche Eigenschaften. Wenn ein Sauerstoffatom sich mit zwei Wasserstoffatomen verbindet, entsteht Wasser, aber wenn es eine Verbindung mit Kohlenstoff eingeht, entsteht etwas völlig anderes, nämlich Kohlenmonoxid. Nehmen wir ein anderes Beispiel. Die Molekülverbindung von Natriumatomen bildet ein silbergraues, stabiles Metall. Wenn diese jedoch mit anderen, ebenfalls stabilen Molekülen wie zum Beispiel Wasser in Kontakt treten, ereignet sich eine äußerst heftige Reaktion. Wie kommt es, dass zwei relativ stabile Moleküle wie die von Natrium einerseits, und Sauerstoff und Wasserstoff – also Wasser – andererseits, so lebhaft miteinander reagieren, wenn man sie zusammenbringt? Andererseits ist Chlor ein grünliches, giftiges Gas, aber wenn es mit Natrium eine Verbindung eingeht, entsteht unser Speisesalz.“

„Ich beginne zu verstehen, worauf du hinaus willst“, sagte Maria Flor. „Das Ganze ist mehr als die Summe seiner Einzelteile, und die emergenten Eigenschaften bestimmen die Verhaltensweisen von Physik und Chemie."

„Das ist noch nicht alles", fuhr Tomás fort. „Dieses Phänomen enthüllt eine ganz grundlegende Eigenschaft der Natur. Wir erkennen im Laufe der Zeit, dass das Universum aus unterschiedlich komplexen Schichten besteht, wobei das jeweils höhere Niveau mehr als die Summe der Einzelteile des vorhergehenden Niveaus ist. Die Physik ist relativ einfach, sie ist auf eine bestimmte Anzahl an untereinander identischen Mikropartikeln beschränkt, die sich zu Atomen mit durchaus unterschiedlichen Eigenschaften verbinden. Wenn diese Atome wiederum mit anderen Atomen in Kontakt kommen, bilden sich sehr vielseitige Molekülverbindungen mit ebenfalls sehr unterschiedlichen Eigenschaften. Damit begibt die Materie sich auf das Gebiet der Chemie. Und es geht weiter. Die Moleküle gehen untereinander zunehmend komplexe Verbindungen ein; manche bilden Aminosäuren und Proteine, dank deren neu auftretender Eigenschaften sie dann über ganz andere, sogenannte teleologische Eigenschaften verfügen, das heißt, sie haben ein eigenständiges Ziel: das Leben."

„Das Leben ist eine emergente Eigenschaft?"

„Haargenau. Unser Körper besteht aus Wasserstoff, Sauerstoff, Kohlenstoff und anderen Atomen, die absolut identisch sind mit den Atomen in der Luft, in den Steinen oder auf einem x-beliebigen Planeten am anderen Ende des Weltalls. Die Grundbausteine sind stets die gleichen; was die Dinge voneinander unterscheidet, ist die Komplexität der Interaktion dieser Atome und die neu auftretenden Eigenschaften, die sich auf jeder weiteren Komplexitätsstufe ergeben. Das Leben selbst besteht aus mehreren aufeinander aufbauenden Komplexitätsstufen, wobei jede Stufe neue Eigenschaften mit sich bringt. Ein Bakterium und ein Insekt unterscheiden sich voneinander durch ihr Komplexitätsniveau, und das gleiche gilt für ein Insekt und eine Ratte, eine Ratte und einen Affen und einen Affen und einen Menschen. Auf der Elementarebene sind wir alle gleich: Wir bestehen aus Aminosäuren,

Proteinen, etc. Was uns unterscheidet, ist die unterschiedlich komplexe Anordnung der Moleküle und ihre jeweils neuen Eigenschaften."

„Das ist wirklich interessant", sagte Maria Flor. „Aber was willst du mit all dem sagen?"

Tomás tippte sich an die Schläfe.

„Das Bewusstsein ist eine emergente Eigenschaft", erklärte er weiter. „Das heißt, das Bewusstsein ist ein Ergebnis der zunehmenden Komplexifizierung des Gehirns."

„Wie bitte?"

„Zunächst einmal ist es wichtig zu wissen, dass wir gewissermaßen nicht ein einziges Gehirn haben, sondern mehrere Gehirne, die ineinander verschachtelt sind. Anders gesagt, haben wir unsere Gehirnteile von unseren entfernten Vorfahren geerbt, darunter auch die Insekten und Reptilien; im Laufe der Evolution haben wir diese nicht etwa verloren und durch neue ersetzt, sondern in ein insgesamt größer werdendes Gehirn integriert."

Maria Flor tat entsetzt.

„Willst du mir etwa sagen, ich hätte das Gehirn eines Käfers und einer Eidechse?"

Tomás lachte herzhaft.

„Gewissermaßen ja. Aber es versteht sich von selbst, dass dein Gehirn viel schöner ist …"

„So so, versuch nur, mich mit deinen Komplimenten einzuwickeln", sagte sie und unterdrückte ein Lächeln. „Was hat das alles denn jetzt mit dem Bewusstsein zu tun?"

„Alles", antwortete er. „Stellen wir uns eine Reise in die Zeit vor, als das Leben entstanden ist. Niemand weiß wirklich, wie diese Entwicklung genau vonstatten gegangen ist, aber es wird angenommen, dass die in der Natur vorkommenden Moleküle sich untereinander verbunden haben, bis Zellen entstanden sind, die dann angefangen haben, sich unabhängig – ‚teleologisch' – zu verhalten. Das war der Übergang von der Chemie zur Biologie."

„Du meinst also die ersten Mikroorganismen …"

„Genau. Das teleologische Verhalten der ersten Mikroorganismen entsprach einer Binärreaktion zwischen null und eins. Null bedeutet positiv, eins bedeutet negativ. Die ersten Mikroorganismen näherten sich positiven Elementen, um zu überleben, und sie hielten sich fern von negativen Elementen, die ihnen schadeten. Das ist alles. Sie hatten keinerlei Bewusstsein, ihr Verhalten war eine automatische Reaktion nach dem Binärprinzip; entweder näherten sie sich einer Sache an, oder sie entfernten sich von ihr. Bei diesem Prozess haben die Mikroorganismen Interessen entwickelt, wenn auch zunächst sehr primäre Interessen oder Vorlieben. Sie haben angefangen, sich für das zu interessieren, was außerhalb von ihnen passierte. Das Äußere erhielt eine Bedeutung, ebenso wie das Innere. Die Organismen fingen also an, zwischen sich und ihrer Umgebung zu unterscheiden – ein absoluter Meilenstein in der Evolution."

„Wieso? Was ist daran so besonders?"

Tomás dachte einen Moment lang nach.

„Versuch mal, etwas Speichel hinunterzuschlucken", sagte er dann.

Maria Flor lachte, aber tat, was er wollte.

„In Ordnung. Und jetzt?"

Er deutete auf ein leeres Glas.

„Und jetzt spucke einmal in dieses Glas und versuche, auch diesen Speichel hinunterzuschlucken."

„Was? Um Himmels Willen!", rief sie angewidert aus. „Das ist ja ekelhaft!"

Tomás lächelte zufrieden.

„Bist du dir bewusst, dass deine Reaktion, die im Übrigen völlig menschlich ist, absolut unlogisch ist? Wieso fandest du es in Ordnung, deinen Speichel zu schlucken, als du ihn im Mund behalten hast, während du den Gedanken, deinen Speichel aus einem Glas zu schlucken, abstoßend fandest? War es nicht beide Male der gleiche Speichel? Worin besteht der Unterschied?"

„Ja, so gesehen hast du recht …“

„Die Art und Weise, wie Lebewesen strikt zwischen sich selbst und ihrer Umgebung unterscheiden, scheint programmiert und tief in ihrem Gehirn verankert zu sein, und es findet sich in allen biologischen Prozessen wieder. Ich bin ich, und alles außerhalb meines Körpers gehört nicht zu mir. Diese grundlegende Unterscheidung kam bereits mit dem Binärprinzip der Mikroorganismen auf – vor etwas Negativem fliehen oder sich etwas Positivem nähern – und es hat sich immer weiter entwickelt, ist komplexer und ausgereifter geworden, bis sich das Nervensystem gebildet hat. Die Berechnungen wurden komplizierter, weil die Organismen detailliertere Informationen über ihre Umgebung brauchten, um zu entscheiden, ob sie kämpfen, fliehen, überleben und sich womöglich gar vermehren konnten. Am Anfang hatten diese Lebewesen keinen Plan, sie näherten sich einem Objekt oder entfernten sich davon. Punkt. Aber mit zunehmender Komplexität des Nervensystems wurde planvolles Handeln möglich. Wie sollten sie sich Nahrung beschaffen? Wo? Wie sich vor Kälte schützen? Wie eine Gefahr erkennen? Wie einem Fressfeind entkommen? Auf der grundlegenden Entscheidung zwischen Flucht und Annäherung sind letztlich die Gedanken entstanden.“

„Aha, ich verstehe“, sagte Maria Flor. „Aus dem binär gesteuerten Verhalten zwischen ‚ja‘ und ‚nein‘ haben sich komplexere Reaktionsweisen entwickelt, dann gab es erste überlebenswichtige Entscheidungen, gefolgt von einfachem Pläneschmieden, und zuletzt entstand das Bewusstsein. Jede neue Stufe ist eine Weiterentwicklung der vorherigen, stimmt’s?“

„Ja, im Großen und Ganzen ist es so. Ein beträchtlicher Teil unseres Gehirns setzt sich aus primitiveren Gehirnformen zusammen, deren Funktion sich ursprünglich auf eine automatische Wahl zwischen ‚ja‘ und ‚nein‘ beschränkte. Aber das Bewusstsein ist kein Phänomen, das spontan entstanden ist; es hat sich mit zunehmender Entwicklung des Gehirns ausgebildet. Wir wissen heute, dass Insekten und Reptilien kein Bewusstsein haben, die Wirbeltiere jedoch schon. Es scheint so, als wäre das Bewusstsein vor etwa zweihundert Millionen Jahren auf unserem Planeten aufgekommen, als die ersten Wirbeltiergehirne mit einem primitiven Cortex auftraten, wodurch sie einen Evolutionsvorteil gegenüber den Reptilien hatten. Wir haben diese primitiven Gehirnteile behalten, was bedeutet, dass der bei weitem größte Teil unseres Gehirns unbewusst funktioniert. Im Grunde ist es das Gehirn, das den Herzschlag regelt und die Funktionsweise der Verdauungsorgane, der Nieren und letztlich des gesamten Körpers koordiniert, ohne dass das Bewusstsein irgendetwas davon mitbekommt. Es gibt Berechnungen, denen zufolge das menschliche Gehirn etwa elf Millionen Bit pro Sekunde auf unbewusster Ebene verarbeitet und gerade einmal fünfzig Bit bewusst wahrgenommen und analysiert werden."

Er schrieb die beiden Zahlen auf die Papiertischdecke.

bewusst = 50 Bit
unbewusst = 11 000 000 Bit

„Aber wozu dient das Bewusstsein dann? Wenn das Gehirn alles automatisch steuern kann, wozu dient das innere Ich, das sich seiner eigenen Existenz bewusst ist?", fragte Maria Flor.

„Um zu planen", sagte Tomás. „Das menschliche Gehirn ist eine Planungsmaschine, und das Bewusstsein ist nötig, damit wir die Welt besser verstehen und auf komplexere und abstraktere Art und Weise planen können. Deshalb sind die Vernunft und das Bewusstsein ein entscheidender Trumpf der Evolution. Ohne Bewusstsein hätten wir weder das Rad noch die Schrift erfunden, wir würden keine Autos, keine Teleskope und keine Computer bauen. Das Bewusstsein erlaubt es uns, das Universum zu beobachten und einige seiner Eigenschaften für uns zu nutzen."

„Was ist also von dem, was deine Mutter erlebt hat, zu halten?", kam Maria Flor auf ihr Ausgangsthema zurück. „Wie erklärst du es, dass deine Mutter gestorben ist und diese intensive Erfahrung gemacht hat, obwohl das EEG keinerlei Hirnaktivität nachweisen konnte?“

Tomás warf einen Blick auf seine Uhr und winkte dann dem Kellner, die Rechnung zu bringen.

„Es ist schon spät“, sagte er. „Lass uns ins Krankenhaus zurückgehen. Der Arzt wird uns hoffentlich diese Frage beantworten.“

X

Nachdenklich betrachtete James Krongard die Staubschicht auf den Tischen und Regalen des Appartements. Kopfschüttelnd fuhr mit einem Finger über den kleinen Beistelltisch im Wohnzimmer und dachte kurz nach.

„Entweder ist dieser Noronha ein altes Dreckschwein, oder …“

Warum hatte er nicht schon früher daran gedacht? Diesem Staub nach zu urteilen, verbrachte der Mann nicht viel Zeit zu Hause. Er würde also vermutlich nicht vor dem Abend zurückkommen. Wenn überhaupt. Wahrscheinlich hatte er ja auch irgendwo eine Freundin, bei der er nach seiner Rückkehr aus Genf ein paar Tage verbringen würde. In dem Fall könnte er ewig hier warten, überlegte er und beschloss, weitere Nachforschungen anzustellen. Er vertiefte sich also erneut in die Akte über Tomás Noronha, die Harry Fuchs ihm eine Stunde zuvor geschickt hatte, zusammen mit dem Befehl, ihn festzunehmen und nach Langley zu bringen. Abgesehen von der Notiz, die Frank Bellamy hinterlassen hatte und den wichtigsten Angaben zur Identität des Verdächtigen, enthielt die Akte auch drei Fotos, seine Handynummer und Wohnadresse, wo Krongard sich gerade befand. Vielleicht könnte er seinen Mann ja auch woanders ausfindig machen. Aus der Akte ging hervor, dass Noronha an der Neuen Universität Lissabon gelehrt hatte und jetzt für die Gulbenkian-Stiftung als wissenschaftlicher Berater arbeitete.

Krongard suchte die Telefonnummer der Stiftung und wählte.

„Gulbenkian-Stiftung, guten Tag“, begrüßte ihn eine freundliche Frauenstimme. „Was kann ist für Sie tun?“

„Ich würde gern mit Professor Noronha sprechen.“

„Ich verbinde Sie mit seinem Büro. Einen Moment bitte.“

Es ertönte eine Wartemelodie, dann meldete sich eine andere, deutlich sachlicher klingende junge Frau.

„Guten Tag. Bitte?“

„Guten Tag, ich rufe von der Harvard Universität an“, log Krongard, um seinen amerikanischen Akzent zu erklären. „Kann ich Professor Noronha sprechen?“

„Ich fürchte, das ist nicht möglich. Er ist vorhin weggegangen.“

„Könnten Sie mir sagen, wo ich ihn finden kann? Es geht um eine äußerst wichtige Angelegenheit.“

„Heißt das, es geht um dieses ... wie war doch gleich der Name ... *die Tabula Smigri ... Sagmari* ... Na ja, Sie wissen schon, was ich meine?“

Der CIA-Agent zog eine Grimasse. Er hatte keine Ahnung, wovon die Sekretärin sprach, aber das konnte er ja schlecht zugeben.

„Nein, nein, es geht um etwas anderes“, beeilte er sich zu sagen.

„Hören Sie, ich fürchte, Sie werden ihn heute nicht mehr erreichen. Können Sie es morgen noch einmal probieren? Seine Mutter ...“

Albertina zögerte. Das ging den Amerikaner ja eigentlich nichts an. Aber Krongard reagierte schnell.

„Was ist mit seiner Mutter?“, hakte er nach.

„Nun ja, sie hatte einen ... Professor Noronha fährt gerade zu ihr.“

„Oh weh“, heuchelte Krongard Mitgefühl. „Geht es ihr nicht gut? Das wäre nämlich ein Grund mehr, dass ich mit ihm spreche. Immerhin gibt es an unserer Universität einige der besten Ärzte der Welt. Kann ich ihn vielleicht auf dem Handy erreichen?“

„Leider nicht, das ist ausgeschaltet, ich habe es auch schon ein paar Mal probiert“, sagte Albertina.

Auf die Frage, wo Tomás' Mutter sich denn aufhielte, gab sie jedoch keine Antwort mehr, und um keinen Verdacht zu erregen, versprach Krongard schließlich, sich am nächsten Tag wieder zu melden.

Kaum hatte er die Verbindung getrennt, wählte er die vertraute Nummer der Zentrale in Langley.

Wenige Minuten später erhielt er den ersehnten Rückruf.

„Sie lebt im SeniFit", sagte der Kollege und gab ihm die Adresse durch.

Mit zufriedenem Grinsen legte Krongard auf und stürmte aus der Wohnung. Sein nächstes Ziel hieß Coimbra.

XI

Unruhig ging Tomás im Zimmer seiner Mutter auf und ab. Das Bett war leer, und auf der Toilette war seine Mutter auch nicht.

„Wo ist sie bloß?“, fragte er nervös. „Glaubst du, ihr ist wieder etwas zugestoßen?“

„Wir sollten besser eine Krankenschwester fragen“, sagte Maria Flor.

Sie verließen also den Raum und gingen ins Stationszimmer.

„Hallo“, grüßte Tomás. „Wissen Sie, wo meine Mutter ist?“

Die Schwester, eine rundliche Rothaarige, blickte von ihrem Computer auf und nahm ihre Brille ab, um den Besucher besser zu betrachten.

„Guten Tag“, sagte sie ruhig. „Wie heißt denn bitte Ihre Mutter?“

„Graça Noronha, Zimmer sechzehn. Vor zwei Stunden war sie noch dort. Wissen Sie, wo sie jetzt ist?“

Die Schwester setzte ihre Brille wieder auf und wandte sich ihrem Computer zu.

„Zimmer sechzehn, sagen Sie? Schauen wir mal …“ Sie tippte etwas auf ihrer Tastatur und wartete, bis die Patientendaten auf dem Bildschirm angezeigt wurden. „Ah ja, hier. Zimmer sechzehn.“ Sie zog überrascht die Augenbrauen zusammen. „Sie meinen Frau Noronha, die Dame, die heute gestorbcn ist?“

Tomás riss die Augen entsetzt auf.

„Sie ist jetzt also doch …?“

Die Krankenschwester nahm ihre Brille abermals ab und schaute ihn an.

„Na ja, tot … das ist so eine Redensart. Ihre Mutter lebt, seien Sie unbesorgt. Aber wir haben ihr den Spitznamen ‚die auferstandene Tote' gegeben."

Tomás atmete erleichtert auf.

„Sie haben mir einen ordentlichen Schreck eingejagt! Ich dachte schon, sie sei … Können Sie mir sagen, wo sie jetzt ist?"

Die Stationsschwester blickte auf ihren Bildschirm.

„Doktor Colaço macht gerade einige Untersuchungen", sagte sie. „Ihre Mutter ist in der Kardiologie."

Als Tomás und Maria Flor dort eintrafen, lag sie auf einer Bahre, mit einem Wirrwarr aus Kabeln an einen Elektrokardiographen angeschlossen. Eine Schwester überwachte die Werte und machte sich Notizen. Neben ihr stand ein Mann mittleren Alters in einem weißen Kittel. Sein Kopf war fast vollständig kahl; nur ein paar Haarbüschel hinter den Ohren hielten noch stand.

„Da sind die jungen Leute ja wieder", begrüßte Graça sie strahlend. „Ich habe meinen Test fast bestanden." Sie deutete auf den Mann im weißen Kittel. „Der Doktor hat mir gesagt, wenn alles in Ordnung ist, kann ich heute noch entlassen werden."

„Wirklich?", wunderte sich Tomás. „So schnell?"

Sie lächelte.

„Das hat er gesagt."

„Dann lassen wir dich mal wieder allein, bis die Untersuchungen abgeschlossen sind."

Sie gingen zum Büro von Doktor Colaço, der Maria Flor sofort erkannte.

„Guten Tag. Sie sind also gekommen, um zu sehen, wie es der Dame geht?"

„Ganz genau, Herr Doktor. Und das hier ist Professor Noronha, ihr Sohn. Er kommt gerade aus Lissabon."

Die beiden Männer schüttelten einander die Hände, und Doktor Colaço deutete auf zwei Stühle vor seinem Schreibtisch.

„Nehmen Sie doch Platz. Wenn bei dem EKG alles in Ordnung ist, kann Ihre Mutter noch heute entlassen werden."

„Ist das nicht etwas riskant?", fragte Tomás. „Immerhin hatte sie einen Herzinfarkt mit längerem Herzstillstand. Wäre es nicht sicherer, sie noch eine gewisse Zeit zu überwachen?"

„Das wäre in der Tat das übliche Vorgehen", stimmte der Arzt zu. „Aber die bisherigen Untersuchungsergebnisse sind gut, und um ehrlich zu sein, brauchen wir das Bett. Einige Betten stehen sogar schon auf dem Flur. Außerdem ist gerade ein sehr schwieriger Fall eingeliefert worden, für den wir das Einzelzimmer benötigen. Wir könnten sie allenfalls im Gang hierbehalten."

„Das kommt gar nicht in Frage!", unterbrach ihn Tomás.

„Das dachte ich mir schon", beeilte sich der Kardiologe zu sagen. „Deshalb, und weil die Untersuchungsergebnisse bisher sehr gut sind und das Pflegeheim von Frau Sequeira nur einen Katzensprung entfernt ist, denke ich auch, dass Ihre Mutter dort besser und angenehmer aufgehoben ist. Außerdem hat man mir versichert, dass es im Heim einen Defibrillator gibt. Im Notfall lässt sich also die Zeit, bis ein Rettungswagen kommt, überbrücken. So, wie heute morgen."

„Aber finden Sie es nicht dennoch riskant, sie so früh zu entlassen?"

„Ich glaube, ihr Zustand ist stabil. Nichtsdestotrotz sollte Ihre Mutter während der nächsten Woche jeden Morgen zur Kontrolle hierher kommen. Für den Fall, dass ich irgendein Anzeichen eines Problems feststellen sollte, würde ich sie umgehend wieder einweisen."

Die Argumentation des Arztes war einleuchtend.

„Gut, so machen wir es", stimmte Tomás zu. „Wie steht es denn eigentlich um ihr Herz und ihr Gehirn? Sind die Ergebnisse normal?"

„Angesichts der Tatsache, dass Ihre Mutter an Alzheimer leidet, würde ich sagen, ja."

Tomás kratzte sich am Kopf und überlegte, wie er seine nächste Frage formulieren könnte.

„Doktor Colaço, meine Mutter hat mir eine bizarre Geschichte erzählt, die sich während ihres Herzstillstands ereignet haben soll. Mit Ihnen hat sie auch darüber gesprochen, nicht wahr?“

„Sie meinen ihr Nahtoderlebnis mit außerkörperlicher Erfahrung?“

„Haargenau. Glauben Sie, das war ein Symptom der Alzheimerkrankheit?“

Der Arzt schüttelte den Kopf.

„Nein, das denke ich nicht.“

„Sind Sie sich sicher? Immerhin geht es bei dieser Krankheit um eine fortschreitende Degeneration des Nervensystems. Es könnte also doch sein, dass das zu Halluzinationen führt …“

Doktor Colaço warf einen Blick auf seine Uhr.

„Was halten Sie davon, einen Kaffee zu trinken? Dann kann ich Ihnen in Ruhe erklären, was wir über Nahtoderfahrungen wissen.“

Entschlossen stand der Arzt auf und deutete auf die Tür.

„Gehen wir. Ihre Mutter hat heute Vormittag in der Tat dem Tod ins Auge geblickt.“

XII

Ratternd landete der Hubschrauber auf der Landefläche des Flughafens von Tires. Das rhythmische Kreisen seiner Rotorblätter wirbelte die Luft auf. James Krongard stand mit seinem Köfferchen am Rand der Piste und blickte unwirsch auf die Uhr.

Ein übergewichtiger Mann mit einer gelben Warnweste kam schnellen Schrittes auf ihn zu.

„Herr Krongard?“, rief er.

„Der bin ich.“

Der Lotse deutete auf die weiß-blaue Maschine, eine Bell 206. Noch mit kreisendem Rotor öffnete sich die Passagiertür.

„Das ist die Maschine, die Ihre Botschaft so dringend angefordert hat“, schrie der Mann über den Lärm hinweg. „Passen Sie auf, denn wenn die Rotorblätter Sie erwischen, gibt das gewaltige Kopfschmerzen.“ Er grinste. „Also Kopf runter, verstanden?“ Er klopfte Krongard auf die Schulter. „Guten Flug!“

Ohne sich die Mühe einer Antwort zu machen, eilte der Amerikaner in gebückter Haltung zum Hubschrauber. Der Lärm war wirklich ohrenbetäubend.

„Hier!“, brüllte der Pilot und reichte ihm einen roten Helm. „Setzen Sie den auf, und legen Sie den Gurt an.“

Krongard tat, wie geheißen. Bei seinen Einsätzen in Afghanistan und Pakistan war er schon mehrfach mit einem Hubschrauber geflogen.

„Bereit“, sagte er einen Augenblick später.

Der Pilot vergewisserte sich, dass Helm und Sicherheitsgurt korrekt angelegt waren, dann schaltete er das Funkgerät ein und bat um Starterlaubnis.

Kaum hatte er vom Tower grünes Licht erhalten, steigerte sich der Lärm noch einmal beträchtlich, und die Maschine erhob sich in die Luft. Sie gewann rasch an Höhe und wirbelte den Staub von der Piste auf.

Krongard schaute auf die Uhr.

„Wann sind wir in Coimbra?“

„In einer halben Stunde“, sagte der Pilot und nahm Kurs nach Norden. „Vielleicht eher.“

XIII

Erstaunt erkannte Tomás, wo Doktor Colaço sie hingeführt hatte. Sie waren nicht etwa in der Cafeteria oder der Personalküche, sondern im Aufenthaltsraum der psychiatrischen Abteilung, zusammen mit zahlreichen Patienten. Sie setzten sich an einen Tisch am Fenster zu einem Mann, dem der Speichel aus dem Mund lief. Während der Kardiologe die Getränke holte, fragte Tomás sich, welche Botschaft er ihnen wohl mitteilen wollte. Wieso waren sie ausgerechnet hier?

Als Doktor Colaço mit drei dampfenden Kaffeebechern zurückkam, musste er über Tomás' Gesichtsausdruck schmunzeln.

„Wissen Sie, wenn mir ein Patient von einer Nahtoderfahrung berichtet, komme ich immer gern in die Psychiatrie, um mein inneres Gleichgewicht wiederzufinden", sagte er und wies auf den Saal. „Das erinnert mich daran, dass es die Wissenschaft noch gibt, wenn Sie verstehen, was ich meine?"

„Ich bin mir nicht sicher."

Der Mediziner schaute sich suchend um und deutete dann auf einen der Patienten in der Nähe des Eingangs.

„Sehen Sie den Mann, der dort neben der Tür sitzt?"

„Welchen? Den, dessen linke Hand vor die Brust gebunden ist?"

„Genau. Er heißt Jorge. Wissen Sie, weshalb seine Hand verbunden ist?"

„Weil er sich verletzt hat?"

„Nein“, sagte der Arzt kopfschüttelnd. „Seine linke Hand hat versucht, ihn zu töten.“

„Wollen Sie damit sagen, dass er zum Selbstmord neigt?“

„Ganz und gar nicht. Jorge Cristovão ist ein völlig normaler Mann, aber er lebt in ständiger Angst, seit seine linke Hand versucht hat, ihn umzubringen. Eines nachts ist er aus dem Schlaf hochgefahren, weil er keine Luft mehr bekam und einen heftigen Schmerz an der Kehle verspürte. Es war seine linke Hand, die dabei war, ihn zu erwürgen. Panisch packte er sie mit der rechten Hand und schaffte es nach einem verzweifelten Kampf, sich zu befreien. Seitdem ist seine linke Hand fixiert.“

Tomás und Maria Flor betrachteten den Mann und versuchten zu erahnen, was wohl zwischen ihm und seiner linken Hand vorgefallen war. Er sah äußerlich ganz ruhig aus, wie er dasaß und zerstreut mit einem melancholischen Ausdruck seinen Tee trank.

„Wie ist das möglich?“, fragte Maria Flor, ohne den Blick von dem Patienten zu wenden. „Wie kann eine Hand derart eigenmächtig handeln?“

„Das ist ein sehr seltenes Phänomen und heißt Fremde-Hand-Syndrom. Bevor seine Hand fixiert wurde, hat Jorge sehr ungewöhnliche Dinge erlebt. Eines Tages beispielsweise, während er mit der rechten Hand sein Hemd zuknöpfte, stellte er fest, dass seine linke Hand die Knöpfe wieder öffnete. Nicht selten, wenn er etwas mit rechts festhielt, machte sich die linke Hand scheinbar einen Spaß daraus, es ihm wieder zu entreißen. Er wusste nicht mehr, was er tun sollte.“

„Wie schrecklich.“

„Jetzt frage ich Sie: Was bedeutet dieses Phänomen, und worin besteht der Zusammenhang mit der Nahtoderfahrung von Graça Noronha?“

„Nun ja …“, sagte Maria Flor zögernd. „Etwas hat Besitz von seiner Hand ergriffen.“

„Ja, aber was? Ein Geist?“

„Warum nicht?“

„Und wenn ich Ihnen sagen würde, dass das alles erst angefangen hat, nachdem er einen Infarkt im linken Frontallappen hatte, der einen Teil seines Gehirns, den Corpus Callosum, um genau zu sein, geschädigt hat?“

„Oh!“

„Auf den ersten Blick sieht es so aus, als sei die linke Hand dieses Mannes von einem fremden Geist besessen. Aber bei genauerem Hinsehen merkt man, dass dieses bizarre Phänomen erst nach einer Hirnverletzung aufgetreten ist. Anders gesagt, das, was zunächst ein Fall von Spiritismus zu sein schien, hat eine rein neurologische Erklärung.“ Er schaute sich erneut im Raum um. „Jetzt sehen Sie sich die Dame mit der blauen Bluse dort an.“

„Welche? Die, die gerade ein Selbstgespräch führt?“

„Ja. Frau São hat drei unterschiedliche Persönlichkeiten. Mal ist sie die autoritäre Vera, mal die ängstliche Alexandra und mal die unflätige Luisa, eine unerträgliche Furie. Jede Persönlichkeit hat ihren eigenen Namen, ihre eigene Biografie und ihr eigenes Leben. Könnte man nach dem, was Ihre Mutter heute Vormittag erlebt hat, nicht sagen, dass in Frau São drei unterschiedliche Seelen wohnen?“

„Ja, durchaus.“

„Tatsächlich leidet sie an einer multiplen Persönlichkeitsstörung, ein relativ weit verbreitetes Problem. Tausende von Menschen haben eine multiple Persönlichkeit mit zwei, drei oder sogar sechzehn unterschiedlichen Identitäten. Die Forschung zeigt, dass fast all diese Patienten etwas gemeinsam haben: In ihrer Kindheit waren sie Opfer schwerer Gewalt, häufig sexueller Natur. Daraus hat man gefolgert, dass ihre Gehirne die multiplen Persönlichkeiten erschaffen haben, um sich vor dieser Gewalt zu schützen. Sie haben quasi ihr Trauma in bestimmte Bereiche ihres Bewusstseins verbannt, so dass die Gewalt scheinbar nur eine ihrer Persönlichkeiten betrifft. Doch auch da hat kein Geist seine Hand im Spiel. Es ist das Unbewusste dieser

Menschen, das die multiplen Persönlichkeiten erschafft, um sich zu schützen."

„Einverstanden, diese verschiedenen Persönlichkeiten lassen sich durch Traumata aus der Kindheit erklären. Aber es wurde doch nie ein physisches Merkmal im Gehirn entdeckt, das in ein und demselben Körper mehrere Persönlichkeiten entstehen lässt."

„Doch, stellen Sie sich vor", entgegnete der Arzt und zeigte auf einen Mann am Nachbartisch, der in einem Buch las. „Das ist Herr Abel. Wegen einer schweren Epilepsie musste bei ihm der Corpus Callosum, der die beiden Gehirnhälften miteinander verbindet, durchtrennt werden. Bei einem gesunden Menschen können die Hemisphären des Gehirns miteinander kommunizieren, aber ohne den Corpus Callosum ist dies nicht mehr möglich. Meine Kollegen aus der Psychiatrie haben den Patienten einigen Tests unterzogen, und wissen Sie, was sie ergeben haben? Dass er zwei verschiedene Wesenheiten in seinem Kopf hat, von denen jede über ihre eigenen Empfindungen und ihren eigenen Willen verfügt. Allerdings ist nur die der linken Hemisphäre in der Lage, sich sprachlich auszudrücken, weil das Sprachzentrum in der linken Gehirnhälfte liegt."

Maria Flor atmete hörbar ein.

„Gut, das habe ich verstanden. Sie denken, dass es für die Nahtoderfahrung von Frau Noronha eine klinische Erklärung gibt …"

„Das habe ich nicht gesagt", korrigierte Doktor Colaço. „Ich habe nur gesagt, dass aus psychiatrischer Sicht bestimmte Phänomene nicht das sind, was sie zu sein scheinen. Oft genug denkt man, etwas habe eine äußere Ursache, während es sich in Wirklichkeit nur im Gehirn ereignet."

„Das erinnert mich an diese klassische philosophische Frage", sagte Tomás. „Wenn ein Baum in einem Wald umfällt und kein Mensch in der Nähe ist, der es hören kann, hat es dann ein Geräusch gegeben?"

Maria Flor machte große Augen.

„Aber selbstverständlich!", rief sie. „Es ist doch wohl unerheblich, ob jemand da ist, der es hören kann, um zu sagen, dass es ein Geräusch gegeben hat. Soweit ich weiß, gibt es solche Dinge unabhängig von uns."

„Glaubst du wirklich?"

„Absolut."

„Nun, schauen wir es uns einmal an." Tomás setzte sich gerade hin und sah ihr in die Augen. „Was ist ein Geräusch? Es ist das Ergebnis von Molekülbewegungen in einem bestimmten Milieu wie zum Beispiel Luft oder Wasser. Wenn ein Baum zu Boden stürzt, werden die Luftmoleküle bewegt und erzeugen Schwingungen, die sich wellenförmig ausbreiten. Bei einer Frequenz zwischen zwanzig und zwanzig Millionen Schwingungen pro Sekunde überträgt sich diese Druckveränderung auf eine Membran namens Trommelfell, wodurch die mechanische Bewegung in elektrische Impulse übersetzt und an einen Nerv übertragen wird." Er hob den rechten Zeigefinger, um die Wichtigkeit dessen, was er sagen wollte, zu betonen. „Achtung: Das Trommelfell hat kein Geräusch registriert, sondern wurde von schnellen Schwingungen, die zu einer Veränderung des Luftdrucks geführt haben, selbst in Schwingung versetzt. Der Hörnerv wird also entsprechend dem Rhythmus der Molekülschwingungen erregt und erzeugt seinerseits ein Phänomen, das wir als Geräusch bezeichnen. Das Gehirn hätte diesen Reiz genauso gut in ein Bild übersetzen können, aber es hat sich nun mal für einen akustischen Sinneseindruck entschieden. Ein tauber Mensch beispielsweise kann kein Geräusch wahrnehmen, auch wenn er Luftschwingungen auf seiner Haut sehr wohl spürt."

„Genau. Die Töne, so, wie wir sie kennen, werden in unserem Gehirn produziert", fasste Doktor Colaço zusammen. „Das gleiche gilt auch für unseren Sehsinn." Er deutete auf eine Lampe an der Decke des Raums. „Diese Lampe emittiert kleine Pakete elektromagnetischer Wellen, wobei weder die Elektrizität noch der Magnetismus für sich genommen sichtbare Phänomene sind. Wenn diese elektromagnetischen Wellen jedoch mit einer Frequenz zwischen vier- und siebenhundert Nanometern auf ein menschliches Auge treffen, regt ihre

Energie die Sehzellen der Netzhaut an, die sie wiederum in elektrische Impulse übersetzt und über den Sehnerv zum Okzipitallappen des Gehirns leitet, der sich im Hinterkopf befindet. Wenn die Nervenzellen diese Impulse empfangen, werden sie aktiviert und erzeugen das, was wir ein Bild nennen."

„Es reicht übrigens schon zu beobachten, was passiert, wenn wir einen Regenbogen sehen", fuhr Tomás fort. „Ein Regenbogen ist nichts anderes als eine Spiegelung von Licht, das in einem bestimmten Blickwinkel auf Wasser trifft. Zwei Personen, die zehn Meter voneinander entfernt einen Regenbogen betrachten, nehmen seine Farben und Intensität unterschiedlich wahr, und wieder ein Stück weiter sieht man ihn vielleicht gar nicht. Sprich, ein Regenbogen ist eine Illusion."

„Aber man kann ihn fotografieren", warf Maria Flor ein.

„Stimmt. Auch wenn ein Regenbogen kein materielles Objekt ist, ist er doch insofern real, als wir ihn sehen und fotografieren können. Aber, und das ist der springende Punkt, er ist nur dann real, wenn er beobachtet wird. Verstehst du den Unterschied? Erst durch die Beobachtung wird die Lichtspiegelung zu einem Regenbogen. Ohne Beobachter gibt es auch keinen Regenbogen."

„Verstehe, das Bild wird auch in unserem Gehirn erzeugt."

„Das ist in der Tat entscheidend", stimmte Doktor Colaço zu und zeigte erneut auf die Lampe. „Dort an der Decke gibt es kein Licht, sondern nur elektromagnetische Wellen, die unser Nervensystem in Bilder übersetzt. Unser Gehirn könnte sie stattdessen auch in ... was weiß ich ... in Juckreiz übersetzen, oder in Magenschmerzen, in Töne oder Geschmacksreize, aber es sind nun mal Bilder."

Maria Flor verschränkte ihre Arme vor der Brust.

„Das klingt ja alles ganz logisch. Aber ich warte immer noch auf eine Erklärung für das, was sich heute Vormittag ereignet hat."

„Bevor wir die Erlebnisse von Frau Noronha verstehen können, scheint es mir unerlässlich zu verstehen, inwiefern unser Bewusstsein unseren Geist beherrscht", sagte der Arzt und zeigte auf ein Brotkörbchen, das auf dem Tisch stand. „Frau Sequeira, haben Sie den Eindruck, wenn Sie eine bewusste Entscheidung treffen, wie zum Beispiel aufzustehen und zum Fenster zu gehen, dass es wirklich Ihr Bewusstsein ist, das diese Entscheidung getroffen hat?“

„Natürlich. Was denn sonst?“

„Vorsicht!“

Doktor Colaço warf plötzlich ein Stück Brot in ihre Richtung. Maria Flor reagierte prompt und wich dem Brot aus.

„Was … was sollte das denn?“, stammelte sie.

Der Kardiologe lächelte.

„Ich wollte Ihnen eine Frage stellen“, sagte er. „Als Sie dem Brot ausgewichen sind, haben Sie da vorher die Bewegung geplant, oder war es eher eine … automatische Reaktion?“

„Nun ja, es war ein Reflex oder eine automatische Reaktion, nennen Sie es, wie Sie wollen. Ich hatte ja keine Zeit, um nachzudenken.“

„Genau. Sie haben automatisch reagiert“, bestätigte der Arzt. „Da Sie sehr schnell entscheiden mussten, wie Sie der Gefahr ausweichen könnten, hat Ihr Gehirn reagiert, ohne das Bewusstsein zu Rate zu ziehen. Es hatte einfach nicht die nötige Zeit. Und was wäre passiert, wenn es die Zeit gehabt hätte? Wie lange hätte das Gehirn gebraucht, um das Bewusstsein zu konsultieren?“ Er lehnte sich auf seinem Stuhl zurück, bevor er fortfuhr: „Um eine Antwort auf diese Frage zu erhalten, hat der Neurologe Benjamin Libet eine Reihe von Experimenten durchgeführt, die in der Welt der Wissenschaft für Furore gesorgt haben. Indem er die Oberfläche des Gehirns mit Elektroden stimulierte, konnte Libet zeigen, dass eine Person erst eine halbe Sekunde nach der elektrischen Stimulation sagte, den Reiz wahrzunehmen. Das heißt also, unser Bewusstsein nimmt die Realität immer um eine halbe Sekunde verzögert wahr, auch wenn wir das gar nicht merken, weil unser Gehirn die Ereignisse so darstellt, als würden sie zu einem bestimmten Zeitpunkt ablaufen.“

„Das heißt also, wenn ich die Entscheidung bewusst hätte treffen wollen, wäre das Brot in meinem Gesicht gelandet?“

„Ja, und das ist nicht gerade das, was wir wollen, nicht wahr?“, scherzte der Arzt. „Libet hat jedoch weitergeforscht. Er wollte wissen, was passiert, wenn das Gehirn die Zeit hat, das Bewusstsein zu konsultieren. Wenn zum Beispiel einer von uns beschließt, aufzustehen und aus dem Fenster zu schauen, erfordert das keine unmittelbare Reaktion. Wie würde also der Entscheidungsprozess ablaufen? Um das herauszufinden, hat Libet in einem weiteren Experiment die Versuchspersonen aufgefordert, ihr Handgelenk zu bewegen, wodurch er dreierlei Dinge messen konnte: den Augenblick, in dem die Versuchspersonen bewusst beschlossen, das Handgelenk zu bewegen; den Augenblick, in dem die zugehörige Hirnaktivität einsetzte und den Augenblick, in dem das Handgelenk tatsächlich anfing, sich zu bewegen. Die Ergebnisse waren erstaunlich. Libet hat nämlich herausgefunden, dass zuerst die Hirnaktivität einsetzte. Dann, dreihundertfünfzig Millisekunden später, wurde die bewusste Entscheidung getroffen, und weitere zweihundert Millisekunden später bewegte sich das Handgelenk.“

„Die Hirnaktivität begann *vor* der bewussten Entscheidung?“, staunte Maria Flor. „Wollen Sie damit sagen, dass die bewusste Entscheidung gar nicht am Beginn der Handlung steht?“

„Das ist in der Tat das, was Libets Experiment gezeigt hat“, bestätigte der Arzt. „Die Auswirkungen dieser Entdeckung sind enorm, wie Sie sich denken können. Es scheint, als würde das Gehirn eine Entscheidung treffen und dann erst das Bewusstsein darüber informieren, dabei aber dafür sorgen, dass es den Eindruck hat, selbst diese Entscheidung getroffen zu haben. Anders ausgedrückt, scheinen uns die ‚bewussten‘ Entscheidungen nur bewusst, aber sie sind es nicht. Das Bewusstsein ist nichts als eine Illusion, zwar nicht in dem Sinne, dass es nicht existieren würde, sondern insofern, dass es anders ist, als wir denken.“

Maria Flor schwieg verdutzt.

„Aber das bedeutet dann“, sagte sie zögernd, „dass wir nur … Maschinen sind.“

„Richtig. Wir sind Rechenmaschinen. Das Gehirn ist ein biochemischer Computer."

„Aber wie erklärt sich mein Gefühl, dass es mich gibt, dass ich denke, fühle, rieche, ich bin, dass ich eine Vergangenheit habe und Entscheidungen treffe, dass ich Schokolade mag und den Duft von Blumen, und all die anderen Dinge, die sich in meinem Leben ereignet haben und noch ereignen werden, und die mich zu dem machen, was ich bin? Die Vorstellung meiner eigenen Existenz ist ja wohl nicht auch nur eine Illusion?"

„Ich fürchte, doch ... Übrigens hinkt unser Bewusstsein nicht nur um eine halbe Sekunde hinter der realen Welt her, es muss sich auch noch um eine Welt kümmern, die vollständig in unserem Kopf entstanden ist. Einerseits wandeln wir elektromagnetische Reize in Bilder und Molekülschwingungen in Töne um und erschaffen so etwas, das es in dieser Form nur in unserem Geist aber nicht in Wirklichkeit gibt. Andererseits verändern auch die Wahrnehmung selbst und die Erinnerung die Reize, die wir empfangen. Mehrere Studien haben bewiesen, dass der Geist die äußeren Reize selektiv auswählt und ständig verändert."

„Was heißt das, er verändert sie?"

„Die Erinnerung ist unzuverlässig. Den ersten Hinweis darauf gab ein Experiment, das 1902 an der Universität Berlin durchgeführt wurde. Während einer Vorlesung stritten zwei vermeintliche Studenten sich heftig, und einer der beiden bedrohte den anderen sogar mit einer Pistole, woraufhin der Professor einschritt. Dann forderte der Professor die Studierenden auf, aufzuschreiben, was sich im Hörsaal abgespielt hatte. Als er alle Berichte ausgewertet hatte, stellte der Professor eine Fehlerquote zwischen sechsundzwanzig und achtzig Prozent fest."

„Unglaublich! So viel?"

„In den Berichten fehlten Sätze, die die Lockvögel gesagt und Handlungen, die sie ausgeführt hatten. Außerdem enthielten sie Beschreibungen von Dingen, die andere Studenten gesagt oder getan haben sollten, obwohl diese nichts dergleichen gemacht hatten. Dieses Experiment löste eine ganze Reihe weiterer Versuche aus, die die Unzuverlässigkeit unseres Erinnerungsvermögens bestätigten. Man fand heraus, dass eine Erinnerung nicht in dem Moment, in dem ein Ereignis eintritt, ins Gedächtnis eingraviert wird, sondern dass im Laufe der Zeit bestimmte Elemente gelöscht und andere verändert oder sogar ergänzt werden. So, wie die Ereignisse sich in unserem Geist äußern, sind sie schlicht eine Rekonstruktion."

„Wollen Sie damit sagen, dass die Erinnerung, die ich an meine Vergangenheit habe, nur eine Täuschung ist?"

„In gewisser Weise, ja. Wir dürfen allerdings nicht Erinnerung und Bewusstsein verwechseln, denn das sind zwei ganz unterschiedliche Dinge."

„Was meinen Sie mit unterschiedlich? Um ein Bewusstsein zu haben, muss ich wissen, wer ich bin. Die Erinnerung ist also ein wesentlicher Bestandteil des Bewusstseins."

Doktor Colaço suchte abermals im Aufenthaltsraum nach einem bestimmten Patienten. Schließlich sah er ihn: einen schmächtigen und gebeugten Mann mittleren Alters, der am Fenster saß und starr hinaus schaute.

„Dort drüben sitzt Herr Gonçalves. Auch er litt unter schweren epileptischen Anfällen und musste im Alter von zwanzig Jahren operiert werden. Dabei ist dem Chirurgen ein Fehler unterlaufen, und er hat unbeabsichtigt den Hippocampus entfernt. Seither erinnert sich Herr Gonçalves zwar an alles, was bis zu seinem zwanzigsten Lebensjahr geschehen ist, kann aber keine neuen Erinnerungen speichern, die länger als zehn Minuten zurückliegen. Wenn ihn ein Verwandter oder ein Arzt besuchen kommt, scheint es ihm jedes Mal, als hätte er ihn noch nie gesehen. Sein Leben ist für ihn eine ewige Gegenwart, die Ereignisse treten ein, verschwinden aber fast augenblicklich wieder aus seinem Gedächtnis; seine Erinnerungen sind wie Wasser, das durch ein Sieb fließt. Jeder Eintrag in seinem

Tagebuch beginnt mit den Worten ‚Heute lebe ich zum ersten Mal bewusst.'"

„Wie schrecklich!"

„Der Fall von Herrn Gonçalves zeigt, dass Bewusstsein durchaus ohne Erinnerung möglich ist, wenngleich dies im Alltag befremdliche Folgen hat. Auch wenn es uns kontinuierlich zu sein scheint, ist das Bewusstsein in Wirklichkeit das Ergebnis eines Wettstreits zwischen verschiedenen Empfindungsinstanzen. Wenn ich zum Beispiel eine schöne Landschaft betrachte, hat mein ästhetisches Empfindungsvermögen das Sagen, wohingegen das sexuelle Empfindungsvermögen vorherrscht, wenn ich eine hübsche Frau anschaue, während Hunger oder der Anblick leckerer Speisen Appetit auslöst. Aus diesem Grund können uns innerhalb kurzer Zeit so viele verschiedene Gedanken durch den Kopf gehen. Das sind meine verschiedenen Ichs, die einander überlagern. Der Eindruck eines kontinuierlichen Bewusstseins entsteht schlicht durch die Erinnerung, denn wenn wir uns erinnern, haben wir das Gefühl, eine individuelle Persönlichkeit zu sein, mit einem einzigen Bewusstseinsstrang und nicht mehreren Wesenheiten, die sich gegenseitig die Kontrolle über das Bewusstsein streitig machen."

„Heute morgen, als ich hierher gefahren bin", beteiligte sich nun auch Tomás an dem Gespräch, „ist mir etwas Merkwürdiges passiert. Ich weiß noch, wie ich in Lissabon ins Auto gestiegen bin und dass ich zwei Stunden später in Coimbra ankam, aber an das, was dazwischen passiert ist, habe ich keine Erinnerung. Ich habe über verschiedene Dinge nachgedacht, und ich erinnere mich nicht, die Straße, die anderen Autos oder die Landschaft wahrgenommen zu haben. Und doch war ich selbstverständlich wach und habe auf den Verkehr geachtet."

„Das ist ein gutes Beispiel", sagte Doktor Colaço. „Dabei stellt sich folgende Frage: Waren Sie sich bewusst, während sich all das ereignet hat?"

„Aber sicher doch! Das Problem ist nur, wie bei Herrn Gonçalves, dass ich mich nicht an die eigentliche Fahrt von Lissabon nach Coimbra erinnere. Und zwar an nichts."

„In Wirklichkeit, und wie es auch das Experiment von Libet gezeigt hat, war es nicht Ihr Bewusstsein, das die Kontrolle hatte, als Sie am Steuer saßen, sondern ein auf Autopilot gestellter Computer namens Gehirn", sagte der Arzt lächelnd. „Das Bewusstsein war mit anderen Dingen beschäftigt, und es wäre dem Gehirn zu Hilfe geeilt, wenn Not am Mann gewesen wäre, Ihnen also beispielsweise ein Geisterfahrer entgegengekommen wäre oder etwas anderes Ihre besondere Aufmerksamkeit gefordert hätte. Darüber hinaus zeigen die Experimente von Libet, dass, auch wenn die freiwilligen Entscheidungen nicht bewusst getroffen werden, das Bewusstsein sich ihnen doch immerhin widersetzen kann. Das Bewusstsein ist also letztlich nichts anderes als ein Mechanismus, den das Gehirn geschaffen hat, um seine eigene biochemische Programmierung zu steuern und seine Entscheidungen zu optimieren."

Maria Flor mochte trotz dieser Erklärungen nicht akzeptieren, dass die Wissenschaft sie schlicht auf eine seelenlose Maschine reduzierte.

„Und was ist mit der Nahtoderfahrung von heute Vormittag?", wandte sie ein. „Hätte wohl jemand die Güte, mir zu erklären, was Graça Noronha gesehen hat, während sie bereits klinisch tot war?"

„Sie leidet an der Alzheimerkrankheit, nicht wahr?", sagte Doktor Colaço.

Maria Flor zog die Augenbrauen zusammen.

„Ja, und das heißt konkret?"

„Die Fälle von Alzheimerpatienten bieten interessante Möglichkeiten, das Bewusstsein zu erforschen. Wenn man diese Patienten beobachtet, stellt man fest, dass ihr Ich allmählich verschwindet. Dabei löst sich das Bewusstsein nicht mit einem Schlag auf, der Geist verschwindet nicht von jetzt auf nachher. Die Entwicklung läuft ganz langsam ab."

„Das stimmt“, bestätigte Maria Flor. „Bei uns im SeniFit leiden mehrere Bewohner unter dieser Krankheit, und man hat den Eindruck, dass ihr Ich immer mehr zerfällt.“

„Genau so ist es.“

„Aber das verwirrt mich umso mehr“, sagte sie. „Graça Noronha verliert wegen der Alzheimerkrankheit schon allmählich ihr Bewusstsein, und während des Herzstillstands war sie bereits klinisch tot und ihr Gehirn inaktiv. Wie lässt sich dann erklären, dass sie sagt, sie habe ihren Körper verlassen, sie habe gesehen, wie Sie sich das Knie gestoßen haben und sie sei dann durch einen erleuchteten Tunnel geschwebt, an dessen Ende ihre Eltern und ihr verstorbener Mann sie begrüßt hätten. Wie lässt sich das alles erklären?“

Doktor Colaço zuckte mit den Schultern und atmete tief aus.

„Das ist zugegebenermaßen ein Rätsel“, gab er schließlich zu. „Aber ich betone dennoch: Die Erfahrung, die sie gemacht hat, war völlig real.“

XIV

In aller Ruhe parkte Krongard seinen Leihwagen unter einer Eiche am Straßenrand. Nachdem er den Motor abgestellt hatte, setzte er seine Sonnenbrille ab und beobachtete das Gebäude, das sich hinter einer von Efeu und Moos bewachsenen Mauer verbarg. Über einem schmiedeeisernen Tor stand in blauer Schrift ‚Haus SeniFit'.

Das Gebäude war weiß, zweigeschossig und von einigen Parasolkiefern umgeben. Als er die Umgebung eine Weile beobachtet hatte, stieg der CIA-Agent aus dem Wagen und näherte sich dem Grundstück. Er öffnete das Eingangstor und durchquerte den schmucken Vorgarten. An der Tür angekommen, drückte er den Klingelknopf.

Die Tür ging auf; eine Frau in weißem Kittel und weißer Haube kam ihm entgegen.

„Wie kann ich Ihnen helfen?"

„Guten Tag", grüßte er mit seinem starken Akzent. „Ich komme von einer amerikanischen Universität und muss dringend mit Professor Noronha sprechen. Man hat mir gesagt, seine Mutter wohne hier und habe ein akutes Gesundheitsproblem."

„In der Tat. Frau Noronha hat heute einen Herzinfarkt gehabt, die Arme. Die Heimleiterin hat sie im Rettungswagen ins Krankenhaus begleitet, und ich denke, dass Professor Noronha jetzt auch dort ist."

„Können Sie mir sagen, in welchem Krankenhaus sie sind?"

„In der Uniklinik. Aber ich denke, sie kommen bald zurück."

„Ah, ja?"

„Wir haben vor Kurzem mit der Leiterin telefoniert. Sie hat gesagt, dass es Frau Noronha schon viel besser geht und sie noch heute aus dem Krankenhaus entlassen wird. Sie müssten also noch im Laufe des Nachmittags zurückkommen."

„Auch der Professor?"

„Selbstverständlich. Soll ich ihn anrufen und über Ihren Besuch informieren?"

„Nein, nein, lassen Sie nur", beeilte sich Krongard zu sagen. „Er hat sicher genug um die Ohren. Ich komme einfach später oder morgen noch einmal vorbei. Vielen Dank."

Bevor die Pflegerin noch etwas sagen konnte, machte er auf dem Absatz kehrt und verließ das Heim. Er setzte sich wieder in sein Auto, um die Sachlage zu überdenken. Was sollte er tun? Ins Krankenhaus fahren? Aber wenn Noronha schon bald mit seiner Mutter ins SeniFit zurückkäme, lief er Gefahr, ihn zu verpassen. Es wäre besser, geduldig zu warten und das Treffen gut vorzubereiten.

XV

Nach einer Weile stand Doktor Colaço auf und holte drei weitere Tassen Kaffee. Gleich käme das Gespräch in seine entscheidende Phase, wenn er versuchen würde, Tomás dic Nahtoderfahrung seiner Mutter verständlich zu machen.

„Im 19. Jahrhundert wurden viele große wissenschaftliche Entdeckungen auf dem Bereich des ‚Unsichtbaren' gemacht", setzte Doktor Colaço an. „So wurden beispielsweise der Zusammenhang zwischen Elektrizität und Magnetismus entdeckt sowie die Frequenzen von Funkwellen, Licht, radioaktiver und UV-Strahlung. In diesem Kontext hat sich der Spiritismus entwickelt. Indem alle diese für das menschliche Auge unsichtbaren Dinge entdeckt wurden, schien die Möglichkeit, dass es eine bislang unerkannte Seele gebe, durchaus vorstellbar. Diese Frage hat selbst das Interesse angesehener Wissenschaftler geweckt, die mit Experimenten versucht haben zu verstehen, was während spiritistischer Sitzungen passiert. Man dachte damals, die Seele existiere auf physischer Ebene, so dass sie einen gewissen Raum einnehme und folglich auch ein bestimmtes Gewicht habe."

„Das klingt relativ vernünftig. Problematisch ist nur, dass man sie nicht wiegen kann."

„Ein amerikanischer Chirurg namens Duncan MacDougall sah das anders. Er hat eine Methode konzipiert, um das Gewicht der Seele zu bestimmen."

„Tatsächlich?"

„Aber ja“, bestätigte der Arzt. „MacDougalls Idee war sogar sehr einfach. Seiner Meinung nach würde es ausreichen, eine Person vor und nach ihrem Tod zu wiegen. Die Differenz wäre das Gewicht der Seele.“

„Aber das ist doch absurd!“, warf Maria Flor ein. „Unser Gewicht schwankt nicht nur von Tag zu Tag, sondern auch im Verlauf jeden einzelnen Tages. Wie könnte man da sicher sein, dass ein Gewichtsunterschied dem Gewicht der Seele entspricht und nicht darauf beruht, dass die Person mehr oder weniger gegessen oder getrunken hat?“

Doktor Colaço blickte ihr fest in die Augen, bevor er zur Antwort ansetzte.

„Genau für dieses Problem hat MacDougall eine geniale Lösung gefunden. Die Messung musste zum Zeitpunkt des Todes stattfinden. Dazu wollte er das Bett eines Sterbenden auf einer Industriewaage aufstellen. Selbstverständlich sollten die Patienten sich möglichst wenig bewegen, so dass er für seine Messversuche ältere Menschen mit Tuberkulose im Endstadium wählte, denn bei dieser Krankheit kündigt sich der Tod ein paar Stunden im Voraus an.“

„Er hat wirklich solche Messungen vorgenommen?“

„Ja, sicher. 1901 starb sein erster Patient auf dem Testbett. In Anwesenheit mehrerer zuverlässiger Zeugen fiel die Anzeigenadel exakt und rasch im Augenblick seines Todes und hat sich kurz darauf stabilisiert. Der Gewichtsverlust betrug einundzwanzig Gramm.“

Maria Flor schaute ihn mit großen Augen an.

„Die Seele wiegt also einundzwanzig Gramm?“

„Nun, natürlich haben einige Leute MacDougalls Experiment angezweifelt und gesagt, dass sich, wenn ein Mensch stirbt, seine Schließmuskeln von After und Harnblase entspannen und die geringfügige Gewichtsdifferenz auf abgehendem Urin oder Stuhl beruhen könnte. Dieser Einwand ließ sich jedoch leicht widerlegen, denn ein solcher Abgang wäre gar nicht registriert worden, weil die Waage ja das gesamte Bett wog. Ein anderer Einwand lautete, die Gewichtsdifferenz entspräche dem letzten Atemzug des Sterbenden, denn bei der Atmung würden Moleküle inhaliert, die ein gewisses Gewicht haben. Wenn er zum letzten Mal ausatme, hieß es, würde der Sterbende dieses ‚Atemgewicht' verlieren. Um diese Hypothese zu überprüfen, setzte MacDougall sich selbst auf das Bett und atmete so kräftig aus, wie er konnte. Die Anzeige der Waage bewegte sich nicht."

„Das heißt also, die Seele wiegt tatsächlich einundzwanzig Gramm?"

„Gut möglich. Die Schwierigkeit besteht jedoch darin, dass wissenschaftliche Experimente reproduzierbar sein müssen, um anerkannt zu werden. MacDougall hat diese Messung mit vier weiteren Patienten wiederholt, aber die Ergebnisse waren nicht einheitlich. Beim zweiten Patient, dessen Tod um 16:10 Uhr festgestellt wurde, bewegte sich die Anzeigenadel erst fünfzehn Minuten später. MacDougall sagte, er habe Schwierigkeiten gehabt, den exakten Todeszeitpunkt zu bestimmen, und die Gewichtsdifferenz betrug auch nicht einundzwanzig sondern vierzehn Gramm, genau wie beim dritten Patienten, der allerdings einige Minuten später noch einmal achtundzwanzig Gramm verlor, was zu neuen Zweifeln an der Zuverlässigkeit der Messmethode führte. Bei der vierten und fünften Messung gab es Probleme mit der Waage, so dass letztlich nur die erste Messung unter einwandfreien Voraussetzungen stattfand."

„Es ist aber dennoch interessant, dass es in allen Fällen im Zeitpunkt des Todes zu einem Gewichtsverlust kam", gab Maria Flor zu. „Wieso hat MacDougall sein Experiment nicht öfter wiederholt?"

„Aus ethischen Gründen. Wissenschaftliche Messungen an todkranken Menschen durchzuführen ist nicht gerade schön, finden Sie nicht?"

Maria Flor errötete, von ihrem eigenen Mangel an Sensibilität schockiert.

„Ja, Sie haben natürlich recht", sagte sie. „Ich war nur so in den Gedankengang vertieft …"

„Die ethischen Einwände seiner Wissenschaftskollegen waren so heftig, dass MacDougall auf weitere Messungen an menschlichen Patienten verzichtete. Stattdessen setzte er seine Versuche an Hunden fort. In den folgenden Jahren vergiftete er insgesamt fünfzehn Hunde und maß zum Zeitpunkt ihres Todes ihr Gewicht. Aber die Waage hat nie auch nur den geringsten Ausschlag gezeigt. Daraus schloss MacDougall, dass Hunde, im Gegensatz zum Menschen, keine Seele haben."

Maria Flor verzog ihre Lippen zu einem ironischen Lächeln.

„Manche Menschen denken genau das Gegenteil ..."

„Ich habe gelesen, dass die Wissenschaftler dem Spiritismus anfangs eine gewisse Beachtung geschenkt haben", warf Tomás ein. „Aber wenn ich mich recht erinnere, haben sie schnell das Interesse daran verloren, weil sie ihn als das Werk von Scharlatanen entlarvt haben."

„Das ist richtig", bestätigte Doktor Colaço. „Nachdem die erste Neugierde abgeklungen war, kamen die Wissenschaftler zu der Ansicht, dass die ganze Diskussion über Geister und Seelen, die ins Jenseits wandern, nichts als Gerede sei. Die Berichte von Menschen, die an der Schwelle zum Tod gestanden und außerkörperliche Erfahrungen gemacht hatten, wobei sie häufig in Kontakt zu bereits verstorbenen Verwandten getreten waren, wurden schlicht verunglimpft und als Ergebnis einer gar zu lebendigen Fantasie naiver und beeinflussbarer Menschen bezeichnet."

„Das finde ich durchaus verständlich", sagte Tomás.

„Vergessen Sie nicht, dass die Dinge sich verändert haben", wandte der Arzt ein.

„Verändert? Inwiefern?"

„Nun, im Laufe der Zeit haben immer mehr Menschen unterschiedlichster Herkunft sehr übereinstimmend von ihren Nahtoderfahrungen berichtet, und deren Ärzte bestätigten, dass ihre Patienten klinisch tot waren oder zumindest an der Schwelle zum Tod standen. Das hat ein Umdenken notwendig gemacht."

„Die Wissenschaftler denken also ernsthaft, dass diese Erfahrungen authentisch sind?", fragte Tomás kopfschüttelnd.

„Ja, die Medizin erkennt heute an, dass sie etwas sehr Reales sind. Sie können nichtsdestotrotz etwas anderes sein als das, was sie zu sein scheinen, aber das ist eine andere Frage."

„Aha?"

„In zehn holländischen Krankenhäusern wurde über zwei Jahre eine Studie durchgeführt, die zeigte, dass zwölf Prozent der Menschen, die einen Herzstillstand erlitten hatten, auch eine Nahtoderfahrung machten. Andere Studien in den Vereinigten Staaten zum gleichen Thema ergaben Werte zwischen zehn und dreiundzwanzig Prozent. Die Nahtoderfahrungen sind nicht bei allen Menschen identisch. Manche berichten von einem hell erleuchteten Tunnel, andere sagen, sie hätten ihren Körper verlassen und die Ärzte und Krankenschwestern beobachtet, wie sie versuchten, sie wiederzubeleben, wieder andere geben an, sie hätten verstorbene Verwandte getroffen oder ihr eigenes Leben wie im Zeitraffer noch einmal gesehen. Auch die Zahl der erlebten Phänomene variiert von Patient zu Patient."

„Meine Mutter hat sie also alle erlebt."

„Ganz genau. Das ist selten, aber keineswegs ausgeschlossen. Ich sollte vielleicht noch erwähnen, dass die Forscher stets versichern, dass sie von der Aufrichtigkeit ihrer Patienten überzeugt sind. Die Mehrzahl der Patienten versucht sogar, gar nicht darüber zu sprechen, aus Angst davor, für verrückt gehalten zu werden. Außerdem hat solch eine Nahtoderfahrung oft zur Folge, dass die Betroffenen sich spürbar verändern. Sie werden gelassener, glücklicher, scheinen keine Angst mehr vor dem Tod zu haben. Sie sagen übereinstimmend, dass sie eine authentische Erfahrung gemacht haben."

„Gut, gehen wir also davon aus, dass die Betroffenen nicht lügen und dass sie davon überzeugt sind, das alles tatsächlich erlebt zu haben", fasste Tomás zusammen. „Aber kann es sich nicht trotzdem einfach um Halluzinationen handeln?"

„Das ist die bevorzugte Erklärung der meisten Wissenschaftler. Man muss dazu wissen, dass der bevorstehende Tod beim Betroffenen eine extreme Angst auslösen kann und dass dieser Stress oft zu einer Sauerstoffunterversorgung des Gehirns führt. In einer solchen Situation können die für den Sehsinn zuständigen Bereiche unkontrolliert aktiviert werden und den Eindruck von Licht inmitten eines dunklen Umfelds erzeugen, also den berühmten hellen Tunnel. An Piloten von Jagdflugzeugen wurden Untersuchungen durchgeführt, denen zufolge bei einer starken Beschleunigung die Blutversorgung des Gehirns abnimmt und die Piloten schläfrig, euphorisch oder unbeteiligt werden lässt."

„Na also!", rief Tomás. „Bei einem Herzstillstand nimmt die Blutversorgung des Gehirns ja ebenfalls ab ..."

„Sicher, aber es gibt auch zahlreiche Berichte von Nahtoderfahrungen, in denen die Betroffenen keinerlei Vorerkrankung hatten, zum Beispiel Opfer eines Verkehrsunfalls. In anderen Fällen waren die Patienten nicht in einem terminalen Krankheitsstadium beziehungsweise wurde bei ihnen keine Unterbrechung oder Absenkung der Blutversorgung des Gehirns gemessen. Abgesehen davon führt eine solche Unterversorgung des Gehirns zu Zuständen der geistigen Verwirrung oder Erregung und nicht zu klaren, kohärenten und entspannten Situationen wie denen, die man bei Nahtoderfahrungen beobachtet."

„Hm."

„Eine andere Hypothese versuchte, die Erfahrungen auf die Nebenwirkungen von Medikamenten zurückzuführen, die todkranken Patienten oft verabreicht werden. Wie Sie wissen, lösen bestimmte Drogen, wie zum Beispiel LSD, komplexe Halluzinationen aus. Viele Menschen haben jedoch eine Nahtoderfahrung gemacht, ohne dass sie zuvor die geringsten Drogen oder Betäubungsmittel konsumiert hatten. Mehr noch: Den Untersuchungen zufolge sind die Nahtoderfahrungen von Menschen, die unter Drogen- oder Medikamenteneinfluss stehen, meist weniger komplex als die von Leuten, die keine solchen Mittel genommen haben. Ihre Mutter beispielsweise hat eine sehr komplexe Nahtoderfahrung gemacht, obwohl ihr keinerlei Betäubungs- oder Beruhigungsmittel verabreicht worden war."

„Aber vergessen Sie nicht, dass sie Alzheimer hat und dagegen behandelt wird …“

„Diese Medikamente lösen aber keine Halluzinationen aus. Wenn ich von Drogen spreche, meine ich Halluzinogene“, erklärte Doktor Colaço. „Es wurde auch versucht, die Nahtoderfahrungen als eine Abwehrreaktion des Organismus abzutun. Man weiß, dass manche Menschen angesichts einer furchteinflößenden Situation ihr Persönlichkeitsgefühl verlieren.“

Tomás blickte in Richtung der Patientin, die im hinteren Bereich des Aufenthaltsraums mit sich selbst sprach.

„Wie diese Dame dort mit ihren drei Persönlichkeiten?“

„Frau São ist ein Beispiel für Depersonalisierung und Dissoziation. Um sich in extremen Situationen emotional zu schützen und eine angenehme, tröstliche Illusion aufrechtzuerhalten, geben die Menschen ihre Persönlichkeit auf und lösen sich so von der schrecklichen äußeren Erfahrung, die ihnen widerfährt.“

„Das könnte aber doch die Nahtoderlebnisse erklären“, warf Tomás ein. „Ich finde es einleuchtend, dass sich Menschen an der Schwelle zum Tod ein beruhigendes Szenario vorstellen: dass sie in den Himmel kommen, ihre Familienmitglieder wieder treffen und verstehen, dass der Tod nicht das Ende ist. Eine Loslösung von der Realität scheint mir ein überzeugender Abwehrmechanismus in einer dramatischen Situation zu sein.“

„Diese Hypothese wird allerdings durch zwei wichtige Fakten widerlegt“, wandte der Arzt ein. „Zum einen haben, wie ich schon sagte, auch Menschen, die nicht in akuter Lebensgefahr waren, Nahtoderfahrungen gemacht, und zum anderen waren diese Erfahrungen nicht immer angenehm. Es kommt zwar seltener vor, aber dennoch gibt es zahlreiche Berichte von schmerzhaften Erfahrungen, die somit dem Erklärungsansatz widersprechen, dass eine unangenehme Realität durch eine erfreuliche Illusion ersetzt wird.“

Tomás fühlte sich unbehaglich und setzte sich auf. Die Erklärungen des Arztes waren zwar interessant, konnten ihn aber noch nicht endgültig überzeugen.

„Doktor Colaço, ich habe vor einiger Zeit einen wissenschaftlichen Artikel über eine wichtige Entdeckung in Bezug auf das Gehirn gelesen, die das Gefühl der außerkörperlichen Erfahrung erklären könnte", sagte er. „Denken Sie nicht, dass dies zumindest dieses merkwürdige Phänomen der Nahtoderfahrung meiner Mutter erklärt?"

„Sie meinen die Forschungsarbeiten in der Schweiz?"

„Genau."

„Das ist in der Tat eine ..."

„Entschuldigen Sie, meine Herren", unterbrach ihn Maria Flor, „würde es Ihnen etwas ausmachen, mir zu verraten, worum es bei dieser Entdeckung ging?"

„Oh, verzeihen Sie", entschuldigte sich Doktor Colaço prompt. „Es handelt sich um eine zufällige Entdeckung, die Schweizer Ärzte an einer Patientin mit extremer Epilepsie gemacht haben. Im Rahmen der Behandlungen hatten sie das Gehirn elektrisch stimuliert, genauer gesagt den sogenannten *gyrus angularis*, der für die Wahrnehmung des eigenen Körpers zuständig ist. Dabei hatte die Patientin unmittelbar das Gefühl, im Raum unter der Decke zu schweben und ihren physischen Körper von oben zu betrachten. Die Schweizer haben daraus gefolgert, dass die außerkörperliche Erfahrung vieler Patienten, die von einer Nahtoderfahrung berichten, höchstwahrscheinlich mit einer veränderten Gehirnaktivität zusammenhängt, bei der die Neuronen des *gyrus angularis* stimuliert werden."

„Sehen Sie!", entfuhr es Tomás. „Es gibt also letztlich doch eine neurologische Erklärung für dieses Gefühl, den eigenen Körper zu verlassen."

Der Arzt verzog das Gesicht.

„Da bin ich mir nicht so sicher", erwiderte er. „Es handelt sich zweifelsohne um eine interessante Entdeckung. Aber ich möchte betonen, dass die außerkörperliche Erfahrung der schweizerischen Patientin sich in einigen Punkten von einer Nahtoderfahrung unterscheidet. So sah die Patientin nur ihre Beine und ihren Unterleib, nicht aber den Rest ihres Körpers, und auch nicht den Raum, die Möbel oder die anwesenden Ärzte. Menschen, die eine Nahtoderfahrung machen, sehen ihren gesamten Körper, das Zimmer, in dem sie sich befinden und das Notarztteam, das versucht, sie wiederzubeleben. Außerdem war die Schweizerin bei Bewusstsein, wohingegen die Berichte sonst aussagen, dass die Patienten bewusstlos sind und ihr EEG zu dem Zeitpunkt, zu dem sie sich und ihre Umgebung von oben betrachten, keine Hirnaktivität mehr verzeichnet. Übrigens haben manche Menschen sogar Einzelheiten wahrgenommen, die von dem Bett oder der Bahre, auf der sie lagen, gar nicht zu sehen waren."

„So, wie Graça gesehen hat, wie Sie sich das Knie gestoßen haben", sagte Maria Flor. „Sie war bewusstlos und hatte die Augen geschlossen und konnte es somit nicht im eigentlichen Sinne sehen."

„Ganz genau", bestätigte Doktor Colaço. „Wie konnte sie sehen, dass ich mich gestoßen habe? Die Hypothese, der zufolge es sich nur um Halluzinationen handelt, erklärt nicht im Geringsten, wie ein Patient solche Dinge wahrnehmen kann. So verlor beispielsweise eine Frau aufgrund von Komplikationen bei einem Eingriff ihr Sehvermögen und wurde zur Notoperation gebracht. Dabei machte sie eine außerkörperliche Erfahrung und erzählte anschließend, dass sie *gesehen* habe, wie ihr Verlobter und der Vater ihres Sohnes die Tragbahre, auf der sie zum Fahrstuhl gebracht wurde, betrachteten. Beide bestätigten, dass sie bei Eintreten des Herzstillstands anwesend waren. In einem anderen Fall erzählte eine Frau ihrer Pflegerin nach einem Herzinfarkt, dass sie die Sanitäter gesehen habe, die versuchten, sie wiederzubeleben. Anschließend sei sie aus dem Zimmer geschwebt und habe im Nordflügel des Gebäudes auf einem Balkon im dritten Stock ein Paar Sportschuhe gesehen. Die Pflegerin ging unverzüglich in den betreffenden Gebäudetrakt und sah die Sportschuhe an der bezeichneten

Stelle stehen.“ Colaço schaute nachdenklich drein. „Interessanterweise berichten viele Frauen, die Dinge wahrnehmen, die sich nicht durch Halluzinationen erklären lassen, dass sie Schuhe gesehen haben … warum auch immer.“

Maria Flor lachte.

„Da sieht man, dass Sie die Frauen nicht kennen. Sie lieben Schuhe genauso sehr wie Männer ihre Autos.“

Der Arzt musste lächeln, aber Tomás blickte unbewegt vor sich hin und dachte über das Gehörte nach.

„Dass die Patienten Dinge gesehen haben, die sie im Falle von Halluzinationen nicht hätten sehen können, ist tatsächlich ein wichtiger Punkt“, sagte er schließlich. „Gab es denn keine Studien, die dieses Phänomen untersuchten?“

„Doch, selbstverständlich. Ein Professor von der Emory Universität in Atlanta hat eine Studie an zwei Gruppen vorgenommen. Die erste Gruppe bestand aus Personen, die einen Herzstillstand erlebt und eine außerkörperliche Erfahrung gemacht hatten. Die Kontrollgruppe bestand aus Menschen, die aufgrund von Herzproblemen für eine gewisse Zeit in Pflegeeinrichtungen verbracht aber keinerlei außerkörperliche Erfahrung gemacht hatten. In der Studie wurden die Mitglieder der ersten Gruppe gebeten, die an ihnen vorgenommenen medizinischen Handgriffe zu beschreiben, während die zweite Gruppe sich die Handgriffe des medizinischen Personals bei einem Herzstillstand vor Augen führen sollte, wie sie es in der Pflegeeinrichtung an anderen Patienten mitbekommen hatten. Das Ergebnis war eindeutig. Keine der Versuchspersonen in der ersten Gruppe hat auch nur den geringsten Fehler bei der Beschreibung der Maßnahmen gemacht, und diese stimmten vielmehr haargenau mit dem überein, was die behandelnden Ärzte in ihren persönlichen Akten vermerkt hatten. Demgegenüber unterliefen zweiundzwanzig der fünfundzwanzig Mitglieder der Kontrollgruppe gravierende Fehler, als sie die Wiederbelebungsversuche des medizinischen Personals beschrieben.“

„Das ist ja unglaublich“, rief Maria Flor. „Das beweist also, dass die Berichte von außerkörperlichen Erfahrungen keine Märchen sind …“

Doktor Colaço hob beschwichtigend die Hände.

„Ich würde nicht sagen, dass es ein Beweis ist, aber verblüffend ist es allemal.“

Tomás rieb sich die Augen und die Stirn, wie so oft, wenn ihn etwas störte.

„Herr Doktor, etwas verstehe ich trotzdem nicht“, sagte er dann. „Soweit ich weiß, erfolgt der Übergang vom Leben zum Tod nicht unmittelbar. Vielmehr handelt es sich um einen biologischen Prozess, bei dem es auch für Mediziner nicht leicht ist zu bestimmen, wann exakt ein Mensch als tot zu bezeichnen ist. Früher dachte man, der Tod sei eingetreten, wenn das Herz nicht mehr schlägt. Heutzutage ist es möglich, jemanden wiederzubeleben, dessen Herz sogar mehrere Minuten lang aufgehört hat zu schlagen.“

„Genau das war bei Ihrer Mutter der Fall. Wenn das Herz aufhört zu schlagen, stoppt die Sauerstoffversorgung des Gehirns, und der Betreffende verliert nach etwa zwanzig Sekunden das Bewusstsein. Die Hirnzellen greifen dann auf eine energiereiche Substanz zurück, die es ihnen erlaubt, noch mindestens fünf Minuten lang zu überleben, bevor die Energiequelle erschöpft ist und die Hirnzellen allmählich absterben. Wenn das Herz nicht innerhalb von fünfzehn bis zwanzig Minuten wieder zu schlagen beginnt, ist der Zellverlust zu groß, und es folgt der Hirntod.“

„In Ordnung“, fuhr Tomás fort. „Aber genau darin besteht doch das Problem. Es gibt ja Berichte über Menschen, die in Folge eines Herzstillstands einen Teil ihrer Hirnaktivität eingebüßt haben, nicht wahr?“

„Ja, das stimmt.“

„Wie Sie sicher bemerkt haben, bin ich zwar skeptisch, was all diese Fragen angeht, aber ich versuche doch, die Dinge zu verstehen, und ein Punkt ist mir nach wie vor unklar: Wie kann es sein, dass diese Menschen so klare und detaillierte Erinnerungen an alles haben, was sie gesehen und gehört haben, während ihr Gehirn nicht mehr aktiv war? Wie ist das möglich?"

Doktor Colaço kratzte sich am Kopf und atmete tief durch, bevor er antwortete.

„Das weiß ich nicht", gestand er schließlich. „Auf diese Frage hat meines Wissens bisher noch niemand eine zufriedenstellende Antwort gefunden. In der Tat haben die meisten Menschen, die von einer Nahtoderfahrung berichten, keinerlei Erinnerung an die Umstände ihres Herzstillstands. Die einzige Erklärung besteht in meinen Augen darin, dass es eine Hirnaktivität gibt, die so schwach ist, dass unsere Messgeräte nicht in der Lage sind, sie nachzuweisen."

„Aber ist es nach dieser Hypothese möglich, dass die Hirnaktivität für eine so reichhaltige Wahrnehmungsleistung stark genug ist?"

Der Mediziner schüttelte langsam den Kopf.

„Nein, ich denke nicht. Bei solch reichen Wahrnehmungsleistungen müsste die Hirnaktivität vom EEG aufgezeichnet werden."

Dann schaute er auf die Uhr und stand auf. Es war schon spät, er würde sich beeilen müssen.

„Aber …", hielt Tomás ihn zurück, „die Berichte von Nahtoderfahrungen sind doch voll von Details und sogar voller Bilder, Töne, Farben und Emotionen. Wie entsteht all das, wenn das Gehirn doch stillsteht?"

Bei dieser Frage zögerte der Arzt. Dann verzog er seinen Mund zu einer merkwürdigen Mischung aus Ratlosigkeit und Erheiterung.

„Diese Tatsache", sagte er, „gilt es noch zu klären."

XVI

Tonlos vibrierte das Handy in Krongards Tasche, während er aufmerksam den Eingang von Haus SeniFit im Auge behielt. Er warf einen Blick auf das Display. Der Anruf kam aus Washington, D.C. Offenbar hatte Langley etwas zu besprechen.

„Hallo, Krongard am Apparat."

„Haben Sie den Irren schon erwischt?"

Diese Stimme hätte er unter Tausenden wiedererkannt.

„Guten Tag, Mister Fuchs. Noch nicht, aber die Zielperson müsste jeden Augenblick wieder hierherkommen, wo ich auf sie warte."

Der CIA-Chef klang alles andere als zufrieden.

„Wieso diese Verzögerung?", schnaubte er.

„Es gibt keine Verzögerung, Mister Fuchs", antwortete Krongard ruhig. „Die Zielperson war allerdings in einer anderen Stadt, und ich musste erst dort hinfahren."

Er hörte Gemurmel am anderen Ende der Leitung.

„Das Flugzeug hat den Luftwaffenstützpunkt Hanscom bereits verlassen, mit dem Auftrag, die Zielperson entgegenzunehmen und nach Langley zu bringen, wo sie verhört werden soll. Aber ich wiederhole, dass dies nur ein Tarnauftrag ist für den Fall, dass die Kongressheinis ihre Nase in die Sache stecken sollten. Ich hoffe, Sie wissen noch, dass Sie den Drecksack laufen lassen sollen, um ihn dann abknallen zu können. Noch Fragen?"

„Nein, Sir."

„Alles klar?“

„Sonnenklar, Sir.“

„Vergessen Sie nicht, dass der Typ einen von uns auf dem Gewissen hat, und zwar einen unserer besten Direktoren. Dafür muss er büßen.“

„Ja, Sir.“

„Sobald Sie Ihre Mission erfüllt haben, rufen Sie mich an. Ich will über alle Einzelheiten informiert werden. Verstanden?“

„Ja, S…“

Noch bevor Krongard seinen Satz beenden konnte, hatte Fuchs aufgelegt. Wütend über die Manieren des Chefs warf der CIA-Agent seinem Handy einen grimmigen Blick zu. Unter normalen Umständen würde dieser Rüpel ihn nicht persönlich anrufen, dachte er, sondern diese Aufgabe einem seiner Leute übertragen. Wenn Harry Fuchs sich die Mühe machte, ihn höchstselbst anzurufen, hieß das, dass seine Mission äußerst wichtig war. Und dass Krongard sich keinen Fehler leisten durfte.

Mit geübtem Griff zog er seine Waffe aus der Innentasche seiner Jacke. Er überprüfte das Magazin, den Abzug und das Rohr. Alles war einwandfrei. Zufrieden steckte er die Pistole zurück in die Tasche.

Er würde heute Abend nicht das Spiel der Boston Celtics sehen. Ein ganz anderes Spiel wartete auf ihn.

XVII

Rasch schob Tomás den Rollstuhl über die geschotterte Einfahrt des Krankenhauses bis zu seinem geparkten Auto. Er schloss den Wagen auf und reichte seiner Mutter den Arm.

„Ist alles in Ordnung, Mutter? Kannst du aufstehen?"

„Aber natürlich!", gab sie zurück. „Noch bin ich nicht bettlägerig, soweit ich weiß."

Trotz dieser Versicherung musste Tomás seine Mutter kräftig unterstützen. Maria Flor hielt ihr derweil die Tür auf. Doch Tomás winkte ab.

„Um ehrlich zu sein, möchte ich lieber mit Mutter auf der Rückbank sitzen", sagte er und reichte ihr den Schlüssel. „Meinst du, du kommst mit dem Wagen zurecht?"

Wortlos lächelnd nahm Maria Flor den Autoschlüssel und setzte sich ans Steuer, während Mutter und Sohn es sich auf den Rücksitzen bequem machten. Als Maria Flor den Wagen starten wollte, fiel ihr Blick auf ein merkwürdiges Objekt auf dem Beifahrersitz. Sie drehte sich zu Tomás um.

„Was ist das?"

„Das ist ein Amulett."

Maria Flor lachte.

„Erzähl mir nicht, dass du abergläubisch bist …"

„Ich glaube weder an Astrologie noch an die Macht von Amuletten, denn ich bin Widder", antwortete Tomás schmunzelnd. „Falls du es nicht weißt: Widder sind von Natur aus sehr skeptisch …"

„Sehr witzig“, sagte Maria Flor. „Das ist aber keine Antwort auf meine Frage.“

„Was du in der Hand hältst, ist ein großes Pentakel, inspiriert von einem Symbol in dem Manuskript namens *Clavicula Salomonis* oder *Der Schlüssel des Salomon*. Das ist ein Zauberbuch, das König Salomon zugeschrieben wird.“

Diese Erklärung veranlasste Maria Flor dazu, das Amulett eingehend zu betrachten.

„Ist das dein Ernst?“, fragte sie. „Aber was hast du mit diesem Amulett vor?“

Tomás zuckte mit den Schultern.

„Um ehrlich zu sein, habe ich keine Ahnung.“

Nach ein paar Fahrtminuten parkte Maria Flor den Wagen direkt vor der Einfahrt zum Haus SeniFit. Als Tomás ausstieg und seiner Mutter die Tür öffnete, brach diese in Tränen aus.

„Mutter, was ist los?“

Eine große Träne rollte über das Gesicht der alten Dame und hinterließ eine glänzende Spur auf der faltigen Haut.

„Dein Vater“, schluchzte sie schließlich. „Als ich heute Vormittag deinen Vater gesehen habe, wäre ich am liebsten …“

Tomás reichte ihr wieder seinen Arm.

„Aber Mutter, so ist das Leben“, sagte er zärtlich. „Immerhin weißt du, dass es ihm gut geht, da, wo er jetzt ist.“

Graça Noronha blickte ihren Sohn flehentlich an.

„Weißt du, was ich jetzt gern tun würde?“

„Nein, was?“

„Ich würde gern das Fotoalbum von unserer Hochzeit anschauen. Du weißt schon, die Bilder aus der Kirche und vom anschließenden Empfang.“

„Gute Idee! Das machen wir.“

Die alte Dame senkte die Augen.

„Das Problem ist nur … das Album ist nicht hier.“

„Wo ist es denn?“

„Ich habe es neulich deiner Tante Patricia ausgeliehen, weil sie von einigen Fotos Abzüge machen lassen wollte.“

„Kein Problem, ich fahre gleich zu ihr.“

Ein Leuchten ging über das Gesicht seiner Mutter.

„Du bist ein Schatz, Junge.“

„Wenn ich irgendetwas tun kann, sagt mir nur, wie“, bot Maria Flor ihre Hilfe an.

„Ich denke, es ist das Beste, wenn du mit mir kommst“, sagte Tomás. „Es gibt da einige Dinge, über die ich gern mit dir reden würde, insbesondere die für die nächsten Tage geplanten Kontrolluntersuchungen.“

Maria Flor schloss den Sicherheitsgurt, den sie bereits abgelegt hatte, erneut.

„Gern. Ich habe mir den ganzen Tag frei genommen, um deine Mutter zu begleiten.“

Tomás öffnete die Tür.

„Umso besser. Ich bringe Mutter nur schnell auf ihr Zimmer. Bis gleich.“

Er stieg aus dem Wagen aus, um seiner Mutter zu helfen, als sich ihm ein Mann mit einer dunklen Brille näherte.

XVIII

Aufmerksam hatte James Krongard die Ankunft von Tomás' blauem Golf beobachtet. Marke, Modell und Kennzeichen kannte er aus der Akte, die Harry Fuchs ihm geschickt hatte. Jetzt war endlich die Zeit zum Handeln gekommen.

Die Vorgaben, die Fuchs ihm gemacht hatte, waren eindeutig. Aber er hatte ein wenig nachgedacht und sich gefragt, ob er die Anweisungen wirklich blind befolgen sollte. Nicht, dass er ein Problem damit gehabt hätte, jemanden zu töten – in Afghanistan hatte er einen Al-Qaida-Chef und zwei einflussreiche Imams aus dem Weg geräumt – aber er wollte zunächst sichergehen, dass Tomás Noronha tatsächlich der Mörder von Frank Bellamy war. Die Akte enthielt einige belastende Indizien, aber aus irgendeinem Grund interessierte ihn, was der Verdächtige zu seiner Verteidigung zu sagen hatte.

Als er sah, dass seine Zielperson aus dem Auto stieg, eilte Krongard auf sie zu.

„Sie sind Professor Noronha, nicht wahr?"

Tomás stutzte beim Anblick des CIA-Mannes.

„Ja, der bin ich."

Der Unbekannte deutete auf eine wenige Meter entfernte Sitzbank.

„Ich würde mich gern ein paar Minuten mit Ihnen unterhalten", sagte er. „Unter vier Augen."

Mechanisch folgte Tomás ihm, verwundert darüber, dass ein Fremder mit starkem amerikanischen Akzent ihn ausgerechnet hier ansprach.

„Worum geht es?“

Nachdem er sich versichert hatte, dass die beiden Frauen im Wagen nicht hören konnten, was sie sagten, reichte der Agent Tomás seine Karte.

„Ich bin James Krongard“, sagte er leise. „*Central Intelligence Agency*.“

„Wie bitte?“

„CIA“, erklärte der Amerikaner und rückte seine dunkle Sonnenbrille zurecht. „Ich bin im Auftrag der Außenstelle Portugals hier.“

Das Gehörte verschlug Tomás die Sprache. Aus welchem Grund sollte ein amerikanischer Geheimdienstagent sich die Mühe machen, nach Coimbra zu fahren, um mit ihm zu sprechen? Doch dann ahnte er plötzlich die Antwort. Es war die einzig mögliche Erklärung.

„Es geht um Frank Bellamy, nicht wahr?“

Was könnte der Chef der Direktion für Wissenschaft und Technologie der CIA diesmal von ihm wollen, fragte er sich. Anscheinend wollte der alte Haudegen ihn noch einmal auf ein Himmelfahrtskommando schicken, wie vor acht Jahren, als er in Teheran das Einstein-Manuskript entschlüsseln sollte und von der CIA zur Zusammenarbeit genötigt worden war. Er biss die Zähne aufeinander. Diesmal würde er nicht nach Bellamys Pfeife tanzen. Auch wenn der Typ ihn bedrohen oder ihm gar eine Waffe vor die Nase halten sollte – dieses Mal würde er nicht klein beigeben.

„Sie geben es also zu, das freut mich“, sagte Krongard. „Das vereinfacht die Dinge.“

„Ich gebe es zu? Was gebe ich zu?“, fragte Tomás verständnislos.

„Dass Sie der Mörder sind, natürlich. Wie sonst hätten Sie wissen sollen, dass ich wegen Frank Bellamy hier bin? Das ist ein indirektes Geständnis.“

„Entschuldigung, ich verstehe nicht …“

„Jetzt hören Sie schon auf, den Ahnungslosen zu spielen“, unterbrach ihn Krongard mit einem Blick in Richtung seines Autos. „Das Einfachste ist es, wenn Sie mich jetzt begleiten.“

Tomás traute seinen Ohren kaum.

„Wieso sollte ich Sie begleiten? Hören Sie, ich habe keine Ahnung, was Sie von mir wollen“, sagte er mit einem irritierten Unterton in der Stimme. „Was erlauben Sie sich zu behaupten, ich sei ein Mörder und hätte wer weiß was indirekt gestanden? Was zum Teufel soll das ganze Theater?“

„Das wissen Sie ganz genau“, knurrte Krongard. „Der Tod von Frank Bellamy wird nicht ungestraft bleiben. Seien Sie so gut, mir jetzt zu folgen.“

Tomás erstarrte.

„Frank Bellamy ist tot?“

„Tun Sie doch nicht so, als wüssten Sie von nichts! Kommen Sie jetzt bitte mit, ohne für Umstände zu sorgen.“

„Entschuldigen Sie, aber da muss ein Missverständnis vorliegen. Erstens hatte ich keine Ahnung, dass Bellamy tot ist. Zweitens sind mir Ihre Anspielungen ein Rätsel. Sie wollen doch wohl nicht etwa andeuten, ich hätte etwas mit Bellamys Tod zu tun?“

„Ich deute es nicht an, ich stelle es fest.“

Tomás lachte nervös.

„Aber das ist ja lächerlich! Ich habe Bellamy seit einigen Jahren nicht gesehen. Ich gebe gern zu, dass ich ihm mehrmals gern den Hals umgedreht hätte. Seinetwegen hatte ich einen Haufen Ärger und hätte die Geschichte fast nicht überlebt. Aber ich hätte ihn nie wirklich umgebracht! Das ist absurd!“

Der Amerikaner betrachtete Tomás durch seine dunklen Brillengläser.

„Können Sie mir sagen, wo Sie gestern waren?“

„Ich war gestern nicht einmal hier“, sagte Tomás leicht genervt. „Ich war in Genf. Und das kann ich auch beweisen. Irgendwo habe ich noch meine Bordkarte.“

„So so, Sie waren in Genf. Würden Sie mir bitte noch verraten, wie Sie den gestrigen Tag verbracht haben?“

Die Reaktion des CIA-Mannes verunsicherte Tomás. Er hatte erwartet, dass seine Reise in die Schweiz der Sache ein Ende bereitet hätte, aber das war eindeutig nicht der Fall. Im Gegenteil.

„Hören Sie, es muss sich um ein Missverständnis …"

„Wo genau waren Sie in Genf, und was haben Sie dort gemacht?"

Tomás seufzte.

„Ich war bei Perrin, dem Antiquitätenhändler in der Nähe des Genfer Sees, und am späten Nachmittag bin ich nach Lissabon zurückgeflogen."

Krongard zog eine Akte aus seiner Jackentasche und öffnete sie.

„Waren Sie nur bei diesem Antiquitätenhändler?" Er blätterte in den Unterlagen, bis er gefunden hatte, was er suchte. „Und was ist das hier?"

Tomás warf einen Blick auf das Papier und erkannte, dass es sich um ein Foto einer Überwachungskamera handelte, auf dem er gerade ein Gebäude betrat.

„Ach ja!", rief er und schlug sich mit der Hand gegen die Stirn. „Ich war auch noch im CERN. Das hatte ich glatt vergessen."

Krongard sah Tomás argwöhnisch an.

„Eine sehr zweckmäßige Vergesslichkeit", fügte er spitz hinzu.

„Wollen Sie etwa andeuten, ich hätte diesen Besuch absichtlich nicht erwähnt?", ereiferte sich Tomás. „Hören Sie, ich war in der Tat im CERN, aber ich hätte kaum jemals wieder daran gedacht, denn ich war nur ein paar Minuten dort, nicht der Rede wert."

Krongards Gesicht überzog ein hämisches Grinsen.

„Ach nein? Was haben Sie denn dort gemacht?"

Die Frage beunruhigte Tomás. Gab es etwa einen Zusammenhang zwischen dem Tod von Frank Bellamy und dem CERN? Wenn dem so war, konnten die Umstände seines Aufenthalts im Forschungszentrum nur merkwürdig erscheinen.

„Ich … also, ich hatte eine Einladung erhalten, dort … jemanden zu treffen."

„Eine Einladung von wem?“

Tomás antwortete nicht. Jede Frage erschien ihm wie ein Hammerschlag, der ein neues, unangenehmes Detail freilegte. Seine Antworten darauf mochten noch so unschuldig und ehrlich sein, sie wirkten nichtsdestotrotz befremdlich und konnten ihn womöglich nur tiefer in die Bredouille bringen.

„Von einem Antiquitätenhändler“, sagte er leise. „Er sagte, er habe ein antikes Objekt, das mich bestimmt interessieren würde und bat mich, ihn im CERN zu treffen.“

Krongard lachte laut auf.

„Ein antikes Objekt im CERN? Seit wann ist das denn ein Museum? Sie glauben doch wohl nicht, dass ich Ihnen diese Geschichte abnehme?“

„Mir ist bewusst, dass es absurd klingen mag, aber im ersten Augenblick habe ich darüber nicht nachgedacht. Ich war in Genf, um Antiquitäten für das Museum der Gulbenkian-Stiftung zu erwerben, und da schien es mir eine interessante Gelegenheit zu sein. Ich habe also zugesagt.“

„Und wer war dieser Antiquitätenhändler, den Sie im CERN treffen sollten?“

Bei dieser Frage traten Tomás Schweißtropfen auf die Stirn. Noch ein Hammerschlag …

„Das weiß ich nicht.“

„Wie bitte?“

„Ich habe mit keinem Antiquitätenhändler gesprochen“, gab er zu und ärgerte sich nun darüber, nicht von Anfang an alles richtig erzählt zu haben. „Es war so, dass ich, als ich in mein Hotel kam, dort eine Nachricht vorfand, die jemand unter der Tür hindurchgeschoben hatte. Darin stand, man wolle mir im CERN ein antikes Objekt zeigen. Ich sollte zu einer bestimmten Uhrzeit in die Nähe des Eingangs zum Teilchendetektor ATLAS kommen.“

„Wo ist diese Nachricht?“

„Ich habe sie weggeworfen."

„War sie wenigstens unterschrieben?"

Tomás kratzte sich verlegen am Kopf.

„Ja, aber die Unterschrift war unleserlich."

Krongard schaute skeptisch drein und überlegte.

„Und das Objekt?", fragte er schließlich. „Wo ist das?"

Auch auf diese Frage hatte Tomás keine befriedigende Antwort.

„Ich bin zu dem vereinbarten Treffpunkt gegangen, aber dort war niemand. Nach einer Stunde hatte ich genug und bin wieder gegangen, weil ich vor meinem Flug noch etwas essen wollte."

Der Amerikaner atmete tief durch und schüttelte den Kopf.

„Offen gesagt, Professor Noronha, Sie glauben doch hoffentlich nicht, dass ich all das einfach so schlucke?"

„Aber es ist die Wahrheit."

„Unsinn, das ist nichts als ein Haufen Lügen und Ausflüchte", herrschte Krongard ihn plötzlich barsch an. „Ich stelle mich Ihnen vor, und Sie erkennen sofort den Zusammenhang mit Frank Bellamy. Ich frage Sie, wo Sie gestern in Genf waren, und Sie verschweigen Ihren Besuch im CERN. Als ich Ihnen ein Foto zeige, das Ihre Anwesenheit dort eindeutig beweist, erzählen Sie, dass Sie diese Geschichte vergessen haben, weil Sie nur auf einen Sprung dort waren. Ich frage Sie, weshalb Sie im CERN waren, und Sie sagen, dass ein Antiquitätenhändler Ihnen vorgeschlagen habe, dort ein antikes Objekt zu begutachten. Als ich den Namen des Händlers wissen will, überlegen Sie es sich anders und wollen plötzlich eine Nachricht erhalten haben, die unter der Tür Ihres Zimmers hindurchgeschoben wurde, auf der zur Krönung der ganzen Komödie die Unterschrift auch noch unleserlich war. Als ich Sie dann nach dem Verbleib dieser Notiz frage, sagen Sie, dass Sie sie weggeworfen haben. Was das antike Objekt angeht … Egal, das Ganze stinkt zum Himmel!"

Tomás wusste, dass es unerheblich war, wie sich die Dinge in Wahrheit abgespielt hatten. Das Einzige, was zählte, war, welchen Eindruck der andere von ihm bekam – und welche Beweise er liefern konnte.

„Hören Sie, Ihre Fragen kamen für mich völlig unerwartet“, erklärte er. „Es war genau so, wie ich es Ihnen gesagt habe. Mein einziger Fehler besteht darin, dass ich nicht misstrauisch genug war und der Sache im CERN keine nähere Bedeutung beigemessen habe. Ich hatte etwas freie Zeit, bis mein Flug ging, und wollte die Gelegenheit nutzen, eventuell noch ein Objekt zu erwerben. Danach habe ich nicht weiter über die Angelegenheit nachgedacht, weil sie mir einfach belanglos erschien. Und wenn Sie mir nicht all diese Fragen gestellt hätten, hätte ich auch bestimmt nie wieder daran gedacht.“

„Sie wollen mir doch wohl nicht einreden, dass die Tatsache, dass Frank Bellamy ausgerechnet zu dem Zeitpunkt Ihrer Anwesenheit im CERN getötet wurde, reiner Zufall ist?“

Verdammt, die Situation war also noch schlimmer als gedacht.

„Frank Bellamy wurde im CERN umgebracht, während ich dort war?“, fragte Tomás.

Der CIA-Mann schaute ihn verächtlich an. Er war zunehmend überzeugt von der Schuld seines Gegenübers.

„Spielen Sie nicht den Unschuldigen!“

„Nach all den Fragen, die Sie mir gestellt haben, hatte ich schon befürchtet, dass Bellamy im CERN ermordet wurde“, sagte Tomás resigniert, „aber ich hatte gehofft, ich würde mich täuschen. Wie dem auch sei, das sind nichts als Indizienbeweise, die vor Gericht keinerlei Bedeutung haben. Sie werden schon überzeugendere Beweise als meine reine Anwesenheit im CERN zum Zeitpunkt von Bellamys Tod beibringen müssen. Wahrscheinlich waren mehr als tausend Menschen zu diesem Zeitpunkt dort. Warum wäre ich verdächtiger als irgendjemand anders? Und welches Motiv hätte ich gehabt, Bellamy zu töten?“

Krongard interpretierte Tomás’ Resignation als weiteres Zeichen für seine Schuld.

„So so, Sie wollen sich also hinter juristischen Spitzfindigkeiten verstecken“, sagte er lächelnd. „Das machen die meisten Schuldigen so …“

„Ich habe mit dem Tod von Bellamy nichts zu tun!“, wiederholte Tomás. „Und wenn Sie mir nicht glauben, ist mir das auch egal. Wenn Sie mich für schuldig halten, beweisen Sie es doch!“

„Wissen Sie, ich würde gern glauben, dass Sie unschuldig sind, aber Sie haben sich mit Ihren Lügen verraten“, erwiderte Krongard. „Wir haben herausgefunden, dass Sie und Mister Bellamy im gleichen Hotel übernachtet haben.“ Er zog ein weiteres Foto aus seiner Aktensammlung und hielt es Tomás hin. „Diese Aufnahme stammt vom elektronischen Überwachungssystem des Hotels. Wie Sie unschwer erkennen können, sitzen Sie in der Lobby und lesen in einer Zeitung, während Mister Bellamy an Ihnen vorbei geht.“

Tomás blieb der Mund offen stehen.

„Wir waren … im selben Hotel? Was für ein verrückter Zufall!“

Der Amerikaner steckte die Aufnahme weg.

„Wenn ich eine Sache gelernt habe, Professor Noronha, dann das, dass es keinen Zufall im Leben gibt. Sie haben nicht in der Zeitung gelesen, sondern Bellamy beobachtet.“

„Ich versichere Ihnen, es war purer Zufall, dass wir beide im selben Hotel gewohnt haben!“, brachte Tomás hervor. „Jedenfalls ist auch das nur ein weiterer Indizienbeweis. Ich habe den Eindruck, dass Sie gar nichts Konkretes gegen mich in der Hand haben, und nur versuchen, mich auf Biegen und Brechen dazu zu bringen, die Schuld an Bellamys Tod zu gestehen.“

Krongard zögerte kurz, dann zog er ein letztes Papier aus seiner Akte und zeigte es Tomás.

„Und was sagen Sie dazu?“

Ψ

The Key: Tomás Noronha

„Wie kommt mein Name auf diesen Zettel?“

Der CIA-Agent setzte ein siegessicheres Lächeln auf.

„Überraschend, nicht wahr?“

„Sie haben nicht auf meine Frage geantwortet“, hakte Tomás nach. „Wie kommt mein Name auf diesen Zettel?“

„Dieses Beweisstück hat die Genfer Polizei uns geschickt“, erklärte Krongard. „Es handelt sich um die Kopie eines Stücks Papier, das in der Hand von Mister Bellamy gefunden wurde. Seine Bedeutung ist offensichtlich, vor allem in Anbetracht Ihres Berufs. Das Symbol oben steht für die Kreuzigung und ist somit ein Zeichen für Mister Bellamys eigenen Tod. Darunter steht der Name dessen, der ihn auf dem Gewissen hat, und den er als *the key* bezeichnet, den Schlüssel.“ Er wedelte mit dem Papier. „Dieses Papier, Professor Noronha, beweist eindeutig, dass Sie den Chef der Direktion für Wissenschaft und Technologie der CIA ermordet haben.“

Tomás fixierte das Blatt, das der Agent in den Händen hielt und dachte über die Konsequenzen dessen nach, was er soeben gehört hatte. In der Hand des Opfers war ein Zettel mit seinem Namen gefunden worden; das war zweifellos ein äußerst belastendes Indiz. Natürlich wusste er, dass er unschuldig war, aber wie sollte er das überzeugend beweisen? Frank Bellamy hatte ihn ins Visier der Jäger gerückt, und es bestand kein Zweifel daran, dass seine letzte Botschaft vor Gericht ernst genommen würde.

„Sind Sie sicher, dass es Bellamy war, der diese Notiz geschrieben hat?“, fragte er mit einem Hauch von Verzweiflung in der Stimme. „Wie können Sie sicher sein, dass nicht der Mörder dieses Indiz hinterlassen hat, um mich zu belasten?“

Der Amerikaner wies auf die Akte in seiner Hand.

„Wir haben selbstverständlich eine Schriftanalyse gemacht und die Tinte und das Papier untersucht. Es besteht kein Zweifel daran, dass es sich um die Handschrift von Mister Bellamy handelt. Die verwendete Tinte ist mit der in seinem Füllfederhalter identisch, und auf dem Papier sind überall Bellamys Fingerabdrücke. Glauben Sie mir, er hat diese Nachricht selbst geschrieben.“

Für Tomás löste sich eine weitere Hoffnung in Luft aus.

„Ehrlich gesagt, verstehe ich das Ganze nicht“, gestand er. „Aber eines ist sicher: Ich habe ihn nicht ermordet.“

Krongard zuckte mit den Schultern.

„Ich habe die Nase voll von Ihren Lügen. Es reicht. Ich bitte Sie ein letztes Mal höflich, mich zu begleiten.“

„Sie wohin zu begleiten?“

Als Zeichen dafür, dass er die Unterhaltung für beendet hielt, zog der CIA-Agent Tomás am Ellbogen empor und schob ihn vor sich in Richtung seines Leihwagens.

„Sie stehen unter Arrest.“

XIX

„Um Himmels Willen, Tomás, wo willst du hin?"

Die Stimme seiner Mutter riss Tomás aus der Benommenheit, die ihn überkommen hatte. Anstatt ins Auto des CIA-Mannes einzusteigen, schüttelte er den Arm des Agenten vehement ab und machte einen Schritt zur Seite.

„So läuft das nicht", sagte er. „Meine Mutter hatte heute Vormittag einen Herzinfarkt und braucht meine Hilfe. Außerdem können Sie mich, soweit ich weiß, hierzulande nicht einfach so festnehmen. Nur die portugiesische Polizei kann mich gegen meinen Willen festhalten."

Die Augen des Agenten verengten sich zu schmalen Schlitzen.

„Sie haben einen Direktor der CIA getötet", schnaubte er. „In Amerika steht darauf die Todesstrafe. Sie denken doch wohl nicht, dass wir vorhaben, gegen die Windmühlen der Bürokratie zu kämpfen? Portugal würde niemals einen seiner Staatsbürger ausliefern, damit er in den USA vor Gericht gestellt würde." Er schüttelte wütend den Kopf. „Nein, Professor Noronha, während wir hier miteinander reden, ist schon eine C-130 Hercules unterwegs über den Atlantik, um Sie abzuholen. Von jetzt an stehen Sie unter Arrest der CIA. Sie werden heute Nacht heimlich nach Langley gebracht, wo der Fall gegen Sie verhandelt wird." Er deutete auf seinen Wagen. „Steigen Sie jetzt bitte ein."

„Sie haben kein Recht, mich einfach so zu verhaften!"

Krongard öffnete seine Jacke ein wenig, gerade so weit, dass Tomás das Halfter mit dem Griff der Glock erkennen konnte.

„Das hier ist mein Recht“, flüsterte er drohend. „Kommen Sie freiwillig mit, oder muss ich Gewalt anwenden?“

Tomás zweifelte nicht daran, dass Krongard die Waffe gebrauchen würde. Sein Blick schweifte zwischen dem Amerikaner und der zierlichen Figur seiner Mutter hin und her, die unruhig auf ihn wartete. Maria Flor, die vom Auto aus die Szene mit zunehmender Skepsis beobachtete, warf er ein gewinnendes Lächeln und einen Handkuss zu.

„In Ordnung“, sagte er schließlich. „Aber lassen Sie mich vorher noch meine Mutter auf ihr Zimmer begleiten. Es geht ihr nicht gut, und sie braucht Ruhe.“

Krongard drehte sich zu Graça Noronha um.

„Okay.“

Tomás eilte zu seiner Mutter und nahm ihren Arm, um sie zum Eingang des Pflegeheims zu begleiten. Der Amerikaner folgte dicht hinter ihnen, zufrieden damit, wie sich seine Mission entwickelte. Er war inzwischen von der Schuld seiner Zielperson überzeugt und würde den Portugiesen ohne Skrupel liquidieren. Er müsste ihn nur noch dazu bringen, fliehen zu wollen, und ihm die Gelegenheit dazu geben.

„Frau Noronha!“, rief die erste Pflegerin, der sie begegneten, erleichtert aus. „Geht es Ihnen wieder besser?“

„Gott sei Dank, ja“, antwortete die alte Dame mit einem müden Lächeln. „Mein lieber Sohn hat mich im Krankenhaus abgeholt. Er ist ein Schatz, finden Sie nicht, Ermelinda?“

„Aber ja, natürlich.“

Im Foyer des Heims angekommen, zögerte Tomás. Würde der Amerikaner ihm gleich Handschellen anlegen oder ihm noch einen Abschied von seiner Mutter unter vier Augen zugestehen?

„Ich hoffe, Sie haben nichts dagegen, wenn ich meine Mutter noch auf ihr Zimmer begleite?“, fragte er.

„Aber nein, ich bitte Sie“, sagte Krongard betont freundlich, und flüsterte ihm dann ins Ohr: „Verabschieden Sie sich von Ihrer Mutter, und sagen Sie ihr Lebewohl. Sie sehen sie heute zum letzten Mal. Auf Sie wartet der elektrische Stuhl."

Tomás warf dem Agenten einen angewiderten Blick zu.

„Zum Teufel mit Ihnen!"

„Aber, aber", spöttelte Krongard. „Passen Sie auf, was Sie sagen." Er drehte sich zu der Pflegerin um, die gerade dabei war, Aktenordner in ein Regal zu stellen. „Entschuldigen Sie, junge Frau, Sie haben hier nicht zufällig etwas zu essen? Mein Magen hängt mir fast auf den Schuhsohlen."

Die Pflegerin schaute überrascht auf, antwortete aber prompt.

„Kommen Sie mit. Wir haben einen wirklich köstlichen Bohneneintopf. Aber Sie müssen bitte da drüben im Büro essen. Der Speisesaal ist für unsere Bewohner reserviert."

Der Amerikaner blickte sich suchend um.

„Wo sind denn Ihre Bewohner?", fragte er, mehr aus praktischem Interesse als aus Neugier. „Es wirkt hier so ruhig …"

Die Pflegerin lachte.

„Oh, einige machen bei dem schönen Wetter einen Spaziergang, andere ruhen sich auf ihrem Zimmer aus. Die meisten aber sind im Gemeinschaftsraum. Da ist der Fernseher mit dem großen Bildschirm."

„Ich verstehe", sagte Krongard und rieb sich die Hände. „Dann schauen wir doch mal, ob Ihr Bohneneintopf so gut ist, wie Sie sagen."

Während Tomás seine Mutter in den ersten Stock begleitete, folgte der CIA-Agent Ermelinda mit einem zufriedenen Lächeln in die Küche. Sein Hinweis auf den elektrischen Stuhl und die Tatsache, dass er jetzt etwas essen ging, sollten ausreichen, um den Portugiesen zur Flucht zu verleiten.

Das Verhalten des Amerikaners kam Tomás merkwürdig vor. Während er mit seiner Mutter auf den Aufzug wartete, arbeitete sein Gehirn auf Hochtouren. Wie war es möglich, dass der Mann, der ihn verhaften wollte, ihn plötzlich mit seiner Mutter allein ließ und sogar noch etwas essen ging? Ihm musste doch klar sein, dass das eine gute Fluchtmöglichkeit bot?

Tomás versuchte, sich in den CIA-Agenten hineinzuversetzen. Aber egal, wie er es drehte und wendete, fand er keine vernünftige Erklärung für dessen Verhalten. Sein Gegner unterschätzte ihn offenbar. Er dachte wohl, Tomás wäre einer dieser Professoren, die nichts anderes machten, als ihre Nasen in alte Manuskripte zu stecken und als Schreibtischtiger ihr Dasein fristeten. Das empfand er schon fast als Beleidigung.

„Puh, bin ich müde!", sagte Graça Noronha, als sie aus dem Aufzug stiegen. „Ich glaube, ich lege mich gleich hin."

„Aber sicher Mutter. Ruh dich nur aus. Du hast wahrlich einen anstrengenden Tag hinter dir."

Er warf einen letzten Blick in den Eingangsbereich im Erdgeschoss und sah, dass er leer war. Dann begleitete er seine Mutter auf ihr Zimmer, reichte ihr ihre Medikamente und half ihr ins Bett.

„Danke, mein Junge", sagte sie und zog die Decke bis unters Kinn. „Sehen wir uns beim Abendessen?"

Tomás zögerte. Ursprünglich hatte er vorgehabt, eine oder zwei Wochen lang in Coimbra zu bleiben, um in der Nähe seiner Mutter zu sein, aber die Ereignisse hatten sich überstürzt, und er musste umdisponieren.

„Leider nicht", sagte er. „Ich muss dringend zurück nach Lissabon und eine wichtige Angelegenheit klären."

„Oh, wie schade! Fahr vorsichtig, hörst du? Du fährst manchmal ziemlich schnell, und das ist gefährlich. Außerdem sind so viele Verrückte am Steuer unterwegs ..."

„Ich passe auf, mach dir keine Sorgen."

Von der Müdigkeit übermannt, schloss Graça Noronha die Augen und sank Sekunden später in einen tiefen Schlaf. Ihr Sohn beugte sich über sie und küsste sie auf die Stirn – zum letzten Mal?

Das Erscheinen des CIA-Agenten hatte Tomás' Welt schlagartig verändert. Die neue Situation mochte noch so unwirklich scheinen, er musste sich ihr stellen. In Anbetracht der Aussichten, heimlich in die Vereinigten Staaten gebracht zu werden, wo womöglich der elektrische Stuhl auf ihn wartete, bestand seine einzige Hoffnung darin zu fliehen.

Sein Entschluss stand fest. Er drückte sein Ohr an die Zimmertür seiner Mutter. Nachdem er sich versichert hatte, dass alles still war, öffnete er lautlos die Tür und schaute auf den Gang. Weit und breit war keine Menschenseele zu sehen. Er trat aus dem Zimmer, schloss so leise wie möglich die Tür und schlich auf Zehenspitzen Richtung Treppe. Als eine Diele unter seinen Füßen knarzte, hielt er kurz inne und lauschte. An der Treppe angekommen, beugte er sich vor und schaute hinab. Die Eingangshalle war verlassen. Der Zeitpunkt war günstig. Er musste es probieren.

Das Knarzen der Diele war James Krongard nicht entgangen. Es würde ihm zuverlässig verraten, wann Noronha versuchen würde, sich davonzustehlen.

„Und, schmeckt Ihnen der Eintopf?“, fragte die Pflegerin.

„Ausgezeichnet, aber ich habe genug“, antwortete Krongard und legte den Löffel auf den Tisch.

„Was? Sie wollen nicht aufessen?“

Der CIA-Agent stand auf.

„Mehr schaffe ich leider nicht, besten Dank für Ihre Bewirtung. Außerdem sollte ich Professor Noronha nicht länger warten lassen.“

Er verließ zielstrebig den Raum und ging über den Flur bis zum Eingangsbereich. Das Knarzen der Dielen im ersten Stock hatte aufgehört. Krongard strengte sich an und spitzte die Ohren. Der weitere Ablauf war vorgegeben; der Portugiese hatte gar keine andere Wahl.

„Na los, Bursche“, zischte er fast lautlos, „komm schon.“

Der Amerikaner griff ins Innere seiner Jackentasche und strich sanft über den kalten Griff der Glock. Er durfte sie nicht zu früh ziehen. Aber er musste bereit sein zu reagieren. Mit dem Zeigefinger öffnete er den Verschluss des Holsters. Mit dem Daumen entsicherte er die Waffe. Dann setzte das Knarzen der Dielen wieder ein.

XX

Mit angehaltenem Atem beobachtete Tomás den menschenleeren Eingangsbereich. Sein sechster Sinn schlug Alarm. Irgendetwas stimmte nicht! Diese Gelegenheit bot sich ihm viel zu einfach.

„Du wartest da unten auf mich“, murmelte er nervös. Er warf einen Blick in Richtung Tür. „Irgendwo hast du dich versteckt und lauerst nur darauf, dass ich fliehen will …“

Auf die Gefahr hin, dass er es später bereuen würde, beschloss Tomás, seinem Instinkt zu vertrauen. Zwar war in der Halle unter ihm nach wie vor niemand zu sehen, doch er schlich mit größter Vorsicht zurück ins Zimmer seiner Mutter.

Er verriegelte die Tür und betrachtete mit wild klopfendem Herzen seine schlafende Mutter.

„Und jetzt?“, fragte er sich. „Wie komme ich hier raus?“

Er schaute sich gehetzt um. Dabei fiel sein Blick unweigerlich auf den Balkon. Das war die Lösung! Er stürzte hinaus. Auch wenn der Balkon nur im ersten Stock lag, war er doch erschreckend weit über dem Boden. Wenn er dort hinabspränge, riskierte er allemal einen Bein- oder Rippenbruch. Das wollte er sich gar nicht ausmalen.

Dann registrierte er die Fichte.

Das Knarzen der Holzdielen im ersten Stock irritierte James Krongard.

„Was treibt der Typ denn da oben?“, fragte er sich.

Der CIA-Agent wurde ungeduldig. Je länger er wartete, umso mehr ahnte er, dass die Situation ihm entglitt. Die Geräusche auf dem Flur über ihm bedeuteten entweder, dass dort ein Heimbewohner entlang ging, oder …

Er riss die Augen auf.

„Das darf ja wohl nicht …"

Ohne eine Sekunde länger zu zögern, verließ er seine Position und steuerte auf die Treppe zu. Niemand war zu sehen. Während er zwei Stufen auf einmal nehmend hinaufrannte, schwante ihm, dass er einen Riesenfehler begangen hatte. Von Ermelinda wusste er, dass Tomás' Mutter in Zimmer Nummer acht wohnte. Vor der Tür blieb er stehen und holte kurz Luft. Dann klopfte er an.

„Professor Noronha!", rief er so ruhig wie möglich. „Sind Sie hier?" Er klopfte erneut. „Professor Noronha?"

Keine Antwort. Er drückte die Klinke. Die Tür war verschlossen.

„Scheißkerl!"

Tomás Noronha war abgehauen. Jetzt müsste er härtere Geschütze auffahren. Er trat zwei Schritte zurück, zog seine Pistole und zielte auf das Schloss.

Als der Schuss losging, klammerte Tomás sich bereits an den Stamm der Fichte. Er hatte auf dem Balkon das Klopfen an der Tür gehört und erkannt, dass er keine Zeit zu verlieren hatte. Wenn er wirklich versuchen wollte zu fliehen, durfte er nicht zögern.

Er stieg also auf das Geländer und griff mit dem Mut der Verzweiflung nach dem einen Meter entfernten Stamm der Fichte. Als er sich langsam daran hinabgleiten ließ, krachte der Schuss los. Voll Entsetzen dachte er an seine Mutter und wie sie sich ängstigen würde und befürchtete das Schlimmste. Fast bedauerte er schon seinen Fluchtversuch, aber wie hätte er ahnen können, dass der Amerikaner nicht davor zurückschrecken würde, an einem solchen Ort seine Waffe zu benutzen? Ohnehin war es jetzt zu spät für einen Rückzieher. Seine einzige Chance bestand darin, so schnell wie möglich von hier zu verschwinden.

„Professor Noronha!"

Die Stimme kam aus dem Zimmer seiner Mutter. Mittlerweile war Tomás den Baum etwa zur Hälfte hinab gerutscht. Er konnte und musste es riskieren, den Rest zu springen. Er ließ sich hinabgleiten, fiel zu Boden, stand umgehend wieder auf und rannte zu seinem Auto, in dem Maria Flor auf ihn wartete. Ein weiterer Pistolenschuss krachte los, und die Kugel schlug dicht hinter ihm im Rasen ein. Der CIA-Mann hatte ohne Vorwarnung auf ihn geschossen! Er hatte vorgehabt, ihn zu töten! Bis zur Ecke des Gebäudes müsste Tomás ohne Deckung überstehen und würde ein leichtes Ziel bieten. Zweimal schlug er daher wie ein Hase einen Haken und entkam den Kugeln des Amerikaners nur um Haaresbreite.

„Verdammt!"

Schon zum dritten Mal verfehlte Krongard sein Ziel. Das war ihm noch nie passiert! Die Richtungswechsel des Portugiesen hatten ihn überrascht, aber er hatte auch schlecht gezielt. Er hatte vorgehabt, Tomás mit einer Kugel in den Kopf direkt zu töten, doch das war keine gute Idee. Hätte er auf seinen Körper gezielt, wäre dieser dämliche Professor ihm nicht entkommen. Der nächste Schuss würde seinem Rücken gelten.

Krongard zielte sorgfältig. Diesmal würde die Kugel ihr Ziel nicht verfehlen. Sie würde ihr Opfer zu Boden strecken, so dass er ihm anschließend eine zweite Kugel in den Kopf jagen könnte. Ihm blieb nicht viel Zeit. Mit dem Finger am Abzug …

„Schurke!"

Aus dem Nichts flog ein braunes Etwas auf ihn zu und brachte ihn aus dem Gleichgewicht.

„Was …?", stammelte er und hielt sich am Geländer des Balkons fest. In diesem Moment verschwand Tomás hinter dem Gebäude. Er war ihm entwischt. „Verdammter Mist!"

„Nichtsnutz!"

Das Objekt, das ihn zuvor getroffen hatte, schlug ein weiteres Mal auf seinen Kopf. Er versuchte, sich mit den Armen davor zu schützen und zu verstehen, was überhaupt vor sich ging. Vor ihm stand Graça Noronha mit wild zerzausten Haaren und schlug mit ihrer Handtasche auf ihn ein.

„Rüpel!"

„Gehen Sie aus dem Weg!", herrschte Krongard sie an und schob die alte Dame mit dem Arm zur Seite. „Lassen Sie mich vorbei!"

Der CIA-Agent rannte aus dem Zimmer und die Treppe hinab zum Ausgang. Er umfasste seine Pistole und hoffte inständig, nicht zu spät zu kommen. In seinem Kopf kreiste eine einzige Frage: Wie sollte er Harry Fuchs erklären, dass eine schmächtige alte Frau ihn daran gehindert hatte, den Mörder von Frank Bellamy zu bestrafen?

XXI

Im Auto sitzend war Maria Flor immer unruhiger geworden, als sie die Schüsse gehört hatte. Zunächst hatte sie gedacht, jemand habe einen Knallkörper gezündet, doch dann sah sie Tomás in höchster Eile auf das Auto zurennen.

„Was ist los?“, fragte sie, als er die Beifahrertür aufriss. „Ist etwas passiert?“

Tomás sprang in den Wagen und schlug die Tür zu.

„Fahr los! Schnell!“, schrie er.

Seine Freundin schaute ihn verständnislos an.

„Was ist denn …?“

„Nun mach schon! Fahr los! Sofort!“

„Aber …“

Tomás zeigte auf den Eingang des Heims.

„Der Typ, der mich vorhin angesprochen hat, hat auf mich geschossen“, sagte er so ruhig wie irgend möglich. „Er will mich töten.“

„Wie bitte? Was ist denn das für eine Geschichte?“

Tomás wurde fuchsteufelswild.

„Fahr jetzt endlich los, bevor der Typ kommt!“, brüllte er und schaute angsterfüllt zum Seniorenheim.

Endlich ließ Maria Flor den Wagen an und legte den ersten Gang ein, machte ansonsten aber keine Anstalten, zu tun, was Tomás sagte. Ein Mann, der in einem Seniorenheim um sich schoss? Das ergab doch keinen Sinn!

„Hör zu“, sagte sie und schaute ihn an. „Beruhige dich erstmal. Was ist …“

In diesem Augenblick sah sie den CIA-Agenten mit der Waffe in der Hand aus dem Heim stürmen. In ihre Richtung. Sie verstand zwar nicht wirklich, was sich gerade abspielte, aber ihr sechster Sinn, der die Situation ohne den Umweg über das Bewusstsein bewertete, reagierte sofort.

Sie ließ die Kupplung los, trat aufs Gaspedal und fuhr mit quietschenden Reifen los. Die Kugel schlug zum Glück nur in der Heckscheibe ein.

„Scheiße!“, fluchte Krongard.

Für einen zweiten Schuss war es bereits zu spät, denn das Fahrzeug bog gerade um eine Ecke.

„Verdammter Mist!“

Ohne einen Augenblick zu zögern, rannte Krongard zu seinem Leihwagen und raste dem VW hinterher. Je näher sie dem Zentrum von Coimbra kamen, umso dichter wurde der Verkehr. Mit etwas Glück würden die Flüchtigen bald ausgebremst. In der Tat sah Krongard kurz darauf den blauen Golf.

„Gleich hab ich dich“, murmelte er.

Er gab Gas, wechselte auf die Gegenfahrbahn und überholte so einige Fahrzeuge vor ihm. Auf diese Art hätte er sein Zielobjekt bald eingeholt.

Tomás beobachtete die waghalsigen Überholmanöver des Amerikaners mit wachsender Nervosität.

„Schneller!“, flehte er Maria Flor an. „Bitte fahr schneller!“

„Das würde ich ja gerne, aber wie?“, entgegnete sie. „Du siehst doch selbst, dass die Ampel rot ist.“

„Egal! Nimm die Gegenspur und fahr weiter.“

„Aber …“

„Tu, was ich sage!“, herrschte Tomás sie verzweifelt an.

Maria Flor holte tief Luft und scherte nach links aus. Auf der Gegenspur tastete sie sich bis zur Kreuzung vor und fädelte sich riskant in die von links auf ihre Spur abbiegenden Wagen ein. Gerade als sie dachte, es geschafft zu haben, krachte es. Ein anderes Auto hatte sie gerammt.

„Bleib nicht stehen! Fahr weiter!“, rief Tomás.

Sie standen mitten auf der Kreuzung. Im Rückspiegel sah Maria Flor, wie sich hinter ihnen eine Fahrzeugtraube bildete und die Fahrer wütend hupten und schimpften. Dennoch gelang es dem Amerikaner, sich ihnen bedrohlich zu nähern. Zum Glück lief ihr Motor noch. Maria Flor legte hastig den ersten Gang ein und fuhr weiter.

Neben ihr beobachtete Tomás, wie Krongard zwischen den Fahrzeugen hindurch manövrierte und die Verfolgung wieder aufnahm. Sie hatten ihn nicht abschütteln können. Eine Entscheidung war nötig.

Auf der Suche nach einer Idee scannte Tomás aufmerksam die Umgebung.

„Oh nein, nicht das noch“, stöhnte Maria Flor.

Vor ihnen wurde der Verkehr wegen einer Baustelle einspurig. Nur noch ein einziges Fahrzeug trennte sie von ihrem Verfolger. Sie waren verloren.

„Halt an!“, forderte Tomás. „Halt direkt neben der Baustelle an!“

Maria Flor stockte fast der Atem. Aber seit dem Beginn ihrer Verfolgungsjagd hatte sie erkannt, dass es besser war, Tomás’ Anweisungen zu folgen, auch wenn sie noch so absurd zu sein schienen. Offensichtlich verfügte er über die Gabe, unter Stress improvisieren zu können. Trotz ihrer inneren Einwände trat sie also prompt die Bremse durch und hielt auf Höhe der Bauarbeiten an. Sekundenbruchteile später sprang Tomás aus dem Auto, schnappte sich zwei Pflastersteine und schleuderte sie mit aller Kraft gegen den Wagen ihres Verfolgers. Der erste zertrümmerte die Windschutzscheibe, der zweite traf den Fahrer.

Tomás sprang zurück auf den Beifahrersitz, und Maria Flor brauste davon. Diesmal hatten sie Krongard abgeschüttelt. Er saß reglos mit blutüberströmtem Gesicht am Steuer.

XXII

Händeringend bereitete sich James Krongard auf das Schlimmste vor. Die Krankenschwester hatte ihm einen Schulterverband angelegt und den Kopf verbunden. Aber die Verletzungen waren ein Klacks. Als der Amerikaner zur Tür blickte, sah er den Polizisten im Flur stehen, der mit einigen Formularen in der Hand auf ihn wartete.

„Ah ja, die Bürokratie“, brummte er müde. „Ohne sie geht in diesem Land gar nichts.“

Aber auch die Bürokratie war nicht sein größtes Problem. Das Schlimmste war vielmehr, dass er seinen Fehlschlag nach Langley berichten musste. Sollte er erzählen, wie die zierliche alte Dame ihn mit ihrer Handtasche geschlagen hatte? Oder wie zwei Amateure ihn bei ihrer Flucht durch die Straßen von Coimbra abgehängt hatten? Wahrscheinlich wäre es das Beste, eine abenteuerliche Geschichte zu erfinden.

„Fertig“, sagte die Krankenschwester und betrachtete das Ergebnis ihrer Arbeit. „Das wäre geschafft. Ihre Kopfwunde hat zwar stark geblutet, ist aber zum Glück nicht weiter schlimm. Machen Sie sich keine Sorgen.“ Sichtlich zufrieden fügte sie hinzu: „Der Verband ist ein kleines Kunstwerk. Ich wette, bei Ihnen in den USA machen sie das auch nicht besser …“

„Kann ich jetzt gehen?“

„Was mich angeht, ja. Die Röntgenaufnahmen haben keine Knochenbrüche ergeben. Sie haben lediglich einige Prellungen.“ Sie deutete auf den Polizeibeamten. „Aber dieser Herr dort möchte noch mit Ihnen sprechen. Es scheint, als hätten Sie ein gewaltiges Verkehrschaos verursacht?“

Der Amerikaner antwortete nicht. Er legte sein Holster um und schlüpfte in seine Jacke.

„Und meine Pistole?“

Die Krankenschwester wies erneut auf den Polizisten.

„Darüber müssen Sie mit ihm sprechen.“

Krongard war natürlich bewusst, dass unter den gegebenen Umständen seine Glock beschlagnahmt worden war.

Er verließ die Notaufnahme und ging auf den wartenden Beamten zu.

„Ihre Papiere, bitte“, begrüßte ihn dieser.

Der CIA-Agent reichte ihm seinen amerikanischen Pass und die Unterlagen von der Botschaft der Vereinigten Staaten, die ihm diplomatische Immunität bescheinigten.

„Wo ist meine Pistole?“

Mit hochgezogenen Augenbrauen und höchster Aufmerksamkeit studierte der Polizist die Papiere.

„Hier steht, dass Sie Kulturattaché der amerikanischen Botschaft in Lissabon sind …“

„Das stimmt.“

Die Augen des Polizisten funkelten misstrauisch.

„Und … sind alle Kulturattachés Ihrer Botschaft bewaffnet?“

„Sie haben vielleicht schon von Al-Qaida gehört?“, erwiderte Krongard schulterzuckend. „Ich trage die Waffe nur aus Sicherheitsgründen. Man weiß nie, was alles passieren kann …“

Der Ton, in dem Krongard dies sagte, verunsicherte den Beamten. Er beschloss, sich auf rein juristische Fragen zu beschränken.

„Haben Sie einen Waffenschein?“

Als Antwort zog der CIA-Agent ein weiteres Papier aus seiner Jackentasche. Nachdem der Andere dieses samt Stempel und Unterschrift geprüft hatte, wirkte er enttäuscht.

„Ist alles in Ordnung?“, fragte Krongard.

„Ja“, murmelte der Polizist ungehalten. Es war unübersehbar, dass er den Verdächtigen am liebsten festgenommen hätte.

„Geben Sie mir jetzt meine Waffe zurück?“

Widerstrebend reichte der Beamte ihm einen Plastikbeutel mit der Glock, die Krongard umgehend in sein Holster steckte. Dann unterschrieb er die Empfangsbescheinigung, die der Polizist ihm hin hielt und nahm anschließend seinen Pass und das Botschaftsschreiben wieder an sich.

„Ich weiß, dass Sie diplomatische Immunität genießen und somit nicht zu einer Aussage verpflichtet sind“, sagte der Polizist. „Aber würde es Ihnen etwas ausmachen, mich zur Wache zu begleiten und uns zu erklären, was eigentlich vorgefallen ist?“

Auf dem Gesicht des Amerikaners zeichnete sich ein verächtliches Grinsen ab, bevor er auf den Fersen kehrt machte und zum Ausgang strebte.

„Ich habe noch etwas anderes zu erledigen.“

XXIII

Rasch war es dunkel geworden, und wenig später hatte Tomás das Steuer übernommen. Neben ihm saß Maria Flor und versuchte, sich zu beruhigen. Sie sagte kein Wort. Nach den Ereignissen des Vormittags und der anschließenden Verfolgungsjagd war sie völlig erschöpft.

„Warum hast du die Nationalstraße genommen?“, fragte sie nach einer Weile des Schweigens.

Tomás machte eine Kopfbewegung nach hinten.

„Mit der kaputten Heckscheibe und dem Blechschaden? Bestimmt hat die Polizei von Coimbra schon eine Beschreibung meines Wagens herausgegeben und sucht nach einem blauen Golf. Auf den Autobahnen gibt es überall Überwachungskameras. Dort würde man uns bald finden.“

Maria Flor antwortete nicht. Sie erkannte zwar, dass Tomás recht hatte, fand aber nicht, dass es eine gute Idee war, sich zu verstecken. Vielmehr war sie der Auffassung, sie sollten sich direkt an die Polizei wenden und dort alles erklären, hoffte aber, dass Tomás wusste, was er tat. Wenn er sich entschlossen hatte, nicht zur Polizei zu gehen, gab es dafür bestimmt gute Gründe. Für sie stellte sich also nur die Wahl, ihm zu vertrauen oder ihn allein zu lassen.

„Wer war dieser Mann?“, fragte sie schließlich. „Wieso verfolgt er uns?“

„Nicht uns, sondern mich“, korrigierte Tomás. „Du hast damit nichts zu tun.“

„Aha, und warum ist er also hinter dir her?"

„Er wollte mich festnehmen. Das heißt, zumindest hat er das gesagt." Er zögerte kurz. „Vielleicht wollte er mich aber auch einfach nur töten, was weiß ich."

„Aber wieso? Was hast du gemacht?"

Tomás seufzte. Womit sollte er anfangen?

„Ich habe gar nichts gemacht", sagte er dann. „Vor ein paar Jahren habe ich mal für die CIA gearbeitet und hatte damals mit einem gewissen …"

„Für wen?"

„Für die CIA. Den amerikanischen Geheimdienst."

Maria Flor schaute ihn ungläubig an.

„Machst du dich über mich lustig?", fragte sie. „Hast du wirklich für die CIA gearbeitet?"

„Ja, habe ich. Und dabei hatte ich mit einem der CIA-Direktoren zu tun, einem Frank Bellamy, der vor kurzem in Genf getötet wurde. Die Amerikaner sind davon überzeugt, dass ich ihn umgebracht habe."

„Wieso? Weil du gestern auch in Genf warst?"

„Offenbar ja. Aber ich habe ihn natürlich nicht getötet, ich wusste nicht einmal, dass er in Genf war. Das ist reiner Zufall."

„Aber wieso verdächtigen sie dich dann?"

„Weil wir im selben Hotel gewohnt haben und er im CERN getötet wurde – ausgerechnet zu dem Zeitpunkt, als ich auch dort war", sagte Tomás. „Und der Tote hatte noch einen Zettel in der Hand, der mich als den Schlüssel bezeichnete."

„Den Schlüssel für was?"

„Laut CIA wollte Bellamy damit ausdrücken, dass ich der Schlüssel zu seinem Tod sei, also sein Mörder. Aber ich denke, das Opfer wollte etwas ganz anderes sagen."

„Und was?"

Tomás hielt die Straße vor ihm fest im Blick. Von Zeit zu Zeit erhellten die Scheinwerfer entgegenkommender Autos sein Gesicht.

„Gute Frage. Wenn ich alle Puzzlestücke beisammen habe, werde ich es dir sagen."

Maria Flor war von der Antwort enttäuscht, hakte aber nicht nach.

„Und auf dem Zettel stand nur dein Name?"

„Nein, er enthielt auch ein Symbol."

„Was für eins?"

„Die CIA scheint zu denken, dass es sich um eine Art Kruzifix handelt."

„Könnte das eine Anspielung auf die christliche Religion sein? Der gekreuzigte Jesus ist doch für viele Christen fast schon ein Synonym für den Tod."

Tomás zuckte mit den Schultern.

„Ich weiß es nicht."

Sein Tonfall machte Maria Flor stutzig.

„Was denkst du denn darüber? Wenn dieses Symbol nichts mit dem Tod des CIA-Direktors oder der Kreuzigung Jesu zu tun hat, was bedeutet es dann?"

Zum ersten Mal seit einiger Zeit blickte Tomás von der Straße auf und sah seiner Freundin direkt in die Augen.

„Die mysteriöseste wissenschaftliche Gleichung, die jemals aufgestellt wurde."

XXIV

Ergeben wählte James Krongard die Nummer des Büros in Langley.

„CIA, guten Tag“, antwortete die Stimme am anderen Ende. „Was kann ich für Sie tun?“

„Hier ist James Krongard in Lissabon. Harry Fuchs erwartet meinen Anruf.“

„Einen Augenblick bitte, Mister Krongard.“

Die Warteschleifenmusik wurde schon kurz darauf von der Stimme des Operationsleiters unterbrochen.

„Mister Krongard!“, grüßte Fuchs auffallend freundlich. „Was gibt es Neues?“

Der Augenblick, den Krongard schon seit Stunden mit Grauen erwartete, war gekommen. Er atmete tief durch und räusperte sich.

„Leider … nichts Gutes, Mister Fuchs. Der Vogel ist ausgeflogen.“

Stille machte sich breit, während Fuchs die Nachricht verarbeitete. Dann fragte er düster: „Was ist passiert?“

„Gemäß Ihren Anweisungen habe ich den Verdächtigen fliehen lassen, um ihn liquidieren zu können. Aber bei der Verfolgung kam etwas dazwischen“, sagte Krongard und ließ die peinlichen Details bewusst aus. „Es gab einen heftigen Unfall auf einer Kreuzung, weshalb ich ihn aus den Augen verloren habe. Ich denke, jetzt müssten wir …“

„Verdammt noch mal, Krongard!“, brüllte Fuchs. „Was sind das für lahme Ausreden? Seit wann kann ein CIA-Agent, der diese Bezeichnung verdient, einfach angekrochen kommen und herumjammern, dass er versagt hat? Und das bei einem derart simplen Auftrag! Halten Sie mich für einen Trottel? Ich will keine Ausreden und kein Gejammer, verstanden? Ich will Ergebnisse! Und was erzählen Sie mir da – Sie hatten einen Unfall, der nicht Ihre Schuld war! Sonst noch was? Ich habe Ihnen einen Auftrag erteilt. Also führen Sie ihn auch aus!"

Auf Krongards Stirn bildeten sich Schweißtropfen.

„Ja, Sir."

Am anderen Ende schnaufte Fuchs wie ein Stier.

„Und jetzt?", fragte er, als er sich ein wenig beruhigt hatte. „Wie wollen Sie das Problem lösen?"

„Wir müssen einige Agenten auf den Fall ansetzen, Sir. Der Überraschungseffekt ist vorbei. Jetzt weiß unser Vogel, dass wir ihn suchen und wird sich verstecken. Um ihn zu finden, muss ich das Terrain durchkämmen, und dazu brauche ich Unterstützung."

„In Ordnung. Bitten Sie die Botschaft um die Hilfe der *Marines*. Ich rufe den Botschafter an, um ihn zu informieren. Sonst noch was?"

„Die hiesige Polizei, Sir."

„Halten Sie die Bullen aus der Sache raus!", brauste Fuchs erneut auf. „Wie oft muss ich Ihnen noch sagen, dass diese Mission kein Aufsehen erregen darf?"

„Ich weiß, Sir. Das Problem ist nur, dass die Polizei schon Wind von der Sache bekommen hat."

„Was wollen Sie damit sagen?"

„Es gab einen Unfall, und es sind Schüsse gefallen. Ich gehe davon aus, dass die Polizei den Wagen unserer Zielperson identifiziert hat. Da ich bei der Untersuchung nicht mitgearbeitet sondern mich auf meine diplomatische Immunität berufen habe, werden die Bullen versuchen, mit dem Fahrer des Fluchtfahrzeugs zu sprechen."

Fuchs dachte einen Moment lang nach.

„Hm, ich verstehe", brummte er. „Und es besteht immer auch das Risiko, dass er von sich aus zur Polizei geht."

„Korrekt, Sir. Aber das glaube ich wiederum nicht."

„So? Und warum nicht?“

„Ich habe sein Profil in der Akte, die Sie mir geschickt haben, aufmerksam gelesen, und glaube daher nicht, dass er sich bei den Bullen verstecken wird. Im Gegenteil. Ich denke, er wird die Dinge selbst in die Hand nehmen wollen.“

Fuchs versuchte, sich die Akte von Tomás Noronha in Erinnerung zu rufen.

„Sie haben wahrscheinlich recht. Wenn das stimmt, können wir die Sache vielleicht noch retten. Hören Sie: Achten Sie genau auf das, was die Polizei macht, aber mischen Sie sich nicht in deren Angelegenheit ein. Wenn sie unseren Vogel fangen sollte, wird es uns nicht mehr gelingen, Bellamys Tod zu rächen. Der Alte mag zwar ein echter Schurke gewesen sein, aber er war einer von uns. Wenn wir nicht für Gerechtigkeit sorgen, macht es niemand.“

„Ja, Sir.“

„Tun Sie also, was Sie tun müssen, um das Problem zu lösen. Und ich warne Sie: Wehe, wenn noch einmal etwas schief geht! Verstanden?“

„Ja, Sir. Ich versichere Ihnen, dass diesmal …“

Aber Fuchs hatte bereits aufgelegt.

XXV

Sie fuhren schon lange auf der Nationalstraße durch die Vororte von Lissabon, als endlich das Ortsschild am Straßenrand auftauchte. Bald würden sie ankommen und müssten eine Entscheidung treffen.

„Was machen wir jetzt?“, fragte Maria Flor. „Hast du schon eine Idee?“

„Zuerst bringe ich dich zum Bahnhof“, antwortete Tomás und schaute auf seine Uhr. „Wenn ich mich nicht irre, fährt in einer halben Stunde der nächste Zug nach Coimbra.“

„Denk gar nicht erst daran!“

Tomás schaute abrupt von der Straße auf und sah seine Freundin an.

„Hör zu, es ist zu gefährlich, wenn du bei mir bleibst. Dieser Typ schreckt vor nichts zurück.“

„Genau. Deshalb kannst du Hilfe gut gebrauchen, und ich werde dich nicht einfach so allein lassen.“

„Aber das ist …“

„Keine Widerrede. Ich bleibe bei dir!“

Tomás wollte ihr nicht direkt widersprechen, aber da die Situation zu gefährlich war, versuchte er eine andere Strategie.

„Du hilfst mir viel mehr, wenn du in Coimbra bei meiner Mutter bist.“

„Ich habe vorhin auf der Raststätte schon im SeniFit angerufen und alles geklärt“, entgegnete Maria Flor. „Deine Mutter wird gut überwacht. Margarida wird sie ins Krankenhaus begleiten, mach dir keine Sorgen.“

Tomás sah sie eindringlich an. Maria Flor war hübsch, und die Aussicht darauf, die nächsten Tage mit ihr zu verbringen, waren trotz der Umstände verlockend.

„Bist du dir sicher?“

„Absolut“, sagte sie. „Lass uns lieber über praktische Fragen nachdenken. Vor allem, wo wir schlafen werden. Hast du ein Gästezimmer? Falls nicht, wirst du auf dem Sofa schlafen.“

Tomás schüttelte den Kopf.

„Wir können nicht in mein Appartement. Die Typen von der CIA werden es wahrscheinlich schon überwachen.“

„Wohin gehen wir denn dann? In ein Hotel?“

„Das ist zu riskant. Da müssen wir unseren Ausweis vorzeigen.“

Maria Flor zog verwirrt die Stirn kraus.

„Wenn wir weder zu dir noch ins Hotel können, wohin gehen wir denn dann?“

„In die Gulbenkian-Stiftung.“

„Um diese Uhrzeit?“

„Zu jeder beliebigen Uhrzeit. Das Problem ist allerdings, dass das Gebäude von einer privaten Sicherheitsfirma überwacht wird.“

„Und die Aufseher werden uns nicht hineinlassen …“

„Doch, natürlich. Aber ich möchte vermeiden, dass sie uns sehen. Die CIA weiß ja garantiert, dass ich bei der Stiftung arbeite und könnte problemlos dort nachfragen, ob man mich nicht zufällig gesehen hat.“

„Okay, was schlägst du also vor?“

Ohne den Blick von der Straße abzuwenden, griff Tomás in seine Hosentasche und zog einen Schlüsselbund daraus hervor.

„Ich habe die Schlüssel“, sagte er lächelnd.

Die Tiefgarage der Gulbenkian-Stiftung war offen. Wahrscheinlich fand im Audimax gerade ein Konzert statt. Dennoch zog Tomás es vor, auf der anderen Seite der Avenida de Berna zu parken, an der Ecke zur Praça de Espanha, damit ihn wirklich keiner der Sicherheitsleute sah. Sie stiegen aus dem Wagen und gingen über die Straße.

Vor der hüfthohen Mauer, die das Gelände der Stiftung umgab, schaute Tomás in alle Richtungen, konnte jedoch nichts Auffälliges erkennen.

„Okay, beeil dich!“, flüsterte er.

Maria Flor nahm das Mäuerchen zuerst, dicht gefolgt von Tomás. Gemeinsam überquerten sie anschließend die Grünfläche und duckten sich immer wieder hinter Büsche und Bäume, die ihnen in der Nacht gute Deckung boten. Sie umrundeten das Hauptgebäude, bis sie schließlich zu einer Seitentür kamen.

„Und jetzt?“, fragte Maria Flor.

„Jetzt gehen wir hinein.“

Erneut schaute Tomás sich prüfend um. Als er sah, dass die Luft rein war, gab er Maria Flor ein Zeichen, und sie verließen ihre Deckung. So natürlich wie möglich näherten sie sich dem Seiteneingang. Nachdem Tomás aufgeschlossen hatte, betraten sie das Gebäude, das in diesem Bereich völlig dunkel war.

„Wohin gehen wir?“, wollte Maria Flor wissen.

„Leg deine Hände auf meine Schultern und folge mir. Achtung, gleich kommen zwei Stufen“, antwortete Tomás.

Langsam, damit Maria Flor ihm folgen konnte, tastete Tomás sich durch die Dunkelheit bis zu einer Tür, unter der ein Lichtschimmer zu ihnen drang. Sie hielten inne und lauschten. Als keinerlei Geräusch zu hören war, öffneten sie die Tür einen Spalt weit. Dahinter lag die Eingangshalle.

„Da hinten ist jemand“, hauchte Tomás. „Aber das macht nichts. Der Weg ins Labor ist frei.“

„Wir gehen nicht in dein Büro?“

„Nein, das Licht würde uns verraten. Im Labor hingegen ist es nicht ungewöhnlich, dass jemand die Nacht hindurch arbeitet.“

Maria Flor nickte. Offensichtlich dachte Tomás nach, bevor er handelte. Sie öffneten die Tür vollständig und durchquerten die Halle. Dann nahmen sie die Treppe in den ersten Stock. Tomás tastete sich den Gang entlang zu einer Metalltür. Dahinter herrschte völlige Dunkelheit. Mit einem routinierten Griff betätigte Tomás den Schalter, und im nächsten Augenblick wurde der Raum von weißem, kaltem Neonlicht erhellt.

„Voilà, das Labor."

Maria Flor blickte sich um und betrachtete die diversen hochmodernen Gerätschaften.

„Ich wusste gar nicht, dass die Gulbenkian-Stiftung ein Labor hat", sagte sie.

„Aber sicher doch! Wobei das hier nur eines der kleineren ist. Das eigentliche Forschungszentrum ist in Oeiras, am wissenschaftlichen Institut der Stiftung."

Nervös schaute sie zur Tür.

„Und du glaubst, dass wir hier sicher sind?"

„Ja, mach dir keine Sorgen. Dieses Labor wird nur selten genutzt. Hier wird uns niemand stören."

Sie nahmen alle Sitzkissen von den Stühlen und legten sie nebeneinander auf den Boden. Dann schaltete Tomás das Licht aus. Der Tag war lang und anstrengend gewesen, und sie hatten etwas Ruhe bitter nötig. Morgen würden neue Herausforderungen auf sie warten.

Doch schon bald erkannte Tomás, dass ihm das Einschlafen nicht leicht fallen würde. Dies war die erste Nacht, die er mit Maria Flor verbrachte, und er durfte sie noch nicht einmal anfassen. Es kam ihm vor, als würde er gefoltert.

Er wollte gern näher an sie heranrücken und stellte sich vor, wie er ihr sagte, es sei zu kalt und sie müssten einander wärmen, dass Maria Flor zustimmte und sich an ihn schmiegte, dass sie ihre Hände auf seinen Bauch legte, die langsam nach oben wanderten, bis sie ihn …

Er seufzte.

Nach einer Weile hörte er Maria Flor fragen: „Tomás?"

„Hmm?"

„Schläfst du?"

„Ich versuche es. Aber mir gehen tausend Dinge durch den Kopf."

Natürlich durfte er noch nicht einmal daran denken, ihr seine Fantasien zu beichten.

„Mir auch", flüsterte sie sanft. „Ich glaube nicht, dass ich so schnell einschlafen kann. Auch wenn ich noch so sehr versuche, mich zu entspannen, muss ich doch ständig an das denken, was heute alles geschehen ist. Außerdem würde ich gern wissen, was das für ein Geheimnis ist, von dem du vorhin gesprochen hast."

„Welches Geheimnis?"

„Dieses Symbol auf dem Zettel, den der CIA-Direktor in der Hand hatte. Du hast gesagt, es handle sich um die mysteriöseste wissenschaftliche Gleichung, die jemals aufgestellt wurde. Was bedeutet das?"

Die Antwort auf diese Frage war alles andere als leicht. Aber da sie ohnehin nicht so schnell schlafen würden …

Entschlossen stand Tomás auf und schaltete das Licht wieder an.

„Hast du ein Blatt Papier und einen Stift?", fragte er.

Maria Flor wirkte erleichtert und stand ebenfalls auf. Sie öffnete eine der Schubladen, in die sie vorher schon einmal geschaut hatte und reichte ihm einen Block mit dem Logo der Stiftung und einen schwarzen Filzschreiber.

„Hier."

Tomás zeichnete etwas auf das oberste Blatt des Blocks.

„So in etwa sah es aus", sagte er dann.

Maria Flor betrachtete das Ergebnis. Der Text war einfach, er bezeichnete Tomás als „den Schlüssel". Und angesichts der Umstände, unter denen die Notiz verfasst wurde, konnte man in der Tat annehmen, dass das Opfer auf Tomás als seinen Mörder hinweisen wollte. Aber was sollte das gabelförmige Symbol bedeuten?

„Sehr schematisch betrachtet könnte man das wirklich für eine gekreuzigte Person halten“, sagte sie zögernd und schaute ihn an. „Aber du denkst, es bedeutet etwas anderes? Ein wissenschaftliches Rätsel?“

Tomás deutete auf das Symbol.

„Das ist ein *Psi*.“

„Ein *Psi*, wie in Psychologie oder Psyche?“, wunderte sie sich.

„Es stimmt, dass *Psi* der erste Buchstabe des griechischen Wortes *psyché* ist, was so viel heißt wie Geist oder Seele. Aber das Wichtigste an diesem Rätsel hier ist, dass *Psi* ein Symbol für eine Gleichung ist“, sagte er und nahm erneut den Filzstift zur Hand.

Er schrieb die griechische und lateinische Entsprechung nebeneinander.

ψυχή = psyché
ψ = psi

„Und was ist daran so mysteriös?“

„In der Physik ist *Psi* das Symbol für die Wellenfunktion, hinter der sich eine der erstaunlichsten wissenschaftlichen Entdeckungen überhaupt verbirgt. Die Wellenfunktion beschreibt den Zustand der kleinstmöglichen Materie, sprich der subatomaren Teilchen, und stellt dar, dass ein Photon, Elektron, Atom oder sogar ein Molekül an mehreren Orten gleichzeitig sein kann. In letzter Instanz hat die Wellenfunktion uns enthüllt, dass die Realität nur existiert, weil wir sie uns selbst erschaffen.“ Er tippte sich mit dem Zeigefinger an die Stirn. „So, wie das Bild eines Regenbogens oder das Geräusch eines fallenden Baumstamms im Wald ist die gesamte Realität *psyché*, sie entsteht in unserer Wahrnehmung. *Psi* ist insofern von Bedeutung, als es die Wellenfunktion symbolisiert, also die mysteriöse Lösung der berühmten Schrödingergleichung.“

„Schrödinger? Der österreichische Physiker?“

Tomás fixierte den griechischen Buchstaben, als enthielte er die Antwort auf alle Rätsel des Universums, der Zeit und der Materie.

„Ja, genau der“, sagte er. „Die Schrödingergleichung ist die mysteriöseste wissenschaftliche Gleichung aller Zeiten. Weißt du auch, wieso?“

„Nein, aber das wirst du mir hoffentlich erklären.“

Nachdenklich schaute Tomás aus dem Fenster und betrachtete die Sichel des zunehmendes Mondes am sternenklaren Himmel.

„Wenn es niemanden gäbe, der den Mond anschaut, würde er schlicht und einfach nicht existieren.“

XXVI

Coimbra lag inzwischen lange hinter James Krongard. Dort hatte er sich einen neuen Mietwagen besorgt, dessen Steuer er jetzt mit der linken Hand hielt, während er sich mit der rechten sein Handy ans Ohr klemmte. Mit den Augen überflog er die Reihe der Namen und Nummern auf dem Display.

Das Gespräch mit Harry Fuchs hatte die Situation verändert. Jetzt musste er seine Kontakte aktivieren, um den Flüchtigen zu fassen. Zwei Kriminalpolizisten im Ruhestand aus Coimbra hatte er bereits kontaktiert; sie würden das Haus SeniFit und das Zimmer von Graça Noronha überwachen. Doch Krongard war überzeugt davon, dass seine Zielperson nach Lissabon geflüchtet war, wo es leichter war, sich zu verstecken.

Er wählte eine weitere Nummer.

„Hier ist Swartz. Wo bist du, Jim?"

Greg Swartz war für das Sicherheitspersonal bei der amerikanischen Botschaft in Lissabon verantwortlich.

„Ich bin auf der Autobahn und brauche dich und deine *Marines* für eine heikle Operation hier in Portugal. *Top secret*, verstehst du?"

Sein Gesprächspartner gab sich keine Mühe, seinen Unmut zu verbergen.

„Mit der CIA ist es immer das gleiche! Ihr haltet euch für besonders clever, dann baut ihr Mist, und wenn die Kacke am Dampfen ist, ruft ihr die *Marines*, um euch beim Aufräumen zu helfen."

„Spiel dich nicht so auf, Greg! Während wir hier sprechen, informiert Langley schon den Botschafter, und ihr werdet umgehend meinen Anweisungen unterstellt. Also, hör gut zu." Er räusperte sich. „Wir müssen einen Verdächtigen namens Tomás Noronha lokalisieren, einen Universitätsprofessor. Der Botschafter wird dir die entsprechende Akte zukommen lassen. Darin steht auch das Kennzeichen seines Wagens, ein blauer VW Golf. Der Wagen hatte einen Unfall. Die Heckscheibe wurde von einer Kugel getroffen, und die rechte Seite der Karosserie ist verbeult. Hast du das?"

„Ich hab's notiert."

„Es kann sein, dass der Verdächtige von einer Frau namens Maria Flor Sequeira begleitet wird. Ziemlich hübsch. Wir arbeiten gerade an einer Akte über sie, aber ich glaube nicht, dass es schon viel über sie gibt. Sie scheint mir nicht der Typ zu sein, der in unseren Unterlagen auftaucht. Aber macht euch keine Mühe mit ihr, der gute Professor dürfte sie ohnehin schon nach Hause geschickt haben."

„Es wäre aber trotzdem besser, zu überprüfen …"

„Klar, machen wir ja auch. Das Seniorenheim in Coimbra, wo sie arbeitet, wird überwacht, und sobald wir sie lokalisiert haben, wird sie von einem ehemaligen Kripobeamten befragt werden. Vielleicht bekommen wir so heraus, was Noronha vorhat und wo er steckt."

„In Ordnung", sagte Swartz. „Ich habe hier drei Männer zur Verfügung. Was sollen wir machen?"

„Sag ihnen, sie sollen zivil tragen, und schick einen von ihnen zum Appartement von Noronha, einen anderen zur Neuen Universität Lissabon, wo er unterrichtet, und den dritten zur Gulbenkian-Stiftung, wo er als Berater arbeitet. Das sind die drei offensichtlichen Orte, wo unser Vogel sich verstecken könnte. Die Adressen findest du alle in der Akte über ihn."

„Was machen wir, wenn wir ihn finden? Die Polizei rufen?"

„Das steht nicht zur Debatte!", erwiderte Krongard. „Wenn ihr ihn aufgespürt habt und er keine Anstalten macht zu fliehen, greift ihr nicht ein, verstanden? Ihr ruft mich, und ich kümmere mich um ihn. Wenn er fliehen will, haltet ihr ihn fest und wartet, bis ich komme. Die Polizei darf nichts davon mitbekommen, ist das klar?“

„Verstanden. Eine echte Geheimaktion also …“

„Ich will keine Scherereien mit den Behörden hier, das würde die gesamte Operation gefährden. Wir müssen vorsichtig vorgehen, denn es ist möglich, dass die Polizei auch auf der Suche nach dem Verdächtigen ist. Aber das kann für uns von Vorteil sein. Ich will also, dass du jemanden bei den Bullen mithören lässt. Noch Fragen?“

„Nein, alles klar.“

„Ich komme später bei dir in der Botschaft vorbei. Bis nachher.“

Krongard beendete das Gespräch. In der Ferne sah er die Lichter von Lissabon, als hätte die Stadt anlässlich der bevorstehenden Jagd ihre Festbeleuchtung eingeschaltet.

XXVII

„Hältst du dich für besonders witzig?", platzte es aus Maria Flor, die Tomás entgeistert anschaute, während er die Gerätschaften des Labors der Reihe nach inspizierte. Gelegentlich schaltete er eines von ihnen ein, um zu sehen, wie es funktionierte. Dann schaltete er es wieder aus und widmete sich dem nächsten.

„Ich mache keine Witze", sagte er zerstreut. „Ich suche einen Projektor."

„Ich meine nicht, was du gerade machst", hakte Maria Flor ungeduldig nach, „sondern das, was du eben gesagt hast."

„Was habe ich eben gesagt?"

„Dass es den Mond schlicht und einfach nicht gäbe, wenn niemand da wäre, der ihn anschaut! Was soll das heißen, wenn es kein Witz ist?"

Tomás stellte das Gerät, das er gerade in der Hand hielt, zur Seite und schaute seine Freundin an.

„Das heißt, dass die Dinge nur existieren, weil jemand sie beobachtet. Das ist weder bildlich gemeint noch ein Witz. Ob du es glaubst oder nicht, und egal, wie befremdlich es wirken mag, das ist die Wahrheit."

Maria Flor zuckte mit den Achseln.

„In Ordnung. Jetzt aber mal im Ernst …"

Ohne ihren ungläubigen Blick zu beachten, wandte Tomás sich wieder den Geräten zu. Er öffnete einige Schubladen und ging dann zu einem Schrank am anderen Ende des Labors. Nach zehn geschlagenen Minuten hatte er endlich gefunden, wonach er suchte.

„Hier ist er!“

Er nahm den Projektor und stellte ihn auf einen freien Tisch. Dann schaltete er ihn an und richtete den Lichtstrahl auf einen an der Wand angebrachten Bildschirm aus.

„Was hast du denn jetzt vor?“, fragte Maria Flor.

„Ich will dir zeigen, was ich meine. Dieser Bildschirm fungiert wie eine Fotoplatte.“ Er nahm ein Stück schwarzer Pappe und ritzte mit der Spitze von Maria Flors Filzstift zwei parallele Schlitze hinein. „Was ich dir gleich vorführe, ist das sogenannte Doppelspaltexperiment. Es stammt aus dem 19. Jahrhundert und wurde im Laufe der Zeit verfeinert. Es ist ganz leicht und kann in einfacher Form auch hier oder in jeder Schule durchgeführt werden.“

Maria Flor verschränkte die Arme vor der Brust.

„Und?“, fragte sie. „Worin besteht der Zusammenhang zwischen diesem Experiment, dem *Psi* auf dem Zettel des CIA-Direktors und der Behauptung, dass der Mond nur existiert, weil jemand ihn anschaut?“

Von seinen Vorbereitungen in Beschlag genommen, antwortete Tomás nicht sofort. Erst als er den Projektor nochmals überprüft hatte, richtete er sich auf und sah Maria Flor an.

„Was ist das Licht?“

Seine Freundin zuckte gleichgültig mit den Schultern.

„Eine elektromagnetische Strahlung“, antwortete sie. „Das hast du schon in Coimbra gesagt, als es darum ging, wie das Gehirn Bilder entstehen lässt.“

„Sehr gut“, stimmte Tomás zu. „Aber lange Zeit war die wahre Natur des Lichts unbekannt. Woraus genau besteht diese elektromagnetische Strahlung? Isaac Newton zufolge bestand sie aus Teilchen, die später Photonen genannt wurden, aber Christiaan Huygens hielt sie für Wellen, die in gewisser Weise den Wellen des Meeres ähneln. Der Streit hielt an, bis der Engländer Thomas Young im Jahr 1802 das Doppelspaltexperiment durchführte und die Antwort lieferte.“

Damit schaltete er den Projektor wieder an, dessen Lichtstrahl den gesamten Bildschirm ausfüllte und hielt dann die schwarze Pappe vor das Objektiv, so dass das Licht nur noch durch die beiden Schlitze fiel. Auf dem Schirm bildete sich prompt ein Muster aus hellen und dunklen Streifen.

„Aha", sagte Maria Flor und gähnte. „Was willst du damit beweisen?"

„Siehst du das?", fragte er. „Wenn das Licht aus Teilchen bestünde, wie Newton dachte, müsste man auf dem Schirm zwei parallele helle Streifen sehen, einen für den linken und einen für den rechten Schlitz. Aber das ist nicht der Fall, stimmt's? Hier sind nicht nur zwei helle Streifen zu sehen, sondern fünf."

„In der Tat!", bestätigte Maria Flor plötzlich interessiert. „Das ist merkwürdig. Wie kommt das zustande?"

„Weil das Licht eben nicht aus Teilchen besteht, sondern aus Wellen", erklärte er. „Das ist wie beim Wasser. Wenn man einen Stein in einen See fallen lässt, bilden sich kreisförmige Wellen. Wenn man hingegen zwei Steine in den See wirft, treffen die beiden Wellen aufeinander und schwappen dann in mehreren kleinen Wellen ans Ufer. Das gleiche passiert mit dem Licht. Wenn es durch die beiden Schlitze fällt, kommt es zwischen den beiden Lichtstreifen zu einer Wechselwirkung, auch Interferenz genannt, und auf dem Schirm entsteht solch ein Interferenzmuster."

„Ich verstehe zwar die Erklärung, aber nicht das Prinzip dahinter ..."

Tomás nahm wieder den Notizblock zur Hand und zeichnete etwas.

„Siehst du?", fragte er. „Das Licht des Projektors breitet sich von Punkt S, dem Objektiv, gleichmäßig aus und fällt dann durch die beiden Schlitze S_1 und S_2. Von dort breitet sich das Licht wiederum gleichmäßig aus, aber die Wellen, die durch Schlitz S_1 fallen, treffen auf diejenigen von Schlitz S_2, so dass sich ein Helligkeitsmuster bildet, bei dem sich eben nicht zwei, sondern fünf maximal helle Streifen ergeben."

„Das heißt also, das Licht verhält sich wie eine Welle."

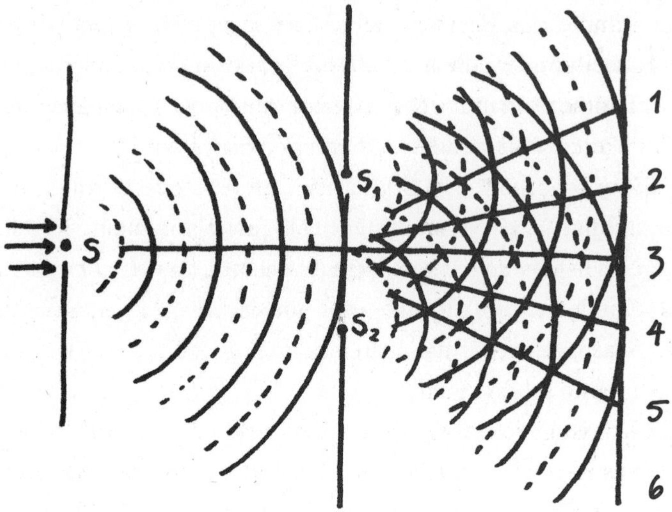

„Exakt. Das Experiment von Young hat bewiesen, dass Huygens recht hatte. Dennoch war die Debatte der Wissenschaftler damit noch nicht beendet. Denn es ging darum, die merkwürdigen Eigenschaften eines Schwarzen Körpers zu erklären, der im krassen Widerspruch zu den Annahmen der klassischen Physik stand. Ein Schwarzer Körper ist ein idealisiertes Objekt, das sämtliche auftreffende elektromagnetische Strahlung – somit auch Licht – vollständig absorbiert, während reale Körper immer einen Teil davon zurückwerfen. Im Jahr 1900 stellte der deutsche Physiker Max Planck die Hypothese auf, dass elektromagnetische Energie nicht kontinuierlich ausgesendet oder aufgenommen wird, sondern in Paketen, sogenannten Quanten. Plancks Entdeckung erklärte zwar das Strahlungsverhalten der Schwarzen Körper, aber die Erklärung klang so bizarr und abwegig, dass nur ein einziger Mensch ihr Beachtung schenkte.“ Er zog die Augenbrauen hoch. „Albert Einstein.“

„Der wohl berühmteste Wissenschaftler des 20. Jahrhunderts …“

„Ungeachtet des Doppelspaltexperiments war Einstein der Ansicht, Licht bestehe aus Teilchen. 1905 griff er daher die Idee von Max Planck auf und wandte das Konzept der Quanten auf ein anderes physikalisches Rätsel an; den photoelektrischen Effekt. Einstein zeigte, dass dieses Phänomen sich nur erklären ließ, wenn man davon ausging, dass Licht in Paketen ausgesendet und aufgenommen wird."

Maria Flor schüttelte den Kopf und deutete auf den Projektor.

„Entschuldige, aber jetzt verstehe ich gar nichts mehr. Ich dachte, dieses Doppelspaltexperiment hätte bewiesen, dass Licht aus Wellen besteht. Und jetzt sagst du, Einstein habe gezeigt, dass es aus Teilchen besteht? Was ist es denn nun: Welle oder Teilchen?"

Tomás musste schmunzeln.

„Das Licht ist gleichzeitig Welle *und* Teilchen", sagte er.

„Aber das ist doch verrückt! Entweder ist jemand ein Mensch, oder er ist es nicht. Portugal liegt in Europa oder nicht. Da kann doch Licht nicht Welle und Teilchen gleichzeitig sein!"

„Und doch ist genau das der Fall", bestätigte er.

„Wie ist das möglich?"

Tomás schaltete den Projektor erneut an und steckte die schwarze Pappe vors Objektiv.

„Die Antwort ist zugegebenermaßen sehr befremdlich", sagte er. „Je präziser die Technik wurde, umso mehr hat man auch das Doppelspaltexperiment verfeinert, um diesen merkwürdigen Welle-Teilchen-Dualismus und das Verhalten des Lichts zu untersuchen. Wenn das Licht aus Teilchen bestand, den berühmten Photonen, musste es möglich sein, die Projektoren so zu verbessern, dass die Photonen nicht zu mehreren, also in Paketen, ausgesendet wurden, sondern einzeln."

„Es ist möglich, immer nur ein einziges Photon auszusenden?"

„Aber sicher. Das kann sogar dieses Gerät hier."

Tomás beugte sich über den Projektor. Er schloss das Objektiv, bis der Bildschirm komplett schwarz wurde. Dann tauchten nach und nach winzige helle Punkte auf dem Bildschirm auf.

„Hast du das Licht ausgeschaltet?"

„Nein, der Projektor strahlt nach wie vor Licht aus, aber ich habe ihn so eingestellt, dass er alle zwei Sekunden immer nur ein einziges Photon aussendet. Ein Photon ist so klein, dass man es mit dem bloßen Auge fast nicht sehen kann. Aber der Bildschirm ist mit einem optischen Verstärker ausgestattet und somit in der Lage, auch einzelne Photonen aufzuzeichnen. Jeder Punkt auf dem Bildschirm entspricht also einem Photon, oder anders gesagt, einem Teilchen."

„Aha, ich verstehe. Und worauf willst du damit hinaus?"

Tomás deutete auf den Schirm.

„Siehst du dieses Muster, das dort entsteht?"

Maria Flor betrachtete es eine Weile lang aufmerksam und stellte fest, dass sich wieder das bekannte Muster mit den fünf hellen Streifen bildete.

„Das ist wieder das Interferenzmuster, nicht wahr?"

„Ganz genau. Das heißt also, das Licht verhält sich nach wie vor wie eine Welle, da die Photonen untereinander in Wechselwirkung treten. Kannst du mir folgen?"

Seine Freundin antwortete nicht sofort. Sie schaute gebannt auf den Bildschirm und konnte kaum glauben, was sie da sah und hörte.

„Das bedeutet … warte mal, also das ist ja … völlig irre", stammelte sie schließlich. „Es wird immer nur ein einziges Photon ausgesendet, hast du gesagt?"

„Korrekt."

„Aber wie oder womit kann dieses Photon dann in Wechselwirkung treten?"

Tomás lächelte zufrieden.

„Das ist die große Frage, nicht wahr? Wenn immer nur ein Photon abgestrahlt wird, aber das Licht trotzdem ein Interferenzmuster auf dem Bildschirm bildet, womit tritt dieses Photon in Wechselwirkung?"

„Nun sag schon!"

Tomás zögerte noch einen Moment, bevor er antwortete.

„Das Photon überlagert sich mit sich selbst", sagte er.

Maria Flor zog die Augenbrauen hoch.

„Wie bitte? Wie kann ein einzelnes Photon sich mit sich selbst überlagern?“

Tomás deutete auf die beiden Schlitze in der Pappe, die vor dem Objektiv steckte.

„Durch welchen der beiden Schlitze geht deiner Meinung nach das Photon?“

Sie zuckte mit den Schultern.

„Was weiß ich. Kommt das nicht aufs Gleiche raus, ob es durchs rechte oder linke geht?“

Tomás schüttelte den Kopf.

„Du wirst es vielleicht nicht glauben, aber das Photon geht durch beide Schlitze gleichzeitig.“

„Wie bitte?“

„Die Elementareinheit des Lichts, also das einzelne Photon, das der Projektor ausstrahlt, befindet sich an zwei Orten gleichzeitig, verstehst du? Es geht gleichzeitig durch beide Schlitze. Auch wenn immer nur ein Photon ausgesendet wird, beweist das Interferenzmuster auf dem Bildschirm, dass diese Elementareinheit mit einer anderen Elementareinheit in Wechselwirkung tritt, die durch den anderen Schlitz gegangen ist. Aber welche andere Elementareinheit? Es gibt keine andere Elementareinheit, weil immer nur ein Photon unterwegs ist. Die Erklärung lautet, dass die Elementareinheit des Lichts mit sich selbst in Wechselwirkung tritt, weil sie durch beide Schlitze gleichzeitig geht!“

„Heißt das, dass das Photon sich aufteilt?“

„Nein! Der Projektor sendet immer nur ein einzelnes und unteilbares Photon. Die Elementareinheit des Lichts kann nicht weiter unterteilt werden. Aber wenn sie einen Schlitz passiert, tritt sie mit sich selbst in Wechselwirkung, weil sie gleichzeitig auch durch den anderen Schlitz geht. Wenn du so willst, nimmt sie nicht Schlitz A *oder* B. Die Elementareinheit des Lichts, die vom Projektor als einzelnes und unteilbares Photon ausgesendet wurde, nimmt entsprechend ihrer Wellenfunktion Schlitz A *und* B.“

Diese Erklärung schien einfach zu unglaubwürdig, und Maria Flor suchte in Tomás' Gesichtsausdruck nach einem Zeichen, dass er scherzte.

„Aber das ist doch nicht möglich!"

„In der Tat widerspricht das Doppelspaltexperiment jeder bisherigen Logik, aber dennoch ist es so, wie ich dir gesagt habe. Übrigens sind manche Forscher wie Richard Feynman sogar so weit gegangen, dass sie sagten, das Photon nehme nicht nur zwei Wege, sondern alle nur möglichen Wege gleichzeitig."

„Alle …? Was heißt das denn?"

„Alle nur möglichen heißt alle nur möglichen. Also zunächst die offensichtlichen wie die direkten Bahnen durch die Schlitze A und B, aber auch alle anderen möglichen Flugbahnen." Er deutete aus dem Fenster. „Das Photon wird zum Beispiel vom Projektor ausgesendet, fliegt nach draußen, umkreist zweimal den Baum und landet dann auf dem Bildschirm. Oder es fliegt einmal quer durch Lissabon, um die Erde, zum Mond, zu Jupiter, egal wohin und kommt anschließend zurück zum Bildschirm. Es muss sogar in Erwägung gezogen werden, dass das Photon in die Vergangenheit reist, in die Zeit der Dinosaurier oder zur Entstehung des Universums, und dann zum Bildschirm gelangt. Alle Flugbahnen sind möglich, selbst die unwahrscheinlichsten, und müssen berücksichtigt werden. Der klassische Pfad direkt durch den Schlitz zum Bildschirm ist einfach nur der wahrscheinlichste, aber bei Weitem nicht der einzige."

„Aber das ist ja … Science Fiction!"

„Diese Theorie geht auf den Nobelpreisträger Richard Feynman zurück. Sie wird auch Pfadintegral genannt und ermöglicht die Herleitung der Schrödingergleichung."

„Unglaublich!"

Tomás hob den rechten Zeigefinger.

„Das ist noch nicht alles. Ich werde dir etwas noch Unglaublicheres vorführen", sagte er und fuhr mit einem Lächeln auf den Lippen über den Projektor. „Ich werde dir zeigen, wie die simple Anwesenheit eines Beobachters das Bewusstsein der Materie beeinflusst."

XXVIII

Äußerlich ruhig lauschte Krongard den Informationen des Polizeisenders, die jedoch völlig belanglos für ihn waren. Ungeduldig griff er nach dem Telefon und wählte die erste Nummer auf Swartz' Liste.

„Hier ist David", antwortete die Stimme am anderen Ende. „Ich habe seit einer Stunde Position im Appartement des Verdächtigen bezogen."

„Irgendwelche Zeichen von Aktivität?"

„Negativ."

Anschließend kontaktierte Krongard den Mann, der die Neue Universität Lissabon überwachte und erhielt eine ähnliche Antwort. Auch der Agent in der Gulbenkian-Stiftung hatte nichts anderes zu berichten, als dass das Büro des Professors verschlossen war, im Raum kein Licht brannte und das Sicherheitspersonal Tomás Noronha an diesem Abend nicht gesehen hatte.

Enttäuscht widmete Krongard sich wieder dem Polizeifunk.

„... CSP 77/64, fahren Sie Richtung Chelas, dort soll ein Bankautomat aufgebrochen worden sein. Weitere Einzelheiten folgen."

„CSP 21, hier CSP 77/64. Verstanden. Fahren jetzt nach Chelas. Bitten um die Koordinaten."

„CSP 77/64, der Automat steht an der Ecke Rua Carvalho Araújo und ..."

Das war alles mehr als uninteressant, aber er hatte keine andere Wahl, als zu warten. Das Leben als CIA-Agent erforderte viel Geduld und Aufmerksam für Details.

Er spürte, dass sich ihm jemand näherte und drehte sich um.

„Gibt es Neuigkeiten, Swartz?“

Der Sicherheitsbeauftragte schüttelte den Kopf.

„Wir haben alle Hotels in und um Lissabon abtelefoniert. Nichts. Niemand hat unseren Professor oder seine Gefährtin gesehen.“

„Scheiße!“, entfuhr es Krongard. „Der Typ kann sich doch nicht einfach in Luft aufgelöst haben!“ Er rieb sich nachdenklich das Kinn. „Vielleicht haben wir uns ja geirrt, und er ist gar nicht nach Lissabon gefahren. Weitet die Suche auf alle Hotels und Pensionen des Landes aus.“

Swartz rollte mit den Augen.

„Bist du verrückt? Weißt du, was das für ein Aufwand ist?“

„Ich will's gar nicht wissen“, antwortete der Amerikaner trocken.

Leise fluchend zog Swartz sich zurück.

Krongard kämpfte gegen seine zunehmende Nervosität an. Um sich abzulenken, schaltete er sein Tablet an und betrachtete ein Foto, das einer der ehemaligen Kripobeamten, die das SeniFit überwachten, ihm am Nachmittag geschickt hatte. Ein Foto der Heimleiterin.

„Nicht schlecht“, murmelte er.

Die Frau war jünger, als er gedacht hatte und erinnerte ihn an eine Hollywood-Schauspielerin, deren Name ihm allerdings nicht einfallen wollte. Er lag ihm auf der Zunge; sie hatte zusammen mit Russell Crowe in *A Beautiful Mind – Genie und Wahnsinn* gespielt. Verflixt! Wie hieß sie doch gleich? Na ja, egal, die Leiterin des SeniFit war vermutlich ohnehin nicht mehr bei Noronha.

Das brachte ihn auf eine Idee. Er nahm sein Mobiltelefon zur Hand und suchte die Nummer des Mannes in Coimbra. Als er sie gefunden hatte, erregte eine neue Nachricht des Polizeifunks seine Aufmerksamkeit.

„… Strich 74. Haben Sie das überprüft?“

„Ja. Das Kennzeichen stimmt. … CSP 33/31, bestätigen Sie: Es handelt sich um einen blauen VW Golf?“

„Exakt."

„CSP 33/31, wiederholen Sie den Grund der Kontrolle."

„CSP 21, das Fahrzeug steht auf öffentlichem Gelände, in der Heckscheibe ist ein Loch, das höchstwahrscheinlich von einer Schusswaffe stammt, und der rechte hintere Kotflügel ist komplett verbeult. Könnten Sie bitte prüfen, ob es sich um das gesuchte Fahrzeug handelt?"

„Einen Moment bitte, CSP 33/31."

Mit einem Knacken wurde die Verbindung getrennt.

„Wo ist er?", fauchte Krongard. „Wo zum Teufel steht dieser Golf?"

Die Polizei hatte also den Wagen von Tomás Noronha lokalisiert. Aber ohne genaue Koordinaten konnte er nur vermuten, dass er irgendwo in Lissabon war. In jedem Fall aber war es sinnlos, dass Swartz landesweit die Hotels und Pensionen nach dem Flüchtigen absuchte.

„Swartz!", rief er, da er kein Wort der Funkkommunikation verpassen wollte. „Komm mal her!"

Kaum hörte er den Kollegen zwei Zimmer weiter eine missmutige Antwort brummen, als das Funkgerät verheißungsvoll rauschte.

„CSP 33/31, hier CSP 21."

„CSP 21, hier CSP 33/31, ich höre."

„CSP 33/31, dieses Fahrzeug war heute Nachmittag in Coimbra in einen Unfall verwickelt. Vermutlich handelt es sich um Fahrerflucht. Ich werde Echo 31 kontaktieren, damit er einen Beamten zum Fahrzeug schickt. Wiederholen Sie die Adresse, 33/31."

„CSP 21, der Wagen steht an der Ecke Avenida de Berna, Praça de Espanha. Ich warte auf Papa Delta."

Krongard sprang auf und ballte seine Faust. Tomás Noronha war in der Gulbenkian-Stiftung.

XXIX

Tomás sah Maria Flor mit leuchtenden Augen an.

„Durch die simple Anwesenheit eines Beobachters beeinflusst das Bewusstsein die Materie?“, wiederholte sie verwirrt.

„Genau.“

Diese abwegig klingende Behauptung wollte Tomás nun beweisen. Dazu brauchte er allerdings noch ein anderes Gerät, das er zwischen Projektor und Bildschirm positionierte.

„Dieses Gerät dient dazu zu messen, durch welchen der beiden Schlitze die Lichtteilchen gehen“, erklärte er. „Es zeigt an, welchen Pfad die einzelnen Photonen aus dem Projektor nehmen.“ Er deutete auf die Messvorrichtung. „Hier findet die eigentliche Messung statt. Könntest du mir bitte helfen und die Anzeige ablesen?“

„Aber sicher doch.“

Als er alles vorbereitet hatte, schaltete Tomás das Gerät ein.

„Hier siehst du, welchen der Schlitze die jeweiligen Photonen nehmen“, sagte er. „Welchen hat also das erste genommen?“

Maria Flor schaute auf die Anzeige und antwortete: „Den rechten, das heißt S_2.“ Sie stemmte die Hände in die Hüften. „Anders als du vorhin erzählt hast, ist es also nicht durch beide Schlitze gleichzeitig gegangen …“

Tomás sagte nichts, sondern ließ einfach den Projektor weiterhin seine Photonen aussenden und die Messvorrichtung aufzeichnen, durch welchen der Schlitze es gegangen war. Jedes Mal, wenn ein

Photon aufgezeichnet wurde, gab der Zähler ein leises *pling* von sich.

Einige der Lichtteilchen gingen durch Schlitz S_1, andere durch S_2. Maria Flor war hin- und hergerissen zwischen Verwunderung und Triumph, dass die Teilchen diesmal nicht durch beide Schlitze gleichzeitig gingen, sondern immer nur einen der beiden Pfade nahmen. Nach einer Weile deutete Tomás auf den Bildschirm.

„Was für ein Muster siehst du dort?", fragte er.

Diesmal waren auf dem Schirm genau zwei helle Streifen zu sehen.

„Die fünf Streifen sind verschwunden", sagte Maria Flor zögernd. „Es sind nur noch zwei."

„Du sagst also, dass es keine Interferenz mehr gab, weil die Photonen nicht mehr mit einem anderen Photon oder mit sich selbst in Wechselwirkung getreten sind?"

„Ja, … das wird wohl so sein."

„Jetzt schalte ich das Messgerät aus und wiederhole das Ganze noch einmal."

Tomás drückte einen Schalter und startete erneut den Projektor. Auf dem Bildschirm entstand das fünfstreifige Interferenzmuster. Dann schaltete er das Messgerät wieder ein, und kurz darauf reduzierte sich die Zahl der Streifen wieder auf zwei. Dies wiederholte er noch einmal, stets mit dem gleichen Ergebnis: Wenn die Messvorrichtung aufzeichnete, welchen Schlitz die Photonen passierten, bildeten sich zwei helle Streifen; wenn das Gerät ausgeschaltet war, entstand das Interferenzmuster.

„Das ist seltsam … sehr seltsam", sagte Maria Flor. „Wie um alles in der Welt ist das möglich? Wieso verändert die Messung das Verhalten des Lichts?"

Tomás legte die schwarze Pappe beiseite, schaltete den Projektor und das Messgerät aus und sah Maria Flor an.

„Diese Entdeckung ist absolut außergewöhnlich", sagte er in feierlichem Ton. „Die Wissenschaftler haben erkannt, dass das Licht je nach dem Versuchsaufbau seine Eigenschaft ändert, das heißt, wenn es nicht beobachtet wird, verhält es sich wie eine Welle, wenn es dagegen beobachtet wird, verhält es sich wie ein Teilchen. Das ist so, als wüsste das Licht, ob es einen Beobachter gibt oder nicht."

Maria Flor fuhr sich mit den Fingern durch die Haare.

„Aber wie sollte das Licht so etwas wissen können?"

Tomás antwortete nicht sofort. Diese Frage erforderte eine präzise Erklärung.

„Das ist der entscheidende Punkt. Wie kann das Licht wissen, ob es einen Beobachter gibt? Nun, das Licht weiß das nicht wirklich. Diese Fragestellung ist falsch, denn, soweit wir wissen, verfügt das Licht weder über ein Bewusstsein noch über Denkvermögen. Die wahre Frage lautet vielmehr: Aus welchem Grund verändert der Beobachter die Natur des Lichts? Aus welchem Grund verhält sich das Licht wie eine Welle, wenn es nicht direkt beobachtet wird, und wie ein Teilchen, wenn ein Beobachter anwesend ist? Das ist ein außerordentlich rätselhaftes Phänomen. Und dabei habe ich dir noch immer nicht alles erzählt. Auf der subatomaren Ebene, auch Quantenebene genannt, ist die Realität noch erstaunlicher."

„Noch erstaunlicher?", echote Maria Flor.

„Das Doppelspaltexperiment wurde ursprünglich mit Photonen durchgeführt, also mit Lichtteilchen, die weder eine Masse noch eine Ladung haben und die elektromagnetische Energieträger sind. Man hat jedoch herausgefunden, dass auch die Materie sich so verhält und das gleiche Experiment mit Elektronen wiederholt, also mit den kleinsten Bausteinen der Materie, die über eine Masse und eine Ladung verfügen." Er klopfte auf den Tisch. „Weißt du, woraus dieser Tisch auf subatomarer Ebene besteht?"

„Aus Atomen natürlich. Sämtliche Materie besteht aus Atomen, die wiederum aus einem Kern aus Neutronen und Protonen bestehen sowie aus Elektronen, die um den Kern kreisen, etwa so, wie die Planeten um die Sonne kreisen. Das lernt doch jedes Kind in der Schule."

„Die Analogie zwischen einem Atom und dem Sonnensystem ist etwas überholt, aber worauf es ankommt, ist, dass die Elektronen Elementareinheiten mit einer Masse sind und die Grundlage aller Materie bilden. Anstatt also Photonen durch eine Barriere mit zwei Schlitzen zu schicken, wurde das Experiment mit Elektronen wiederholt, wobei erhitztes Wolfram als Elektronenquelle, eine dünne Metallfolie als Spaltplatte und ein Elektronendetektor statt eines Bildschirms verwendet wurden. Dieses Experiment ist technisch sehr kompliziert, viel komplizierter als mit Photonen. Aber es konnte umgesetzt werden, und das Ergebnis war ebenso überraschend wie eindeutig. Genau wie die Photonen verhielten sich auch die Elektronen wellenförmig, wenn sie nicht direkt beobachtet wurden. Und als immer nur ein einzelnes Elektron abgefeuert wurde, passierte auch dieses beide Schlitze gleichzeitig. Ich wiederhole noch einmal: Hierbei handelt es sich nicht um Lichtquanten, sondern um Elektronen, also die Elementarteilchen der Materie."

„Ein einzelnes Elektron ist ebenfalls durch beide Schlitze gegangen?"

Tomás nickte.

„Seltsam, nicht wahr? Und nicht etwa nur Elektronen. Das Experiment wurde auch mit ganzen Atomen wiederholt; ebenfalls mit dem gleichen Ergebnis. Dann wurde es mit Molekülen wiederholt, und auch dabei war das Ergebnis das gleiche. Wohlgemerkt, die Elektronen, Atome und Moleküle haben sich immer wie Wellen verhalten, wenn sie nicht beobachtet wurden, und wie Teilchen, wenn ein Beobachter anwesend war." Er hielt kurz inne, um die Information wirken zu lassen. „Ist dir bewusst, was das bedeutet?"

Etwas unsicher suchte Maria Flor nach einer Antwort.

„Willst du damit sagen, dass … die Materie sich nicht so verhält, wie wir sie kennen, wenn niemand sie beobachtet?"

Tomás nickte.

„Das Doppelspaltexperiment zeigt uns, wie merkwürdig die Realität ist. Die Beobachtung der Realität erschafft diese Realität mit. Aber noch wichtiger für die Art der Beeinflussung ist, ob ich während der

Beobachtung der Realität eine bewusste Entscheidung treffe. Wenn ich zum Beispiel ein Elektron beobachte, ohne mich um die Schlitze zu kümmern und nur das Auftreffen auf dem Bildschirm dokumentiere, verhält es sich wie eine Welle. Wenn ich das Elektron aber dabei beobachten will, wie es durch die Schlitze geht, verhält es sich wie ein Teilchen. Mit anderen Worten – und das ist wesentlich – entscheidet je nach dem Versuchsaufbau mein Bewusstsein darüber, ob das Elektron sich gemäß seiner Wellen- oder Teilchennatur verhält. Verstehst du, wie unglaublich wichtig diese Entdeckung ist?“

Maria Flor schaute ihn mit offenem Mund an.

„Die Beobachtung beeinflusst also tatsächlich die Realität …?“

„Diese Schlussfolgerung ist noch umstritten und stört einige Wissenschaftler, doch sie wird auch von sehr renommierten Physikern vertreten, darunter einigen Nobelpreisträgern. Dabei ist der Begriff *Beobachter* nichts als eine Umschreibung von *Bewusstsein*, denn wir wissen inzwischen, dass Beobachtung nur möglich ist, weil und wenn wir uns ihrer bewusst sind. Die Materie hat Wellencharakter, wenn ich bewusst beschließe, sie auf eine bestimmte Art zu beobachten oder zu messen, und sie hat Teilchencharakter, wenn ich sie anders beobachte. Ich bin es, der entscheidet, frei und bewusst, wie die Realität sein soll. In letzter Konsequenz erschafft also das Bewusstsein die Realität.“

„Aber das ist ja einfach unfassbar!“

„Die Forschung hat gezeigt, dass das Bewusstsein die Wirklichkeit gestaltet“, sagte Tomás noch einmal. „Die Photonen, Elektronen, Atome und Moleküle existieren nur dann in ihrer Teilchenform, wenn sie beobachtet werden! Ich weiß, dass ich mich wiederhole, und werde das auch weiterhin tun, aber diese Entdeckung ist dermaßen unvorstellbar, dass es normal ist, sie nicht zu verstehen, wenn man mit der herkömmlichen Denkweise durch den Alltag geht. Auch ich habe mich erst nach dem Tod meines Vaters intensiv mit dieser Thematik beschäftigt. Wir denken, dass die Dinge aus sich heraus und unabhängig von uns existieren; dass es einerseits uns und den Rest der Welt gibt. Aber das ist nicht so! Die Dinge existieren nicht so, wie wir es von ihnen gewohnt sind, wenn es kein Bewusstsein gibt, das sie beobachtet. Es gibt keine von der Beobachtung unabhängige Realität."

„Aber das ergibt doch keinen Sinn. Wie ist es möglich, dass das Bewusstsein die Realität erschafft?"

„Nun, das tut es nur zum Teil", räumte Tomás ein. „Es reicht nicht aus, dass ich einfach den Schlitz beobachte, damit aus dem Nichts das Teilchen auftaucht. Es muss auch eine Welle an diesem Schlitz vorliegen."

„Was für eine Welle?", fragte Maria Flor. „Aus Energie? Aus Materie?"

Tomás rieb sich über das Kinn. Auch das, was er jetzt sagen würde, war nicht leicht zu verdauen.

„Das wissen wir nicht genau", gab er zu. „Es handelt sich um eine rätselhafte Welle. Die Schrödingergleichung liefert uns die Wellenfunktion, die als eine Welle unterschiedlicher Wahrscheinlichkeiten interpretiert wird. Bei Berechnungen in der Quantenphysik haben wir es nicht mit einem wellenförmigen Feld aus Materie oder Energie zu tun, sondern mit einem Feld von Wahrscheinlichkeiten, dass es sich dort um Materie oder Energie handelt."

„Heißt das, dass es diese Welle gar nicht wirklich gibt?"

Tomás schnitt eine leichte Grimasse.

„Das ist schwer zu sagen. Ein Elektron verfügt über Masse und eine Ladung, und diese können nicht einfach wie von Zauberhand verschwinden. Andererseits entsteht beim Doppelspaltexperiment ganz offensichtlich ein Interferenzmuster. Es existiert also eindeutig etwas. Aber was? Schrödinger glaubte, Elektronen breiten sich wellenförmig im Raum aus. Er beschrieb sie also nicht als Teilchen, die um den Atomkern kreisen, sondern als stehende Wellen oder stationäre Schwingungen. Aber wo blieben dabei die Ladung und die Masse? Eine wellenförmige Ausbreitung würde bedeuten, dass sich auch Masse und Ladung unendlich im Universum ausbreiten müssten, dass man also ein Masseteilchen hier, ein anderes dort und ein drittes nochmal woanders finden könnte, doch das ist nicht der Fall. Schrödinger hat sich also geirrt."

„Aber wenn sich das Elektron nicht im Universum ausbreitet: Was ist das dann für eine Welle?"

„Das weiß niemand. Das Interferenzmuster auf dem Bildschirm und das Erhaltungsprinzip, demzufolge Masse und Ladung erhalten bleiben, scheinen darauf hin zu deuten, dass es die Welle tatsächlich gibt, dass es sich also nicht nur um eine abstrakte mathematische Spitzfindigkeit handelt. Diese Masse und Ladung des Elektrons müssen folglich irgendwo sein, aber wo? Albert Einstein hat diese Welle als *Gespensterfeld* bezeichnet, während *virtuelle* oder *potenzielle Welle* meines Erachtens zutreffender ist, denn es handelt sich um eine Welle, die das gesamte Spektrum der Möglichkeiten umfasst. Werner Heisenberg hat geschrieben, Atome und Elementarteilchen seien nicht real; sie bildeten eher eine Welt von Möglichkeiten als eine von Dingen oder Tatsachen. Es ist, als wären sie noch im Entstehen begriffen, zwischen Sein und Nicht-Sein, in einer Phase der Superposition oder Überlagerung, die erst dann eine endgültige und reale Existenz erfahren, wenn sie beobachtet werden. Man könnte also sagen, dass ein Atom zunächst in Form einer gespenstischen Welle existiert; aber sobald es beobachtet wird, bricht die Wellenfunktion zusammen, und es wird augenblicklich zu einem realen Teilchen."

Maria Flor schüttelte sich.

„Das klingt unheimlich."

„Es ist auf jeden Fall aber faszinierend", stimmte er zu. „Nehmen wir mal ein Beispiel, ausgehend von dem Prinzip, dass die Materie, wenn sie nicht beobachtet wird, eine Welle ist. Stell dir vor, man gibt die Welle eines Atoms in eine Kiste und teilt diese Kiste dann. Das Ergebnis sind also zwei Kisten und eine Welle. Die Frage lautet somit: In welcher der beiden Kisten befindet sich die Welle?"

Tomás machte eine kurze Pause und schaute Maria Flor auffordernd an.

„Keine Ahnung. In einer der beiden …“

Triumphierend gab Tomás die Antwort.

„Die Welle ist in beiden Kisten.“

„Was heißt das? In beiden Kisten ist eine halbe Welle?“

„Nein, nein! Die Welle ist einzigartig und unteilbar, und sie befindet sich in beiden Kisten gleichzeitig. Aber sobald man eine der beiden öffnet und hineinschaut, bricht die Welle zusammen und das Atom verwandelt sich in ein Teilchen, das nur noch in einer der beiden Kisten ist.“

„Das erinnert mich an einen Taschenspielertrick, bei dem jemand blitzschnell eine Münze hin und her bewegt und man dann erraten muss, in welcher Hand er sie schließlich hält. Meinst du das?“

„Nein, nein“, wiederholte Tomás, der aus eigener Erfahrung wusste, wie schwer verständlich dieses Phänomen war. „Bei einem solchen Trick ist die Münze immer real in einer der beiden Hände, als Außenstehender weiß man nur nicht, in welcher. Die Münze wird nicht dadurch real, dass man die Hand öffnet. Sie ist immer real vorhanden, wenn auch nicht für alle sichtbar. Im Mikrokosmos hingegen gibt es, wenn sie nicht beobachtet werden, keine Atome in Teilchenform. Verstehst du den Unterschied? Das Atom existiert in Wellenform in den beiden Kisten gleichzeitig – genauso wie ein Elektron oder Photon. Und obwohl sie unteilbare Einheiten sind, passieren sie beim Doppelspaltexperiment beide Schlitze gleichzeitig. Anders als bei dem Taschenspielertrick mit der Münze ist das Atom also nicht vorher in einer der beiden Kisten als Teilchen vorhanden. Das Teilchen manifestiert sich in einer der Kisten erst in dem Augenblick, in dem man sie unmittelbar beobachtet, genau wie Lichtquanten und Elektronen erst dann Teilchen werden, wenn ein Beobachter direkt misst, durch welchen der beiden Schlitze sie gehen.“ Er holte tief Luft. „Selbst wenn man die beiden Kisten im Universum sehr weit voneinander entfernen würde, bliebe in beiden Kisten eine einzige, unteilbare Welle enthalten. Es ist der Beobachter, und somit das Bewusstsein, der dadurch, dass er die Realität beobachtet und mit ihr in Wechselwirkung tritt, das Atom dazu zwingt, seine Wellennatur aufzugeben und stattdessen ein Teilchen zu werden."

„Das ist wirklich höchst merkwürdig ..."

„Dieses bizarre Quantenverhalten hat Heisenberg 1927 in der nach ihm benannten Unschärferelation beschrieben. Dem Unschärfeprinzip zufolge ist es nicht möglich, zweifelsfrei und gleichzeitig die Position *und* Geschwindigkeit eines Teilchens zu bestimmen. Das liegt nicht etwa an irgendeiner technischen Schwierigkeit beim Messen, sondern an einer Eigenschaft der Realität. Sobald wir die Position eines Teilchens bestimmen, wird seine Geschwindigkeit zwangsläufig unbestimmbar, ebenso wie die Position unbestimmbar wird, wenn wir die Geschwindigkeit ermitteln. Ich betone noch einmal, dass diese Unsicherheit nicht auf einer unzureichenden Messpräzision beruht, sondern eine Beschreibung der Realität ist."

„All das, was du mir hier erzählst, ist schlicht und einfach ungeheuerlich."

„Ich finde es vor allem spannend", schmunzelte Tomás. „Das Doppelspaltexperiment ist letztlich ein praktischer Beweis für den im Unschärfeprinzip beschriebenen Welle-Teilchen-Dualismus. Wenn wir die Schlitze beobachten, wird die genaue Position eines Elektrons bestimmt, aber an dieser Stelle verschwindet seine Bewegung, sprich seine Welle. Wenn wir stattdessen die Bewegung, also die Welle, bestimmen, wird die Flugbahn des Elektrons unbestimmbar: Es befindet sich an mehreren Orten gleichzeitig." Er räusperte sich. „Etwa zur gleichen Zeit, als Werner Heisenberg die Quantentheorie aufstellte, arbeitete Erwin Schrödinger an seiner berühmten Gleichung, die eine andere mathematische Herleitung wählt. Während Heisenberg die sogenannte Matrizenmechanik verwendete, beruht Schrödingers Ansatz auf der Wellenmechanik. Allerdings hat man schnell erkannt, dass beide dieselbe Realität beschreiben. Mit der Schrödingergleichung kann man die Wahrscheinlichkeit berechnen, mit der eine Welle an einem bestimmten Punkt ein Teilchen wird. Diese Wahrscheinlichkeit wird auch Wellenfunktion genannt."

Tomás nahm wieder den Notizblock und schrieb eine kurze Sequenz auf:

$$E\psi = \hat{H}\psi$$

„Dies ist die Schrödingergleichung in der zeitunabhängigen Version." Er unterstrich die beiden *Psi*-Symbole links und rechts des Gleichheitszeichens. „Siehst du? Das *Psi* dient hier als Symbol für eine der merkwürdigsten Eigenschaften der Realität: die Wellenfunktion."

Fasziniert betrachtete Maria Flor die Gleichung und das Symbol.

„Das ist also das Zeichen, das der CIA-Agent auf dem Zettel notiert hat?"

Tomás blätterte eine Seite zurück, wo er die letzte Nachricht von Frank Bellamy notiert hatte.

Ψ

The key: Tomás Noronha

„Ja, das ist die Notiz, die Bellamy vor seinem Tod verfasst hat", sagte Tomás. „Das Symbol verweist somit nicht auf eine Kreuzigung oder sonstige Hinrichtung, wie diese Idioten von der CIA glauben. Es handelt sich vielmehr um einen direkten Hinweis auf die von Schrödinger formulierte Wellenfunktion."

„Ich glaube, ich verstehe jetzt, was du gesagt hast, dass der Mond nicht existieren würde, wenn es niemanden gäbe, der ihn beobachtet", sagte Maria Flor langsam.

„Nicht nur der Mond; auch du und ich und alles andere sind gewissermaßen Wellenfunktionen."

Maria Flor lachte.

„Was heißt denn das schon wieder? Ich soll eine Wellenfunktion sein?"

„In der Praxis bist du das natürlich nicht, denn du existierst auf einer makroskopischen Ebene, und deine Wellenfunktion ist zugunsten der

Teilchenbildung zusammengebrochen. Aber in der Theorie ja, warum nicht?"

Maria Flor schürzte die Lippen.

„Wenn ich eine Wellenfunktion wäre, wie sähe ich denn dann aus?"

„Du hättest vermutlich Ähnlichkeit mit deinem jetzigen Aussehen, denn die Wellenfunktion bedeutet ja nichts anderes als eine Wahrscheinlichkeit. Wenn die Wellenfunktion an einer Stelle ein Maximum ausbildet, heißt das, dass dort eine erhöhte Wahrscheinlichkeit dafür besteht, dass ein Atom sich als Teilchen manifestiert. Dein Körper hat sich also mit Sicherheit dort gebildet, wo deine Wellenfunktion am höchsten ausgeschlagen hat. Aber wer weiß, alles ist eine Frage der Wahrscheinlichkeit."

Seine Freundin lachte noch einmal.

„Das ist ja toll!"

„Die Physiker Bryce DeWitt und John Wheeler sind sogar so weit gegangen, das gesamte Universum als Wellenfunktion zu bezeichnen. Stephen Hawking hat diese Idee aufgegriffen und gemeinsam mit James Hartle die sogenannte universelle Wellenfunktion aufgestellt."

„Eine Wellenfunktion für das gesamte Universum?"

„Warum nicht? Wenn das Universum eine gigantische Wellenfunktion ist, befindet es sich in Superposition und umfasst das gesamte Spektrum der Möglichkeiten. Ein weiterer Physiker, Hugh Everett, hat einmal gesagt, die Vorstellung einer universellen Wellenfunktion löse zwar einerseits die rätselhaften Phänomene auf Quantenebene, gebe aber andererseits noch größere Rätsel auf. Er warf den Gedanken auf, dass das Universum sich in unvorstellbarem Maßstab kontinuierlich teile und auf diese Weise Milliarden und Abermilliarden Paralleluniversen hervorbringe, von denen jedes einzelne eine zusammengebrochene Wellenfunktion sei. Verstehst du das? Wenn wir die Schlitze beobachten, muss das Photon oder Elektron wählen, durch welchen der beiden Schlitze es geht, und in diesem Augenblick teilt sich das Universum. Das, was uns wie ein Zusammenbrechen der Wellenfunktion erscheint, ist in Wahrheit eine Spaltung in mehrere neue Universen. Man spricht auch von Multiversen oder einer Viele-Welten-Interpretation. In einem Universum geht das Teilchen also durch den rechten Schlitz, im anderen Universum durch den linken. Jetzt erweitere diese Vorstellung auf sämtliche Quantenereignisse, in denen eine Wahl getroffen werden muss. In diesem Meta- oder Über-Universum findet alles, was stattfinden kann, tatsächlich statt, allerdings in unterschiedlichen Paralleluniversen."

„Also das ist ja … völlig abgedreht!", protestierte Maria Flor. „Das klingt nun wirklich nach billiger Science Fiction. Was für einen Quatsch wollen diese Spinner als Nächstes erfinden?"

„Ich gebe zu, dass all das sehr bizarr klingt und es noch nicht einmal einen Beweis für die Existenz anderer Universen gibt. Allerdings habe ich gelernt, dass immer mehr Wissenschaftler glauben, dass diese Hypothese des Meta-Universums korrekt ist."

„Machst du Witze …?"

„Nein, das meine ich ernst. Und das Erstaunlichste ist, dass die Forschungsergebnisse noch weitere mysteriöse Eigenschaften der Realität nachgewiesen haben."

„Was? Das war noch immer nicht alles?"

Trotz der schwierigen Thematik musste Tomás lächeln. Auch er hatte sich schwer getan, die komplexen Zusammenhänge zu verstehen. Immerhin hatte er erst vor etwa acht Jahren begonnen, sich dafür zu interessieren, nachdem er ein Manuskript Albert Einsteins erfolgreich entschlüsselt hatte.

„Das Doppelspaltexperiment legt nahe, dass die Zukunft sich auf die Vergangenheit auswirken kann", sagte er.

XXX

Zielsicher steuerte der Chevrolet mit amerikanischem Diplomatenkennzeichen den kleinen Parkplatz an der Avenida de Berna an, auf dem ein Polizeiauto neben dem blauen VW Golf stand. Die beiden Agenten hielten außerhalb der Einfahrt und inspizierten die Umgebung. Im Scheinwerferlicht des Polizeiautos sahen sie die gesprungene Heckscheibe.

„War das eine Kugel von dir?“, fragte Swartz.

„Ja“, brummte Krongard.

„Du bist wohl nicht mehr im Training, wie?“, lachte sein Kollege spöttisch. Dann fügte er hinzu: „Und was machen wir jetzt? Parken wir hier?“

„Natürlich nicht! Die Bullen dürfen uns nicht sehen. Denk dran, das ist eine geheime Mission.“

„Und was ist mit dem Wagen?“

„Kann uns egal sein“, antwortete Krongard und gab wieder Gas. „Wir wollen nicht den Wagen, sondern den Besitzer.“ Er deutete auf den Gebäudekomplex der Gulbenkian-Stiftung. „Und der sitzt irgendwo da drin.“

Der Chevrolet drehte eine Runde auf der Praça de Espanha und parkte am Beginn der Avenida António Augusto de Aguiar. Der Marinesoldat in zivil, den Swartz zur Gulbenkian-Stiftung beordert hatte, wartete nahe der Kreuzung auf sie. Hinter ihm sah Krongard eine Bronzestatue Calouste Gulbenkians zu Füßen eines riesigen steinernen Falken, der den ägyptischen Gott Horus darstellte.

Als er seinen Vorgesetzten in Begleitung des CIA-Agenten kommen sah, richtete der Marinesoldat sich auf, schlug die Hacken zusammen und salutierte.

„Guten Abend, Sir."

„Wie oft habe dir schon gesagt, dass du mich in der Öffentlichkeit nicht so grüßen sollst?", fauchte Swartz ihn an. „Willst du, dass man auf uns aufmerksam wird?"

Reumütig nahm der Soldat eine entspanntere Haltung an. In der Tat passten seine Jeans und die schwarze Lederjacke nicht zu dem militärischen Gruß.

„Entschuldigen Sie, Sir."

Swartz schaute sich um.

„Irgendwelche Auffälligkeiten?", fragte er.

„Negativ, Sir. Nachdem ich Ihre Nachricht erhalten hatte, dass unser Mann sich wahrscheinlich hier aufhält, habe ich das Sicherheitspersonal noch einmal aufgesucht und befragt. Aber niemand hat ihn heute Abend kommen sehen. Dann habe ich mich ins Gebäude geschlichen und nachgeschaut, ob in seinem Büro Licht brannte. Aber es war leer."

Swartz drehte sich zu Krongard um.

„Was machen wir jetzt?"

Der CIA-Agent betrachtete das Gebäude. Der Komplex war zwar groß, sollte sich aber in maximal zwei Stunden durchkämmen lassen.

„Haben Sie einen Gebäudeplan von der Stiftung?", fragte er den Soldaten.

Prompt zog der Mann ein gefaltetes Blatt aus seiner Jackentasche und reichte es ihm.

„Jawohl, Sir."

Krongard begutachtete den Plan eine Weile lang, wobei er sich vor allem auf das Erdgeschoss des Hauptgebäudes und die Ausgänge des Komplexes konzentrierte. Dann hörten sie Stimmen. Die beiden anderen Marinesoldaten waren eingetroffen. Sie waren also zu fünft: er selbst, der Sicherheitsbeauftragte der Botschaft und die drei Marines. Das sollte mehr als ausreichen.

Krongard faltete das Blatt wieder zusammen und steckte es in seine Jackentasche. Er nickte Swartz zu, der jedem von ihnen ein Walkie-Talkie reichte. Dann gab er das Startsignal.

„Los geht's!“

XXXI

Entgeistert starrte Maria Flor Tomás an. Die ganze Geschichte wurde immer surrealistischer.

„Die Zukunft kann sich also auf die Vergangenheit auswirken?", fragte sie ungläubig. „Was erzählst du mir als Nächstes? Dass wir eine Zeitreise machen? Ich bitte dich! Die Zeit verläuft doch nun wirklich nach dem Prinzip von Ursache und Wirkung. Und wozu gibt es Kalender und Uhren?" Sie deutete auf den Projektor auf dem Tisch. „Es ist doch unmöglich, dass der Projektor erst in Stücke zerfällt und ich ihn dann zu Boden werfe. Erst die Ursache, dann die Wirkung, und nicht anders herum. Das ist doch absurd!"

„Und doch legt das Doppelspaltexperiment genau dies nahe, zumindest bei einem leicht geänderten Aufbau."

„Aber … wie?"

„Nun, zunächst musst du verstehen, dass auf der Mikro- oder Quantenebene die Dinge ganz anders ablaufen als wir es von der Makroebene her im Alltag gewohnt sind. Wie schon gesagt, nehmen Elektronen und Photonen, wenn sie unbeobachtet sind, von Punkt A zu Punkt B nicht einen einzigen Weg, sondern alle nur möglichen Wege gleichzeitig. Dazu haben Physiker wie Christopher Monroe und der Nobelpreisträger David Wineland es 1996 geschafft, ein Beryllium-Ion, das im Vergleich zu einem Elektron geradezu riesig ist, in einen Überlagerungszustand aus zwei räumlich getrennten Stellen zu bringen, also ganz ähnlich wie wenn

Photonen und Elektronen zwei getrennte Schlitze gleichzeitig passieren."

Tomás ging ein paar Schritte zum nächsten Regal, wo eine alte Zeitschrift lag. Auf der Titelseite war das Bild eines Politikers zu sehen.

„Was siehst du hier?", fragte Tomás.

„Unseren Premierminister natürlich."

„Ich meine nicht die abgebildete Person sondern die Drucktechnik", unterbrach er sie. „Wenn man das Foto von Weitem betrachtet, wirkt es wie ein einheitliches Bild, nicht wahr?"

„Ja", bestätigte Maria Flor. „Worauf willst du hinaus?"

„Schau das Foto jetzt einmal von Nahem an." Er nahm sie sanft am Arm. „Komm!"

Maria Flor beugte sich über die Zeitschrift und betrachtete sie aus unterschiedlichen Winkeln.

„Das ist und bleibt ein Foto."

„Aber ist das Bild immer noch einheitlich?"

„Nein, natürlich nicht." Sie kniff die Augen zusammen und blinzelte. „Das Foto besteht aus vielen kleinen Punkten. Manche sind größer, andere kleiner. Von Weitem sieht es einheitlich aus, aber aus der Nähe sieht man es verpixelt."

Zufrieden nahm Tomás die Zeitschrift und legte sie wieder in das Regal.

„Die Wissenschaftler haben jedenfalls herausgefunden, dass die Realität gewissermaßen einem solchen Bild gleicht. Im Alltag folgen die Dinge einem kontinuierlichen Ablauf. Um zum Beispiel einen Meter zurückzulegen, muss man diese Distanz auch gehen. Das heißt, wenn man sich nicht gerade mit dem Zenon-Paradoxon herumschlagen will", fügte er lächelnd hinzu. „Im Mikrokosmos hingegen ist die Realität nicht kontinuierlich, und die Teilchen wechseln von einem Zustand in einen anderen, ohne einen Übergangszustand zu durchlaufen."

„Und was bedeutet das?", fragte Maria Flor.

„Ein Elektron gleitet nicht geschmeidig von einem Zustand in einen anderen beziehungsweise von einer Umlaufbahn in eine andere, wie wir es erwarten würden. Es springt vielmehr übergangslos hin und her. Das ist der berühmte Quantensprung. Und das ist nicht etwa irgendeine Ausnahme, das ist der Regelfall im Mikrokosmos. Die Realität läuft sprunghaft ab."

„Den Begriff Quantensprung kenne ich natürlich", sagte Maria Flor, „habe mir aber noch nie überlegt, was er bedeutet. Aber kann es nicht sein, dass diese Sprünge uns nur so vorkommen, weil wir die Übergänge nicht messen können?"

„Das haben etliche Wissenschaftler anfangs auch gedacht", sagte Tomás. „Aber mittlerweile ist nachgewiesen, dass die Elektronen kein Zwischenstadium durchlaufen, ganz einfach, weil es kein Zwischenstadium gibt. Die Elektronen vollführen tatsächlich Sprünge, und zwar unmittelbar, ohne zeitliche Übergangsphase. Wenn man beim Autofahren von fünfzig auf sechzig Stundenkilometer beschleunigen will, dauert das eine gewisse Weile, nicht wahr? Man gibt mehr Gas, und das Auto fährt zunehmend schneller. Dabei gibt es sogar zwischen fünfzig und einundfünfzig Stundenkilometern noch eine unendliche Zahl von Zwischengeschwindigkeiten. Wenn man hingegen die Energiezustände auf Quantenebene betrachtet, würde das Auto erst mit fünfzig Stundenkilometern fahren und dann nahtlos mit sechzig." Er zeigte auf die Zeitschrift im Regal. „Das ist wie bei diesem Foto des Premierministers: Von hier aus betrachtet, sieht es einheitlich aus, aber wenn man genauer hinschaut, ist es verpixelt. Es besteht also aus einzelnen Punkten. Der Schein trügt also und ist eine Folge der Entfernung."

„Das ist einleuchtend."

„Aber auf der Quantenebene gibt es noch eine Merkwürdigkeit. Ein Teilchen kann sich von einem Ort an einen anderen begeben, selbst wenn die beiden Orte durch eine unüberwindbare Barriere getrennt sind. Es springt selbst dann, wenn es gar nicht die Energie dazu hat und ohne die Schranke zu passieren. In einem Augenblick ist es drin, im nächsten Augenblick ist es draußen. Das wird auch Tunneleffekt genannt, als würde das Teilchen das Hindernis in einem unsichtbaren Tunnel umgehen."

„Und das ist tatsächlich möglich?"

„Das ist nicht nur möglich, sondern nachgewiesen. Beim radioaktiven Zerfall von Uran beispielsweise befindet sich ein Alphateilchen in einem Augenblick im Kern und taucht in nächsten Augenblick schlagartig außerhalb des Kerns auf, und zwar trotz der extremen Barriere der starken Kernkraft."

Maria Flor zögerte.

„Okay … aber du hast vorhin gesagt, dass im Mikrokosmos die Zukunft sich auf die Vergangenheit auswirken kann. Was hat es denn nun damit auf sich?"

„Mit der allgemeinen und speziellen Relativitätstheorie hat Albert Einstein gezeigt, dass Raum und Zeit untrennbar miteinander verbunden sind", begann Tomás. „In der Folge hat er dazu den Begriff der Raumzeit geprägt. Wenn nun also das Doppelspaltexperiment beweist, dass das Bewusstsein die räumliche Realität beeinflusst, und wenn Raum und Zeit ein und dasselbe sind, dann ist es auch möglich, dass das Bewusstsein einen Teil der zeitlichen Realität beeinflusst."

„Das klingt logisch", gab Maria Flor zu, „aber irgendwie auch verrückt. Gibt es dafür denn Beweise?"

Tomás legte eine Hand auf den vor ihm stehenden Projektor.

„Der Beweis erfolgt über eine verfeinerte Version des Doppelspaltexperiments." Er deutete auf die beiden parallelen Schlitze in der schwarzen Pappe. „Wie vorhin gezeigt, sind die Photonen und Elektronen als Wellen durch diese Schlitze gegangen, wenn sie nicht beobachtet wurden, während sie sich unter Beobachtung wie Teilchen verhalten haben. Ist soweit alles klar?"

„Ja, das ist zwar merkwürdig, aber ich habe es verstanden."

„Gut. Jetzt stellt sich die Frage, was passiert, wenn die Entscheidung, die Teilchen zu beobachten, nicht getroffen wird, *bevor* diese den

Doppelspalt erreichen, sondern erst, wenn sie sich *zwischen Spalt und Bildschirm* befinden. Stell dir zum Beispiel vor, dass wir den Detektor hinter der Pappe positionieren, uns aber erst entschließen, ihn einzuschalten, wenn das Licht schon durch die Schlitze gegangen ist. Zerfällt die Wellenstruktur auch dann in ein Teilchen, wenn die Entscheidung zur Beobachtung auf diese Weise verzögert wird? Und wenn ja, zu welchem Zeitpunkt? Wenn die Entscheidung zur Beobachtung getroffen wird oder schon vorher? Ist es möglich, dass das Licht die Schlitze noch als Welle passiert, da es nicht beobachtet wird, und sich erst anschließend, wenn der Beobachter sich einschaltet, zu einem Teilchen wird?"

Maria Flor schaute Tomás mit großen Augen an.

„Entschuldige, aber das ist mir zu verwirrend …"

„Das Problem kenne ich", sagte Tomás. „Einfach ausgedrückt, lautet die Frage: Kann die Zukunft die Vergangenheit beeinflussen?"

„Ja, das hattest du vorher schon gesagt …"

„1978 schlug John Wheeler ein Experiment vor, das 1984 an der Universität von Maryland umgesetzt wurde, bei der die Entscheidung um wenige Nanosekunden verzögert werden konnte und der Detektor nach dem Zufallsprinzip ausgeschaltet wurde, *nachdem* das Licht den Spalt passiert hatte. Da es beobachtet wurde, musste es sich zunächst dafür entscheiden, Teilchen zu sein; durch das Abschalten des Detektors wurde die Beobachtung aber letztlich nicht registriert, und Wheelers Hypothese zufolge musste das Licht seine Entscheidung wieder rückgängig machen. Der Aufbau mit einem ultraschnellen Strahlungssystem und einer komplexen Spiegelstruktur wurde im Laufe der Jahre bei späteren Versuchen weiter verfeinert, zuletzt von einem französischen Team im Jahr 2007."

„Und was ist dabei herausgekommen?"

„Die Forscher haben herausgefunden, dass das Licht sich stets dem späteren Versuchsaufbau entsprechend verhielt – obwohl es den noch gar nicht kannte, als es in der Realität seine diesbezügliche Entscheidung treffen musste. Dafür mussten die Photonen zu Teilchen wurden, noch bevor die eigentliche Entscheidung zur späteren Beobachtung fiel. Wohlgemerkt: vorher. Ist dir klar, welche Konsequenzen diese Erkenntnis hat?“

„Heißt das, dass sich das Licht so verhält, als wüsste es, dass man es später beobachten wird …?“, fragte Maria Flor entgeistert.

„Ganz genau. Man hat geradezu den Eindruck, als würde die Reihenfolge von Ursache und Wirkung umgekehrt.“ Er schaute Maria Flor an und tippte auf den Projektor. „In gewisser Weise ist es also so, als zerfiele der Projektor zuerst in Stücke, und ich würfe ihn erst danach zu Boden.“

„Aber das ist ja …“

„… unglaublich, ich weiß. Und doch scheinen die Experimente genau das zu beweisen: Die Information reist in die Vergangenheit und ruft die Wirkung vor der Ursache hervor. Auf Quantenebene verschwindet der Zeitbegriff, und es gibt kein Vorher und Nachher mehr; für die Teilchen scheint die Zeit nicht zu existieren. Diese Entdeckung hat tiefgreifende Auswirkungen, wie du dir vorstellen kannst.“ Er ging zum Fenster und zeigte auf den Sternenhimmel. „Das Licht, das wir dort am Himmel sehen, ist vor Milliarden von Jahren von den Sternen ausgesendet worden und erreicht uns hier in Form von Teilchen. Man kann quasi sagen, dass das Licht in dem Moment, als es die Sterne verließ, bereits wusste, dass es in der Zukunft einmal von uns beobachtet würde. Man hat also den Eindruck, dass die Zukunft die Information, dass das Licht einmal beobachtet werden würde, in die Vergangenheit geschickt und es somit dazu gebracht hat, diese Milliarden Jahre als Teilchen und nicht als Welle zu verbringen. Anders ausgedrückt hängt es von unserer Entscheidung ab, dass diese Photonen zu Teilchen wurden, und sie haben in der Vergangenheit auf diese Entscheidung reagiert.“

Maria Flor schwieg. Ihr brummte der Kopf.

„Wir irren uns, wenn wir glauben, dass die Vergangenheit schon in allen Einzelheiten festgelegt ist. Die Vergangenheit ist im Zustand der Superposition und definiert sich nur dann, wenn die Zukunft sie dazu zwingt. Im Übrigen liefert die *vollständige* Version der Wellengleichung, die relativistische Effekte richtig mit einbezieht, eine Lösung, die das Fließen negativer Energie in die Vergangenheit beschreibt, wie schon Max Born 1926 behauptete." Er verschränkte die Arme vor der Brust. „Mit einer weiteren Variante des Doppelspaltexperiments – einem sogenannter Quantenradierer – wird das Ganze *noch* merkwürdiger. Unmittelbar hinter der Lichtquelle wurde ein Interferometer platziert, ein Gerät, das die einzelnen Photonen markierte, so dass man sie anschließend untersuchen und bestimmen konnte, durch welchen der beiden Schlitze sie gegangen waren. Wie haben sich in diesem Fall deiner Meinung nach die Photonen verhalten?"

„Nun, da sie beobachtet wurden, gab es keine Interferenz, und sie werden sich wie Teilchen verhalten haben."

„Exakt. Aber jetzt kommt's: Nachdem die Photonen das Interferometer passiert hatten, wurde mit Hilfe des Quantenradierers die Markierung wieder ‚ausradiert', so dass man nicht mehr feststellen konnte, welchen Spalt sie genommen hatten. Es wurde also erst gemessen, welchen Weg die Lichtquanten genommen hatten, aber diese Information wurde anschließend wieder ausgelöscht."

„Und so etwas lässt sich tatsächlich umsetzen?"

„Ja. Es ist zwar ein sehr komplizierter Versuchsaufbau, aber 1991 ist dies zum ersten Mal an der Universität von Kalifornien in Berkeley gelungen. Dabei wurden die Photonen mit einem Polarisationsfilter markiert. Wie hat sich das Licht deiner Meinung nach in diesem Fall verhalten?"

Maria Flor runzelte nachdenklich die Stirn.

„Also ... das Licht wurde beobachtet, nicht wahr? Die Messinformation wurde anschließend zwar wieder ausradiert, aber die Beobachtung hatte ja nun mal stattgefunden. In diesem Fall haben sich die Photonen wie Teilchen verhalten."

Tomás schüttelte den Kopf.

„Falsch. Auf dem Detektor hat sich ein Interferenzmuster gebildet. Sprich, die Photonen haben den Spalt wellenförmig passiert."

„Wellenförmig? Aber sie wurden doch beobachtet?"

„Das stimmt. Entscheidend für die Frage ‚Welle oder Teilchen' ist hierbei jedoch nicht die Messung als solche, sondern die aus dieser Messung gewonnene Erkenntnis, oder, wenn du so willst, die Information, die der Beobachter letztlich über die Photonen gewonnen hat. Durch den Quantenradierer war diese Information ausgelöscht worden, und so hat sich das Licht wellenförmig verhalten. Letztlich scheint es so, als würde das Licht sich nur dafür interessieren, was wir über es wissen können. Wenn wir nichts wissen können, egal, ob wir vorher etwas gemessen haben oder nicht, behält es seinen Wellencharakter. Die reine Beobachtung ist also unbedeutend. Das, was dafür sorgt, dass sich ein Teilchen bildet, ist die Möglichkeit, etwas über dieses Teilchen zu erfahren."

„Heiliger ...!"

„Die Realität ist weder das, wofür wir sie halten, noch so, wie wir sie gerne hätten; sie ist, wie sie ist. Wenn unsere Vorstellung von ihr von den Beobachtungen und Berechnungen der Mathematiker abweichen, haben diese letzten Endes doch immer Recht. Nimm nur das Beispiel der Sonne: Wir sehen, dass sie morgens im Osten auf- und abends im Westen untergeht. Und natürlich hat man lange geglaubt, die Sonne drehe sich um die Erde. Aber dank Kopernikus wissen wir inzwischen, dass es umgekehrt ist. Mit anderen Worten: Die wissenschaftlichen Beobachtungen sind dem vermeintlich gesunden Menschenverstand überlegen. Das Gleiche gilt im Falle der Quantenmechanik. Wir haben den Eindruck, die Welt existiere unabhängig von uns, aber die Ergebnisse des Doppelspaltexperiments und seiner Variationen beweisen das Gegenteil. Bitte verabschiede dich von der Idee, dass Mikro- und Makrokosmos sich prinzipiell gleich verhalten, wenn auch auf unterschiedlichen Größenebenen. Die Mikroebene folgt ganz eigenen Kriterien und verhält sich scheinbar bizarr. Ganz egal, wie sehr es unserer

Intuition widerspricht: Unser Bewusstsein gestaltet die Realität mit, und zwar nicht nur in räumlicher, sondern auch in zeitlicher Hinsicht."

Maria Flor hob die Arme.

„Okay, ich ergebe mich", sagte sie. „Aber das Ganze ist so befremdlich, und ich habe noch nie etwas davon gehört, dass es mir schwer fällt, zu glauben ..."

„Du hast völlig Recht, auch ich habe erst vor einigen Jahren angefangen, mich mit diesem Thema zu beschäftigen, und es hat lange gedauert, bis ich es wirklich verstanden habe."

Er musste an Ariana denken, seine damalige Freundin, die ihm all diese Dinge erklärt hatte, nachdem sie gemeinsam *Das Einstein Enigma* gelöst hatten. Bei dem Gedanken an die schöne und intelligente Frau umspielte ein melancholischer Zug seine Augen. Aus für Tomás unerklärlichen Gründen hatte sie sich schon nach kurzer Zeit entschlossen, zurück in ihr Heimatland, den Iran, zu gehen. Seither hatte er nichts mehr von ihr gehört. Er räusperte sich und sah Maria Flor an.

„Wie du gesehen hast, ist es auf Quantenebene möglich, dass die Wirkung vor der Ursache auftreten beziehungsweise sie rückwirkend beeinflussen kann. Das heißt, dass das Bewusstsein heute und in der Zukunft anscheinend in der Lage ist, die Vergangenheit mitzugestalten – sogar die Vergangenheit, in der es noch gar kein lebendiges Bewusstsein im Universum gab. Denn da das Universum noch kein Bewusstsein hervorgebracht hatte, war der Big Bang nichts anderes als ein virtuelles Ereignis, eine Art Welle, die das gesamte Spektrum der Möglichkeiten in sich enthielt. Erst als Bewusstsein entstanden war, hat dieses Bewusstsein eine dieser Möglichkeiten konkret werden lassen und so rückwirkend die Geschichte des Universums geschrieben. Es ist also nicht nur die Vergangenheit, die die Zukunft hervorbringt, sondern auch umgekehrt. Wenn die Realität beobachtet wird, gestaltet dies nicht nur einen Teil der heutigen Realität, sondern auch der Vergangenheit. Das heißt in letzter Konsequenz, dass Zukunft und Vergangenheit sich gegenseitig erschaffen und dabei beide stets unbestimmt sind: So, wie es eine Vielzahl möglicher Zukunftsszenarien gibt, gibt es auch eine Vielzahl möglicher Vergangenheiten."

Maria Flor holte tief Luft.

„Und das lässt sich ebenfalls beweisen?", fragte sie.

„Ich erzähle dir nichts anderes als die Schlussfolgerungen aus dem Doppelspaltexperiment. Unsere vermeintliche Realität ist eine Illusion. Das Universum ist das Ergebnis der beiden Faktoren Realität und Bewusstsein, so dass in einer Folge zunehmender Komplexität die Realität die Physik entstehen lässt, die wiederum die Chemie gestaltet, die ihrerseits die Biologie – also Leben – hervorbringt, woraus das Bewusstsein entsteht, das schließlich … die Realität erschafft."

„Das ist also wie die verschiedenen Komplexitätsniveaus der emergenten Eigenschaften, von denen du heute Nachmittag gesprochen hast", bemerkte Maria Flor. „Aber was hat das alles zu bedeuten?"

Tomás lehnte sich zurück und verkündete die wohl bemerkenswerteste Dimension des Universums.

„Die Realität erschafft das Bewusstsein, und das Bewusstsein erschafft die Realität."

XXXII

Sich hinter die Büsche und Bäume duckend, bezogen die fünf Männer rund um die Gulbenkian-Stiftung Stellung. Ihre ganze Aufmerksamkeit galt dem Gebäude und jedwedem Hinweis auf den Verbleib des Flüchtigen.

Das Walkie-Talkie in Krongards Hand vibrierte.

„Comanche 2 an Apache", meldete sich einer der drei Marines.

„Apache an Comanche 2", antwortete Krongard. „Irgendetwas Neues?"

„Ja. Im ersten Stock brennt Licht, und ich habe kurz einen Schatten am Fenster gesehen."

„Wo genau ist das?"

„Das weiß ich nicht. Ich habe keinen Gebäudeplan."

Krongard murmelte eine Verwünschung. Ihr einziger Plan steckte in seiner Jackentasche.

Dann schaute er auf die Uhr: deutlich nach Mitternacht. Auch wenn es nicht unmöglich war, dass noch jemand dort arbeitete, war es doch ungewöhnlich.

„Comanche 2, beschreiben Sie die Lage genauer."

„Südwestflügel, erster Stock."

Krongard faltete den Plan auseinander und breitete ihn auf dem Rasen aus. Mit seiner Taschenlampe suchte er nach dem Raum im ersten Stock. Ein Labor. Das blieb normalerweise nicht die ganze Nacht lang beleuchtet. Der Amerikaner sprang auf und nahm sein Walkie-Talkie wieder zur Hand.

„Buffalo, Comanche 1, 2 und 3, aufgepasst", rief er. „Unser Verdächtiger ist vermutlich im Labor."

XXXIII

Immer noch schwirrte Maria Flor der Kopf. Schweigend versuchte sie, all die neuen Informationen zu verdauen.

„Was du mir erzählt hast, ist zweifellos sehr interessant und spannend“, sagte sie schließlich. „Aber es beantwortet trotzdem nicht unsere eigentliche Frage.“

„Was meinst du?“, fragte Tomás.

„Die Bedeutung der letzten Nachricht des CIA-Direktors. Aus welchem Grund hat er unmittelbar vor seinem Tod das Symbol der Wellenfunktion notiert und darunter deinen Namen mit dem Hinweis, du seist der Schlüssel?“

Tomás ließ sich auf einen Stuhl fallen. Fast hätte er vergessen, dass dies in der Tat die zentrale Frage war, auf die er schnell eine überzeugende Antwort finden musste.

„Tja, das stimmt“, stammelte er. „Mit diesem Punkt haben wir uns noch gar nicht befasst. Schauen wir doch noch mal …“

Maria Flor setzte sich neben ihn und blätterte zur ersten Seite des Notizblocks zurück.

Ψ

The key: Tomás Noronha

„Also gut, das *Psi* symbolisiert die Wellenfunktion“, begann Maria Flor.

„Das *Psi* ist viel mehr als nur ein Symbol", sagte Tomás und trommelte mit den Fingern auf dem Tisch, „und Frank Bellamy wusste das ganz genau. Die Wellenfunktion beschreibt die Welt, die uns umgibt, bevor sie beobachtet wird und liefert uns ein vollständiges und detailliertes Bild von dem unbestimmten Zustand zwischen Sein und Nicht-Sein, den Einstein als Gespensterfeld bezeichnet hat. Das *Psi* existiert, bevor etwas real existiert, es ist die Materie in ihrem Urzustand, die virtuelle Realität, bevor sie sich konkretisiert, die Welle, bevor sie zum Teilchen wird. *Psi* steht also für das Spektrum aller möglichen Realitäten."

„Okay, aber es existiert nicht ganz allein. Schließlich ist das *Psi* die Lösung der Schrödingergleichung, nicht wahr?"

„Selbstverständlich. Die Wellenfunktion beschreibt nicht nur die Quanteneffekte des Mikrokosmos im unbeobachteten Zustand, sondern auch des Makrokosmos, der uns umgibt, und vielleicht sogar des gesamten Universums."

„Das ist also die Idee, derzufolge der Mond und ich beide eine Wellenfunktion sind", erinnerte sich Maria Flor. „Im Wesentlichen betrifft das, was du bis jetzt erzählt hast, aber doch nur das Verhalten der Materie auf Mikroebene. Im Alltag verhalten die Dinge sich nicht so merkwürdig." Sie bewegte ihre Hand von rechts nach links. „Meine Hand springt nicht übergangslos von einem Punkt zum anderen, sondern durchquert den dazwischenliegenden Raum." Sie stand auf und wandte dem Fenster den Rücken zu. „Ich beobachte jetzt nicht den Himmel, bin aber sicher, dass der Mond noch immer zu sehen ist." Sie ging drei Schritte nach vorn und machte einen Bogen um den Tisch, auf dem der Projektor stand. „Wenn ich diesem Tisch ausweiche, gehe ich ausschließlich links um ihn herum und nicht links und rechts gleichzeitig." Sie ging zurück zu ihrem Stuhl und setzte sich wieder. „Was ich damit sagen will, ist, dass all diese mysteriösen Quanteneffekte schlicht und einfach im Alltag nicht auftreten. Unsere Welt, die makroskopische Welt, funktioniert nicht so."

Tomás rieb sich das Kinn.

„Wieso?"

Sie zuckte mit den Schultern.

„Was weiß ich! Die Wissenschaftler haben ja meinetwegen herausgefunden, dass die Gesetze des Mikrokosmos zu diesem bizarren Verhalten der Materie führen, aber im Makrokosmos verhält sie sich nun mal anders. Dazu braucht man sich doch nur umzuschauen."

„Aber wieso?", wiederholte Tomás. „Aus welchem Grund funktioniert der Mikrokosmos nach anderen Regeln als der Makrokosmos? Diese Frage stellen sich alle Wissenschaftler, und sicher hat auch Frank Bellamy sie gestellt." Er kniff sich in den Handrücken. „Bestehen wir letztlich nicht alle aus Teilchen, Atomen und Molekülen? Mehrere Teilchen bilden ein Atom, mehrere Atome ein Molekül, mehrere Moleküle eine Zelle und viele Milliarden Zellen einen Menschen. Wenn die Atome sich wie Wellen verhalten, sind wir dann nicht letztlich auch eine Welle? Wenn die Materie nur existiert, wenn sie beobachtet wird, heißt das dann, dass auch wir nur existieren, wenn wir beobachtet werden? Aus welchem Grund gehorchen Elektronen, Atome und einzelne Moleküle anderen Gesetzen als Zellkomplexe, Lebewesen oder auch Steine und das Wasser? Sollten sich die Gesetze des Universums je nach der Größe des Objekts ändern?"

„Es scheint so."

„Aber an welchem Punkt genau ändern sie sich? Gibt es eine unbekannte Schwelle, von der an die Quantengesetze plötzlich nicht mehr gelten und die klassischen Gesetze der Mechanik in Kraft treten?"

„Ich habe nicht die geringste Idee", sagte Maria Flor. „Du bist doch der Wissenschaftler. Wie lautet die Antwort auf all diese Fragen?"

Jetzt war Tomás derjenige, der mit den Schultern zuckte.

„Das ist ein Rätsel", gestand er ein. „Die Physiker haben dieses Problem von allen Seiten untersucht, ohne je eine plausible Erklärung gefunden zu haben. Einzig der Österreicher Paul Ehrenfest hat sich der Antwort ein Stück weit genähert. Er hat ein Theorem aufgestellt, demzufolge die Quantensprünge von Teilchen auf atomarer Ebene immer kleiner werden, je größer die Objekte als solche werden, bis zu dem Punkt, an dem sie komplett verschwinden."

„Na also, das ist doch die Antwort."

„Ja schon, aber an welchem Punkt hören die Quantensprünge exakt auf? Und wieso? Das Ehrenfest-Theorem besagt zwar, dass das Quantenverhalten auf Makroebene irgendwann aufhört, aber das sieht man ja auch, wenn man sich umschaut. Die Frage nach dem Wieso beantwortet das Theorem allerdings nicht."

„Kann man das denn nicht nachweisen, indem man ein Experiment mit immer größeren Objekten macht und schaut, ab wann die Gesetze sich ändern?", fragte Maria Flor.

„Das ist eine gute Idee, und sie wurde auch schon in mehreren Laboren durchgeführt. Dabei ist es unter anderem gelungen, Moleküle, die aus zweiundsiebzig Atomen bestanden, in einen Quantenzustand zu versetzen, in dem sie sich gleichzeitig an zwei klar voneinander getrennten Orten befanden. Außerdem hat man ein paar Milliarden Elektronen gleichzeitig in zwei unterschiedliche Richtungen in Bewegung gesetzt. Und 1997 hat ein Physikerteam am MIT den Sprung auf die Makroebene geschafft, indem es mehrere Millionen Natriumatome an zwei Stellen, die mehr als eine Haaresbreite auseinander lagen, gleichzeitig positioniert hat. Das mag wenig klingen, ist aber schon mit dem bloßen Auge sichtbar und bedeutet somit, dass die mysteriösen Quanteneffekte auch im Makrokosmos auftreten können. 2009 ist es übrigens einem kalifornischen Team gelungen, zwei feine Lamellen eines Mikrochips, die beide mit bloßem Auge sichtbar waren, im Quantenzustand miteinander zu verschränken. Es gibt sogar schon Pläne, dies auch mit Proteinen und einem Virus zu tun. Von dort bis zu lebenden Zellen ist es dann nicht mehr weit."

„Wahnsinn!", rief Maria Flor aus. „Das würde dann also bedeuten, dass die bizarren Quanteneffekte auch auf Makroebene zum Tragen kämen."

Tomás stand auf und streckte sich.

„In der Tat. Und ich bin überzeugt davon, dass Frank Bellamy all dies im Hinterkopf hatte, als er das *Psi* auf den Zettel schrieb. Aber wieso unmittelbar vor seinem Tod?“

„Glaubst du, er kannte all diese Quantenexperimente?“

„Zweifellos“, bestätigte Tomás. „Bellamy war Physiker. Sein Vater war im Zweiten Weltkrieg am Manhattan-Projekt beteiligt, in dem die erste Atombombe entwickelt und gebaut wurde. Er wusste ganz genau Bescheid über die neuesten Entwicklungen, nicht zuletzt in seiner Eigenschaft als CIA-Direktor.“ Er drehte sich um und schaute zum Fenster hinaus, wo die Mondsichel hoch am Himmel stand. „Bellamy wusste garantiert, dass die Quanteneffekte immer mehr im Alltag …“

Er hielt inne, ohne den Satz zu beenden und starrte auf das Grüngelände der Stiftung.

„Was ist?“, fragte sie. „Ist etwas passiert?“

Mit schreckgeweiteten Augen drehte Tomás sich zu Maria Flor um.

„Die CIA!“, rief er. „Da draußen sind die Typen von der CIA!“

XXXIV

Nachdem die fünf Männer sich versammelt hatten, studierte Krongard den Gebäudeplan. Anschließend erteilte er seine Anweisungen.

„Greg und ich werden ins Gebäude hineingehen, und zwar durch diese Seitentür hier, damit die Wachleute uns nicht sehen. Dann nehmen wir diese Treppe in den ersten Stock, dringen ins Labor ein und schnappen uns den Vogel. Noch Fragen?“

„Ja“, sagte Swartz. „Kommen meine Männer nicht mit?“

„Nein“, antwortete Krongard. „Ich will nicht auffallen. Schließlich sind wir hier in einem NATO-Staat und müssen Ärger unbedingt vermeiden.“

„Was sollen sie also tun?“

Krongard tippte auf drei Stellen des Lageplans.

„Sie überwachen die Ausgänge. Comanche 1 geht zum Nordwestportal, Comanche 2 zum Haupteingang und Comanche 3 zum Südwestportal.“

„Wie lautet der Befehl für den Fall, dass der Verdächtige an einer der Türen auftaucht?“, fragte einer der Marinesoldaten.

„Sie halten ihn fest.“

„Und falls es ihm aus irgendeinem Grund gelingen sollte zu fliehen? Sollen wir ihn verfolgen oder auf Verstärkung warten?“

„Nein, erschießen Sie ihn.“

Die drei Marines blickten einander verwirrt an. Dann schauten sie fragend zu ihrem direkten Vorgesetzten.

„Wir sollen den Verdächtigen erschießen?“, hakte auch Swartz nach. „Wer zum Teufel hat diesen Befehl erteilt?“

„Den hat CIA-Direktor Harry Fuchs mir mündlich aufgetragen, und er gilt nur für den Fall, dass der Verdächtige flieht. Wir sollen ihn festnehmen, aber falls er flüchtet, ist es unerlässlich, ihn zu erschießen.“

„Ich will einen schriftlichen Befehl, sonst …“, setzte Swartz an.

„Ich übernehme die volle Verantwortung“, unterbrach Krongard ihn. „In dem Schreiben, das du heute vom Botschafter erhalten hast, ist bescheinigt, dass ich von Washington mit allen Befugnissen ausgestattet worden bin. Mein Wort zählt also so viel wie ein schriftlicher Befehl.“ Er schaute von einem zum anderen. „Noch Fragen?“

Swartz dachte einen Moment lang nach. Dann sagte er: „Nein.“

Als sie sahen, dass ihr Chef nachgab, schüttelten auch seine Männer den Kopf. Krongard entspannte sich ein wenig; er hatte seine Autorität behauptet.

„Sehr gut“, sagte er. „Ich wiederhole also: Falls der Verdächtige versuchen sollte zu fliehen, wird er erschossen. Klar?“

Misstrauisch schaute Swartz den CIA-Agenten an.

„Du übernimmst die Verantwortung?“

„Jawohl.“

Der Sicherheitsbeauftragte winkte seinen Männern und sagte: „Also gut, Jungs, ihr habt es gehört. Gehen wir.“

Nahezu gleichzeitig zückten die Fünf ihre Waffen, überprüften die Magazine und steckten einen Schalldämpfer auf. Dann nickten sie einander ein letztes Mal zu und trennten sich.

XXXV

Die Angst stand Maria Flor ins Gesicht geschrieben. Das machte Tomás umso klarer, dass er seine Emotionen unter Kontrolle halten musste, wenn sie eine Chance haben wollten, von hier zu entkommen. Seine Freundin vertraute ihm. Sie würden einen kühlen Kopf bewahren und durchdacht handeln müssen. Vor allem aber schnell.

„Komm! Wir müssen hier raus, und zwar sofort!"

Sie rannten durch das Labor zur Tür. Als Tomás diese einen Spalt weit öffnete, schien auf dem Gang alles ruhig zu sein. Er wollte gerade das Licht im Labor ausschalten, als er es sich anders überlegte. Es würde ihnen einen kleinen Zeitvorteil bringen, ihre Verfolger ins Labor zu locken, wenn sie selbst rechtzeitig von dort verschwinden könnten. Also zog er seine Hand zurück.

„Und?", fragte Maria Flor mit zitternder Stimme. „Was machen wir jetzt?"

Tomás antwortete nicht, sondern gab ihr nur ein Zeichen, ihm zu folgen. Langsam und lautlos schlichen sie zum Treppenhaus. Doch dann nahm er zwei Schatten wahr, die sich von unten näherten.

„Achtung", hauchte er Maria Flor ins Ohr. „Sie kommen."

Tomás sah nicht die geringste Möglichkeit, sich zu verstecken. Nur aus einem Reflex heraus versuchte er, seitlich auszuweichen. Zu seinem Erstaunen stießen seine Schultern dabei jedoch nicht gegen die Wand, sondern an einen Vorhang, der hinter ihm nachgab.

Rasch zog er Maria Flor hinter den schweren Stoff. Keine Sekunde zu früh, denn ihre Verfolger hatten inzwischen den ersten Stock erreicht. Sie wagten kaum zu atmen. Tomás legte einen Arm um seine Freundin und zog dann den Vorhang leicht auseinander, um die CIA-Männer zu beobachten.

„Greg, du bleibst hier“, murmelte einer. „Falls jemand hier runter will, weißt du, was du zu tun hast.“

„Geht klar.“

Der Tonangeber griff in die Innentasche seiner Jacke und zog ein metallisches Objekt daraus hervor. Tomás erkannte erst auf den zweiten Blick, dass es sich um eine Pistole mit aufgesetztem Schalldämpfer handelte.

„Ich gehe jetzt ins Labor und hol ihn mir“, sagte der Mann. „Wenn du Schüsse hörst, verschwinde so schnell wie möglich, damit die Wachen dich nicht sehen, und sag deinen Männern, dass auch sie abhauen sollen. Wir treffen uns an der Botschaft wieder.“

„Und wenn keine Schüsse fallen?“

„Die fallen schon, glaub mir.“

Dann schlich der Mann in Richtung des Labors, durch dessen Türspalt ein schwacher Lichtschein drang. Unmittelbar vor der Tür hielt er inne und lauschte.

Mit rasendem Herz stand Tomás hinter dem Vorhang und beobachtete die Szene. Die beiden Typen wollten ihn eindeutig nicht nur verhaften, sondern töten.

Ihre Chancen zu fliehen waren quasi gleich null. Der CIA-Agent würde in Kürze ins Labor hineingehen und feststellen, dass es leer war. Und dann? Dann würden sie das ganze Stockwerk durchkämmen, das Licht einschalten und natürlich auch hinter den Vorhang schauen.

Sie waren verloren. Die einzige Möglichkeit, dachte Tomás, bestand darin, zu fliehen, während Krongard im Labor wäre. Aber wie sollten sie an dem zweiten Mann, der am oberen Treppenabsatz stand, vorbei kommen? Sie müssten es versuchen und alles auf eine Karte setzen.

Ein leichtes Klacken war zu hören, als der CIA-Agent die Tür zum Labor öffnete. Lange würde er dort nicht bleiben. Allerhöchstens dreißig Sekunden.

Sie mussten umgehend handeln, um ihre ohnehin geringe Chance zu nutzen. Immerhin käme ihnen ein gewisser Überraschungseffekt zugute, da der zweite Verfolger kaum mit einem Angreifer hinter dem Vorhang rechnete. Er atmete tief durch und …

„Scheiße aber auch!", fluchte Krongard. „Verdammt!"

„Jim! Was ist?", fragte der Andere und näherte sich dem Labor.

Die Situation nahm eine ungeahnte Wendung. Schnell tastete Tomás hinter sich und stieß auf eine Glastür, die womöglich auf einen Balkon führte. *Das* war ihre Chance! Der Aufpasser war inzwischen weit genug entfernt; er würde es nicht hören, wenn sie die Tür öffneten. Rasch suchte er den Griff und drehte ihn. Die Tür war nicht verschlossen! Durch den Spalt im Vorhang sah er Swartz, der sich im Flur postiert hatte und zu verstehen versuchte, was im Labor vor sich ging.

Jetzt war der richtige Augenblick.

„Komm", flüsterte er Maria Flor zu.

Sie gehorchte nur zu gern und schlüpfte durch die Glastür. Tomás folgte ihr. Sein Herz schlug ihm bis zum Hals, was ihn aber nicht daran hinderte, Maria Flor zuzulächeln. Wie schon in Coimbra würde er über einen Balkon entkommen. Sein Lächeln erstarb jedoch, als er sah, dass die Situation hier völlig anders war. Es gab keinen Baum, an dem sie sich hinabhangeln konnten. Nichts. Es blieb ihnen nur ein Sprung in die Tiefe.

„Wir sind in einer Sackgasse", stellte Maria Flor verzweifelt fest. „Die werden uns kriegen."

Tomás ging einen Schritt auf sie zu, um sie zu trösten, als in der Halle das Licht anging. Ihre Verfolger hatten die Witterung aufgenommen. Bald würden sie den Vorhang entdecken. Ihnen blieben zehn Sekunden, wenn überhaupt.

Tomás analysierte in Windeseile die Lage. Einen Fluchtweg gab es nicht. Er blickte sich um und stellte verwundert fest, dass er dank des Lichts nicht allzu weit unter ihnen den Boden erkennen konnte: Rasen.

„Wir müssen springen!“, forderte er Maria Flor auf, während er ein Bein über das Geländer schwang. „Das ist unsere einzige Chance.“

Maria Flor blickte entsetzt nach unten.

„Bist du verrückt? Wenn wir hier runterspringen, brechen wir uns bestimmt ein Bein.“

„Unter uns ist Rasen, und der wird jeden Tag kräftig gewässert. Der Boden ist also weich. Komm schon, die CIA wird uns gleich entdeckt haben!“

Maria Flor gab sich geschlagen und schwang sich ebenfalls über die Brüstung. Fast gleichzeitig sprangen sie in die Tiefe.

Der Aufprall war unangenehm, wurde durch den weichen Boden jedoch stark gedämpft.

„Ist alles in Ordnung?“, fragte Tomás.

Maria Flor stöhnte leicht, ihr linkes Bein tat weh. Tomás schmerzte der Rücken. Vorsichtig bewegten sie ihre Glieder und stellten erleichtert fest, dass sie sich nichts gebrochen hatten.

„Ja, alles in Ordnung“, antwortete sie. „Und bei dir?“

Tomás stand mühsam auf und hielt Maria Flor die Hand hin, um ihr aufzuhelfen.

„Wir müssen …“

Er verstummte und lauschte. Stimmen. Ihre Verfolger waren auf dem Balkon. Tomás schaute hinauf und sah die beiden Männer, die ihre Waffen genau in seine Richtung hielten.

XXXVI

„Nichts", schimpfte Krongard.

„Hier ist er nicht", bestätigte Swartz, als seine Augen sich endlich an die Dunkelheit gewöhnt hatten. „Suchen wir weiter."

Krongard gab nicht ganz so schnell auf und suchte den Rasen nach einer flüchtenden Gestalt ab, aber alles schien ruhig dazuliegen. Widerstrebend drehte er sich schließlich um und folgte dem Botschaftsmitarbeiter.

„Wir müssen wohl das gesamte Stockwerk absuchen", sagte er frustriert. „Er kann sich ja nicht in Luft aufgelöst haben."

Swartz deutete auf eine Reihe von Türen auf beiden Seiten des Korridors.

„Dann ist er sicher in einem der Büros."

Das klang zwar logisch, überzeugte Krongard jedoch nicht.

„Einer deiner Männer hat jemanden dort im Labor gesehen, nicht wahr? Aber jetzt ist das Labor leer. Wer immer da drin war, hat es vor kurzer Zeit verlassen. Und wenn derjenige unser Verdächtiger ist, war es kein Zufall, dass er es verlassen hat."

„Was willst du damit sagen?"

„Dass er uns offenbar bemerkt hat und über einen Hinterausgang, von dem wir nichts wissen, abgehauen ist. Vergiss nicht, der Typ arbeitet hier und kennt das Gebäude wie seine Westentasche."

Swartz zog sofort die logische Schlussfolgerung.

„Du meinst, er ist schon draußen?"

Statt einer Antwort nahm der CIA-Agent sein Walkie-Talkie zur Hand.

„Apache an Comanche 1, 2 und 3“, sagte er. „Bitte kommen.“

„Comanche 1 an Apache. Was ist los?“

„Unser Vogel scheint ausgeflogen zu sein. Seid ab sofort doppelt wachsam und lasst ihn auf keinen Fall von dem Gelände entkommen.“

James Krongard würde Tomás Noronha nicht ein zweites Mal entwischen lassen. Die Marines würden draußen aufpassen, während er und Swartz sich die Büros im ersten Stock vornähmen.

XXXVII

Unsicher sah Tomás zu, wie die Glastür sich wieder hinter den beiden Männern schloss. Er war überzeugt davon gewesen, sein letztes Stündlein hätte geschlagen und stand noch völlig unter Schock.

„Glaubst du … dass wir es jetzt wagen können?“, fragte Maria Flor mit zitternder Stimme. Ihr Herz klopfte derart stark, dass sie dachte, man könne es hören.

„Ja“, sagte Tomás. „Wir sollten hier so schnell wie möglich verschwinden. Irgendwann werden sie natürlich merken, dass wir nicht mehr da drin sind.“

Maria Flor nahm Tomás’ Hand und stand mit wackeligen Knien auf. Fast wäre sie wieder hingefallen. Tomás leitete sie zu einigen Büschen und drückte sich in den Schatten. Nicht weit von ihnen lag der Haupteingang, der auf die Avenida de Berna führte, wo sein Auto stand..

„Woher wussten sie wohl, dass wir da waren?“, fragte Maria Flor. „Glaubst du, jemand hat uns hineingehen sehen?“

Während sie langsam weitergingen, dachte Tomás über diese Frage nach und legte im Geiste noch einmal ihren Weg in und durch das Gebäude der Gulbenkian-Stiftung zurück.

„Ich bin ziemlich sicher, dass uns niemand gesehen hat“, sagte er. „Aber wahrscheinlich hat uns das Licht im Labor verraten. Ich jedenfalls habe vor lauter Erklärungen irgendwann vergessen, dass wir auf der Flucht sind.“

Maria Flor stieß einen tiefen Seufzer aus, gefolgt von einem nervösen Kichern.

„Ich hatte eine Heidenangst“, gestand sie. „Mir ist jetzt noch nicht klar, wie ich es geschafft habe, von diesem Balkon zu springen, ohne mir etwas zu brechen. Als ich die beiden mit ihren Waffen auf uns gerichtet gesehen habe, wäre ich fast davongerannt.“ Sie schüttelte den Kopf. „Da ist mir wirklich das Herz in die Hose gerutscht.“

Jetzt, wo sie der unmittelbaren Gefahr entkommen waren, versetzte das Adrenalin sie in einen euphorischen Zustand. Sie hatten überlebt, die Luft war rein, die Pflanzen verströmten einen betörenden Duft, und der Rasen war angenehm frisch. Alles andere wirkte belanglos.

„Halt!“, holte eine barsche Stimme sie in die Wirklichkeit zurück. „Wer sind Sie?“

Sie drehten sich um. Vor ihnen stand ein eindrucksvoller junger Mann mit blondem Bürstenhaarschnitt und versperrte ihnen den Weg. Er trug eine Jeans und braune Lederjacke, und seinem Akzent nach zu urteilen war er Amerikaner. Man musste kein Hellseher sein, um zu verstehen, dass er zu ihrem Verfolgerteam gehörte. Sie waren geliefert.

Der Einfluss des Adrenalins und die Tatsache, dass er diesen Wunsch schon so lange unterdrückt hatte, ließen Tomás jedoch jede Hemmung verlieren; er hatte ohnehin nichts zu verlieren. Ungestüm packte er Maria Flor an der Taille, presste sie an sich und küsste sie leidenschaftlich. Als er sie wieder losließ, sah sie ihn mit großen Augen ungläubig an. Tomás lachte.

„Sie ist schön, nicht wahr?“, sagte er in Richtung des verdatterten Amerikaners. „Ich wette, in Amerika sind eure Frauen nicht so schön.“ Er maß noch einmal Maria Flors ebenmäßige Züge, ihre großen, braunen Augen, ihre sinnlichen Lippen. „Allenfalls diese Schauspielerin … wie heißt sie doch gleich … Jennifer Connelly“, fügte er hinzu. „Die beiden sehen sich ähnlich, finden Sie nicht?“

Völlig perplex zögerte der Soldat.

„Ja, das stimmt“, sagte er schließlich. „Ihre Verlobte könnte eine Schwester von Jennifer Connelly sein.“

Der Marine wusste nicht, was er tun sollte. Er hatte den Auftrag, den Verdächtigen nicht vorbei zu lassen, hatte aber noch nie sein Gesicht gesehen. Außerdem war dies hier kein einzelner Mann, sondern ein Pärchen. Gern hätte er sich Rat von seinem Vorgesetzten geholt, aber er sollte sich ja so diskret wie möglich verhalten und keine Aufmerksamkeit erregen. Wahrscheinlich waren die beiden nur ein Liebespaar, das sich auf dem weitläufigen Gelände der Stiftung vergnügt hatte.

Fast wollte er sie schon passieren lassen, als ihm ein neuer Zweifel kam.

„Entschuldigen Sie“, sagte er mit misstrauischem Blick. „Aber woher wissen Sie, dass ich Amerikaner bin?“

Tomás lachte erneut und schaute ihn leicht spöttisch an.

„Haben Sie sich schon einmal Portugiesisch reden hören?“

Der Soldat zog die Augenbrauen zusammen.

„Was ist mit meinem Portugiesisch?“, fragte er brüskiert.

„Oh, die Grammatik ist einwandfrei“, versicherte ihm Tomás. „Aber der Akzent … Ihnen fehlen nur noch die Sporen für einen echten Cowboy.“

Lachend legte er seinen Arm um Maria Flor und verabschiedete sich mit einem spöttischen „Bye bye“ von dem Soldaten. Dann schlenderten sie vom Gelände der Gulbenkian-Stiftung und tauchten unter in der Dunkelheit der Nacht.

XXXVIII

Rasch und lautlos näherten sich drei Wachleute mit Schlagstöcken in der Hand den beiden Verdächtigen. James Krongard öffnete eilig eine Toilettentür nach der anderen, während Greg Swartz den Besenschrank inspizierte.

„Was machen Sie hier?“

Swartz verschlug es vor Überraschung die Sprache, aber Krongard war abgebrühter.

„Wir waren auf dem Konzert im Audimax, und mir ist übel geworden“, erzählte er, ohne mit der Wimper zu zucken. „Mein Freund hat mich begleitet, um … um auf mich zu warten.“

Diese Erklärung reichte nicht aus, um das Misstrauen der Sicherheitsangestellten zu zerstreuen.

„Ihre Papiere, bitte.“

Die beiden Amerikaner reichten ihnen ihre Diplomatenausweise.

„Wie Sie sehen, bin ich der amerikanische Kulturattaché in Portugal“, sagte Krongard. „Das Konzert konnte ich mir natürlich nicht entgehen lassen.“ Er legte mit gequälter Miene eine Hand auf den Bauch. „Aber diese verflixte Magengeschichte …“

Die Papiere waren einwandfrei und bescheinigten ihren Inhabern diplomatische Immunität. Außerdem schienen sie nichts gestohlen zu haben. Nachdem sie den Zwischenfall und die Namen der beiden Fremden notiert hatten, geleiteten die Wachmänner sie zum Ausgang.

Von dort eilten die beiden Agenten umgehend zu dem Marinesoldaten, der den Haupteingang bewachte.
„Hast du irgendetwas Verdächtiges gesehen?“
„Negativ, Sir.“
„Verdammt!“, tobte Krongard. „Wo zum Teufel versteckt er sich nur? Wir haben jetzt das ganze Gebäude durchkämmt …“
„Er könnte im Museumstrakt sein“, schlug Swartz vor. „Sollen wir ihn durchsuchen?“
Krongard schürzte skeptisch die Lippen.
„Da hängen Gemälde von Rembrandt, Rubens, Monet und was weiß ich wem. Die Sicherheitsmaßnahmen sind enorm. Ich glaube nicht, dass er sich dort verstecken könnte, ohne aufzufallen.“
Sie schienen in einer Sackgasse zu sein. Krongard überlegte schon, ob Tomás womöglich gar nicht das Gelände der Stiftung betreten hatte. Aber wieso hatte er dann sein Auto ganz in der Nähe geparkt? War das am Ende nur ein Ablenkungsmanöver gewesen?
„Matt, bist du sicher, dass du niemanden gesehen hast?“, fragte Swartz seinen Untergebenen.
Der Soldat zögerte.
„Nun ja, da war dieses Liebespaar, das sich anscheinend im Gebüsch vergnügt hat.“ Er verkniff sich ein Lächeln. „Eine echt schicke Braut. Könnte eine Zwillingsschwester von Jennifer Connelly sein. Wenn ich so eine mal in die Finger …“
Als er den Namen hörte, riss Krongard die Augen auf.
„Was hast du da eben gesagt?“
Er hatte die Frage so aufbrausend gestellt, dass der Soldat in die Defensive ging.
„Ich habe die Tussi nicht angefasst“, beeilte er sich zu sagen. „Ich habe nur …“
„Jennifer Connelly?“ Krongard dachte an das Foto der Heimleiterin, das er ein paar Stunden zuvor erhalten hatte. Jennifer Connelly war der Name, den er gesucht hatte. „Das war er!“

„Er? Wer?“

„Der Verdächtige, verdammt nochmal!“ Er packte den Soldaten an den Schultern und schüttelte ihn wütend. „Wo ist er hingegangen?“

Der Marine schaute den CIA-Agenten verständnislos an.

„Ich fürchte, Sir, es liegt ein Missverständnis vor“, sagte er. „Ich habe von einer Frau gesprochen, die aussah wie …“

„Der Typ, der bei ihr war, war unser Verdächtiger, du Volltrottel!“, schnaubte Krongard. „Wo ist der hingegangen?“

Als Antwort deutete der Marinesoldat in die Richtung, in der Tomás’ Auto stand.

XXXIX

Irgendwann war der Moment gekommen, in dem Tomás Maria Flors Schultern loslassen musste. Sein Wagen stand zwar noch an der Stelle, wo er ihn geparkt hatte, doch bemerkte er im Näherkommen einen Polizisten. Augenblicklich änderte Tomás die Richtung.

„Was ist?", fragte Maria Flor. „Gehen wir nicht zu deinem Auto?"

„Pssst", flüsterte Tomas und nickte leicht in Richtung des Polizeibeamten.

Maria Flor verstand und tat so, als sei nichts gewesen. Sie schlenderten am Parkplatz vorbei zur Praça de Espanha. In dem Moment näherte sich ihnen ein Taxi, und Tomás winkte es heran.

„Cais do Sodré, bitte", sagte er zum Fahrer.

Als das Taxi losfuhr, sah Maria Flor Tomás fragend an.

„Wieso Cais do Sodré? Fahren wir mit dem Zug?"

Tomás wich ihrem Blick aus.

„In dem Viertel gibt es einige … zweifelhafte Unterkünfte", sagte er. „Bei Prostituierten und ihren Freiern ist es sehr beliebt. Die Zimmer sind billig, und keiner fragt nach deinen Papieren. Tut mir leid, wir haben keine andere Wahl …"

Maria Flor kniff die Augen zusammen.

„Das ist ja wohl die Krönung. Pass auf, was du tust, hörst du? Als du mich vorhin geküsst hast, habe ich nichts gesagt, weil ich so überrascht war, und um den Amerikaner zu täuschen. Aber damit das klar ist: Versuch nicht, die Situation auszunutzen!"

Tomás gab sich als die personifizierte Unschuld.

„Was? Ich sollte die Situation ausnutzen? Ehrlich, Flor, ich bin entsetzt."

„Dir traue ich alles zu", entgegnete sie und hob warnend den Zeigefinger. „Denk nicht einmal daran. Du hast mich einmal zum Essen eingeladen, und wir haben einen sehr schönen Abend zusammen verbracht. Dabei sollten wir es auch belassen. Dass ich jetzt hier bei dir bin, liegt daran, dass ich dir helfen will. Aber nutz das nicht aus." Sie schaute ihm herausfordernd in die Augen. „Hast du mich verstanden?"

„Selbstverständlich."

Der Taxifahrer setzte sie in der Nähe des Bahnhofs in einer Seitengasse ab, in der betrunkene Passanten über die Straße schwankten und einige Männer stark geschminkte, leicht bekleidete Frauen an sich drückten. Etwas weiter blinkte eine Neonreklame: *Palácio dos Sonhos*. Sie gingen hinein.

Am Empfang saß eine übergewichtige Frau, die nach billigem Parfüm roch und eine Zigarette im Mundwinkel hielt. Nachdem Tomás im Voraus bezahlt hatte, reichte sie ihm den Schlüssel, ohne auch nur eine Frage zu stellen.

„Zimmer 206, zweiter Stock, dritte Tür rechts. Das heiße Wasser funktioniert nicht, aber das sollte ja kein Problem sein." Sie zwinkerte Tomás verschwörerisch zu. „Kaltes Wasser tut gut nach einer heißen Nacht."

Maria Flor biss sich auf die Zunge. Sie nahmen den Aufzug, eine Art Eisenkäfig, und drückten auf den Knopf für die zweite Etage. Rumpelnd setzte er sich in Bewegung. Oben angekommen, traten sie auf den düsteren Flur, auf dessen Boden ein abgewetzter Teppich sein Dasein fristete und suchten Nummer 206.

In dem Zimmer war es stickig. In einer Ecke standen ein alter Holztisch und ein Stuhl. Darüber hing ein Spiegel mit altmodischer Fassung. An der Stirnseite des Raums stand ein großes Bett. Immerhin waren die Laken sauber, wie Maria Flor bemerkte. Das Fenster daneben blickte auf ein gegenüberliegendes Wohnhaus. Das Badezimmer erinnerte mit seinen gelblichen Kacheln an ein altes Krankenhaus. In dieser Umgebung wirkte das Gerät, das auf dem Tisch stand, geradezu ultramodern: ein Laptop.

Seufzend setzte sich Maria Flor auf den Bettrand.

„Was für ein Luxushotel", spöttelte sie. Dann testete sie zögernd die Matratze und schaute Tomás argwöhnisch an. „Du schläfst auf dem Boden, nicht wahr?"

Die Botschaft konnte nicht eindeutiger sein. Tomás ließ sich auf den Stuhl fallen.

„Dieser Kuss muss dich ja traumatisiert haben ..."

„So weit würde ich nicht gehen", sagte sie und klopfte auf ihr Kissen. „Aber ich möchte, dass die Dinge klar sind und es kein Missverständnis gibt. Ich will nicht, dass jemand denkt, ich ..."

Rhythmisches Knarzen eines Bettes aus einem der Nachbarzimmer gefolgt von spitzen Schreien unterbrach sie. Während der nächsten Minute vermieden Maria Flor und Tomás jeden Blickkontakt, und erst, als wieder Stille eingekehrt war, sprachen sie weiter.

„Ja, also", fing Tomás an und räusperte sich, „dieses Hotel ist ... ziemlich belebt."

Seine Freundin rollte mit den Augen.

„Was für ein Luxushotel", wiederholte sie und seufzte. „Hör zu, so kann es ja nicht auf Dauer weitergehen. Was hast du als Nächstes vor?"

Tomás schaute sie nachdenklich an.

„Gute Frage", sagte er. „Um ehrlich zu sein, habe ich keine Ahnung. Wenn die Typen von der CIA mich erwischen, bin ich geliefert. Sie haben zwar keinerlei Beweise, aber das dürfte sie nicht davon abhalten, mich umzubringen. Zugegebenermaßen sprechen die Indizien gegen mich ..."

„Okay, fangen wir nochmal von vorne an", schlug Maria Flor vor. „Was wäre nötig, um deine Unschuld zu beweisen?"

„Zunächst einmal müsste ich die von Bellamy hinterlassene Nachricht entschlüsseln. Wir haben ja schon gesehen, dass das erste Symbol höchstwahrscheinlich der griechische Buchstabe *Psi* ist und direkt auf die Wellenfunktion der Schrödingergleichung verweist, aus der sich ableiten lässt, dass das Bewusstsein einen Teil der Realität erschafft. Bleibt also zu klären, wieso Bellamy mich in diesem Zusammenhang als Schlüssel bezeichnet." Er breitete die Arme aus. „Aber als Schlüssel wofür? Welcher Schlüssel kann bloß …"

Verdutzt hielt er inne und starrte vor sich hin.

„Was ist?", fragte Maria Flor. „Was hast du?"

Wie elektrisiert sprang Tomás von seinem Stuhl auf.

„Ich hab's!", rief er. „Jetzt weiß ich's!"

„Was weißt du?"

Tomás griff in seine Hosentasche.

„Das große Pentakel", sagte er und zog triumphierend das Amulett heraus, das er aus Genf erhalten hatte. „Frank Bellamy hat es mir geschickt!"

„Wovon sprichst du? Ich verstehe kein Wort …"

Tomás setzte sich neben sie aufs Bett und reichte ihr das Pentakel.

„Heute Vormittag habe ich aus Genf eine Sendung erhalten, auf der kein Absender stand. Darin war dieses Objekt, das große Pentakel. Ich dachte erst, es stamme von dem Antiquitätenhändler, von dem ich die *Tabula Smaragdina* für die Gulbenkian-Stiftung gekauft habe, aber es war offenbar nicht er, sondern Bellamy."

„Bist du dir sicher?"

„Ja", sagte Tomás. „Schließlich hat Bellamy geschrieben ‚Der Schlüssel: Tomás Noronha'."

„Und? Was hat dieser Satz mit dem Pentakel zu tun?"

Für Tomás war dieser Zusammenhang so klar, dass er sich wunderte, wieso er nicht gleich darauf gekommen war.

„Siehst du es nicht?", fragte er mit funkelnden Augen. „Das große Pentakel ist eines der wichtigsten magischen Objekte, das im *Sepher Maphteah Shelomo* erwähnt wird."

„Im Sefer Maf… was?"

Tomás deutete auf das Amulett, auf dessen äußerem Rand die Zeichen מפתח שלמה zu lesen waren.

„Siehst du das?“, fragte er. „Das ist hebräisch und heißt *Maphteah Shelomo*. Ins Lateinische übersetzt heißt es *Clavicula Salomonis*. Verstehst du jetzt?“

Maria Flor schüttelte ungeduldig den Kopf.

„Nein.“

„Der Schlüssel des Salomon“, erklärte er. „Das ist ein Handbuch der Magie, das auf König Salomon zurückgehen soll. Darin werden alchemistische Erfahrungen unter Verwendung der göttlichen Energie beschrieben. Das ist aber für uns nicht wichtig. Uns interessiert, dass Bellamy geschrieben hat ‚Der Schlüssel: Tomás Noronha‘. Das ist zweifellos doppeldeutig. Zum einen bezeichnet er mich als den Schlüssel, der das Rätsel seines Todes lösen kann. Zum anderen ist es ein Hinweis auf den Schlüssel des Salomon, also das große Pentakel, das er mir geschickt hat. Dieses Amulett spielt meines Erachtens in dieser Geschichte eine entscheidende Rolle.“

Maria Flor betrachtete das Objekt mit neuem Interesse. Auch Tomás untersuchte das Pentakel sorgfältig, da jede Kleinigkeit von Bedeutung sein konnte. Doch womit sollte er beginnen? Er entschied sich für den Kreis im Zentrum des Ornaments.

„Im Mittelpunkt des Pentakels befindet sich ein Hexagramm“, fing er an. „Dieser sechszackige Stern kann zweierlei bedeuten. Zum einen steht er für den *Magen David*, oder den Schild Davids, der umgangssprachlich meist Davidstern genannt wird. Im Mittelalter symbolisierte er den Gott Israels, und er kommt häufig in kabbalistischen Texten vor.“

„Und, meinst du, das ist die gesuchte Bedeutung?“

Tomás wiegte den Kopf hin und her.

„Ich bin mir nicht sicher. Wie du siehst, ist das Hexagramm von einem Kreis umgeben, was in dieser Form eher als das Siegel des Salomon bezeichnet wird, ein anderes alchemistisches Symbol für die Verbindung und Umwandlung von Gegensätzen. Das Dreieck mit der Spitze nach oben ist auch das Symbol für Feuer, das Dreieck mit der Spitze nach unten symbolisiert Wasser. Indem beide Dreiecke miteinander verbunden werden, entstehen die beiden Symbole für Erde und Luft – ein auf der Spitze stehendes Dreieck mit Querstrich im unteren Drittel beziehungsweise ein mit der Spitze nach oben zeigendes Dreieck mit Querstrich im oberen Drittel. Das Siegel des Salomon ist somit ein Symbol für das perfekte Gleichgewicht der Natur. Auch in der hinduistischen Kultur wird das Hexagramm auf Mandalas verwendet, mit deren Hilfe der Mensch meditiert und das Nirwana anstrebt.“

„Und was ist mit diesem äußeren Ring?“, fragte Maria Flor. „Du hast ja schon gesagt, dass das Hebräische ‚Der Schlüssel des Salomon‘ bedeutet. Was ist mit dem Rest?“

Nachdenklich schaute Tomás auf die merkwürdige Zeichen- und Zahlenfolge TTVPYN4SOTPYRK und rieb sich das Kinn.

„Um ehrlich zu sein, muss ich das erst in Ruhe analysieren.“ Er deutete auf den siebenzackigen Stern zwischen dem äußeren Ring und dem Siegel des Salomon. „Dieses Heptagramm wird auch Stern von Babalon genannt. Er symbolisiert die sieben Tage der Schöpfung, ist aber auch eine Anspielung auf die sieben Planeten der frühen Alchemisten sowie die sieben Grundelemente Erde, Wasser, Luft, Feuer, Ätherfeuer, Licht und Liebe.“

„Und was ist an diesem Heptagramm so interessant?“

Tomás fuhr mit dem Zeigefinger über die in das Amulett eingravierten Zeichen und Buchstaben.

„Hm, all das hat auf jeden Fall eine Bedeutung“, murmelte er. „In vier der äußeren Dreiecke stehen Kreise und Striche. Dazwischen ist eine Reihe von Zahlen. Zum Beispiel 38, 77, 57 und 8. Nichts davon ist zufällig entstanden.“

„Da stehen aber auch zwei Buchstaben“, sagte Maria Flor. „Was hat es wohl mit diesem NW auf sich?“

Tomás schaute genauer hin. Seine Freundin hatte Recht. Wieso war ihm das nicht eher aufgefallen? Plötzlich ergaben die Zahlen einen Sinn. Wenn das stimmte …

„Du bist spitze!“, rief er aus. „Das sind Koordinaten! Bellamy hat mir geografische Koordinaten geschickt!“

Maria Flor sprang begeistert auf und suchte in der Schublade des Tisches nach Papier. Dann übertrug Tomás die Zahlen in zwei Reihen.

38° 57' 6,5" N
77° 8' 44" W

Mit leuchtenden Augen starrten sie das Blatt an, zuversichtlich, eine Spur gefunden zu haben. Maria Flor reagierte als Erste.

„Dann lass uns doch mal schauen, ob dieser Computer uns auch mit der Außenwelt verbindet“, sagte sie.

Sie fuhren den Laptop hoch und warteten ungeduldig, dass sich das Browserfenster öffnete.

„Na endlich“, kommentierte Tomás, als die Verbindung aufgebaut war.

Er tippte ‚Koordinaten finden‘ in das Suchmaschinenfeld ein, klickte den erstbesten Eintrag an und gab dort die entsprechenden Zahlen in die Maske ein. Anschließend erschien ein Kartenausschnitt auf dem Bildschirm. Es handelte sich um einen Teil der USA. Er klickte auf die Karte, zoomte näher und erkannte schließlich, auf welchen Ort Frank Bellamy ihn hinweisen wollte. Die Koordinaten gehörten zu einem Ort nahe Washington D.C. Sie bezeichneten ein Gebäude in Langley, am Südufer des Potomac River: den Hauptsitz der CIA.

XL

Leise zog er die Tür zum Oval Office hinter sich zu. Harry Fuchs atmete tief durch. Soeben hatte er dem Präsidenten der Vereinigten Staaten im Beisein des Außenministers, des Verteidigungsministers und des Nationalen Sicherheitsberaters einen Bericht erstattet, der auf wenig Begeisterung gestoßen war.

Am Nachmittag war vor der amerikanischen Botschaft in Tripolis eine Bombe explodiert, die einen Flügel des Gebäudes zerstört und mehrere Dutzend Menschen das Leben gekostet hatte. Und die CIA hatte keinerlei ernsthafte Spur. Es gab lediglich vage Hinweise auf eine Beteiligung der Al-Qaida. Empört hatte der Präsident gefordert, alles in die Wege zu leiten, „um zu verhindern, dass sich etwas Derartiges wiederhole", sonst würden „Köpfe rollen".

Fuchs wusste, dass er das Ziel dieser Warnung war und wen er wiederum für diese Situation verantwortlich machte.

„Bellamy, alter Schurke", murmelte er. „Du hättest einen langsamen Tod verdient gehabt."

Er hatte gehofft, endlich Zugriff auf das *Quantenauge* zu bekommen – das Mammutprojekt der CIA, mit dessen Hilfe er jederzeit alle gewünschten Informationen abrufen könnte, aber Walter Halderman, sein Assistent, hatte bereits sämtliche Unterlagen über die jüngsten Geheimprojekte durchsucht und nichts gefunden. Wo zum Teufel hatte Bellamy nur dieses *Quantenauge* versteckt?

Am Ende des Ganges, an dem auch die Büros des Vizepräsidenten und des Nationalen Sicherheitsberaters lagen, durchquerte Fuchs die Halle und nahm die Treppe ins Erdgeschoss. Als er das Weiße Haus auf der Westseite verließ, schlug ihm kalte Luft ins Gesicht.

Ein schwarzer Cadillac mit getönten Fensterscheiben näherte sich ihm im Schritttempo, und ein Leibwächter hielt ihm die Tür auf. Der CIA-Direktor ließ sich auf den Rücksitz fallen und nannte dem Fahrer sein Ziel: „Langley."

Die Limousine rollte los. Fuchs öffnete die Minibar und goss sich einen Whisky ein. Wo, verdammt nochmal, steckte das *Quantenauge*? Abwesend sah er aus dem Fenster, wo die Lichter der West Executive Avenue an ihm vorbeizogen. Bellamy. Bei diesem Namen dachte er auch an die Nachricht, die der alte Gauner kurz vor seinem Tod verfasst hatte. Fuchs war sich selbstverständlich darüber im Klaren, dass das Symbol auf dem Zettel nichts mit einer Kreuzigung zu tun hatte. Diese Erklärung sollte lediglich die Jagd auf Tomás Noronha rechtfertigen. Das *Psi* stand für die Wellenfunktion, mit der die Quantenphysiker … Er hielt inne. Und wenn das *Quantenauge …*?

Er drückte auf den Knopf der Gegensprechanlage und wandte sich an seinen Assistenten, der auf dem Beifahrersitz saß.

„Bill, verbinde mich mit unserem Mann in Lissabon."

Unter dem Quantensymbol hatte Bellamy Tomás Noronha als den Schlüssel bezeichnet. Fuchs war überzeugt davon, dass der Portugiese nicht der Mörder war. Umso mehr hätte er darum gegeben zu wissen, wieso Bellamy ihn erwähnt hatte. Offensichtlich wollte der Alte eine Verbindung zwischen dem Quantenprojekt und dem Kryptologen herstellen. Noronha konnte somit nur der Schlüssel sein, der zum *Quantenauge* führte.

Das Telefon klingelte.

„Ihr Anruf, Sir", meldete sein Assistent. „James Krongard aus Lissabon."

„Krongard, ich weiß, es ist noch früh in Lissabon“, sagte Fuchs, „aber ich muss wissen, ob Sie unseren Mann endlich gefasst haben.“

Der Mann am anderen Ende der Leitung hüstelte nervös.

„Die Operation ist noch im Gange, Sir“, sagte er schließlich. „Heute Nacht hätten wir ihn fast erwischt, aber der Typ hatte Glück und ist uns wieder entkommen. Ich versichere Ihnen aber, Sir, dass ich in Kürze eine positive Nachricht für Sie haben werde.“

„Das hoffe ich doch“, antwortete Fuchs in neutralem Tonfall. „Aber die Anweisungen haben sich geändert. Der Verdächtige darf nicht liquidiert werden, sondern muss lebend gefasst und nach Langley gebracht werden. Verstanden?“

„Der Befehl zur Liquidierung ist also hinfällig?“

„Genau. Wir werden ihn erst befragen, bevor er … einen Unfall haben wird.“

Krongard atmete erleichtert auf.

„Sehr gut, Sir.“

Ohne ein weiteres Wort trennte Fuchs die Verbindung und lehnte sich in seinem Sitz zurück. Das *Quantenauge* war unerlässlich, um weitere Fiaskos wie das Attentat von Tripolis künftig zu vermeiden. Wenn er seinen Posten nicht räumen wollte, musste er es unbedingt unter seine Kontrolle bringen. Und dafür wiederum brauchte er Tomás Noronha.

XLI

Langsam und um seine Unruhe zu verbergen, steckte sich Tomás einen Kaugummi in den Mund. Dann war er an der Reihe.

„Was ist der Grund Ihres Aufenthalts?", fragte ihn der Grenzbeamte hinter dem Schalter.

Trotz seiner Nervosität gelang es dem Einreisenden, ruhig zu antworten.

„Tourismus", sagte er. „Ich wollte schon immer einmal in Washington die …"

„Legen Sie bitte hier Ihre Finger auf", unterbrach ihn der Beamte. „Erst den Daumen und die Finger der linken Hand, dann das gleiche mit rechts."

Tomás gehorchte und war sich durchaus bewusst, dass es von nun an kein Zurück mehr gab. Der Fingerabdruckscanner würde die Information seiner Einreise an alle nationalen Sicherheitsdienste übermitteln, darunter selbstverständlich auch die CIA.

„Schauen Sie jetzt bitte in die Kamera, Sir", forderte ihn der Grenzbeamte anschließend auf.

Entschlossen blickte der Historiker geradeaus und setzte ein Lächeln auf, denn er wusste, dass bald jemand dieses Bild überprüfen würde. Und dann sollte man ihn lächeln sehen.

„Danke, Mister Noroña", sagte der Beamte dann und reichte ihm seinen Reisepass. „Ich wünsche Ihnen einen angenehmen Aufenthalt."

Die Amerikaner würden es wohl nie schaffen, seinen Namen richtig auszusprechen, dachte Tomás. Immerhin war alles glatt gegangen, und sein Name stand nicht auf der Schwarzen Liste verdächtiger Personen.

Er drehte sich um und sah, wie Maria Flor einen anderen Schalter verließ. Sie wirkte etwas blass, lächelte jedoch tapfer. Wie sie gehofft hatten, rechnete die CIA offenbar nicht damit, dass die Flüchtenden so dreist wären, sie von sich aus aufzusuchen.

„Das ist komplett verrückt", sagte Maria Flor kopfschüttelnd. „Wir begeben uns freiwillig in die Höhle des Löwen!"

„Wenn der Löwe uns fressen will, wird er sich zumindest ein paar Zähne ausbeißen", sagte Tomás lächelnd, nachdem sie den Grenzbereich passiert hatten und an der Gepäckausgabe vorbei gingen, denn auf jegliche Koffer hatten sie ja verzichten müssen. Dann steuerten sie auf den Ausgang zu.

„Und jetzt?", fragte Maria Flor, als sie auf ein Taxi warteten.

„In ein Hotel zu gehen, wäre zu riskant. Wenn die Typen von der CIA erfahren, dass wir im Land sind, überprüfen sie garantiert sofort alle Hotels, Pensionen und sonstigen Unterkünfte in der Umgebung, und wenn sie uns dort nicht finden, weiten sie die Suche auf das ganze Land aus."

Skeptisch schaute Maria Flor ihn von der Seite an.

„Du willst mich doch wohl nicht wieder in irgendeine Absteige lotsen?"

„Nein, nein", versicherte er. „Unsere Unterkunft ist ganz und gar seriös."

Endlich hielt ein Taxi vor ihnen, und sie setzten sich auf die Rückbank.

„Tatsächlich?", fragte Maria Flor nach. „Und wo ist dieses Paradies?"

Tomás schloss die Tür und nannte dem Fahrer ihr Ziel.

„Zur Georgetown Universität, bitte."

Das Zentrum von Washington D.C. erinnerte an eine europäische Hauptstadt. Zwar teilten die rechtwinklig angelegten Straßen die Stadt auf typisch amerikanische Art in mehr oder weniger gleichmäßige Quadrate, aber es gab auch zahlreiche Grünflächen, und die Gebäude in antikem und neoklassizistischem Stil prägten das Stadtbild nachhaltig. Der Hauptunterschied zu anderen Großstädten Amerikas bestand in der Abwesenheit von Wolkenkratzern.

Das europäische Flair verstärkte sich, als sie Georgetown erreichten, einen heutigen Stadtteil Washingtons, der jedoch fast vierzig Jahre früher gegründet worden war. Die Straßen waren dort enger und weniger geradlinig, und es gab Dutzende von Boutiquen, Bars und kleinen Restaurants, die von Studenten in Jeans und Angestellten in Anzug oder Kostüm frequentiert wurden.

Das Taxi hielt am Eingang der Georgetown Universität. Tomás zahlte, während Maria Flor bereits ausstieg. Dann betraten sie das Gebäude, wo ein Mann mit Glatze und einem schwarzen Bart ihnen entgegen ging.

„Herzlich willkommen!“, grüßte er auf Portugiesisch. „Na, Kollege, wie war die Reise?“

Tomás umarmte ihn herzlich.

„Hallo Jorge, wie geht’s? Darf ich dir Maria Flor vorstellen?“

Jorge trat einen Schritt zurück und betrachtete sie.

„Ich sehe, du bist in guter Gesellschaft, mein Freund“, sagte er augenzwinkernd und schüttelte ihr die Hand. „Erfreut, Sie kennen zu lernen. Es war ja auch höchste Zeit, dass Tomás eine Verlobte finden und sesshaft werden würde.“

„Sie ist eine Freundin“, beeilte Tomás sich zu sagen. Er drehte sich zu Maria Flor um. „Jorges Vater war ein Kollege meines Vaters, und wir kennen uns schon seit Jahren. Er bereitet gerade seine Habilitation in Mathematik vor, mit Spezialgebiet Informatik. Da ich wusste, dass er in Washington arbeitet, habe ich ihn gefragt, ob er uns eine Unterkunft besorgen könnte. Und er hat gesagt, er könne uns auf dem Campus der Uni eine Luxussuite organisieren.“

„Na ja, es ist eher ein kleines, schlichtes Zimmer“, sagte Jorge. „Ein finnischer Kollege ist für zwei Wochen nach Kalifornien gegangen und hat mir seinen Schlüssel überlassen, damit ich die Blumen gieße. Da Tomás sagte, dass ihr nur ein paar Tage bleiben wollt, dachte ich, das sei eine gute Lösung."

„Macht ihm das auch nichts aus?"

„Im Gegenteil. Wenn ihr seine Blumen gießt, freut er sich. Und wenn ihr ihm dann noch ein paar Dollar für die Miete dalasst, wird er begeistert sein. Aber ... wo ist eigentlich euer Gepäck?"

„Oh, das ist ... anscheinend beim Umsteigen im falschen Flieger gelandet", antwortete Tomás, der seinem Freund nicht den wahren Grund für ihre überstürzte Reise auf die Nase binden wollte. „Mit etwas Glück können wir es morgen am Flughafen abholen."

Jorge führte sie in den Wohntrakt der Universität. Der finnische Student bewohnte ein spärlich eingerichtetes Einzimmerappartement im ersten Stock. Außer einem Schrank standen dort nur noch ein Bett und ein Tisch mit einem Computer und überdimensionalem Bildschirm. Dazu ein Stuhl und ein Hocker. Auch das Bad war winzig. In diesem Umfeld wirkten drei prächtige Orchideen auf dem Fensterbrett geradezu exotisch.

„Das ist in der Tat nicht schlecht", sagte Maria Flor und fügte mit einem Blick auf Tomás und den Boden hinzu: „Du schläfst aber wieder hier."

Sie gingen zum Mittagessen in die Mensa. Als er sich mit seinem Tablett an den Tisch setzte, verzog Tomás das Gesicht und überlegte, künftig vielleicht lieber in eines der Restaurants von Georgetown zu gehen. Aber dann verwarf er diesen Gedanken auch schon wieder; schließlich waren sie nicht hergekommen, um eine kulinarische Rundreise zu machen, sondern um Frank Bellamys Rätsel zu lösen und seine Unschuld an dessen Tod zu beweisen. Je schneller, desto besser.

„Habt ihr schon einen Plan, was ihr in Washington anschauen wollt?", fragte Jorge.

„Nun ja, wir sind nicht wegen der Sehenswürdigkeiten hier", antwortete Tomás ausweichend.

„Sondern?“

Widerstrebend fasste Tomás sich ein Herz und erzählte ihm in groben Zügen, was seit seinem Trip nach Genf vorgefallen war. Die Geschichte klang derart abwegig, dass Jorge zunächst dachte, Tomás wolle ihm einen Bären aufbinden, doch die Angst in Maria Flors Augen, als Tomás von der Verfolgungsjagd durch Coimbra und in der Gulbenkian-Stiftung berichtete, zerstreute seine Zweifel.

„Hör zu, Jorge, ich brauche deine Hilfe“, sagte Tomás schließlich. „Du bist doch ein Informatik-Genie, nicht wahr?“

Der Mathematiker lachte.

„Nun ja, ich mache immerhin gerade meine Doktorarbeit in Informatik.“

„Könntest du dich unbemerkt in ein gut geschütztes Netz hacken?“

„Ich kenne alle nur möglichen Tricks“, versicherte Jorge nicht ohne Stolz. „Als Jugendlicher habe ich einmal das System der indonesischen Regierung gehackt.“ Er lachte herzhaft. „Erinnerst du dich an die Geschichte?“

„Hatte die Aktion nicht einen politischen Hintergrund?“

„Ja, ich habe ein Virus eingeschleust, das beim Hochfahren des Computers die Aufforderung anzeigte, ‚Befreit Westtimor, ihr alten Verbrecher!‘ Was habe ich mich amüsiert! Ich hätte nur zu gern ihre Gesichter gesehen.“

Als Jorge sich wieder beruhigt hatte, hielt Tomás den Zeitpunkt für gekommen, seine Karten auf den Tisch zu legen.

„Könntest du dich auch in ein gut geschütztes System hier in den USA hacken?“

„Um ein Virus einzuschleusen?“

„Nein. Ich will wissen, ob du in der Lage wärst, in ein Firmennetzwerk einzudringen, dort eine vertrauliche Information zu finden und unbemerkt wieder zu verschwinden. Kannst du das?“

Jorge blickte seinen Freund argwöhnisch an.

„Von welchem Netzwerk sprichst du?“

Tomás verschluckte sich fast, so verrückt schien ihm selbst diese Idee. „Von dem der CIA."

Verdattert schaute Jorge erst Tomás, dann Maria Flor an. Ihre hoffnungsvollen Blicke bestätigten ihm das schier Unglaubliche, nämlich, dass die Frage ernst gemeint war.

„Du musst wahnsinnig sein", sagte er nach einer Weile. „Komplett irre."

Tomás kannte seinen Jugendfreund gut genug, um zu wissen, was er als nächstes sagen musste.

„Ich sehe schon", murmelte er und lehnte sich zurück. „Du kannst es also doch nicht."

„Was soll das heißen?", entgegnete Jorge empört. „Selbstverständlich kann ich das! Ich habe dir doch gesagt, dass ich alle nur möglichen Tricks kenne. Nicht mal Bill Gates kann mir das Wasser reichen."

„Dann hast du also nicht den Mut …"

„Willst du etwa sagen, ich sei ein Feigling?"

„Na ja, nicht gerade ein Feigling, aber dazu braucht es schon …"

„Habe ich!"

Jorge hatte den Köder geschluckt. Von nun an hatte Tomás leichtes Spiel.

„Dann verstehe ich nicht, was du hast. Wenn du dich heimlich und unbemerkt in das Netzwerk der CIA einhacken kannst und keine Angst hast – wo ist das Problem?"

„Es ist … also, es handelt sich ja nicht um irgendein Netz. Die CIA hat garantiert die besten Sicherheitssysteme der Welt, und die Verschlüsselung ist bestimmt äußerst komplex. Außerdem gibt es da Fallen und …"

„Es ist also zu kompliziert."

„Ich habe dir doch schon gesagt, dass ich es kann. Aber vergiss nicht, dass wir es mit der CIA aufnehmen. Wenn sie dahinterkommen, dass jemand versucht, ihr System zu hacken, dann werden sie wissen wollen, wer das ist. Und ich habe keine Lust, dass die Typen bei mir vor der Tür stehen."

„Du bist Mathematiker und machst deine Doktorarbeit in Informatik, und du wolltest deine Fähigkeiten am Netzwerk der CIA testen. Ich kann dir nicht garantieren, dass sie dich nicht belästigen werden, aber du hast zumindest eine gute Ausrede. Du sagst denen dann, dass du dich nur einhacken wolltest, um deine Fähigkeiten zu testen."

Jorge biss sich auf die Unterlippe, während er über Tomás' Vorschlag nachdachte.

„Das klingt ganz passabel", sagte er endlich. „Ein Kapitel meiner Doktorarbeit behandelt tatsächlich die Sicherheit von Firmennetzwerken, und ich bin sicher, dass mein Doktorvater bestätigen würde, dass ein Test des CIA-Systems eine hervorragende, wenn auch kritikwürdige Erfahrung wäre. Aber diese Typen würden so eine Ausrede bestimmt nicht schlucken. Wenn die mich kriegen, lande ich jahrelang hinter Gittern."

„Und wie sollten sie dich fassen?"

„Ganz einfach, indem sie den Computer identifizieren, der in ihr System eingedrungen ist."

„Kannst du diese Spuren nicht verwischen?"

„Schon, aber denk dran: Das ist die CIA. Die haben das notwendige Personal und die technischen Möglichkeiten, jeden x-beliebigen Eindringling zu identifizieren. Nein, das ist zu riskant."

„Kann man den Angriff nicht über einen anderen Computer starten?"

Jorge dachte über diese Idee nach und nickte schließlich.

„Das könnte eine Lösung sein", gab er zu.

Mehr wollte Tomás gar nicht hören. Er stand auf und zeigte Richtung Ausgang.

„Auf geht's. Wir greifen die CIA an."

XLII

Ungeduldig und ohne großen Appetit biss Don Snyder in seine Pizza, die er, wie so oft, am Schreibtisch aß. Die Beine hatte er gerade auf den Tisch gelegt, als ein Warnsymbol auf seinem Bildschirm aufblinkte. Augenblicklich richtete er sich auf, legte die Pizza zurück in die Pappschachtel und starrte auf den Monitor.

„Verdammt, was ist das denn?"

Snyder arbeitete seit fast fünfzehn Jahren als Analyst in der Terrorbekämpfung für die CIA. Er klickte also auf das Icon und kam auf eine passwortgeschützte Seite, loggte sich ein und bestätigte auf zwei weiteren Seiten seine Daten und druckte den Vorgang schließlich aus.

Schnurstracks ging er über den Flur zum Büro seines Vorgesetzten.

„Ich muss mit Mister Fuchs sprechen", sagte er.

Tish schaute kaum von ihrem Computer auf.

„Tut mir Leid, der Direktor ist in einer Besprechung", sagte sie mechanisch. „Kommen Sie später wieder …"

„Ich muss sofort mit ihm sprechen."

„Aber ich habe Ihnen doch gesagt, dass …"

Ohne sich um die Einwände der Sekretärin zu kümmern, öffnete Snyder die Tür zum Büro von Harry Fuchs. Der Direktor saß mit den an der Aufklärung des Attentats beteiligten Agenten am Tisch und schaute den Eindringling ungehalten an.

„Don, was soll das denn? Siehst du nicht, dass ich beschäftigt bin?"

Die Sekretärin war Don Snyder hinterher geeilt und versuchte, ihn wieder zurückzuziehen.

„Bitte entschuldigen Sie, Herr Direktor. Ich habe ihm gesagt, dass Sie in einer Besprechung sind, aber er …"

Snyder schüttelte ihren Arm ab und hielt Fuchs seine Ausdrucke entgegen.

„Ich habe hier etwas, das sehr interessant sein könnte, Sir."

„Neues zum Attentat von Tripolis?"

Snyder schüttelte den Kopf.

„Nein, Sir", sagte er. „Aber ich habe hier eine Information, die uns auf die Spur des *Quantenauges* bringen könnte."

„Bitte lassen Sie die Herren jetzt allein und gehen Sie …", wollte Tish ihn erneut hinausmanövrieren. Doch Fuchs fiel ihr ins Wort.

„Ist schon gut, Tish." Und an den Analysten gewandt fügte er hinzu: „Hast du *Quantenauge* gesagt? Was ist damit?"

Nach einem triumphierenden Blick in Richtung der Sekretärin, die sich beleidigt zurückzog, gab Snyder Fuchs die Ausdrucke.

„Ich habe gerade eine Warnung des Systems erhalten, Sir. Bei einem Routineabgleich der Daten der Grenzbehörden mit unseren aktuellen Suchanfragen gab es eine Übereinstimmung." Er deutete auf eines der Blätter. „Dies hier ist die Einreisemeldung eines Verdächtigen, der, wenn ich es richtig verstanden habe, mit dem Verschwinden des *Quantenauges* zu tun hat. Und hier ist das Deckblatt der Akte des Projekts, die ich aber ohne die nötige Genehmigung nicht aufrufen konnte. Ich dachte mir sofort, dass es sich um eine Angelegenheit von höchster Bedeutung handelt und hoffe, mich nicht getäuscht zu haben."

„In der Tat", sagte Fuchs. „Nur zwei andere Personen und ich haben Zugang zu dieser Akte. Was ist nun damit?"

Snyder wies auf den dritten Ausdruck.

„Dies ist die Liste aller Personen, die heute über den Dulles Airport ins Land gekommen sind. Bitte werfen Sie doch einmal einen Blick auf den Namen in Zeile dreiundzwanzig."

Harry Fuchs runzelte die Stirn und zählte die Zeilen.

„Verdammt und zugenäht!“, schnaubte er und schaute Snyder ungläubig an. „Das ist die aktuelle Liste von heute?“

„Genau, Sir.“

Fuchs richtete sich auf und lachte trocken.

„Wer hätte das gedacht? Dieser Thomas Norona ist in Amerika.“

XLIII

Schnell kehrte Tomás zum Campus der Universität zurück, nachdem er dem Computergeschäft im Zentrum von Georgetown einen Besuch abgestattet hatte. Er machte einen Abstecher ins Appartement des finnischen Studenten, wo Maria Flor sich hingelegt hatte und schlief. Leise ging er wieder hinaus und trug die Kisten zwei Zimmer weiter, wo Jorge wohnte.

„Ich habe zwei Laptops gekauft", sagte Tomás. „Genau, wie du gesagt hast."

Sie packten die Geräte aus, und Jorge begann sofort, sie einzurichten. Nach einer Stunde war es geschafft.

„Es kann losgehen", sagte Jorge und schaute Tomás voller Tatendrang an. „Was ist mit deiner Freundin? Kommt sie nicht rüber?"

„Sie schläft. In Portugal ist es jetzt später Abend, und wir haben zuletzt kaum ein Auge zugetan."

Mit einem bedauernden Achselzucken machte Jorge sich an die Arbeit. Er öffnete eine Webseite und klickte auf einen Link.

„Was hast du vor?", fragte Tomás. „Du gehst ja wohl nicht direkt auf die Seite der CIA?"

„Ich verwische unsere Spur! Dazu gehe ich zuerst über einen Proxy-Server und schicke die Abfrage dann über das Tor-Netzwerk."

„Aha, also eine doppelte Sicherheitsmaßnahme ...?"

„Genau." Jorge zeigte auf den Bildschirm. „Der Proxy speichert keine Verbindungen, wenn er Daten von Webservern holt. Wenn man über ihn ins Netz geht, läuft der gesamte Datenverkehr über den

Proxy-Server und nicht direkt über den eigenen PC. Das Tor-Netzwerk wiederum verschickt die Daten über verschiedene Knoten in aller Welt, bevor sie das System der CIA erreichen. Selbst wenn Teile dieser Daten beschädigt werden, bleibt das System als solches intakt. Falls die Typen von der CIA auf uns aufmerksam werden sollten, finden sie nichts als diesen Haufen von Knotenpunkten."

„Sie können uns also nicht identifizieren?"

„Keine Sorge!"

Die nächste Stunde verbrachte Jorge damit, die Anfragen an den Proxy-Server und das Tor-Netzwerk zu konfigurieren. Tomás, der untätig daneben saß, spürte plötzlich die Folgen des Jetlag und hielt sich mithilfe der ein oder anderen Tasse Kaffee gerade noch so wach.

Endlich sah er, wie Jorge zufrieden auf eine Taste drückte und sich auf seinem Stuhl zurücklehnte.

„Bist du fertig?"

Der Informatiker drehte sich zu ihm um, rieb sich die Hände und schaute dann wieder auf den Bildschirm.

„Es ist soweit. Jetzt können wir anfangen, ein wenig im Netz der CIA zu schnüffeln."

Er ging auf die Seite der CIA und untersuchte zunächst deren Struktur. Dann startete er ein Spezialprogramm, das er zuvor heruntergeladen hatte. Während dies seinen Dienst verrichtete, verschränkte er die Arme vor der Brust.

„Was machst du gerade?", fragte Tomás.

„Ich habe ein CGI-Programm eingeschleust, um das System und seine Schwachstellen zu analysieren."

„Glaubst du, dass das Netz der CIA angreifbar ist?"

Jorge lachte.

„Jedes Netz hat irgendeine Schwachstelle. Die Schwierigkeit besteht darin, sie zu finden und auszunutzen." Er schlug die Beine übereinander. „Vor einiger Zeit haben die Typen im Pentagon in einer Simulation die Sicherheit ihres eigenen Systems getestet und waren ordentlich geschockt, dass der erste halbwegs clevere IT-Spezialist es geschafft hat, das gesamte Militärsystem der USA lahmzulegen. Die Test-Hacker haben sogar die Kontrolle über sämtliche Computer der Pazifikflotte übernommen. Stell dir das nur mal vor!“

„Das ist ja verrückt! Wie ist so etwas möglich?“

„Nun, allein das Betriebssystem Windows besteht aus etlichen Millionen Zeilen Quellcode. Kein Sicherheitsprogramm der Welt kann ein solches Mammutsystem zu hundert Prozent zuverlässig schützen. Jedes Programm, das eine nennenswerte Datenmenge umfasst, ist zwangsläufig angreifbar. Man muss nur …“

Jorge starrte gebannt auf den Bildschirm.

„Was ist los?“, wollte Tomás wissen.

Sein Freund streckte sich.

„Es gibt eine Lücke im PHP“, stellte er fest. „Da gehen wir rein.“

„Im PHP?“

„PHP ist eine Programmiersprache für Webseiten, über die man Programme eingeben und auf dem Server ausführen lassen kann. Schauen wir mal, wie weit wir damit kommen.“

Flink wie ein Pianist bearbeitete Jorge die Tastatur. Dann gab er das Kommando *escape_shell_cmd* ein.

„Was ist das?“, fragte Tomás.

„Das ist ein Befehl, der die Eingabedaten löscht. Der Programmierer hat den Fehler begangen, ein Skript-Programm außerhalb der Webserver-Umgebung zu belassen, ohne es vollständig zu löschen.“ Er deutete auf weitere Seiten, die mittlerweile auf dem Bildschirm erschienen. „Siehst du, was ich gemacht habe? Ich bin in das eMail-Programm der CIA eingedrungen. Nicht schlecht, oder? Jetzt werde ich mich maskieren.“

Er gab zwei Befehle ein und wartete auf die Reaktion des Systems. Umgehend erschienen weitere Daten auf dem Monitor, und Jorge nahm sich den anderen Laptop vor.

„Jetzt habe ich das CIA-Netz mit einem *xterm* manipuliert. Auf diese Weise ist es die CIA, die über das Tor-Netzwerk eine Verbindung zu uns aufbaut, nicht umgekehrt“, kommentierte er sein Vorgehen. „Genial, nicht wahr?“

Wie ein Zauberkünstler, der gleich ein Kaninchen aus dem Hut ziehen würde, deutete er auf den zweiten Laptop, auf dessen Bildschirm eine Folge kryptischer Zeilen erschien.

adm:x:4:4:Admin:/var/adm:/bin/false
orion:x:1002:10:Christopher Adams:/usr/users/orion:/usr/ace/sdschell
monty:x:1004:101:Monty Haymes:/usr/users/monty:/bin/sh

„Das ist eine Datei mit Benutzer-Accounts“, erklärte Jorge weiter. „Jede Zeile enthält den Namen einer Person, die ein eMail-Konto bei der CIA haben kann.“

Tomás' Gesicht hellte sich auf. So würde er dem System die gesuchte Information entlocken können.

„Suche die Zeile, in der Frank Bellamy steht.“

Sein Freund gab den entsprechenden Befehl ein, und kurz darauf erschien folgende Anzeige.

bella_y:x:1139:101:Frank Bellamy:/usr/users/bella_y:/usr/ace/sdshell

„Mist!“

„Was ist los?“

Jorge zeigte auf das letzte Wort der zweiten Zeile.

„Siehst du dieses *sdshell*? Das ist ein zusätzlicher Schutz mittels RSA SecurID. Ein kleines elektronisches Gerät zeigt dabei eine sechsstellige Zahl an, die bei jeder Anforderung wechselt und die der Benutzer zur Identifizierung eingeben muss. Echt lästig, sag ich dir …“

„Kann man das irgendwie austricksen?“

„Nun ja, man muss zum einen die sechsstellige Zahl abfangen und zum anderen das Passwort des Benutzers kennen.“ Er schnitt eine Grimasse.

„Aber ist es möglich?“, fragte Tomás.

Jorge biss sich auf die Unterlippe und wiegte den Kopf.

„Kommt drauf an. Entweder wird das Passwort vom Benutzer frei gewählt, oder vom System vorgegeben. Im ersten Fall ist es oft keine Hexerei, es zu erraten, denn die meisten Leute wählen ein Passwort aus ihrem Umfeld. Vorgegebene Passwörter sind hingegen zufällig gewählt und somit sehr kompliziert zu knacken. Da es sich um die CIA handelt, würde ich mal auf die zweite Möglichkeit tippen."

„Nun ja, Bellamy war ein hohes Tier und nicht mehr der Jüngste. Ich kann mir gut vorstellen, dass er keine Lust hatte, sich irgendwelche komplizierten Passwörter zu merken ..."

„In diesem Fall ist es denkbar, dass sie eine Ausnahme gemacht haben", sagte Jorge und blickte erneut auf den Bildschirm. „Ich werde versuchen, mehr über sein Privatleben herauszufinden, seinen Geburts- und Hochzeitstag und so weiter. Mit etwas Glück finden wir so vielleicht schon das Passwort."

Mit vollem Elan stürzte Jorge sich in die Recherche. Tomás nutzte die längere Pause, um sich auf dem Bett seines Freundes auszustrecken. Bald darauf fielen ihm die Augen zu, und ehe er es sich versah, war er eingeschlafen.

Er träumte von Maria Flor, die in einem Flugzeug durch den Gang vor ihm davonrannte. Dann waren sie auf dem Dach eines New Yorker Wolkenkratzers und balancierten über das Sicherheitsgeländer. Plötzlich stürzte Maria Flor, und Tomás versuchte in Panik, den Sniffer um Hilfe zu rufen ...

„Ein Sniffer!"

Tomás schreckte auf und sah seinen Freund auf den Bildschirm starren.

„W... Was ist los?", fragte er.

In wilder Eile gab Jorge einige Befehle ein, und wenige Sekunden später schaltete er den Laptop aus.

„Was ist denn passiert?", fragte Tomás noch einmal.

„Da war ein Sniffer!“, wiederhole Jorge mit bebender Stimme. „Einer der Netzwerk-Administratoren hat gemerkt, dass jemand sich in ihr System eingehackt hat und wollte herausfinden, wer das war.“ Er seufzte. „Zum Glück habe ich eine entsprechende Software installiert, die ihn erkannt hat, sonst wären wir erledigt gewesen.“ Nach einem kurzen Zögern fügte er hinzu: „Das heißt, ich hoffe, dass ich ihn rechtzeitig entdeckt habe …“

Tomás war inzwischen hellwach.

„Aber selbst wenn sie dich bemerkt haben, finden sie doch nur den Proxy-Server“, sagte er. „Und wenn sie auch den überlisten, landen sie im Tor-Netzwerk, und darüber gelangen sie nur von einem Verbindungsknoten zum nächsten, nicht wahr? Aber gesetzt den Fall, die CIA-Typen finden uns trotzdem, stellen sie fest, dass die Verbindung von ihrem eigenen Netz aufgebaut wurde. Und der Laptop hat nichts mit dir zu tun; schließlich war ich es, der ihn gekauft hat. Du hast also nichts zu befürchten.“

Jorge atmete hörbar ein und aus.

„Dein Wort in Gottes Ohr.“

Dann schaute Tomás auf seine Uhr. Es war 22 Uhr. Er stand auf und klopfte Jorge auf die Schulter.

„Hast du eigentlich irgendetwas herausfinden können?“

„Ja, das Passwort von Bellamy ist sein Geburtsdatum, nur in umgekehrter Reihenfolge. Eine weit verbreitete Dummheit. Viele Leute begehen den Fehler, ihre persönlichen Daten zu …“

„Egal“, unterbrach ihn Tomás, der nur einen Wunsch hatte: zu schlafen. „Hast du irgendetwas, das mir jetzt weiterhelfen kann?“

Jorge zog eine Augenbraue hoch und zuckte mit den Schultern.

„Nicht viel“, gab er zu. „Nur ein paar allgemeine Informationen. Als ich angefangen habe, in seinen eMails zu suchen, ist der Sniffer aufgetaucht, und ich musste die Operation abbrechen.“

„Mist!“, fluchte Tomás. „Die ganze Arbeit war für die Katz!“

Sein Freund schaute betreten drein.

„Tut mir Leid, aber ich hatte keine Zeit, um mehr zu erreichen."

Tomás atmete tief durch und betrachtete einen Zettel, auf dem Jorge einige Notizen hingekritzelt hatte.

„Was ist das?"

„Ein paar Dinge, die ich noch rauskriegen konnte", sagte Jorge und reichte Tomás den Zettel. „Vor allem seine Handynummer, seine Adresse, seine Bankverbindung und sein letzter Kontostand."

„Das ist alles?"

„Ich fürchte, ja. Das ist alles, was ich habe. Was hast du jetzt vor?"

Mit einem Blick auf die Notizen dachte Tomás kurz nach. Dann hellte sich seine Miene auf.

„Seine Wohnung aufsuchen", sagte er mit blitzenden Augen.

XLIV

Ihm war egal, wie oft seine Frau ihm noch sagen würde, dass sein Frühstück eine Schande sei, dass er mehr Obst und Gemüse essen solle, dass er auf seine Cholesterinwerte aufpassen müsse, weniger Fett essen solle und weiß der Kuckuck, was sonst noch – für einen guten Start in den Tag brauchte er einfach eine Tasse Kaffee und einen Muffin. Auch an diesem Morgen in Langley holte sich Don Snyder sein geliebtes ‚Frühstück' wieder am Automaten.

Eine Minute später setzte er sich an seinen Schreibtisch und fuhr den Computer hoch. Dabei biss er genüsslich in den noch warmen Muffin und ließ die Schokoladenstückchen auf seinem Gaumen schmelzen. „Köstlich!", murmelte er und schloss für einen Moment die Augen. Als er sie wieder öffnete, sah er, dass auf seinem Schreibtisch einige Dokumente lagen: ganz oben eine Akte über die jüngsten Vorfälle in Tripolis, darunter ein dünner gelber Umschlag. Er blätterte die Unterlagen über Tripolis durch und stellte fest, dass die Agenten vor Ort nichts als Spekulationen zu bieten hatten. Sie listeten das Waffenarsenal der libyschen Armee auf, das während der Revolution in die Hände islamistischer Extremisten gefallen war und betonten, dass diese Dschihadisten jetzt bewaffnet seien und Gewaltaktionen auch in anderen afrikanischen Ländern oder dem Nahen und Mittleren Osten verüben könnten.

„Mannomann, was machen unsere Jungs eigentlich den ganzen Tag?", brummte er. „Wir brauchen verdammt nochmal konkrete Informationen, keine Vermutungen."

Um sich nicht weiter aufzuregen, nahm er sich den gelben Umschlag vor. Darin waren zwei Ausdrucke, die ein Informatiker ihm in der Nacht hingelegt hatte. Kaum hatte er den Inhalt überflogen, riss er eine Schublade auf und zog ein Blatt Papier heraus, das er am Vortag erhalten hatte. Dann rief er eine Seite des Intranets auf und tippte eine mehrstellige Zahl in die Maske ein.

„Alter Hurensohn!"

Im gleichen Augenblick sprang er von seinem Stuhl auf und stürmte in Richtung des Büros von Harry Fuchs. Dessen Sekretärin warf ihm zwar einen giftigen Blick zu, unternahm aber diesmal keinen Versuch, ihn aufzuhalten. Sie griff zum Telefonhörer und kündigte ihrem Chef den Besucher an. Dann gab sie Snyder ohne ein Wort ein Zeichen, dass er hineingehen könne.

Der Analyst öffnete die Tür zum Büro des CIA-Direktors.

„Darf ich hereinkommen, Sir?"

Mit einer Zigarre im Mund saß Harry Fuchs an seinem Schreibtisch und las die *New York Times*. Auf der Titelseite prangte ein Bild der zerbombten Botschaft in Tripolis.

„Hast du das gesehen, Don? Diese Scheißjournalisten bezeichnen uns als Versager! Hör nur, was sie über uns schreiben: ‚Wie es seit geraumer Zeit üblich zu sein scheint, hat dieses Attentat die CIA völlig überrascht, was durchaus die Frage nach der Kompetenz und Notwendigkeit dieses Dienstes aufwirft, der hinter vorgehaltener Hand ja bereits von einigen Regierungsmitgliedern als Clique von Idioten und Analphabeten – kurz CIA – bespöttelt wird.' Zum Teufel mit der *New York Times* und all den anderen Arschlöchern!"

„Das ist in der Tat bedauerlich, Sir."

Snyder stand noch immer im Türrahmen und wartete ab, bis sein Chef sich wieder beruhigte. Dessen Wutausbrüche waren geradezu legendär.

Als er sich wieder unter Kontrolle hatte, warf Fuchs die Zeitung auf den Tisch und drückte seine Zigarre im Aschenbecher aus. Dann winkte er Snyder näher.

„Setz dich, Don. Hast du Neuigkeiten in Sachen *Quantenauge*?“

„Ich habe durchaus Neuigkeiten, Sir, aber die haben nicht direkt mit dem *Quantenauge* zu tun, fürchte ich.“ Er reichte seinem Chef den gelben Umschlag. „Diesen Bericht habe ich heute morgen erhalten. Gestern Abend hat jemand versucht, in unser System einzudringen.“

Fuchs zog die Augenbrauen zusammen.

„Gab es Probleme?“

„Anscheinend nicht. Als die Firewall Alarm geschlagen hat, schickte der Administrator sofort einen Sniffer los. Der hat den Eindringling vertrieben, der auch keine sonderlich sensiblen Daten aufgerufen hatte.“

„Ah, gut“, sagte der Direktor erleichtert. „Noch mehr Ärger hätte mir auch gerade noch gefehlt.“ Er stutzte. „Aber wenn der Vorfall nicht ernst war, was willst du dann hier?“

„Ich denke, Sie sollten einmal einen Blick in diese Unterlagen werfen, Sir“, sagte Snyder mit einer kurzen Kopfbewegung in Richtung des gelben Umschlags.

Fuchs überflog die Ausdrucke und blickte seinen Assistenten dann fragend an.

„Bitte schauen Sie einmal, Sir, welches eMail-Konto der Hacker angegriffen hat.“

Der CIA-Chef sah genauer hin und traute kaum seinen Augen: Frank Bellamys.

„Das darf ja wohl nicht wahr sein!“, schnaubte er los. „Wer hat sich mit dem Passwort des Alten ins System eingeloggt?“

„Die Jungs aus der IT-Sicherheit haben die ganze Nacht damit verbracht, die Spur des Eindringlings zu verfolgen. Ihr Ergebnis steht auf der zweiten Seite, Sir.“

Genervt nahm Fuchs sich das nächste Blatt vor.

„Ich verstehe kein Wort von diesem Fachchinesisch. Was steht da?“

„Der Hacker hat einen Proxy-Server und ein Tor-Netzwerk verwendet, um seine Spur zu verwischen. Unser Administrator hat alle Knoten dieser Welt abgesucht, aber vergeblich. Der Eindringling hat seine

IP-Adresse maskiert. Sprich, wir konnten seinen Computer nicht identifizieren."

„Das klingt nach einem Profi."

„In der Tat, Sir", bestätigte Snyder. „Ich habe daher überlegt, wer ein Interesse daran haben könnte, sich in unser Netzwerk einzuhacken, um Informationen über Frank Bellamy zu finden. Dann habe ich das Verzeichnis aller Käufe aufgerufen, die gestern hier in Washington abgewickelt wurden und ... raten Sie mal, was ich gefunden habe."

„Keine Ahnung! Sag mir bloß nicht, dass diese Typen vom FBI schon an der Sache dran sind."

Snyder schüttelte den Kopf.

„Ganz und gar nicht, Sir."

„Wer sollte sich dann mit dem Passwort des Alten ...", ließ Fuchs den Satz unvollendet, als es ihm wie Schuppen von den Augen fiel.

„*Thomas Norona*?"

Sein Assistent lächelte.

„Bingo!"

„Wie kannst du sicher sein, dass es Norona war?"

„Sicher bin ich natürlich nicht, Sir, aber es klingt einleuchtend. Gestern Nachmittag gegen 15:30 Uhr hat unser Freund, kaum dass er in Washington gelandet war, mit seiner Kreditkarte Geld abgehoben, und zwar an einem Automaten ganz in der Nähe eines Computergeschäfts in Georgetown. Ich habe also die Kassendaten dieses Ladens überprüft und festgestellt, dass zehn Minuten später zwei Laptops gekauft und bar bezahlt wurden. Das ist eher ungewöhnlich. Weitere fünf Stunden später dringt jemand heimlich in unser System ein und verwendet das Passwort von Bellamy. Und warum? Ganz zufällig sucht dieser Jemand Informationen über den alten Schurken. Glauben Sie wirklich, dass all das ein Zufall ist?"

„Aber wenn er vorhatte, mit den Laptops unser System zu hacken, hätte er nicht mit seiner Kreditkarte Geld abheben dürfen."

„Selbstverständlich nicht“, stimmte Snyder zu. „Aber entweder war unser Vogel unvorsichtig, oder er hatte keine Ahnung, dass wir auch bar gezahlte Käufe überprüfen können. Oder aber es war ihm egal. In jedem Fall aber ist die Sache verdächtig.“

Fuchs nickte und gab Snyder ein Zeichen, ihn allein zu lassen. Dann drehte er seinen Schreibtischsessel zum Fenster und blickte auf den Potomac River. Auf dessen Oberfläche spiegelten sich die Wolken. Die beschauliche Atmosphäre von Washington D.C., insbesondere rund um den Hauptsitz der CIA, tat ihm gut. Und sie verlieh ihm die nötige Gelassenheit, um nachdenken zu können.

Dann drehte er sich wieder zu seinem Schreibtisch um und drückte eine Taste.

„Tish, verbinden Sie mich mit Major Fuentes.“

Er würde seinen besten Mann auf Noronha ansetzen.

XLV

Ohne lange zu zögern, waren Tomás und Maria Flor vom Campus aufgebrochen, um Bellamys Appartement einen Besuch abzustatten. Jetzt saßen sie in einem Coffeeshop am Fenster und beobachteten das Haus, in dem der CIA-Direktor zuletzt gewohnt hatte. Beide hatten nur Augen für den Portier, der an seiner Pforte saß und Zeitung las.

„Wie lange noch?“, fragte Maria Flor.

Tomás schaute auf seine Uhr.

„Sechs Minuten.“

Vor einer guten Stunde hatte der Mann sie daran gehindert, das Wohnhaus ohne Zustimmung oder Einladung eines der Bewohners zu betreten, woraufhin sie sich unter fadenscheinigen Ausreden, sich im Gebäude geirrt zu haben, wieder zurückgezogen hatten. Jetzt konnte Tomás sich ein Lächeln nicht verkneifen, als er an ihre Strategie dachte, mit der sie das Hindernis umgehen wollten. Während Maria Flor vom Anschluss des Coffeeshops aus im Abstand von zehn Minuten zweimal Bellamys Telefonnummer gewählt hatte, um sicherzugehen, dass wirklich niemand zu Hause war, hatte Tomás sich in einer Zeitung die Kleinanzeigen vorgenommen und nach einer …

„Achtung!“, rief Maria Flor aufgeregt. „Sie kommt.“

Vor dem Wohnhaus hielt ein Taxi. Kurz darauf stieg eine blonde Schönheit in feuerrotem Kleid aus, reichte dem Fahrer ein paar Scheine und stöckelte dann auf ihren Pfennigabsätzen Richtung Hauseingang.

„Gehen wir!"

Sekunden später eilten Tomás und Maria Flor über die Straße und postierten sich in der Nähe des Eingangs, wo der Pförtner sie nicht sehen konnte. Als die Blondine an ihnen vorbei ging, hinterließ sie einen verführerischen Geruch und schüttelte ihre üppige Mähne.

Plötzlich fing sie an zu schwanken, bevor sie im Eingang verschwand.

„Hallo, mein Großer", sagte sie mit honigsüßer Stimme zum Pförtner. „Du bist neu hier, nicht wahr?"

„Äh … nein", stammelte der Mann. „Ich arbeite schon seit ein paar Jahren hier. Kann ich Ihnen helfen?"

Die Blonde lachte.

„Oh ja, das kannst du!", rief sie aus. „Aber … bin ich hier überhaupt in meinem Haus? Oder ist das gar nicht Scott Circle?"

„Nein, Ma'am, das hier ist der Dupont Circle. Scott Circle ist einen Block weiter."

„Oh Mist!", schimpfte sie. „Es ist doch immer das Gleiche, wenn ich mal ein bisschen trinke …"

„Ich werde Ihnen ein Taxi rufen."

„Das ist lieb, aber gar nicht nötig", flötete sie. „Du siehst nett aus … sogar richtig süß. Darf ich dir ein Geheimnis verraten?"

„Äh, ja, sicher doch, Ma'am."

„Bei mir hat Champagner immer zwei Nebenwirkungen. Zum einen verliere ich ein wenig die Orientierung, zum anderen …" Sie kicherte. „… bin ich danach jedes Mal ganz erregt." Sie schaute dem Portier tief in die Augen. „Wenn du weißt, was ich meine?"

„Äh …"

„Deshalb will ich jetzt gar nicht sofort nach Hause, verstehst du? Mein Mann schläft doch schon lange und schnarcht wie ein Walross. Aber ich will es jetzt! Und du siehst so … stark aus."

„Aber …"

„Nun komm schon, ich habe Lust auf einen Mann. Jetzt! Gibt es nicht einen Ort, an dem wir …"

„Aber ich kann hier doch nicht einfach weg. In ein paar Stunden ist meine Schicht zu Ende und dann …“

„Jetzt! Ich will dich jetzt sofort! Es dauert doch nicht lange.“

Der Pförtner zögerte.

„Wir könnten … in mein Büro gehen.“

„Na dann los. Du wirst sehen, ich mache dich richtig heiß!“

„Also gut, kommen Sie. Da drin sind wir ungestört.“

Die Stimmen entfernten sich, und Tomás hörte, wie eine Tür ins Schloss fiel. Nachdem er einen Blick in den Eingangsbereich geworfen hatte, drehte er sich zu Maria Flor um, die ganz rot im Gesicht war.

„Die Bahn ist frei“, sagte er. „Gehen wir!“

Sie durchquerten die Halle, nahmen jedoch nicht den Aufzug, sondern gingen zur Treppe. Dabei passierten sie das Büro des Pförtners, der offenkundig auf den Geschmack gekommen war.

„Sag mal, wo hast du diese … Dame eigentlich aufgetrieben?“, fragte Maria Flor.

Tomás musste schmunzeln. Auf diese Frage hatte er schon gewartet.

„In der Zeitung.“

„Wie das?“

„In den Kleinanzeigen. Während du bei Bellamy angerufen hast, habe ich eine Luxusagentur kontaktiert und ihre beste … Mitarbeiterin verlangt. Das hat ein Vermögen gekostet, sag ich dir.“

Maria Flor schaute ihn schräg an.

„Aber die Investition hat sich ja wohl gelohnt, findest du nicht?“, fügte Tomás hinzu.

Seine Freundin antwortete nicht. Sie stieg die Stufen hinauf und murmelte Dinge wie „Was für eine Schande!“, „Männer sind doch alle gleich …“ und „Was finden sie nur an so einer aufgetakelten Tussi?“

Im dritten Stock angekommen, brauchten sie nicht lange nach Bellamys Appartementtür zu suchen.

„Du bist an der Reihe“, sagte Tomás. „Glaubst du, du kannst sie öffnen?“

Maria Flor zögerte.

„Bist du sicher, dass es kein Alarmsystem gibt?“

„Nicht wirklich. Aber erstens ist der Besitzer tot, und zweitens haben wir keine andere Wahl. Das Risiko müssen wir eingehen.“

Sie nickte ergeben und kniete sich hin, um das Schloss zu untersuchen.

„Das wird nicht ganz einfach, aber ich sollte es schaffen.“

Sie zog eine Haarnadel aus ihrer Handtasche, führte sie vorsichtig ins Schloss ein und drehte sie dann hin und her, um die Konstruktion zu verstehen.

„Wo hast du das gelernt?“

„Bei der Polizei“, antwortete Maria Flor, ohne das Schloss aus den Augen zu lassen. „Es kommt gelegentlich vor, dass sich ein Heimbewohner in seinem Zimmer einsperrt, und dann ist es ein Riesenzirkus, ihn dazu zu überreden, die Tür wieder zu öffnen. Inzwischen haben wir zu allen Zimmern einen Zweitschlüssel, aber vor ein paar Jahren war das nicht immer der Fall. Deshalb habe ich der Polizei meine Situation erklärt, und sie hat mir eine Art Crashkurs für Einbrecher gegeben“, sagte sie schmunzelnd.

„Außerordentlich nützlich.“

Maria Flor schwieg und konzentrierte sich voll und ganz auf ihre Aufgabe. Sie legte ihr linkes Ohr an die Schlossöffnung und horchte auf die unterschiedlichen Geräusche. Nach einer Weile wurde Tomás unruhig.

Wenn jemand vorbeikäme, würde er garantiert Alarm schlagen. Aber er wusste auch, dass es sinnlos war, Maria Flor zur Eile anzutreiben. Widerstrebend übte er sich also in Geduld.

Dann hörte er das Geräusch.

„Das war’s.“

Die Tür ging auf.

XLVI

Nachdenklich unterbrach Peter den Bericht für den nächsten Tag, an dem er gerade tippte, und schenkte sich eine Tasse Kaffee ein. In dem Moment tauchte ein Warnsignal auf seinem Bildschirm auf. Erstaunt klickte er auf das Symbol und fixierte mit seinen blauen Augen die Nachricht, die keinen Zweifel an der Ernsthaftigkeit der Lage ließ:

Sicherheitswarnung
Haupteingang

„Scheiße!"

Jemand hatte die Wohnungstür aufgebrochen und drang gerade ins Appartement ein. Ohne zu zögern zog Peter den Stecker seines Computers, packte seine auf dem Schreibtisch verstreuten Notizen und stürzte in seinen ‚Bunker', den Hochsicherheitsraum, der vor einiger Zeit neben der Küche eingerichtet worden war. Er drückte einen Knopf, und die Metalltür schloss sich hinter ihm.

Mit wild klopfendem Herzen lehnte er sich gegen die Wand und schloss die Augen. Dann ließ er sich langsam zu Boden gleiten und atmete tief durch.

„Uff, das war knapp."

Er war in Sicherheit.

Das war bereits der zweite ungebetene Besuch innerhalb von zwei Tagen. Beim ersten Mal war er nicht zu Hause gewesen; der Chef hatte ihn wegen dieses leidigen Berichts im Büro aufgehalten. Als er zurück kam, hatte er bald bemerkt, dass jemand in seiner Abwesenheit dort gewesen war. Seither fürchtete er ständig, dass sich der Vorfall wiederholen könnte, denn die Macht und die Interessen einiger einflussreicher Leute standen auf dem Spiel.

Er hatte aufgehört, ans Telefon zu gehen, da er wusste, dass die meisten Einbrecher zunächst per Telefon prüften, ob jemand zu Hause war. Er war fest entschlossen, sie in flagranti zu erwischen. Gleich wäre es soweit.

Überall im Appartement hatte er Videokameras installiert: hinter Spiegeln, in Blumenvasen, an Feuerlöschern. Als sich sein Puls wieder beruhigt hatte, schaute er auf den Überwachungsbildschirm in seiner Kammer, auf dem neun Kamerafenster zu sehen waren.

Auf einem der Bilder sah er die beiden Eindringlinge, einer davon war eine Frau. Er nahm die Fernbedienung und zoomte näher, erkannte sie aber nicht.

„Jetzt schicken sie also schon eine Mieze los“, murmelte er.

Er sah, wie der Mann eine Taschenlampe einschaltete und die beiden wie in Zeitlupe durch den Flur schlichen. Peter überlegte, was er tun sollte. Er könnte die Polizei rufen, aber wenn die Einbrecher die waren, für die er sie hielt, würde das nichts nützen. Das Beste wäre wohl, bei seinem ursprünglichen Plan zu bleiben. Er würde sie also erst einmal beobachten und alles aufzeichnen. Dazu startete er die Aufnahme seiner Videokamera und stellte sicher, dass der Ton eingeschaltet war. So konnte er auch in seiner Kammer mithören, was die Eindringlinge sagten.

XLVII

Unmittelbar gefolgt von Maria Flor bewegte sich Tomás durch das Appartement. Nirgendwo brannte Licht, und es schien, als seien sie allein, aber seine Nerven waren zum Zerreißen gespannt. Immerhin konnte jederzeit jemand hereinkommen.

„Offenbar ist die Luft rein“, flüsterte Maria Flor. „Was machen wir jetzt?“

„Lass uns im Büro anfangen“, schlug Tomás vor. „Da werden wir am ehesten etwas Brauchbares finden.“

Kurz darauf hatten sie die gesuchte Tür gefunden.

„Meinst du, wir können das Licht einschalten?“, fragte Maria Flor.

„Ja, mach nur. Aber zieh vorher besser die Vorhänge zu. Sicher ist sicher.“

Die Wände waren mit Eichenholz vertäfelt und mit einigen gerahmten Fotografien geschmückt. Vor dem Fenster stand ein überdimensionaler Schreibtisch aus massivem Mahagoniholz.

Neugierig betrachtete Tomás die Fotos. Auf einem von ihnen, einem Schwarz-Weiß-Bild, saß ein junger Mann, der große Ähnlichkeit mit dem Verstorbenen hatte, in einem Labor. Klein unter der Aufnahme stand „Los Alamos, 1944“; sie zeigte also den Vater des späteren Direktors für Wissenschaft und Technologie zu der Zeit, als er am Manhattan-Projekt mitgearbeitet hatte. Das bestätigte auch das nächste Foto, auf dem der junge Bellamy senior mit Robert Oppenheimer am *Ground Zero* von Alamogordo in New Mexico zu sehen war, dort, wo im Rahmen des Trinity-Tests die erste Atombombe gezündet worden war.

„Ist das Bellamy?“, fragte Maria Flor. „Man könnte meinen, es sei der junge Clint Eastwood.“

Dann gingen sie weiter. Auf dem nächsten Bild stand Bellamys Vater zusammen mit Werner Heisenberg und Erwin Schrödinger vor einer Tafel voller mathematischer Gleichungen.

Die nächsten Bilder waren Farbaufnahmen und zeigten Bellamy junior auf einem Schießübungsplatz der CIA; auf einem anderen hielt er eine strahlende Blondine im Brautkleid vor einer Kirche im Arm.

„Die Braut ist sehr hübsch“, bemerkte Maria Flor. „Weißt du, ob sie noch lebt?“

„Ich habe keine Ahnung“, sagte Tomás. „Aber so spartanisch, wie die Wohnung eingerichtet ist, nehme ich an, dass sie zumindest nicht hier wohnt.“

Es folgten weitere Momentaufnahmen aus dem Leben des verstorbenen CIA-Direktors: in seinem Büro in Langley und gemeinsam mit Richard Feynman und John Bell beim Dinner, mit einem Glas Champagner in der Hand. Die beiden letzten Fotos waren deutlich jüngeren Datums: Präsident Bill Clinton überreichte Frank Bellamy vor dem Weißen Haus eine Ehrennadel, und Barack Obama und Hillary Clinton saßen mit Bellamy und anderen hochrangigen Persönlichkeiten im *Situation Room*. Auf allen Bildern sah er ähnlich aus: schlank, adrett und ohne eine Miene zu verziehen.

„Der Typ war wirklich ein hohes Tier.“ Maria Flor war beeindruckt.

„Stimmt“, sagte Tomás. „Während der letzten Jahrzehnte hat er die Direktion für Wissenschaft und Forschung bei der CIA geleitet. Einen so wichtigen Posten so lange zu behalten, will schon etwas heißen.“ Seufzend fügte er hinzu: „Bellamy war eine lebende Legende, und ich werde verdächtigt, den Mann umgebracht zu haben. Wenn die CIA das wirklich glaubt, wird sie sich nicht damit zufrieden geben, mich zu verhaften.“

Dieser Gedanke verlieh ihnen neue Energie, und sie widmeten sich dem Mahagoni-Schreibtisch. Neben diesem hing eine gerahmte Belobigung mit der Unterschrift Bill Clintons. Auf dem Tisch standen drei Bücher: ein Werk von Claude Shannon über die Informationstheorie sowie zwei weitere Titel von Seth Lloyd und Freeman Dyson über Quantencomputer und die Quantenfeldtheorie.

„Er war ja ganz von der Physik besessen“, sagte Maria Flor ein wenig enttäuscht. „Bestimmt hatte er nichts als Formeln und Gleichungen im Kopf. Wie langweilig!“

„Nun, Bellamy war in erster Linie ein Physiker. Diese Bücher sind der Beweis dafür, dass er sich ernsthaft für die Materie interessierte.“

Dann erregten zwei Mappen am anderen Ende des Schreibtischs Tomás’ Aufmerksamkeit. Auf der einen stand der Titel *Mind Wave*; darunter in rot der Vermerk *top secret*. Es handelte sich um eine Studie zu den Quanteneffekten im Gehirn.

Maria Flor interessierte sich eher für die zweite Mappe. Hinter der transparenten Umschlagfolie steckte ein medizinischer Bericht einer Klinik in Boston.

„Oh“, sagte sie. „Der arme Kerl hatte nur noch zwei Monate zu leben.“

„Wer?“

„Ein Mann namens Daniel Dare. Er hatte offenbar Bauchspeicheldrüsenkrebs.“

„Zeig mal.“

Sie reichte Tomás die Unterlagen. Die Krankenakte von Daniel Dare enthielt mehrere Aufnahmen von Tumorscans. Bei der gegebenen Diagnose schätzten die Ärzte seine Lebenserwartung auf höchstens ein halbes Jahr. Der Bericht war jedoch schon vier Monate alt, so dass Maria Flor recht hatte: Der Patient hatte voraussichtlich nur noch zwei Monate zu leben.

„Wer ist das?“, fragte sie. „Ein Verwandter?“

Tomás zuckte mit den Schultern und legte die Mappe wieder auf den Tisch. Dann öffnete er die Schubladen, eine nach der anderen. In der obersten fand er ein paar Briefe und mehrere Postkarten. Auf einer von ihnen stachen ihm die Worte *With love* ins Auge, unterschrieben von einer gewissen Helen.

„Wie romantisch", kommentierte Maria Flor. „Das muss seine Frau gewesen sein."

„Oder seine Geliebte."

Maria Flor warf ihm einen schrägen Blick zu, verkniff sich aber einen Kommentar. Tomás zog die zweite Schublade auf, in der Berge von Notizzetteln und Heften voller für ihn unverständlicher mathematischer Gleichungen lagen. In der dritten Schublade befand sich ein Hefter mit Kopien von Rechnungen, Steuererklärungen, Verträgen und Besitzurkunden. Abgesehen von seiner Wohnung in Washington gehörten Bellamy ein Grundstück in Savannah im Bundesstaat Georgia und eine Zweitwohnung in der Nähe von Clearwater in Florida. Eine kleine Geldkassette enthielt 2.200 Dollar in gemischten Scheinen.

„Das war's", sagte Tomás und wandte sich um. „Ich fürchte, mehr gibt der Schreibtisch nicht her."

„Und jetzt?"

„Probieren wir es mal dort", antwortete er und ging in Richtung einer kleinen Bibliothek.

Auf dem ersten Regal standen mehrere Werke bekannter Science-Fiction-Autoren wie Robert A. Heinlein, Arthur C. Clarke, Isaac Asimov, Ray Bradbury und Philip K. Dick.

„Science Fiction ist nichts für mich", bemerkte Maria Flor. „Ich lese lieber Krimis. Als ich jung war, habe ich die Bücher von Agatha Christie, Erle Stanley Gardner und Edgar Wallace geradezu verschlungen."

Sie seufzte bei der Erinnerung.

„Ich habe als Jugendlicher eher Abenteuerromane gelesen." Dann stutzte er. „Aber das hier kenne ich, *Rendezvous mit Rama* von Arthur C. Clarke. Ein Meisterwerk."

Auf dem untersten Regalbrett waren einige Science-Fiction-Zeitschriften sorgfältig gestapelt, aber auch Comic-Hefte wie *Flash Gordon, Peanuts* und *Weird Science*, in denen er blätterte.

Im zweiten Regal standen ausschließlich Physikbücher, die Frank Bellamy alphabetisch sortiert hatte, darunter alle wichtigen Werke von John Bell, Louis de Broglie, Werner Heisenberg, Max Planck, Erwin Schrödinger, John von Neumann, Richard Feynman und John Wheeler. Den größten Raum nahmen jedoch die Arbeiten von Albert Einstein und Niels Bohr ein.

„Schau mal, ein Foto von Einstein", sagte Maria Flor und zeigte begeistert auf ein Schwarz-Weiß-Bild. „Er ist einfach faszinierend und sieht sympathisch aus, findest du nicht?"

„Stimmt", lachte Tomás. „Mit seinem Zottelkopf …"

Sie deutete auf den Mann neben Einstein.

„Wer ist das?"

„Niels Bohr, ein dänischer Physiker. Dieses Foto wurde während einer Solvay-Konferenz in Brüssel aufgenommen, wo die beiden sich duelliert haben."

„Sie haben sich duelliert?"

„Ja, verbal. Einstein und Bohr haben eine sehr intensive Debatte zu Fragen der Realität geführt und letztlich über die wahre Bedeutung der Wellenfunktion. Gibt es außerhalb von uns eine Realität, oder erschaffen wir sie nur durch unsere Beobachtung? Ist die Realität deterministisch oder probabilistisch, also festgelegt oder von Wahrscheinlichkeiten bestimmt? Diese und ähnliche Fragen zur Quantenmechanik haben die beiden während der Konferenz sehr lebhaft diskutiert."

„Ich nehme an, Einstein hat gewonnen?"

„Ehrlich gesagt, bin ich mir nicht sicher. Jedenfalls war nach Brüssel die Wissenschaft nicht mehr die gleiche wie vorher."

„Wieso?"

„Bei dieser Konferenz kam die Idee auf, dass alle Dinge in Wirklichkeit eins sind."

„Dass sie eins sind? Was heißt das?“

Tomás nahm das Foto der beiden Physiker in die Hand. Beide trugen einen Hut, Einstein lächelte unter seinem Schnauzer in die Kamera, während Bohr, mit dem Mantel über dem linken Arm, in die Konversation vertieft wirkte. Dieses Foto hatte Paul Ehrenfest zwar erst 1930 anlässlich der sechsten Solvay-Konferenz aufgenommen, doch es diente häufig als Sinnbild für das große Duell der beiden Genies drei Jahre zuvor.

Tomás ging einen Schritt zurück, um die Aufnahme besser anschauen zu können. Er hatte sich seit dem Tod seines Vaters intensiv mit Albert Einstein und dessen Arbeit beschäftigt, und da gehörte die Bohr-Einstein-Debatte selbstverständlich dazu. Er betrachtete das Bild mit einer Mischung aus Bewunderung und Melancholie, so, als könne er durch die Raumzeit zu jenen Tagen des Jahres 1927 reisen, als die fünfte Solvay-Konferenz stattfand, in deren Verlauf die berühmte Debatte zwischen den beiden Physikern ihren Anfang nahm. Siebzehn der neunundzwanzig Anwesenden waren bereits Nobelpreisträger oder erhielten ihn im Laufe der nächsten Jahre. Ausnahmslos alle Größen der Zunft waren da: Max Planck, Albert Einstein, Marie Curie, Louis de Broglie, Erwin Schrödinger, Werner Heisenberg, Max Born, Paul Dirac, Wolfgang Pauli … die gesamte Physikelite des zwanzigsten Jahrhunderts.

Mit in die Ferne gerichtetem Blick fasste Tomás in einem Satz zusammen, was spätere Forschungen immer mehr bestätigten.

„Das Universum ist eins.“

XLVIII

Neugierig fixierte Peter den Überwachungsbildschirm in seinem Bunker.

„Wer sind die beiden bloß", fragte er sich.

Seine Angst war inzwischen der Verwunderung gewichen. Anfangs hatte er geglaubt, sie sprächen Russisch und gedacht, sie kämen womöglich vom Nachfolgedienst des KGB. Doch dann erkannte er allmählich, dass es sich nicht um eine slawische Sprache handelte. Und er erinnerte sich, dass er bei einer Reise nach Rio de Janeiro vor einigen Jahren ähnliche Stimmen gehört hatte. Die beiden Eindringlinge sprachen Portugiesisch.

„Das ist doch völlig abwegig", murmelte er. „Was machen denn Brasilianer hier?"

Die Dinge entwickelten sich ganz anders, als er erwartet hatte. Nach einer kurzen Überlegung traf Peter eine Entscheidung. Er musste wissen, was da draußen vor sich ging.

Sein erster Reflex war, die Polizei anzurufen. Aber kaum hatte er die ersten beiden Ziffern gewählt, legte er den Hörer wieder auf. Er würde sich selbst der Sache annehmen. Auch wenn es nicht sein Beruf war, hatte seine Ausbildung ihn doch auf ähnliche Situationen vorbereitet, und mit diesen zwei südamerikanischen Einbrechern würde er schon fertig werden.

Er stand auf und öffnete die Tür seines Waffenschranks. Darin lagen zwei Maschinengewehre sowie ein paar Revolver unterschiedlicher Kaliber. Er wählte eine Smith & Wesson M&P40, lud sie und steckte sie in sein Holster, das er sich um die Hüften schnürte. Dann hängte er zwei Paar Handschellen an seinen Gürtel, griff sich ein Automatikgewehr M16, steckte ein Magazin ein und entsicherte es.

Bewaffnet bis an die Zähne drückte er den grünen Knopf, der in die Wand eingelassen war. Mit einem leisen Summen öffnete sich die Metalltür, und Peter trat hinaus.

„Jetzt bin ich am Drücker!“

XLIX

„Das Universum ist eins“, wunderte sich Maria Flor. „Was willst du damit sagen?“

Tomás stellte das Foto von Einstein und Bohr zurück an seinen Platz und machte eine vage, ausladende Armbewegung.

„Dass die Verschiedenartigkeit der Dinge, die wir um uns herum wahrnehmen, nur eine Illusion ist“, antwortete er. „Auch wenn sie durch Raum und Zeit voneinander getrennt zu sein scheinen, sind die Teilchen doch miteinander verbunden. Auch wenn sie uns unterschiedlich zu sein scheinen, sind alle Dinge ein und dasselbe. Die fünfte Solvay-Konferenz war der Auslöser für diese großartige wissenschaftliche Entdeckung, die aber auch heute noch kaum jemand kennt.“

„Und das hilft uns, Bellamys rätselhafte Notiz zu verstehen?“, fragte Maria Flor.

„Ich denke, ja.“

„Dann sag schon, was sich bei dieser Konferenz so Wichtiges ereignet hat!“

Tomás nahm eines der Bücher aus dem Regal: *Die Ableitung der Strahlungsgesetze* von Max Planck.

„Wie ich schon in Lissabon gesagt habe, ist die Quantentheorie aus der erstaunlichen Erklärung hervorgegangen, die Max Planck im Jahr 1900 für die von Schwarzen Körpern ausgesandte Strahlung gegeben hat. Aus dem, was er später als ‚Akt der Verzweiflung‘ bezeichnete, um das Unerklärliche zu erklären, entstand Plancks Idee, dass die Lichtquellen die Energie in Paketen, sogenannten Quanten, abgaben. Zwar ließen sich auf diese Weise erstmals die Eigenschaften der Strahlung erklären, aber die Idee war so ungewöhnlich, dass niemand sie ernst nahm.“ Er deutete auf ein weiteres Werk, diesmal von Albert Einstein. „Niemand, mit Ausnahme dieses Mannes. Als Einstein 1905 den photoelektrischen Effekt untersuchte, nahm er Plancks Idee wieder auf, ging dabei jedoch weiter und behauptete, auch das Licht sei nicht kontinuierlich, sondern bestehe aus Teilchenpaketen, also den besagten Quanten.“

„Das hast du vorgestern schon in der Stiftung erzählt.“

„Stimmt, aber diese beiden Erkenntnisse sind einfach wichtig, um das zu verstehen, was danach passierte“, sagte Tomás. „Indem sie von Energiepaketen oder Quanten sprachen, haben Planck und Einstein unbewusst die Quantentheorie begründet. Das ist umso ironischer, als beide Männer in dem Glauben gestorben sind, die Realität sei anders als von der Quantentheorie beschrieben.“

Maria Flor legte den Kopf schief.

„Was willst du damit sagen? Dass sie selbst nicht an das glaubten, was sie entdeckt hatten?“

Tomás nickte in Richtung des Fotos von Bohr und Einstein.

„Erst 1927, im Rahmen der fünften Solvay-Konferenz, ist die wahre Bedeutung ihrer Entdeckungen deutlich geworden. Einstein und Planck waren klassische Wissenschaftler, sprich, sie waren davon überzeugt, dass es eine von uns getrennte Realität gibt, dass die Welt unabhängig von unserer Anwesenheit existiert und dass alles aus einem bestimmten Grund und zu einem bestimmten Zweck passiert, als sei das Universum eine Art riesiges Uhrwerk, in dem jedes Ereignis eine Ursache und das Prinzip von Ursache und Wirkung allgemeine Gültigkeit hat. In gewisser Weise ahnten sie zwar, dass die Quantenhypothese nicht zur klassischen Sicht der Dinge passte, aber die Reichweite der Folgen konnten sie nicht absehen. Es war eine regelrechte Revolution.“

„Und wann hat diese Revolution stattgefunden?“

„Nun, sie begann ganz allmählich. Nachdem Planck und Einstein den Prozess ins Rollen gebracht hatten, trat dieser Herr hier auf den Plan: Niels Bohr. 1912 ging er nach Manchester und arbeitete dort unter Ernest Rutherford, der im Jahr zuvor das nach ihm benannte Atommodell aufgestellt hatte, dem zufolge Protonen und Elektronen ähnlich wie unser Sonnensystem angeordnet sind. Es gab jedoch ein Problem, für das Rutherford keine Erklärung fand: Bisher nahm man an, dass die Elektronen willkürlich um den Kern kreisten; eine kreisende Ladung erzeugt jedoch elektromagnetische Wellen, mit denen Energie abgestrahlt wird, so dass jedes kreisende Elektron Energie verlieren und auf einer Spiralbahn in den Kern stürzen müsste, was sie aber in der Realität nicht tun. Um dieses Rätsel zu lösen, stellte Bohr drei kühne Behauptungen auf, mit denen er die klassischen Gleichungen von Newton und Maxwell teilweise außer Kraft setzte. Das war zur damaligen Zeit eine Ungeheuerlichkeit. Ausgehend von der Quantentheorie nahm er an, dass die Elektronen sich nur auf einer begrenzten Anzahl fester Kreisbahnen bewegten, auf der sie keine elektromagnetischen Wellen erzeugten. Energie geben die Elektronen nur ab, wenn sie mit einem sogenannten Quantensprung auf eine Kreisbahn niedrigeren Energieniveaus wechselten. Dabei gebe es ein Mindestniveau, das die Elektronen nicht unterschreiten könnten, so dass sie nicht mit dem Kern kollidierten. Bohr stellte Berechnungen und Vorhersagen auf, die von späteren Experimenten vollständig bestätigt wurden.“

„Das erklärte also, warum es stabile Atome gibt?“

„Ganz genau. Allerdings hat Bohr mit seiner Erklärung auch viele neue Fragen aufgeworfen. Wie war es möglich, dass die Elektronen von einer Kreisbahn auf eine andere beziehungsweise von einem Energiezustand in einen anderen wechseln konnten, ohne die dazwischen liegenden Bahnen oder Zustände zu durchlaufen? Was war das für eine abstruse Idee?“

Maria Flor kicherte.

„Das kann ich gut verstehen", sagte sie. „Die Vorstellung ist ja auch heute noch seltsam."

Tomás zog zwei weitere Bände aus dem Regal: *Quantentheorie und Philosophie: Vorlesungen und Aufsätze*, von Werner Heisenberg und *Geist und Materie* von Erwin Schrödinger.

„Die Bohr'sche Entdeckung löste heftige Diskussionen aus. Da sie völlig von der bisherigen Denkweise abwich, wurde eine neue Theorie nötig, um die experimentellen Beobachtungen zu erklären. Dieser Herausforderung stellte sich 1925 ein ehemaliger Student von Bohr, Werner Heisenberg. Statt auf die nicht sichtbaren Elektronenbahnen konzentrierte sich Heisenberg auf die Frequenzen und Übergangswahrscheinlichkeiten bei den Quantensprüngen. Während eines Kuraufenthalts auf Helgoland entwarf er innerhalb weniger Tage ein entsprechendes Schema, das ausschließlich auf solch beobachtbaren Eigenschaften beruhte. Mit der Hilfe von Max Born und Pascual Jordan formulierte Heisenberg schließlich die Quantenmechanik, die auch für bislang unerklärliche Phänomene eine zufriedenstellende Antwort lieferte. Das war der Beginn der zweiten Quantenrevolution."

„Und welche Rolle spielte Schrödinger dabei?", fragte Maria Flor.

„Zu Schrödinger kommen wir gleich. 1924 vermutete Louis de Broglie in seiner Doktorarbeit, dass der Welle-Teilchen-Dualismus des Lichts auch auf die Materie anzuwenden sei. Diese Idee überzeugte erst Einstein und dann Schrödinger, der glaubte, die Idee von einer Welle erkläre auch die merkwürdige Vorstellung Bohrs von den Quantensprüngen, da eine Welle ja fließend und gleichmäßig ist. Als Schrödinger einen Vortrag darüber hielt, bemerkte der Niederländer Pieter Debye, dass sich die von de Broglie vermuteten Wellen doch normalerweise mit einer Wellengleichung erklären lassen sollten. Das nahm Schrödinger zum Anlass, eine Gleichung für die Quantenwellen aufzustellen, was ihm Ende 1925 auch gelang. 1926 stellte er seine berühmte Gleichung dann öffentlich vor."

„Das ist also wieder das *Psi*, von dem du in Lissabon erzählt hast?“

„Genau“, bestätigte Tomás. „*Psi* ist das Symbol für die Wellenfunktion. Allerdings hat Schrödinger wenig später festgestellt, dass seine Gleichung dieselbe Realität beschrieb wie die Matrix von Heisenberg. Das war ein Schock für ihn.“

„Die Schrödingergleichung und die Quantenmechanik sind also identisch.“

„Nein, sie sind unterschiedlich. Sie beschreiben vielmehr scheinbar widersprüchliche Aspekte desselben Phänomens. Die Heisenberg’sche Quantenmechanik verwendet dazu eine Matrixdarstellung und bezieht sich auf Teilchen; sie handelt von Quantensprüngen und widerspricht dem Gesetz von Ursache und Wirkung, während die Schrödingergleichung eine Welle beschreibt und von stetigen, fließenden und kausal gebundenen Eigenschaften ausgeht. Die beiden Ansätze scheinen verschieden zu sein, sowohl äußerlich als auch inhaltlich. Und doch liefern sie beide korrekte Antworten, wenn man sie auf identische Fragen anwendet. Technisch gesehen sind sie also gleichwertig, stellen aber die Realität unterschiedlich dar.“

„Das ist wirklich seltsam“, sagte Maria Flor. „Wie können sie beide korrekt sein, wenn sie so unterschiedlich sind?“

„Denk an den Welle-Teilchen-Dualismus des Lichts.“

„Es hängt mit dem Doppelspaltexperiment zusammen?“

„Das Doppelspaltexperiment umfasst alle Mysterien der Quantenwelt“, bestätigte Tomás. „In Wahrheit hat Schrödinger gemerkt, dass seine Wellengleichung einige Fragen aufwarf. Wo genau befand sich diese Welle? Wie wir wissen, hält sich eine Welle nicht an einem einzigen Ort auf. Sie ist vielmehr eine Art Störung, die Energie transportiert. Die Wellen des Meeres bestehen aus Wassermolekülen, Schallwellen aus Luftmolekülen. Aber woraus bestehen die Licht- und Materiewellen? Schrödinger vermutete, dass beispielsweise die Wellenfunktion eines Elektrons die räumliche Verteilung einer elektrischen Ladung beschreibt, also eine Art Wolke, die durch den Raum schwebt. Laut

Schrödinger war der Welle-Teilchen-Dualismus nur eine Illusion. Ihm zufolge gab es nur die Welle. Allerdings hat man herausgefunden, dass diese Darstellung gegen die Relativitätstheorie verstieß, der zufolge sich Einflüsse maximal mit Lichtgeschwindigkeit auswirken können. Außerdem erklärt sie weder die Strahlungsgesetze von Planck noch den photoelektrischen oder den Compton-Effekt, die allesamt nur mit der Teilchennatur zu erklären sind. Sprich, diese Hypothese konnte nicht stimmen."

„Und was ist nun die richtige Erklärung? Woraus besteht diese Quantenwelle tatsächlich?"

„Das ist, wie schon gesagt, ein großes Rätsel. Wenn die Wellenfunktion keine realen Wellen im dreidimensionalen Raum beschreibt, was beschreibt sie dann? Darauf haben wir noch keine Antwort gefunden. Ausgehend von Einsteins Idee des ‚Gespensterfelds' hat Max Born den Begriff ‚Gespensterwellen' geprägt und damit eine weithin akzeptierte Antwort geliefert. Demzufolge behandelt die Schrödingergleichung keine realen Wellen, sondern Wahrscheinlichkeiten. Man könnte sie daher vielleicht besser eine Wahrscheinlichkeitsfunktion nennen, denn die Gleichung liefert letztlich nichts anderes als die Wahrscheinlichkeit, mit der sich an einem bestimmten Punkt Materie bildet. Das Problem dieser Erklärung besteht natürlich darin, dass sie die reale Existenz der Welle und die deterministischen Zusammenhänge zwischen Ursache und Wirkung in Frage stellt. Als wäre das noch nicht genug, behauptete Niels Bohr kurz darauf, dass ein Elektron schlicht und einfach nicht existiere, wenn es nicht beobachtet werde. Zwischen zwei Messungen am Doppelspalt gebe es somit kein Elektron, sondern lediglich die von der Wellenfunktion ausgedrückte Wahrscheinlichkeit. Folglich würde die Schrödingergleichung nicht bloß keine Antwort auf die ominösen Quantensprünge liefern, wie ihr Erfinder annahm, sondern auch noch eine Welle beschreiben, die es gar nicht wirklich gebe!"

Maria Flor lachte.

„Was Schrödinger nicht gerade gefallen haben dürfte…"

„Das kannst du laut sagen! Diese Schlussfolgerungen schlugen ein wie eine Bombe. Sie standen in krassem Widerspruch zur klassischen Physik Newtons und zum allgemeinen Menschenverstand. Es ging jedoch noch weiter, denn ein paar Monate später, 1927, formulierte Heisenberg seine Unschärferelation, der zufolge es unmöglich ist, gleichzeitig und eindeutig den Aufenthaltsort und den Impuls eines Elektrons im Atomkern zu bestimmen. Wenn man den Impuls berechnet, wird der Ort unbestimmbar, und umgekehrt. Es ist unmöglich, die Kreisbahn eines Teilchens in der Vergangenheit und Zukunft zu ermitteln, denn, wie Heisenberg selbst es ausdrückte, ‚die Bahn entsteht erst dadurch, dass wir sie beobachten'."

„Das kann ich mir nicht vorstellen. Er wollte doch sicher sagen, dass man die vergangene Bahn nicht kennt, weil das Teilchen …"

„Nein, Flor. Es heißt mehr als das. Die Bahn existiert nicht, Punkt. Was Heisenberg gesagt hat, ist, dass die Bahn des Elektrons erst durch die Beobachtung real zu existieren beginnt."

Maria Flor öffnete den Mund.

„Das soll noch einer verstehen …"

„Im selben Jahr stellte Bohr das Komplementaritätsprinzip auf, demzufolge ein Elektron, Photon oder jedes beliebige andere Quantenobjekt sich je nach Versuchsanordnung wie ein Teilchen oder eine Welle verhält aber niemals wie beides gleichzeitig. Anders ausgedrückt, entsteht die Realität entsprechend der jeweiligen Art der Beobachtung. ‚Es gibt keine Quantenwelt', sagte Bohr selbst. ‚Es gibt nur eine abstrakte quantenphysikalische Beschreibung.' Das habe ich dir ja bereits in Lissabon erläutert. Wie du dir vorstellen kannst, war diese Behauptung ein Schock für all jene Wissenschaftler, die an eine Wirklichkeit unabhängig von der Beobachtung und an das Gesetz von Ursache und Wirkung glaubten. Die Schrödingergleichung, die Heisenbergsche Unschärferelation, Bohrs Komplementaritätsprinzip und die Quantensprünge in seinem Atommodell haben nicht wenigen Physikern schwere Kopfschmerzen bereitet."

Maria Flor deutete auf das Foto von Einstein und Bohr.

„Und damit begann also das Duell …?“

„Ganz genau. Die besten Physiker der Welt versammelten sich im Oktober 1927 zur fünften Solvay-Konferenz, um über diese verwirrenden Entdeckungen und ihre weltanschaulichen Konsequenzen zu diskutieren. Was bedeutete diese Geschichte von Elektronen, die schlagartig und ohne Zwischenstadium von einer Kreisbahn in eine andere sprangen? Was sollte dieses Gerede von einer Unschärferelation, man könne Ort und Impuls eines Quantenteilchens nicht gleichzeitig exakt bestimmen, weil beides nicht gleichzeitig existiere? Und was wollte dieser Schrödinger mit seiner Gleichung, der behauptete, ein Elektron oder Atom könne an unendlich vielen Orten gleichzeitig sein, und es würde sich nur anhand von Wahrscheinlichkeiten an einem bestimmten Ort zeigen, nicht aber aus deterministischer Notwendigkeit? Und dann war da noch diese Gespensterwelle, von der Bohr sprach. Schrödinger war über die unerwarteten Auswirkungen seiner Gleichung bestürzt und bedauerte schon, sie überhaupt aufgestellt zu haben. Planck und de Broglie schüttelten ungläubig den Kopf, während Einstein … verblüfft war. Anfangs hatte er die Vorstellung einer Welle befürwortet und selbst vermutet, sie könne in Form eines Gespensterfelds existieren, aber er bezweifelte die Idee, die Natur sei probabilistisch und weigerte sich zu glauben, dass es keine objektive Realität gebe. Er warf Bohr und dessen Anhängern vor, der Realität auszuweichen und schrieb sinngemäß, er könne die Idee nicht akzeptieren, dass ein Elektron, das einem Lichtstrahl ausgesetzt werde, frei entscheiden könne, in welchem Moment und in welche Richtung es springen wolle.“

„Nun ja, die Vorstellung, dass ein Elektron einen freien Willen haben könnte, ist in der Tat schier unglaublich!“

„Eine freie Entscheidung ist im Fall eines Elektrons natürlich nicht wörtlich zu nehmen. Einstein war also nicht der Meinung, dass die Dinge sich ohne deterministische Ursache ereignen konnten und insbesondere, dass es keine objektive Realität geben sollte, sondern diese vielmehr von der Beobachtung abhängig sei. Tatsache ist jedoch, dass die diversen Experimente, die Unschärferelation und die Schrödingergleichung allesamt zeigen, dass die Dinge sich nicht unbedingt deterministisch, sondern probabilistisch verhalten, dass die Realität per definitionem also zufällig ist und davon abhängt, ob und in welcher Form sie beobachtet wird. Kurz, die Befürworter beider Lager, die klassischen Physiker und die Quantenmechaniker, trafen bei der besagten Konferenz aufeinander, was zu einer tiefen und dauerhaften Spaltung innerhalb der Physik führte."

„Das klingt nach einer heftigen Auseinandersetzung. Wer war denn alles daran beteiligt?"

„Auf der einen Seite, wie gesagt, die klassischen Physiker, wie Planck, Schrödinger und de Broglie mit Einstein an vorderster Front. Auf der anderen Seite stand die junge Generation der Quantenphysiker um Heisenberg, Pauli, Bohr und Born."

„Und dabei kam es zu dem Duell, von dem du vorhin gesprochen hast?"

„Ja", sagte Tomás. „Bohr und Einstein führten eine lange Debatte über die Natur der Realität. Dabei gaben Born und Heisenberg bereits erste Warnschüsse ab, als sie bei ihrer jeweiligen Vorstellung absichtlich provokant schlussfolgerten, die Quantenmechanik sei eine abgeschlossene Theorie. Das hieß nichts anderes, als dass die Theorie vollständig sei und keine künftige Entdeckung die Grundelemente mehr umstoßen könne. Als Einstein das hörte, lachte er. Und an Paul Ehrenfest gewandt erklärte er: ‚Ich lache nur über ihre Naivität.' Damit war der Schlagabtausch eröffnet, wobei Einstein während der offiziellen Sitzungen größtenteils schwieg. Er ging nur einmal zur Tafel, um eine Skizze des Doppelspaltexperiments aufzuzeichnen und sagte, wenn die Wellenfunktion sich tatsächlich im Raum ausbreite und in dem Augenblick zusammenbräche, in dem sie beobachtet würde, verletze dies das Gesetz, dass nichts schneller sein kann als die Lichtgeschwindigkeit. Anschließend kehrte er an seinen Platz zurück und stellte auch während der folgenden Sitzungen nur noch einmal eine Frage. Bei einem gemeinsamen Frühstück legte er jedoch dar, weshalb seiner Meinung nach die Quantentheorie nicht nur unvollständig, sondern auch unschlüssig und falsch sei. Bohr hörte ihm aufmerksam zu und, nachdem er sich tagsüber mit Heisenberg, Born und Pauli besprochen hatte, lieferte eine detaillierte Antwort auf Einsteins Einwände. Diese Debatte dauerte dann noch ein paar Jahre lang."

„Aber worüber haben sie eigentlich genau diskutiert?", fragte Maria Flor.

„Einstein vertrat die Position, dass die Welt unabhängig von uns existiere und es einen Zusammenhang zwischen Ursache und Wirkung gebe. Wenn die Unschärferelation und die Experimente zeigten, dass es keine objektive Realität gebe, liege dies nicht daran, dass die Realität tatsächlich von der Beobachtung erschaffen werde, sondern daran, dass die Messgeräte sich entsprechend auf die Beobachtung auswirkten oder dass einige Variablen, die das merkwürdige Verhalten der Materie erklären könnten, einfach noch nicht entdeckt worden seien. Was die Wahrscheinlichkeitsfunktion der Schrödingergleichung betraf, sei diese das Ergebnis unserer begrenzten Kenntnisse. Die Materie tauche nicht spontan und zufällig irgendwo auf, sondern weil irgendetwas sie dazu veranlasst habe, und nur, weil wir diese Ursache nicht kennen, heiße das nicht, dass sie nicht existiere. Das vermeintlich probabilistische Verhalten sei nur eine Illusion, weil wir nicht in der Lage seien, die Zusammenhänge von Ursache und Wirkung im Mikrokosmos zu erkennen. Die Realität sei aber nicht probabilistisch, sondern deterministisch, denn Gott würfele nicht."

„Nun, das klingt vernünftig …"

„Sicher, aber ich wiederhole noch einmal, dass die Unschärferelation und die Schrödingergleichung etwas anderes sagen und auch die Ergebnisse des Doppelspaltexperiments eine andere Sprache sprechen. Und die Mathematik hat noch immer gegenüber dem vermeintlich gesunden Menschenverstand recht behalten. Jedenfalls entgegnete Bohr daraufhin, ‚Einstein, hör auf, Gott zu sagen, was er mit seinen Würfeln machen soll.‘ Sprich, die Realität ist, wie sie ist und nicht, wie wir sie uns vorstellen oder gerne hätten. Später fügte Bohr noch hinzu, ‚Wer von dcr Quantentheorie nicht schockiert ist, der hat sie nicht verstanden.‘“

„Da sind ja in der Tat sprichwörtliche Welten aufeinandergeprallt“, schmunzelte Maria Flor. „Wie ist die Debatte denn schließlich ausgegangen?“

„Rate, wer von den beiden gewonnen hat“, erwiderte Tomás.

L

Die Tür zu seinem ‚Bunker' hatte Peter sicherheitshalber offen gelassen, auch wenn es unwahrscheinlich schien, dass er dorthin zurückkehren würde. Mit seinem Automatikgewehr in der Hand schlich er den Flur entlang und horchte auf jedes noch so leise Geräusch. Nach einigen Schritten hielt er kurz inne, damit sich seine Augen an die Dunkelheit gewöhnen konnten. Dann setzte er seinen Weg in Richtung Büro fort.

Wie er erwartet hatte, stand die Tür offen, und das Licht brannte. Sein Herz fing an zu rasen. Es war eine Sache, die Eindringlinge auf dem Bildschirm zu beobachten, aber etwas ganz anderes, sie leibhaftig in wenigen Metern Entfernung vor sich zu sehen. Er drückte sich eng an die Wand und hörte, wie der Mann auf die Frau einredete. Zu gern hätte er gewusst, was er sagte, verstand aber leider kein Portugiesisch.

Es war Zeit zu handeln. Peter würde sich zunächst auf den Mann konzentrieren und ihn unschädlich machen. Wenn einer der beiden Widerstand leisten sollte, würde er nicht zögern, ihm eine Kugel in den Kopf zu jagen.

Er entsicherte sein M16 und legte den Finger an den Abzug. Seine Kampfausbildung war nicht umsonst gewesen.

LI

In Gedanken versunken warf Tomás einmal mehr einen Blick auf die Schwarz-Weiß-Fotografie von Einstein und Bohr. Einstein wirkte gelöst und gut gelaunt, während der kleinere Däne Mühe zu haben schien, mit seinem größeren Physikkollegen und Gegner Schritt zu halten.

„Nun sag schon, wer gewonnen hat!"

Auch wenn Tomás wusste, dass es eine klare Antwort auf Maria Flors Frage gab, zögerte er noch, sie zu nennen. Erst wollte er ihr die Hintergründe erklären.

„Du musst zuerst wissen, dass die überwiegende Mehrheit der Physiker die Sache auf recht einfache Art für gelöst hielt: Die Quantentheorie ergibt nicht viel Sinn, sie ist absurd und schockierend, aber es lässt sich nicht leugnen, dass alle Berechnungen korrekte Ergebnisse liefern. Sie hielt es also für das Beste, zwar die Berechnungen zu machen, aber deren Bedeutung zu ignorieren. Die Berechnung sagt, dass sich ein Teilchen an zwei Orten gleichzeitig aufhalten kann? Das Komplementaritätsprinzip zeigt, dass ein Elektron je nach Versuchsaufbau Teilchen oder Welle sein kann? Die Quantenmechanik behauptet, dass ein Teilchen erst existiert, wenn es beobachtet wird? Meinetwegen! Rechnen wir doch einfach weiter, ohne uns um die eigentlichen Konsequenzen zu scheren. Hauptsache, die Berechnungen liefern keine Fehler …"

„Hat sich etwa auch Einstein dieser Meinung angeschlossen?"

Tomás schüttelte den Kopf.

„Nein. Wie Schrödinger hat auch Einstein die weitreichenden weltanschaulichen Konsequenzen der Quantentheorie erkannt. Dabei störte ihn vor allem die Idee, dass die Realität nur existieren sollte, wenn sie beobachtet wird. Er hat sich schlicht und ergreifend geweigert, das zu akzeptieren. Wenn laut Quantentheorie die Realität zufällig und nicht deterministisch zu sein schien, könne das nur daran liegen, dass die Theorie unvollständig sei und eines Tages weitere Entdeckungen dies belegen würden. Bohr wiederum hielt die Quantentheorie für schlüssig, während Heisenberg und Born sogar so weit gingen, sie als abgeschlossen und vollständig zu bezeichnen. Der ‚Zufall' habe nichts mit unzureichenden Messmethoden zu tun, sagte Bohr, sondern liege in der Natur der Dinge. Er löste auch sämtliche Einwände, die Einstein im Laufe der nächsten Jahre als vermeintliche Gegenbeweise vorbrachte, einen nach dem anderen auf."

„Hat Bohr also gewonnen?"

„Ja. Er hat Einstein davon überzeugt, dass die Quantentheorie schlüssig ist, so dass Einstein 1930 bestätigt hat, dass er sie für wahr halte," Tomás hob den rechten Zeigefinger, „aber nur für einen Teil der Wahrheit. Denn Einstein glaubte weiterhin, dass die Quantentheorie zwar richtig und schlüssig, aber dennoch unvollständig sei und erst spätere Entdeckungen die Merkwürdigkeiten erklären könnten. Zusammen mit zwei anderen Physikern, Podolsky und Rosen, stellte er Bohr 1935 sein letztes und wichtigstes Problem vor, das heute als EPR-Paradoxon bekannt ist. Dieses Gedankenexperiment sollte zeigen, dass ein Teilchen existieren könnte, auch ohne beobachtet zu werden, und es stützte sich auf eine bis dahin kaum bekannte Eigenschaft der Quantenwelt, nämlich, dass zwei Teilchen in direkter Verbindung stehen, das heißt, dass sie ‚verschränkt' sind, und einander unmittelbar beeinflussen. Unabhängig davon, welche Distanz zwischen den beiden Teilchen liegt, bleibt diese Verbindung bestehen, und bei einer Messung reagieren beide exakt gleichzeitig."

„Die beiden reagieren exakt gleichzeitig?“, wunderte sich Maria Flor. „Wie soll das denn gehen? Wenn ein Teilchen hier auf der Erde ist und das zweite am anderen Ende der Milchstraße können sie sich doch nicht gleichzeitig gegenseitig beeinflussen. Dazwischen liegen doch was weiß ich wie viele Lichtjahre …“

„Genau das hat auch Einstein gesagt. Eine der Schlussfolgerungen der Quantentheorie ist nämlich, dass verschränkte Teilchen sich unabhängig von der Entfernung zwischen ihnen gleichzeitig gegenseitig beeinflussen und sich damit ganz offensichtlich nicht darum kümmern, dass Einflüsse sich maximal mit Lichtgeschwindigkeit auswirken können. Einstein hat Bohr also mit einem Dilemma konfrontiert: Entweder wurden die Teilchen erst durch die Beobachtung erschaffen, und ihr Verhalten verstieß gegen die Gesetze der Lichtgeschwindigkeit und der Lokalität, oder sie existierten bereits vor der Beobachtung, und dann wäre die Quantentheorie unvollständig. Einstein war von der zweiten Hypothese überzeugt und sprach spöttisch auch von einer spukhaften Fernwirkung.“

„Das kann ich gut nachvollziehen.“

„Bohr war anderer Meinung. Er sagte, es sei grundsätzlich die Beobachtung, die ein Teilchen entstehen lasse, und dass die Teilchen sich gleichzeitig beeinflussten. Die Beobachtung eines Teilchens ließe nicht nur seine eigene Wellenfunktion zusammenbrechen, sondern im gleichen Moment auch die des anderen, mit ihm verschränkten Teilchens, unabhängig von ihrer Entfernung, da die beiden unteilbar seien. Die Quantentheorie sei also keineswegs unvollständig.“

Maria Flor schaute Tomás ungläubig an.

„Das EPR-Paradoxon blieb einige Jahre lang ungelöst“, fuhr dieser fort. „Einstein spöttelte schon, Bohr werde ihm womöglich mit Telepathie als Erklärung für die gleichzeitige Kommunikation zwischen den Teilchen kommen, und er ging davon aus, dass sich bald die restlichen Physiker seiner Meinung anschließen würden. Das war aber nicht der Fall.“

„Aha. Und an den verrückten Phänomenen der Quantenteilchen hat sich niemand mehr gestört?"

„Doch, natürlich. Aber wie schon gesagt, haben die meisten Physiker sich einfach nicht um ihre Bedeutung gekümmert. Da sie das Problem nicht lösen konnten, haben sie es einfach unter den Teppich gekehrt. Und da sie es dort nicht mehr gesehen haben, konnten sie vorgeben, dass es nicht existiere. Wer sich damals getraut hätte, die Merkwürdigkeiten der Quantenwelt zu verstehen, hätte riskiert, dass ihn die Kollegen oder, schlimmer noch, seine Vorgesetzten, schief angeschaut hätten."

„Das klingt aber nicht sehr wissenschaftlich", warf Maria Flor ein.

Tomás ging ein paar Schritte zu dem Foto, auf dem Frank Bellamy gemeinsam mit Richard Feynman und John Bell dinierte.

„Eine der wenigen Ausnahmen bildete dieser junge Ire, John Bell, der am CERN arbeitete. Während eines Sabbatjahres 1964, in dem er ohne den ständigen Druck und die Zensur der Kollegen forschte, beschloss er, sich die Grundlagen der Quantentheorie einmal näher anzuschauen. Er dachte, Einstein habe recht, dass es eine Realität unabhängig von der Beobachtung gebe, aber er wusste auch, dass es keinen Beweis für diese Annahme gab, und dass das EPR-Paradoxon lediglich ein Gedankenexperiment war, das noch niemand getestet hatte. Bell hat diesen Test entwickelt. Daraus entstanden ist die Bell'sche Ungleichung."

„Dieser Test wurde tatsächlich durchgeführt?"

„Ja, und zwar mehrfach. Er stützte sich auf die Idee von David Bohm, dass es ‚verborgene Variablen' gebe, die die Quantenphänomene erklären würden. Bells Experiment wollte die Existenz dieser verborgenen Variablen überprüfen. Gäbe es sie, hätte Einstein recht, und die Quantentheorie wäre unvollständig. Andernfalls hätte er sich getäuscht, und die Quantentheorie wäre korrekt. Das erste Experiment wurde 1972 von John Clauser durchgeführt und 1974 und 1976 in verbesserter Form wiederholt. 1982 gelang Alain Aspect in Paris mit nochmals verfeinerten Methoden ein absolut unstrittiges Ergebnis, das wiederum von anderen Labors bestätigt wurde."

„Und …?"

Tomás ließ noch einen Moment verstreichen, bevor er die Antwort gab.

„Die Experimente haben bewiesen, dass es keine verborgenen Variablen gibt. Bohr hatte recht, und Einstein hatte sich geirrt."

Maria Flor schlug sich die Hand vor den Mund.

„Meine Güte!"

„Wie du dir vorstellen kannst, haben diese Ergebnisse hohe Wellen geschlagen, da zwei grundlegende Fragen auf dem Spiel standen: einerseits, ob es eine Realität unabhängig von der Beobachtung gibt und andererseits, ob es eine gegenseitige Beeinflussung unabhängig von der Lichtgeschwindigkeit geben könne. Die meisten Physiker glaubten insgeheim und trotz der gegenteiligen Beweise der Quantenmechanik an eine objektive Realität und entschieden sich stillschweigend für das kleinere Übel, sprich, sie gingen davon aus, es müsse etwas geben, das schneller als die Lichtgeschwindigkeit sei."

„Aber … das ist doch wohl nicht der Fall, oder?"

„Es sieht nicht so aus."

„Und wie lässt sich diese unmittelbare Beeinflussung dann erklären?", hakte Maria Flor nach.

„Die Erklärung klingt abenteuerlich", räumte Tomás ein. „Aber das Aspect-Experiment beweist, dass es ohne Beobachtung keine Realität gibt, oder anders ausgedrückt, dass verschränkte Teilchen auf immer miteinander verbunden sind und sich unabhängig von der Entfernung unmittelbar gegenseitig beeinflussen."

Maria Flor schluckte. Was sie soeben gehört hatte, stellte ihr gesamtes Weltbild auf den Kopf.

„Wie ist das möglich?"

„Anscheinend kommunizieren verschränkte Teilchen nicht in dem Sinne miteinander, dass sie Informationen austauschen. Die Dinge sind noch merkwürdiger: Sie können nicht als unabhängige Teilchen betrachtet werden."

„Aber du hast doch gesagt, dass es *zwei* Teilchen sind ..."

„Es wäre zweifellos richtiger zu sagen, dass es sich um dasselbe Teilchen an zwei verschiedenen Orten handelt. Verschränkung bedeutet letztlich, dass das gesamte Universum aus einem Netz unsichtbarer Verbindungen zwischen unteilbaren Teilchen besteht. Verstehst du, was dieses schier unglaubliche Experiment bedeutet?"

Fasziniert erkannte Maria Flor, worauf Tomás hinaus wollte.

„Das Universum ist eins", murmelte sie.

„Ja, das Universum scheint aus einer ungeheuren Vielzahl verschiedener Dinge zu bestehen, aber in Wahrheit ist alles eins", bestätigte Tomás. „Wir haben den Eindruck, unabhängig von allem anderen, vom Gras, anderen Menschen, Tieren und den Sternen zu existieren, aber das ist eine Täuschung. Alles ist mit allem verbunden, alles ist eins, nur in unterschiedlicher Ausprägung."

Maria Flor wirkte benommen.

„Ich bin ... überwältigt", stammelte sie. „Das stellt ja nicht nur die Realität der Dinge in Frage, sondern auch unsere eigene Existenz. Aber wenn wir alle mit allem anderen verbunden sind, wie kommt es dann, dass wir es nicht so empfinden? Wenn ich hier in Washington Magenschmerzen habe, hat meine Mutter in Cernache do Bonjardim ja nicht automatisch auch welche. Wie erklärst du das?"

„Das ist ein großes Rätsel. Es ist unklar, wie die Atome bestimmten Gesetzen gehorchen, während wir, die wir auch aus Atomen bestehen, offenbar anderen Gesetzen unterworfen sind. Einstein hat ja stets darauf beharrt, dass das Universum nicht nach unterschiedlichen Gesetzen funktionieren könne, also probabilistischen und zufälligen Gesetzen auf Quantenebene und klassisch deterministischen auf Makroebene. Dementsprechend träumen viele Physiker von einer einheitlichen Theorie, auch Theorie von Allem genannt. Das wäre der Heilige Gral der Physik, aber bis heute hat ihn noch niemand gefunden."

„Diese Theorie von Allem würde also die Quantentheorie ersetzen und all diese Merkwürdigkeiten erklären, die …“

„Ganz und gar nicht“, unterbrach Tomás sie. „Heutzutage bezweifelt kein Physiker mehr, dass dic Quantentheorie, so bizarr sie uns auch erscheinen mag, absolut korrekt ist. Wenn die Theorie von Allem eine andere Theorie ersetzen würde, dann wäre das allenfalls die klassische Theorie von Newton. Übrigens hat man inzwischen …“

„Hände hoch!“, rief plötzlich eine Stimme. „Und keine Bewegung!“

Erschrocken drehten Tomás und Maria Flor sich um und sahen einen hageren Mann mit Dreitagebart und glatten blonden Haaren, der ein Gewehr auf sie gerichtet hielt.

LII

Endlich war die Versammlung anlässlich des Attentats von Tripolis beendet, und Harry Fuchs kehrte in sein Büro zurück, um die Akte von Tomás Noronha zu holen. Draußen war es bereits dunkel, aber an Feierabend war noch nicht zu denken. Dann ging er in ein Besprechungszimmer auf der gegenüberliegenden Seite des Flurs.

„Major Fuentes“, grüßte er knapp und schloss die Tür. „Sie sind spät dran.“

Der Mann sprang eilig von seinem Stuhl auf und schlug die Hacken zusammen.

„Ich war unterwegs, Sir. Ich bin gerade erst von einer Operation im Jemen zurückgekommen, als …“

„Schon gut, ich weiß“, unterbrach ihn Fuchs. „Setzen Sie sich.“

Er wies auf zwei Sessel vor der Fensterfront. Es war bereits einige Jahre her, dass er Fuentes zuletzt gesehen hatte. Meist übermittelte er ihm seine Aufträge telefonisch oder durch Mittelsmänner. Der Major war Anfang vierzig und hatte eine athletische Statur. Seine Gesichtszüge, die auf aztekische Vorfahren hinwiesen, sein Kurzhaarschnitt und sein düsterer Blick verliehen ihm das Aussehen eines routinierten Killers. Fuchs wusste, dass der Major bei Tests als Psychopath eingestuft worden war, was ihn für die CIA zum idealen Mitarbeiter machte. Erst im vorigen Monat war er in der Nähe von Kandahar fast im Alleingang in das Haus eines Stammesführers eingedrungen und hatte dort alle Anwesenden, einschließlich einiger Kinder, kaltblütig liquidiert.

„Ich nehme an, es geht um die Sache in Tripolis“, begann Fuentes, dem der durchdringende Blick von Fuchs allmählich unangenehm wurde. „Gibt es schon Hinweise auf die Attentäter?“

Fuchs winkte ab.

„Ihre neue Mission hat nichts mit Tripolis zu tun, sondern mit Genf. Ich nehme an, Sie wissen, dass der Direktor für Wissenschaft und Technologie im CERN ermordet wurde?“

„Ja, Sir.“

Fuchs reichte dem Major Tomás’ Akte.

„Darin finden Sie alles, was wir über Bellamys Mörder wissen. Er heißt Tomás Noronha, ist Portugiese und arbeitet für eine Stiftung in Lissabon.“

Fuentes schaute auf seine Uhr.

„Ich lasse sofort einen Nachtflug buchen, Sir. Mit etwas Glück bin ich schon in ein paar Stunden dort.“

„Nicht nötig. Bellamys Mörder ist hier, in Washington.“

Der Major schaute Fuchs überrascht an.

„Hier?“

„Genau.“

„Aber ... haben Sie ihn denn schon verhaftet?“

„Negativ. Der Mann läuft noch frei herum. Sie müssen ihn so schnell wie möglich lokalisieren und ...“

„Aber wir sind doch nicht befugt, im eigenen Land tätig zu werden, Sir“, warf Fuentes ein. „Hier ist doch das FBI zuständig.“

Fuchs schlug mit der Faust auf den Tisch.

„Zum Teufel mit dem FBI!“, polterte er los. „Dieser Drecksack hat einen unserer Direktoren auf dem Gewissen, und Sie erzählen mir, dass wir die Sache den Wichsern vom FBI überlassen sollen? Seit wann machen sich die Feds mal die Hände für uns schmutzig? Der Mistkerl hat Bellamy getötet, und dafür muss er büßen, verstanden? Ich scheiße darauf, ob er in Amerika oder sonstwo rumläuft! Habe ich mich klar genug ausgedrückt?“

„Glasklar, Sir."

Fuchs schnaubte noch einmal wie ein wilder Stier, dann hatte er sich wieder unter Kontrolle.

„Lesen Sie das hier gut durch", sagte er mit einem Blick auf die Akte. „Sie finden dort die Einreiseunterlagen von Noronha und seiner Tussi, die ihn begleitet, sowie ein paar Buchungsbelege und Hinweise auf einen Hackerangriff auf unser System, der vermutlich auf das Konto dieses Schurken geht. Wir haben schon alle Hotels, Pensionen und sonstigen Unterkünfte in der Umgebung überprüft; keine Spur von unseren Turteltäubchen. Sie müssen sie finden! Wenn Sie Unterstützung brauchen, wenden Sie sich an Don Snyder. Aber da wir auf amerikanischem Grund und Boden handeln, sollten wir so wenig Aufhebens wie möglich darum machen. Ich will keine Probleme mit den Feds und dem Kongress."

„Verstanden, Sir."

Fuchs hob mahnend den Zeigefinger.

„Unter keinen Umständen darf der Verdacht erweckt werden, dass die Agency etwas mit der Sache zu tun hat. Sorgen Sie dafür, dass dieser Hurensohn einen Unfall hat oder Selbstmord begeht."

„Ich soll ihn also beseitigen?"

„Nicht sofort. Vorher muss er alles ausspucken, was er über das *Quantenauge* weiß, ein Geheimprojekt von Bellamy. Alle Einzelheiten finden Sie in der Akte. Dass die Sache vertraulich ist, versteht sich ja wohl von selbst."

Major Fuentes fixierte die Akte einen Moment lang, bevor er seinen Chef dienstbereit anschaute.

„Wie lautet also mein Auftrag?"

Harry Fuchs wuchtete sich mühsam aus seinem Sessel hoch und richtete sich auf.

„Finden Sie ihn, und quetschen Sie ihn aus, bis Sie alle Informationen haben. Dann legen Sie ihn um." Er machte einige Schritte, drehte sich dann aber nochmal um. „Ach ja, noch etwas. Ich will keine Zeugen. Wer zu viel weiß, darf keine Gelegenheit bekommen, darüber zu plaudern."

Der Major stand ebenfalls auf und grüßte mechanisch.

„Zu Befehl, Sir!"

LIII

Das Gewehr fest im Anschlag, lehnte sich der Mann gegen den Türrahmen.

„Wer sind Sie?“, fragte er auf Englisch.

Angsterfüllt hoben Tomás und Maria Flor die Hände.

„Wer sind Sie?“, wiederholte der Unbekannte drohend. „Und was machen Sie hier?“

„Wir … suchen eine Spur“, stammelte Tomás und überlegte fieberhaft, welches die beste Verteidigungsstrategie sein könnte. „Wir sind keine Diebe.“

„Eine Spur? Was für eine Spur?“

Ohne mehr über den Bewaffneten zu wissen, würde es Tomás schwer fallen, irgendeine Taktik zu verfolgen.

„Wir suchen nach Hinweisen, um den oder die Mörder des Mannes zu finden, dem diese Wohnung gehörte“, sagte er schließlich. „Und Sie, Sir. Wer sind Sie?“

„Ich stelle hier die Fragen“, sagte der Unbekannte nur. „Stellen Sie meine Geduld nicht zu sehr auf die Probe. Und keine Sperenzchen, verstanden?“

„Ich bin Tomás Noronha, Geschichtsprofessor in Lissabon.“

„Und ich bin Maria Flor Sequeira, Leiterin … einer Gesundheitseinrichtung.“

Der Mann hielt die Augen auf Tomás geheftet.

„Noronha?“, murmelte er. „Der Mörder ist mir also in die Arme gelaufen …“

„Ich bin kein Mörder“, entgegnete Tomás so ruhig wie möglich.

„Die Akte der Agency sagt aber etwas anderes. Sie werden darin als Mörder von Bellamy bezeichnet. In wessen Auftrag handeln Sie?“

Aha, ein erster Hinweis, machte Tomás eine mentale Notiz. Der Mann hatte die Akte der CIA gelesen. Vermutlich war er ein Agent, der Bellamys Appartement überwachte. Wenn das stimmte, waren sie geliefert.

„Meine Verwicklung in diese Geschichte ist ein bedauerliches Missverständnis!“

„Unsinn!“

„Ich versichere Ihnen, dass ich nichts mit dem Mord an Bellamy zu tun habe!“

„Ach nein? Und was machen Sie dann hier, wenn ich fragen darf?“

„Ich versuche, meine Unschuld zu beweisen. Die CIA hat versucht, mich in Portugal umzubringen, und meine einzige Chance besteht darin, aufzuklären, was wirklich in Genf passiert ist. Nur deshalb bin ich … sind wir nach Washington gekommen.“

Der Mann drehte sich zu Maria Flor um.

„Und was machen Sie hier?“

„Ich habe sie in die Sache hineingezogen“, beeilte Tomás sich zu sagen. „Sie hat nichts damit zu tun und weiß auch nichts …“

„Halten Sie die Klappe!“, sagte der Bewaffnete barsch und warf Tomás ein Paar Handschellen zu. „Legen Sie sich die Dinger an, und zwar dort um den Heizkörper.“

Tomás gehorchte und ging auf die Knie.

Der Unbekannte trat näher und prüfte, dass die Fesseln auch tatsächlich geschlossen waren. Dann drehte er sich wieder zu Maria Flor um und deutete auf die Tür zu einem Nebenraum.

„Kommen Sie mit“, sagte er. „Ich habe ein paar Fragen an Sie.“

Maria Flor öffnete zaghaft die Tür. Aus dem fensterlosen Raum schlug ihr stickige Luft entgegen. Sie spürte den Lauf des M16 in ihrem Rücken, mit dem sie hineingeschoben wurde.

Maria Flor zitterte am ganzen Körper und wagte kaum, den Unbekannten anzuschauen. Einsilbig antwortete sie auf seine Fragen, ohne nachzudenken. Sie kam sich vor wie in einem Alptraum, als habe ihr Geist ihren Körper verlassen und sie beobachte sich selbst beim Sprechen. Sie musste an Graça Noronha denken.

„Das war alles", hörte sie wie durch einen Vorhang. „Ich muss das nur noch überprüfen."

Das war alles? Der Mann schien mit ihren Antworten zufrieden zu sein. Was würde er der CIA über sie berichten?

„Und jetzt?", fragte sie ängstlich. „Was haben Sie mit uns vor?"

Der CIA-Mann nahm sein zweites Paar Handschellen vom Gürtel.

„Sie bleiben jetzt erst einmal hier."

Er schloss einen der Bügel um ihr rechtes Handgelenk und suchte nach einer festen Verankerung, um die er die Kette legen konnte. Da er nichts Besseres fand, entschied er sich schließlich für den U-förmigen Türgriff. Dann schloss er den zweiten Bügel um Maria Flors linkes Handgelenk.

„Bye-bye."

Es gab keinen Stuhl, auf den Maria Flor sich setzen gekonnt hätte, und da ihre Hände etwa auf Brusthöhe gefesselt waren, blieb ihr nichts anderes übrig, als sich vor die Tür zu kauern. Nach ein paar Sekunden brach sie in heftiges Schluchzen aus, und die Tränen liefen ihr über die Wangen. Als sie sich wieder beruhigt hatte, fühlte sie sich ein wenig besser. Da sie nichts anderes tun konnte, presste sie ihr linkes Ohr ans Schlüsselloch und versuchte zu verstehen, was im Büro passierte.

Während der Unbekannte Maria Flor verhört hatte, war Tomás sich so richtig bewusst geworden, wie verrückt es gewesen war, seine Freundin in diese Geschichte hineinzuziehen. Außerdem ärgerte er sich über seine eigene Naivität. Wie hatte er nur glauben können, dem Rätsel in Washington auf die Spur zu kommen? Was hatte er sich nur bei der ganzen Sache gedacht?

Als der Mann wieder ins Büro trat, versuchte Tomás, an seinem Gesichtsausdruck zu erkennen, was er von ihm zu halten habe. Aber nichts zu machen, der Bewaffnete verzog keine Miene. Wahrscheinlich würde er versuchen, ihn einzuschüchtern, indem er drohte, Maria Flor etwas anzutun. In diesem Fall konnte er sie vielleicht schützen, wenn er vorgab, dass sie ihm nichts bedeute.

„Na, wie fanden Sie die Kleine? Nicht schlecht, oder?“, legte er los.

Der CIA-Mann schaute ihn schräg an.

„Wie stehen Sie zu dieser Lady?“

Tomás zuckte abschätzig mit den Schulter.

„Sie ist eine hübsche Puppe, mehr nicht. Eine *bimbo*, wie Sie hier in den Staaten sagen – ein Dummchen.“

„Ich hatte aber durchaus den Eindruck, als stünde sie Ihnen nahe …“

„Das muss an meinen grünen Augen liegen“, sagte Tomás mit gespielter Gleichgültigkeit. „Und in der Tat sind ihre Brüste nicht zu verachten … und was sie mit ihnen macht.“

Ohne ein Wort musterte der Fremde Tomás. Dann trat er näher an ihn heran.

„Jetzt erzählen Sie mir die Geschichte mal von Anfang an. Ich habe Ihre Akte gelesen und will wissen, was Sie im CERN gemacht haben und warum Ihr Name auf dem Zettel stand, den Bellamy in der Hand hielt. Alles schön der Reihe nach, Sie haben alle Zeit der Welt.“

Da Tomás immer noch nicht wusste, mit wem er es eigentlich zu tun hatte, musste er vorsichtig sein. Offensichtlich gehörte der Kerl zur CIA und wusste, dass er gesucht wurde, aber er hatte ihm zumindest noch keine Kugel in den Kopf gejagt. In Anbetracht der Umstände wertete Tomás das als gutes Zeichen.

Er erzählte also alles, was sich in den letzten Tagen ereignet hatte: seine Reise nach Genf, das Treffen mit dem Antiquar, sein Abstecher ins CERN, die Rückkehr nach Portugal, das große Pentakel, das ihm ein Unbekannter aus Genf geschickt hatte, das Zusammentreffen mit dem CIA-Agenten in Coimbra, die Verfolgungsjagd, was er über das Symbol *Psi* wusste, den Zusammenhang zwischen seinem Namen als ‚Schlüssel' und dem Manuskript *Der Schlüssel des Salomon*, den wahrscheinlichen Absender des Pentakels und die verborgene Botschaft auf dem merkwürdigen Objekt.

„Das Pentakel ist in meiner Hosentasche", sagte er. „Dann können Sie sich selbst davon überzeugen."

Der CIA-Mann griff in die bezeichnete Tasche und inspizierte das Amulett, insbesondere die geographischen Koordinaten.

Er nickte und wirkte zufrieden mit dem, was er gehört hatte. Nach einem letzten Zögern nahm er einen kleinen Schlüssel zur Hand, trat zu Tomás und schloss seine Handschellen auf.

Er lächelte.

„Ich heiße Peter."

„Sehr erfreut", antwortete Tomás und rieb sich die schmerzenden Handgelenke. „Aber wer sind Sie, und was tun Sie hier?"

„Ich bin Frank Bellamys Sohn", sagte er und reichte Tomás die Hand.

LIV

In Windeseile breitete Major Fuentes einen riesigen Stadtplan, auf dem selbst einzelne Bäume verzeichnet waren, auf seinem Schreibtisch aus. Der Major rühmte sich gern seiner guten Planung und methodischen Vorgehensweise.

„Erster Kontaktpunkt", murmelte er und steckte eine grüne Reißzwecke in die Karte. „Der Flughafen."

Dann nahm er eine zweite Reißzwecke, diesmal eine gelbe, und kontrollierte in der Akte den genauen Standort.

„Zweiter Kontaktpunkt: der Geldautomat in Georgetown."

Er trat einen Schritt zurück und versuchte, die Position der beiden Punkte zu analysieren. Der grüne bedeutete nichts anderes, als dass Noronha und seine Begleiterin dort in Washington angekommen waren, aber der gelbe war schon deutlich interessanter.

„Wenn du dort die Laptops gekauft hast", überlegte er, „dann steckst du bestimmt irgendwo in der Nähe …"

Aber wo? Er nahm die Liste der Hotels, Pensionen und Gästezimmer zur Hand, die allesamt bereits überprüft worden waren. Vielleicht hatten sie sich unter einem falschen Namen eingetragen, aber das hätten sie dann eigentlich auch bei der Einreise getan. Andererseits war es nicht so leicht, einen Pass zu fälschen, und es passte nicht zum Profil seiner Zielpersonen. Um die beiden aufzuspüren, müsste er sich in sie hineinversetzen und versuchen, zu denken wie sie.

Er kniff die Augen zusammen und runzelte die Stirn.

„Ihr seid bestimmt in Georgetown …"

Dann nahm er einen großen Zirkel und zog einen Kreis um den Computerladen. Er trat erneut einen Schritt zurück und betrachtete die wichtigsten Punkte innerhalb des markierten Bereichs.

„Der Red Square … das interkulturelle Zentrum … das Cooper Field Stadion … die Georgetown Universität …"

Die Georgetown Universität. Er hielt inne und dachte kurz nach. War Noronha nicht Professor an der Neuen Universität Lissabon?

Mit einem zufriedenen Lächeln nahm er eine rote Reißzwecke zur Hand und bohrte sie triumphierend in die Karte.

Sein Plan stand fest.

„Hier steckst du also, *cabrón* !

LV

Noch immer unter Schock stehend, blieb Tomás misstrauisch. Wenn sein Gegenüber tatsächlich Bellamys Sohn war, wollte er selbstverständlich herausfinden, wer seinen Vater umgebracht hatte. Aber wie konnte er sicher sein, dass das nicht nur ein mieser Trick war und der Typ versuchte, ihn hereinzulegen? Er würde also besser vorsichtig bleiben. Als Peter ihn einlud, sich zu setzen, während er Maria Flor freilassen wolle, schüttelte Tomás deshalb den Kopf.

„Lassen Sie sie nur, wo sie ist", sagte er. „Sie hat mit der ganzen Sache nichts zu tun."

Peter zögerte, nickte dann aber.

„Ganz wie Sie meinen", sagte er und setzte sich hinter den Schreibtisch auf den Drehstuhl. „Wissen Sie, ich bin überzeugt davon, dass Sie nichts mit dem Tod meines Vaters zu tun haben. Ich habe den Bericht über Sie gelesen und mich gleich darüber gewundert, dass ein Geschichtsprofessor in den Hochsicherheitsbereich des CERN eingedrungen sein und dort die Leitung mit flüssigem Helium beschädigt haben soll, um ausgerechnet einen erfahrenen CIA-Direktor zu ermorden. Nein, das war die Arbeit eines Profis. Und welchen Grund hätten Sie überhaupt gehabt, meinen Vater zu töten?"

„Sie sagen, dass Sie den Bericht gelesen haben", sagte Tomás. „Meinen Sie den CIA-Bericht?"

„Ja."

„Und wie kommt es, dass Sie Zugriff darauf haben?"

Peter griff in seine Westentasche.

„Ich arbeite für die CIA“, antwortete er und hielt Tomás seine Karte hin. „Ich bin politischer Analyst in Langley.“

„Und Sie wohnen auch hier?“

„Nein, ich habe ein kleines Appartement in Foggy Bottom, gegenüber dem Watergate-Komplex, nicht weit von hier.“

„Aber wie sind Sie hier reingekommen? Wir haben Sie gar nicht gehört …“

„Ich war schon vor Ihnen hier. Jede Wohnung eines hochrangigen CIA-Mitarbeiters ist mit einem Sicherheitsraum ausgestattet, der mit Lebensmittel- und Getränkevorräten, einem Waffenarsenal, einem Kommunikationssystem und einer kompletten Videoüberwachung ausgestattet ist. Darin habe ich mich versteckt und Sie eine Weile beobachtet.“

Tomás wurde blass.

„Sie haben uns die ganze Zeit über belauscht?“

„Ja.“ Er lachte. „Aber keine Sorge. Ich habe nichts verstanden. Mein Portugiesisch ist ziemlich eingerostet. Alles, was ich kenne, ist *caipirinha* und *tudo legal*.“

„Aber als wir vorher hier angerufen haben, ist niemand ans Telefon gegangen …“

„Ich habe es klingeln gehört“, gab Peter zu, „hatte aber meine Gründe, nicht dranzugehen.“

„Was wollen Sie damit sagen?“

„Es ist eine gängige Taktik von Einbrechern, vorher anzurufen, um zu sehen, ob jemand zu Hause ist.“

„Ah, ich verstehe. Aber wieso haben Sie an Einbrecher gedacht? Es hätte doch auch einfach jemand anrufen können, um sich nach Ihrem Vater zu erkundigen …“

„Um ehrlich zu sein, sind Sie nicht die Ersten, die in die Wohnung eingebrochen sind. Als ich heute morgen die Post geholt habe, ist mir aufgefallen, dass in der Nacht jemand hier war. Ich wollte die Videoaufzeichnungen ansehen und habe dabei gemerkt, dass das System deaktiviert worden war. Wissen Sie, was das bedeutet?"

„Das klingt nach guter Arbeit."

„In der Tat. Die Einbrecher wussten sowohl, dass es eine Videoüberwachung gab, als auch, wie sie das System deaktivieren konnten. Für gewöhnliche Einbrecher ganz schön clever, finden Sie nicht?"

Tomás zog die Augenbrauen hoch.

„Wollen Sie damit andeuten, dass ... die CIA hier eingedrungen ist?"

„Ich deute es nicht nur an, ich weiß es. Als ich heute Morgen ins Büro gekommen bin, habe ich durchdringen lassen, dass ich etwas Neues zum Tod meines Vaters herausgefunden habe und nochmal in seine Wohnung gehen wolle. Deshalb hatte ich auch beschlossen, die Nacht hier zu verbringen, um zu sehen, ob noch einmal Besuch vorbeikäme. So, wie ich die Agency kenne, hatte ich allerdings erst im Morgengrauen mit ihnen gerechnet und war daher überrascht, als das Telefon schon am späten Abend klingelte und Sie noch vor Mitternacht auf der Matte standen. Und erst recht, als Sie kein Englisch sprachen."

Tomás war verwirrt.

„Die CIA ist also in die Wohnung Ihres Vaters eingebrochen? Aber wieso?"

„Das ist nicht die CIA", korrigierte Peter, „sondern jemand von der CIA. Ein feiner Unterschied."

„Und wer ist es?"

Der Amerikaner machte eine Pause, als überlege er, ob er auf diese Frage antworten könne.

„Derjenige, der meinen Vater getötet hat", sagte er schließlich.

„Frank Bellamy wurde von der CIA getötet? Sind Sie sich sicher?"

„Bevor mein Vater nach Genf flog, ist etwas Merkwürdiges passiert", sagte Peter. „Er war sehr aufgewühlt, wie ich ihn nur selten erlebt habe. Abgesehen davon weiß ich, dass er einigen einflussreichen Leuten bei der CIA ein Dorn im Auge war. Sie wollten ihn loswerden, aber er fühlte sich seinem Vaterland derart verpflichtet, dass er stets sagte, nur der Tod würde ihn von seiner Arbeit abhalten können. Ich habe gute Gründe dafür anzunehmen, dass sich jemand diesen Satz zu Herzen genommen hat."

„Denken Sie dabei an jemand Bestimmten?"

Peter öffnete eine Schublade.

„Hier, schauen Sie", sagte er und zeigte Tomás eine Fotografie. „Das sind die fünf Direktoren mit ihren Assistenten. Mein Vater steht ganz links, wie Sie sicher erkennen können."

Tomás hatte das Foto bereits gesehen, als er den Schreibtisch durchsuchte.

„Ist das in Langley aufgenommen worden?"

„Ja."

„Und wen dieser Männer verdächtigen Sie?"

„Es kommen nur zwei von ihnen in Frage", antwortete Peter. „Zum einen dieser hier, Walter Halderman, der ehemalige Assistent meines Vaters. Ein widerlicher Typ, der zu allem fähig ist. Er kam aus der Ölindustrie und war unter Nixon zur Agency gestoßen. Zweifellos dank seiner guten Kontakte zu den Finanzbossen, die dessen Wahlkampagne unterstützt hatten. Auch danach saß er unter allen folgenden Präsidenten immer fest im Sattel."

„Und er wollte den Platz Ihres Vaters einnehmen?"

„Selbstverständlich! Halderman ist ein Karrieretyp, wie er im Buche steht, intrigant und manipulierend, der um jeden Preis auf der Karriereleiter nach oben will. Jetzt, wo mein Vater tot ist, stehen seine Chancen gut, dass er der neue Direktor wird. Ich kann mir aber gut vorstellen, dass er sogar Chef der CIA werden will."

„Und wer ist der zweite Verdächtige?"

Peter deutete auf einen sauertöpfisch dreinschauenden Mann, der neben Bellamy stand.

„Harry Fuchs, der wegen seiner Wutausbrüche und Rücksichtslosigkeit auch ‚der Verrückte' oder ‚der Irre' genannt wird. Er leitet das Direktorat für Beschaffung und ist direkt für die Agenten vor Ort zuständig – und damit der zweitmächtigste Mann der CIA. Die Männer, die vorige Nacht hier eingedrungen sind, waren bestimmt in seinem Auftrag hier. Und auch die Typen, die versucht haben, Sie in Portugal zu töten."

„Und warum wollte er Ihren Vater umbringen?"

„Wie schon gesagt, wurde mein Vater von einem Profikiller umgebracht. Und wenn das ein CIA-Agent war, ging der Befehl dazu zwangsläufig von Harry Fuchs aus oder wurde zumindest mit dessen Zustimmung erteilt."

„Aber welches Motiv hätte Fuchs gehabt, um Ihren Vater zu töten?"

Peter Bellamy trommelte kurz mit den Fingern auf dem Schreibtisch, bevor er antwortete.

„Wegen eines Projekts namens *Quantenauge*."

LVI

Gut gelaunt loggte sich Major Fuentes in das System der CIA ein und konnte wenig später auf die Webseite der Georgetown Universität zugreifen, wo er problemlos die Liste aller ausländischen Professoren und Studenten fand. In weniger als zehn Minuten hatte er ihre Namen und Adressen exportiert und ausgedruckt. Dann begann er, nach Landsleuten von Noronha zu suchen. Er fand zweimal den Namen Silva, einen Ferreira, einen Coutinho, zweimal Sousa, einen Marques, einen Aguiar und noch ein knappes Dutzend anderer Portugiesen. Insgesamt kamen achtzehn Personen in Frage. Dazu gab es noch ein paar uneindeutige Namen wie Santos und Torres.

In seiner methodischen Art ging Fuentes wieder auf die Webseite der Universität und überprüfte die Namen einen nach dem anderen. Er begann mit den uneindeutigen, von denen nur zwei Portugiesen waren. Alles in allem also zwanzig potentielle Helfer seiner Zielperson. Bei seiner weiteren Überprüfung stellten sich vierzehn von ihnen als Brasilianer sowie je einer als kapverdischer, mosambikanischer und angolanischer Herkunft heraus.

Damit blieben nur noch drei Namen auf seiner Liste.

„Bei einem von euch finde ich meinen Freund …“

Als nächstes rief er sich die Profile der drei Portugiesen auf. Zwei von ihnen waren Studenten, einer aus Porto, der andere aus Aveiro. Der dritte war Mathematikdozent. Er hieß Jorge de Sousa Marques und arbeitete gerade an seiner Habilitation.

„Schau an, schau an …“, lächelte der Major zufrieden, „solltest du wohl der Hacker sein, der seine Nase in unser System stecken wollte?“

Er klickte auf den Lebenslauf des Mathematikers. Dieser war in Vila Nova de Gaia geboren und unterrichtete an der Neuen Universität Lissabon Mathematik. Ein kurzer Blick in Noronhas Akte bestätigte ihm, was er ohnehin schon wusste. Das war sein Mann.

„Bingo!“

Er druckte den Lebenslauf des Portugiesen aus und unterstrich dessen Adresse, ein Appartement auf dem Campus der Universität. Dann legte er das Blatt in die Akte und ging zügig zu einem Wandschrank. Darin lagen und hingen alle Arten von Waffen, die er je nach Einsatz wählte. Diesmal war diskretes Auftreten angesagt, weshalb er sich für eine halbautomatische Sig Pro entschied. Er prüfte die Munition und den Schalldämpfer, steckte die Pistole in sein Holster und zog seine Jacke an. Dann nahm er sein Köfferchen und machte sich auf den Weg.

LVII

Erstaunt schaute Tomás sein Gegenüber an.

„Das *Quantenauge* …“, sagte er gedehnt.

Dieses Projekt war zwangsläufig von höchster Bedeutung. Tomás wusste, dass die Quantentheorie bereits bei zahlreichen Alltagsgegenständen eine Rolle spielte – von Lasern und Magnetresonanz- bis zu Transistorgeräten –, daher konnte er sich unschwer ausmalen, dass diese Technik in verfeinerter Form auch für die CIA von Interesse war.

„Sagen Sie mir nicht, dass Sie schon von dem Projekt gehört haben …“

„Nein, das nicht, aber ich kenne mich ein wenig mit den Möglichkeiten der Quantenphysik aus“, erwiderte Tomás. „Und ich kann mir gut vorstellen, dass sie sich auch zu Spionagezwecken eignet.“

„Exakt daran hat mein Vater gearbeitet“, bestätigte Peter. „Als Leiter der Direktion für Wissenschaft und Technologie gehörte es zu seinen Aufgaben, neue Geräte und innovative Technologien zu entwickeln. Das *Quantenauge* war sein ambitioniertestes Projekt. Deshalb hat er auch versucht, es geheim zu halten und trotz der beachtlichen Fortschritte mit niemandem darüber gesprochen. ‚Erst, wenn es fertig ist‘, pflegte er zu sagen. Er betrachtete das *Quantenauge* als sein privates Baby, und das brachte Fuchs zur Weißglut.“

„Aber warum? Wieso hatte Fuchs es so eilig?“

„Weil der Auslandsgeheimdienst angesichts der jüngsten Entwicklungen immer mehr unter Druck gerät. Die Agenten, die direkt unter

Fuchs' Leitung stehen, waren nicht in der Lage, die diversen Attentate vorherzusehen oder zu verhindern. Erst gestern wieder ist eine Bombe vor einer amerikanischen Botschaft explodiert, wobei ein Flügel des Gebäudes zerstört wurde und zahlreiche Menschen ums Leben kamen. Zu allem Überfluss hat die Agency nicht die geringste brauchbare Spur. Das ist ziemlich peinlich."

„Meinen Sie das Attentat von Tripolis?", fragte Tomás. „Das war ja auf den Titelseiten."

„Tripolis ist nur der jüngste Fehlschlag. Die Liste ist lang. Tatsache ist, dass wir keine verlässlichen Informationen mehr bekommen, seit wir die Gefangenen mit Samthandschuhen anfassen. Der Präsident übt einen enormen Druck auf die Agency aus, und vor allem auf Fuchs. Er wirft ihm vor, seine Leute nicht im Griff zu haben. Fuchs ist in heller Aufregung, weil er weiß, dass er Ergebnisse liefern muss, wenn er nicht selbst geliefert sein will. Und deshalb denkt er, das *Quantenauge* könne ihn retten. Aber mein Vater hat sich kategorisch geweigert, ihm irgendetwas darüber zu verraten, bevor es nicht abgeschlossen wäre."

„Sie glauben also, er hat Ihren Vater umgebracht, um an das Projekt zu kommen?"

„Das ist zumindest eine sehr reale Möglichkeit", bestätigte Peter. „Meine Hoffnung, den Täter zu überführen, besteht darin, dass nicht alles wie geplant verlaufen ist. Mein Vater ist gestorben, und niemand weiß, wo die Unterlagen zum Projekt versteckt sind. Alle Versuche, sie aufzuspüren, waren erfolglos. Deshalb sind die Leute von der CIA auch hierher gekommen, verstehen Sie? Fuchs braucht das Projekt unbedingt, um seinen Kopf zu retten, und nichts und niemand soll ihn davon abhalten."

„Wissen Sie denn, was genau dieses *Quantenauge* ist?", fragte Tomás. „Hat Ihr Vater mit Ihnen darüber gesprochen?"

„Er hat nur eine kurze Anspielung darauf gemacht, bevor er nach Genf fuhr. Er war irgendwie angespannt und hat mich zum Abschied umarmt ... also, ich gebe zu, dass ich nicht wirklich darauf geachtet habe, was er sagte. Abgesehen davon bin ich Geostratege und kein Physiker."

„Denken Sie nach", bat Tomás. „Was hat Ihr Vater im Zusammenhang mit dem *Quantenauge* gesagt?"

Peter vergrub den Kopf in den Händen und versuchte, sich an das Gespräch zu erinnern.

„Er sprach vom Higgs-Boson und neuen Tests, die das CERN durchführen wolle, um das Experiment zu wiederholen."

„Ja, im CERN wurde 2012 das Higgs-Boson entdeckt, das auch als Gottesteilchen bezeichnet wird. Ich habe in einem Wissenschaftsmagazin gelesen, dass geplant sei, das Teilchen noch einmal zu produzieren, um sein Verhalten besser studieren zu können. Wenn ich mich recht entsinne, sollte dieses Experiment stattfinden, während ich in Genf war ..."

„Genau deshalb ist mein Vater ins CERN gefahren. Aber um ehrlich zu sein, ist mir die Bedeutung dieses Teilchens immer noch schleierhaft." Er räusperte sich. „Ich weiß nicht einmal, was ein Boson überhaupt ist."

„Bosonen sind Elementarteilchen, die die fundamentalen Grundkräfte der Physik transportieren", klärte Tomás ihn auf. „Photonen beispielsweise sind Bosonen, die elektromagnetische Energie übertragen, wie die der Sonne." Er klopfte auf den Tisch. „Materie, wie dieser Tisch, besteht aus Fermionen genannten Teilchen, also Elektronen, Protonen und Neutronen."

„Aha. Und was ist an diesem Higgs-Boson so besonders?"

Tomás holte tief Luft. Dieses Thema zu erklären, war alles andere als einfach.

„Nun, ich gehe davon aus, dass Sie wissen, dass das Universum aus einer extrem konzentrierten Energie entstanden ist, einer sogenannten Singularität, die plötzlich auftauchte und Raum, Zeit und Materie entstehen ließ?"

„Sie sprechen vom Urknall beziehungsweise Big Bang?"

„Genau“, sagte Tomás. „Das Universum hat mit dem Urknall begonnen, vor etwas weniger als vierzehn Milliarden Jahren. Am Anfang herrschte eine unvorstellbar hohe Temperatur, weil ungeheure Mengen an Energie an einem winzigen Punkt konzentriert waren. Dabei gab es nur eine einzige Superkraft. Bei seiner Entstehung war das Universum symmetrisch, das heißt, es war in alle Richtungen identisch und dehnte sich auch einheitlich aus. Je mehr es sich jedoch im Raum ausdehnte, desto stärker nahm die Temperatur ab, und die Symmetrie ging verloren.“

„Okay, aber was hat das mit Higgs-Boson auf sich?“

„Dazu kommen wir noch. Es ist aber wichtig zu verstehen, dass etwas die Symmetrie des Universums gebrochen und die Superkraft dazu gebracht hat, sich in mehrere unterschiedliche Kräfte aufzuteilen, nämlich die Gravitationskraft, die starke Kernkraft und die elektroschwache Wechselwirkung, aus der später die schwache Kernkraft und die elektromagnetische Kraft hervorgegangen sind. Dann entstanden die ersten Teilchen, gefolgt von den ersten Atomen, wie Wasserstoff und Helium. Irgendetwas hat diese komplexe Vielfalt entstehen lassen, die unsere heutige Welt ausmacht und darüber hinwegtäuscht, dass das Universum eins ist.“

„Und was war dieses Etwas?“

„Die Antwort hat der schottische Physiker Peter Higgs geliefert, dem dafür der Nobelpreis verliehen wurde. Higgs hat die Existenz eines speziellen Feldes vorhergesagt, das sogenannte Higgs-Feld, welches zum Zusammenbruch der Symmetrie im Universum geführt haben soll. Er sagte, dass von einem bestimmten Energieniveau an dieses Feld in Schwingung gerät und ein Teilchen freisetzt, das besagte Higgs-Boson oder Gottesteilchen. Am CERN wurde dazu in Experimenten das Higgs-Feld entsprechend energetisch angeregt, um dieses Boson entstehen zu lassen. Mit Hilfe heftiger Teilchenkollisionen wurden annähernd ähnliche Zustände geschaffen, wie sie beim Urknall geherrscht haben dürften, und 2012 gelang den Forschern laut eigener Aussage der Nachweis des Higgs-Bosons.“

Peter wirkte enttäuscht.

„Das ist alles? So viel Trubel um ein belangloses Teilchen?“

„Das Universum ist eins, und das Higgs-Feld hat die Illusion der Diversität entstehen lassen“, wiederholte Tomás. „Das würde ich nicht belanglos nennen.“

„Aber wie kam es zu dieser Illusion? Und woraus genau besteht dieses Feld?“

„Es verleiht den Teilchen ihre Masse. Der gesamte Raum ist vom Higgs-Feld durchdrungen, und die Teilchen ‚schwimmen‘ ununterbrochen darin. Bei seiner Entstehung war das Universum im Zustand höchster Symmetrie, und es breitete sich mit Lichtgeschwindigkeit in alle Richtungen aus. Als das Higgs-Feld einer gewissen Anzahl von Teilchen ihre Masse verliehen hatte, wurden diese automatisch langsamer. Und das hat die Symmetrie zerstört und den Eindruck von Diversität entstehen lassen. Die Teilchen breiteten sich nicht mehr alle mit gleicher Geschwindigkeit aus, weil sie plötzlich eine Masse hatten.“

Peter Bellamy war alles andere als überzeugt.

„Alle Teilchen des Universums schwimmen in diesem Feld? Aber wo ist es?“ Er drehte sich provokativ suchend um. „Es ist nicht zu sehen … und ich habe auch noch nie etwas davon gehört.“

„Wir nehmen das Higgs-Feld genauso wenig wahr wie das elektromagnetische Feld oder das Schwerefeld. Aber wir spüren durchaus seine Auswirkungen. Wenn wir uns zum Beispiel umschauen, erkennen wir verschiedene Objekte, weil es das Licht gibt; das Licht ist aber nichts anderes als die Schwingungen des elektromagnetischen Feldes. Wenn wir gehen, heben wir nicht vom Boden ab, weil uns die Schwerkraft auf der Erde hält.“ Er klopfte auf den Schreibtisch. „Und dieser Tisch hat eine Masse, weil die Wechselwirkung mit dem Higgs-Feld den Teilchen, aus denen er besteht, diese Masse verliehen hat. Je mehr die Teilchen mit dem Higgs-Feld in Wechselwirkung treten, umso höher wird ihre Masse, und umgekehrt. Photonen beispielsweise, die gar nicht mit dem Higgs-Feld interagieren, haben auch keine Masse. Bedenken Sie, dass alles, was wir an festen Objekten sehen, einschließlich unseres eigenen Körpers, die Auswirkungen des Higgs-Feldes sind. Und auch, wenn wir das Feld weder sehen noch riechen oder hören, durchdringt es den gesamten Raum."

Peter lehnte sich auf seinem Stuhl zurück.

„Ich glaube, ich verstehe, was Sie meinen. Aber das erklärt noch nicht, wieso das Experiment im CERN hinsichtlich dieses Gottesteilchens meinen Vater so brennend interessiert hat."

„Das hängt davon ab, an welchem Projekt er arbeitete. Erinnern Sie sich nicht doch, ob er Ihnen noch etwas über das *Quantenauge* erzählt hat?"

Sein Gegenüber legte die Stirn in Falten und dachte nach.

„Ich erinnere mich, dass er gesagt hat, er sei kurz davor, den größten Quantencomputer zu entdecken, den man sich vorstellen könne, irgendetwas Makroskopisches. Aber da das nun mal nicht mein Thema ist, hat er nicht viel mehr darüber gesagt."

„Zu entdecken?", wunderte sich Tomás. „Meinte er damit nicht ‚zu entwickeln'?"

„Ich bin relativ sicher, dass er ‚entdecken' gesagt hat."

„Aber das kann doch nicht sein. Ein Computer ist eine Maschine, die man baut oder herstellt, aber nicht einfach entdeckt …"

„Ja, Sie haben recht. Wahrscheinlich habe ich mich verhört und er hat ‚entwickeln' gesagt."

„Ihr Vater war also kurz davor, den größten Quantencomputer zu entdecken, den man sich vorstellen kann? Irgendetwas Makroskopisches? Waren das seine Worte?"

„So ungefähr hat er sich ausgedrückt, ja."

Tomás rieb sich nachdenklich das Kinn.

„Ich glaube, ich verstehe, was das *Quantenauge* ist", sagte er dann. „Kein Wunder, dass dieser Fuchs das Projekt unbedingt unter seine Kontrolle bringen will."

„Und, was ist es?"

„Sie haben es selbst gesagt: ein makroskopischer Quantencomputer."

„Aha. Und weiter? Was ist daran so besonders?"

Tomás lachte.

„Sie wissen nicht, was ein Quantencomputer alles kann?"

„Ich habe keine Ahnung. Klären Sie mich auf."

„Ein Quantencomputer kann jeden Code entschlüsseln, selbst den komplexesten. Die öffentlichen Codiermethoden beispielsweise, wie sie die meisten gängigen Internet- und Mailsysteme verwenden, funktionieren über eine Einweg-Verschlüsselung; sie sind leicht zu erstellen, aber schwer zu entschlüsseln. Ein normaler Computer kann problemlos zwei beliebige Zahlen multiplizieren, aber eine gegebene Zahl in ihre Faktoren zu zerlegen, ist deutlich schwieriger. In komplexen Codierungsverfahren könnte das mehrere tausend Jahre lang dauern. Ein Quantencomputer hingegen würde es in ein paar Minuten schaffen. Ihr Vater war dabei, den Heiligen Gral der Geheimdienste zu erfinden! Nicht mehr und nicht weniger! Wenn die CIA einen makroskopischen Quantencomputer zur Verfügung hätte, könnte sie sämtliche Nachrichten der Al-Qaida oder jeder beliebigen anderen Terrororganisation abfangen und in Kürze entschlüsseln. Mit dem *Quantenauge* würden Anschläge gegen die USA schlicht und einfach unmöglich. Das erklärt auch den Namen des Projekts …"

Peter pfiff anerkennend.

„Verflixt und zugenäht!", rief er aus. „Mein Vater war also kurz davor, *Big Brother* zu entwickeln! Das erklärt natürlich, wieso Fuchs so scharf darauf ist …"

„Aber wenn Ihr Vater wirklich einen solchen Computer erfunden hat, wird das Nobelkomitee garantiert eine Ausnahme von der Regel machen, derzufolge der Preis nur einer lebenden Person verliehen werden kann. Solch eine Erfindung würde einfach den Physik-Nobelpreis verdienen!"

„Wieso sagen Sie das?"

„Nun, eben weil es sich um einen makroskopischen Quantencomputer handelt."

„Ja und? Was ist so speziell daran? Computer gibt es doch schon seit Jahrzehnten …"

Tomás nahm eines der drei Bücher, die auf dem Schreibtisch lagen, zur Hand: *The Mathematical Theory of Communication* von Claude Shannon.

„Es geht hier um eine ganz andere Art von Computer", fing er an und deutete auf das Umschlagbild. „In diesem Werk erläutert Shannon die Prinzipien, nach denen ein klassischer Computer funktioniert, wobei die Informationen reale physische Daten sind, gleichzusetzen mit Energie oder Masse. Bestimmte Grundgesetze der Natur, wie das Zweite Gesetz der Thermodynamik, sind eigentlich Informationsgesetze. Diese Gesetze gelten für die Materie und die Energie, sie bilden die Regeln, wie sich die Atome und Sterne verhalten, sie gelten sogar für uns Menschen, da einerseits unsere Gene Informationen enthalten, die unser Körper reproduziert und andererseits unser Gehirn Informationen verarbeitet, die von unserem Bewusstsein erzeugt werden. Wenn man sagt, dass laut der Relativitätstheorie nichts schneller als Lichtgeschwindigkeit sein kann, ist das nicht ganz exakt. Es gibt Dinge, die noch schneller sind, wie zum Beispiel die Ausdehnung des Raums. Was sich jedoch nicht schneller als das Licht verbreiten kann, ist die Information im eigentlichen Sinne. Die Natur drückt sich mittels der Sprache der Information aus."

„Moment mal, ist nicht das Bit die kleinste Informationseinheit?"

„Doch, das stimmt. Man spricht von Bit oder von Binärcode."

„Aber … das Wort ‚binär' weist doch auf das Vorhandensein von *zwei* Elementen auf. Wie kann die kleinste Einheit von etwas aus zwei Elementen bestehen?"

„In der Tat heißt binär soviel wie zwei Zustände. Das bedeutet aber nicht, dass ein Bit zwei unterschiedliche Teile darstellt, sondern vielmehr, dass es eine Alternative gibt: ja oder nein, rechts oder links, oben oder unten, oder eben null oder eins. Können Sie mir folgen? Ein Computer ist eine Datenverarbeitungsmaschine – oder, anders ausgedrückt, eine Bitverarbeitungsmaschine. Ist Ihnen schon einmal aufgefallen, dass ein Computerprogramm aus einer schier endlosen Reihe von Nullen und Einsen besteht?"

„Ja", stimmte Peter nachdenklich zu.

„Ein klassischer Computer geht immer anhand von Alternativen vor. Um zum Beispiel eine einzige geheime Zahl zu knacken, muss er vier Binärfragen lösen. Nehmen wir einmal an, die Geheimzahl sei die Neun. Dann heißt die erste Frage: Ist die gesuchte Zahl ungerade? Lautet die Antwort ja, erhält man eine Null, bei nein eine Eins. In unserem Fall wäre es also eine Null. Die zweite Frage lautet: Wenn man die Zahl durch zwei teilt und den erhaltenen Wert auf die nächste ganze Zahl abrundet, ist dies eine ungerade Zahl? Bei uns wäre die Antwort nein, also diesmal eine Eins. Die zweite Frage wird noch zweimal wiederholt, und am Ende der vierten Frage gibt der klassische Computer die richtige Antwort. Das ist ein ziemlich langsamer Prozess, nur um eine so simple Zahl wie die Neun zu finden. Bei einem Quantencomputer sieht das hingegen ganz anders aus."

„Er funktioniert also nicht nach dem Binärsystem?"

„Doch, aber er geht anders damit um. Während ein klassischer Computer ja oder nein, rechts oder links, null oder eins berechnet, rechnet der Quantencomputer ja und nein, rechts und links, null und eins."

„Wie bitte?"

„Ein Quantencomputer operiert nicht mit zwei Alternativen, er berechnet alle Möglichkeiten gleichzeitig. Um also eine gesuchte Zahl zu finden, würde der Quantencomputer die vier Fragen, die der klassische Computer der Reihe nach stellt, alle gleichzeitig bearbeiten."

Peter schaute Tomás skeptisch an.

„Und das ist möglich?"

„Aber selbstverständlich! Sehen Sie, ein Quantencomputer funktioniert nach den Regeln der Quantenwelt. Vielleicht haben Sie schon einmal vom Doppelspaltexperiment gehört und dass ein Elektron dort nicht durch den linken oder rechten Spalt eines Hindernisses geht, sondern durch beide gleichzeitig. Auf Quantenebene nehmen die Elektronen, die Photonen des Lichts, die Atome und Moleküle alle nur möglichen Wege gleichzeitig, und sie befinden sich überall zur gleichen Zeit. Deshalb kann ein Quantencomputer auch eine außerordentliche Zahl von Berechnungen nebeneinander ausführen und selbst komplexeste Codes in kürzester Zeit entschlüsseln."

Der CIA-Mann wirkte betäubt.

„Alter Schwede! Wenn die Agency so einen Computer hätte, wäre das natürlich eine grandiose Waffe im Kampf gegen den Terrorismus."

„Genau. Allerdings müsste man für einen makroskopischen Quantencomputer zunächst das grundlegende Problem lösen und die nicht-deterministische, probabilistische Quantenphysik mit der deterministischen, kausalen klassischen Physik vereinen. Anders gesagt, müsste man zuerst die Theorie von Allem finden. Daran arbeiten die Physiker bereits seit einiger Zeit. Ihr Vater scheint dieses Problem gelöst zu haben."

„Heißt das, ohne diese Theorie von Allem kann man keinen Quantencomputer bauen?"

„Nein, Quantencomputer sind bereits erfunden, allerdings nur auf einem relativ niedrigen Niveau. Damit sie wirklich komplexe Codes entschlüsseln können, müsste ein Quantencomputer in der Lage sein, mehrere hundert Quantenbits, auch Qubits genannt, gleichzeitig zu berechnen. Bisher sind die Wissenschaftler aber nicht über zehn Qubits hinausgekommen."

„Was genau ist jetzt eigentlich dieses Projekt *Quantenauge*? Wollte mein Vater einen leistungsfähigen Quantencomputer entwickeln, der mehrere hundert Qubits verarbeiten kann?"

„Ich wüsste nicht, was es sonst sein sollte. Dazu wäre es allerdings zunächst nötig, die Informationen der Quantenberechnungen auf eine makroskopische Ebene zu übertragen. Das ist bislang noch niemandem gelungen, denn die Quanteneffekte spielen sich schließlich auf der Mikroebene ab und sind für uns nicht direkt wahrnehmbar. Auf der Mikroebene erschafft der Beobachter die Realität zum Teil selbst, und Atome befinden sich an vielen verschiedenen Orten gleichzeitig. Aber auf der Makroebene ist das nicht so, obwohl wir alle auch aus Atomen bestehen. Ihr Vater scheint dieses Rätsel gelöst zu haben."

„Ich glaube, ich verstehe jetzt, worum es geht. Wenn das *Quantenauge* wirklich die Entwicklung eines makroskopischen Quantencomputers zum Ziel hatte, hätte mein Vater, wie Sie vorhin sagten, den Physik-Nobelpreis verdient."

„Das wäre wirklich das Mindeste."

Mit einer Mischung aus Stolz und Trauer betrachtete Peter das Foto seines Vaters vor dem Hauptsitz der CIA in Langley. Dann gab er sich einen Ruck und schaute Tomás fragend an.

„Und was machen wir jetzt?"

„Wenn ich Ihren Kollegen entkommen und das Ganze hier überleben will, muss ich zuerst die Todesumstände Ihres Vaters aufklären", sagte Tomás entschlossen. „Und dafür brauche ich von Ihnen eine Antwort."

Tomás machte eine bedeutungsvolle Pause.

„Selbstverständlich. Was wollen Sie wissen?"

Er schaute Peter aufmerksam an.

„Wer ist Daniel Dare?"

„Wer?"

Tomás griff nach einer der Mappen und blätterte darin.

„Ich nehme an, dass Sie das hier schon gesehen haben: den Krankenbericht einer Bostoner Klinik für einen Patienten namens Daniel Dare. Er hat den Unterlagen zufolge Bauchspeicheldrüsenkrebs und nur noch sechs Monate zu leben. Wer also ist Daniel Dare?"

Peter zuckte mit den Schultern.

„Ja, ich kenne diesen Bericht", sagte er. „Aber ich habe keine Ahnung, wer Daniel Dare ist."

„Hat Ihr Vater ihn nie erwähnt?"

„Nein."

„Und Sie haben diesen Namen auch sonst noch nie gehört?“

„Nein, noch nie.“

Tomás stutzte. Gedankenverloren starrte er die Bücher auf dem Schreibtisch an; dann lehnte er sich auf seinem Stuhl zurück.

„Aber sicher …“, murmelte er nach einer Weile. „Es kann gar nicht anders sein …“

„Wie sein?“, fragte Peter.

Wie von der Tarantel gestochen richtete Tomás sich auf und blickte den Amerikaner triumphierend an.

„Ich weiß, wer Ihren Vater getötet hat.“

LVIII

In der Dunkelheit wirkte der Campus der Georgetown Universität besonders friedlich. Eine kühle Brise ließ einige trockene Blätter über den Boden tanzen. Nur hie und da schlenderte ein verliebtes Pärchen Hand in Hand über das Gelände. Major Fuentes überquerte den Platz und betrat das Hauptgebäude. Er stieg ohne Eile in den ersten Stock und schaute sich mit geübtem Blick um. Kurz darauf hatte er die gesuchte Nummer gefunden. Er klopfte.

Wenige Sekunden später öffnete ihm ein Mann mit spärlichen Haaren die Tür.

„Jorge de Sousa Marques?“

Der Mann schaute ihn misstrauisch an.

„Der bin ich“, sagte er unsicher. „Was kann ich für Sie tun?“

„Ich komme vom Hygieneamt“, log Fuentes und nahm die Haltung eines eifrigen Beamten ein. „Wir haben eine Beschwerde über Ihre Wohnung erhalten, und ich bin gekommen, das zu überprüfen.“

„Eine Beschwerde? Von wem?“

„Das ist vertraulich. Aber es heißt, in Ihrem Zimmer gebe es Nagetiere.“

„Was für ein Unsinn!“ Wütend riss Jorge die Tür weit auf und lud den Inspektor ein, sich umzuschauen. „Sehen Sie selbst. Hier gibt es weder Ratten noch sonstige Nagetiere! Es sei denn, die Beschwerde bezieht sich auf mich, denn ich knuspere in der Tat gelegentlich ein paar Chips!“

Er lachte über seinen eigenen Scherz und schloss die Tür. Der Major schaute sich aufmerksam im Raum um und blieb schließlich vor einem Laptop auf dem Schreibtisch stehen.

„Sieh an, Sie haben das neueste Modell", sagte er und hob das Gerät hoch, um die Seriennummer zu prüfen. „Und auch noch ganz neu."

Als der Unbekannte den Laptop inspizierte, fühlte Jorge, wie sein Herz zu rasen begann.

„Der gehört ... einem Freund."

Fuentes antwortete nicht. Er zog seinen Notizblock aus der Tasche und verglich die Seriennummer. Treffer. Der CIA-Agent drehte sich um und schaute den Portugiesen mit völlig verändertem Gesichtsausdruck an.

„Wo ist Ihr Freund?"

Jorge verstand nicht, wie er so schnell entdeckt worden war.

„Er ... er ist nicht da."

„Und wo ist er hingegangen?"

„Das weiß ich nicht", log der Mathematiker. „Er hat es mir nicht gesagt."

Fuentes zog seinen CIA-Ausweis.

„Ich frage Sie noch einmal", sagte er drohend. „Wo ist Tomás Noroña?"

Schweißperlen bildeten sich auf Jorges Stirn.

„Das weiß ich nicht", ächzte er. „Ich schwöre es Ihnen. Aber ... ich versichere Ihnen, dass wir das nicht mit böser Absicht gemacht haben. Das war nur ein Scherz, ein Test. Wir wollten nur ..."

Ohne Vorwarnung versetzte Fuentes ihm einen Schlag in den Magen, dann auf den Nacken. Jorge sank wie betäubt zu Boden. Der CIA-Mann hob ihn routiniert hoch und warf ihn wie einen Sack aufs Bett. Mit einem Seil fesselte er ihn an den Hand- und Fußgelenken an die Bettpfosten. Seine Position erinnerte an Leonardo da Vincis Zeichnung *Vitruvianischer Mensch*.

Dann ging Fuentes ins Badezimmer und kehrte mit einem Glas Wasser zurück, das er Jorge ins Gesicht schüttete.

„Was …“, stammelte dieser, als er die Augen öffnete. „Was ist los?“

Der Major zog den Stuhl vom Schreibtisch heran und setzte sich neben das Kopfende des Bettes.

„Jetzt zu uns beiden, *cabrón*“, sagte er mit seiner rauen Stimme „Ich will wissen, wo Tomás Noroña steckt. Und glaub mir, du wirst reden, freiwillig oder nicht. Du hast die Wahl. Willst du die sanfte oder die harte Tour?“

Wider Erwarten sah der Mathematiker ihn herausfordernd an.

„Sie können so etwas nicht tun!“, protestierte er. „Binden Sie mich sofort los! Ich habe schließlich Rechte, und will, dass die respektiert werden. Und ich fordere einen Anwalt.“

„Du schaust zu viele Filme“, brummte der Major und zog ein Taschentuch aus seinem Koffer.

Mit einem raschen Handgriff steckte er Jorge das Taschentuch in den Mund und wickelte ein Stück Klebeband darum. Jegliche Gegenwehr war vergeblich. Nachdem er sichergestellt hatte, dass der Portugiese keinen Lärm machen konnte, nahm Fuentes ein kleines braunes Etui zur Hand. Er entschied sich für eine Kneifzange, die er Jorge vor die weit aufgerissenen Augen hielt.

„Das Spiel kann beginnen.“

Er packte Jorges linke Hand und legte die rasiermesserscharfen Backen der Zange um seinen kleinen Finger. Dann drückte er zu.

„Hmmm!“, schrie Jorge. „Hmmm! … Hmmm!“

Blut spritzte aus seiner Hand, während der Gefangene sich verzweifelt im Bett wand, sein Gesicht scharlachrot und schweißüberströmt. Die Augen schienen ihm vor Angst und Schmerz fast aus den Höhlen zu treten. Sein Folterknecht fuhr unbeeindruckt fort. Er hielt Jorge seinen abgetrennten Finger vor die Augen.

„Siehst du jetzt, was dir deine Widerspenstigkeit gebracht hat?“, fragte er scheinheilig. „Wenn du weiterhin so stur bist, schneide ich sie dir alle ab, verstehst du? Und wenn das immer noch nicht reichen sollte, mache ich mit den Zehen weiter, danach mit den Handgelenken, den Fußgelenken, den Waden und Knien … So lange, wie es nötig ist. Das wird richtig, richtig weh tun. Sei also vernünftig und erzähl mir alles. Du ersparst dir eine Menge Schmerzen, glaub mir.“ Er schaute sein Opfer einen Moment lang von oben bis unten an. „Nick zweimal, wenn du zur Vernunft gekommen bist.“

„Hmmm … hmmm.“

Mit einem Ruck riss Fuentes ihm das Klebeband vom Mund und befreite ihn von seinem Knebel.

„Also, wo ist er?“

Jorge rang mühsam nach Luft, war aber schon wieder klar bei Sinnen.

„Er … ist zu dem CIA-Typen gegangen.“

„Zu wem?“

„Zu dem, der in Genf gestorben ist.“

„Frank Bellamy?“

„Ja, ich glaube, so hieß er. Aber den Namen habe ich mir nicht richtig gemerkt.“

„Wo wohnt er?“

„Ich erinnere mich nicht mehr an die Adresse … Ehrlich!“

„In Washington?“

„Ja, irgendwo Richtung Dupont Circle.“

Fuentes steckte ihm den Knebel wieder in den Mund. Dann nahm er sein Mobiltelefon zur Hand.

„Ich hoffe, Sie haben gute Nachrichten“, sagte Fuchs anstelle einer Begrüßung. „Haben Sie ihn gefunden?“

„Es scheint, als wäre der Typ in Bellamys Wohnung gegangen.“

„Alle Achtung, der Bursche ist schnell.“

„Ich brauche bitte seine konkrete Adresse.“

„Das ist am Dupont Circle. Die genaue Nummer schicke ich Ihnen gleich zu.“

Fuchs legte auf. Zufrieden schaute der Major seinen Gefangenen an, der für ihn jetzt nutzlos geworden war. Er zog seine Waffe aus dem

Holster, nahm den Schalldämpfer zur Hand und schraubte ihn in Zeitlupentempo auf das Mündungsrohr.

„Hmmm! Hmmm!“

Obwohl die Schmerzen ihn fast an den Rand des Wahnsinns brachten, verfolgte Jorge jede Bewegung seines Peinigers. Er versuchte, sich zu befreien, sich zu wehren. Sein einziger Erfolg bestand darin, dass er seinem Schlächter ein leichtes Grinsen abrang. Als dieser seine Waffe vorbereitet hatte, nahm er ein Kissen und legte es auf Jorges Gesicht.

Dann presste er die Mündung hinein und drückte ab.

LIX

Reichlich erstaunt starrte Peter sein Gegenüber an. Keiner von beiden sagte ein Wort.

„Sie wissen, wer meinen Vater getötet hat?“, fragte der Amerikaner schließlich. „Wie ist das möglich?“

„Die Indizien sind alle hier.“

Peter blickte sich suchend im Raum um. Er betrachtete die gerahmten Fotografien seines Vaters, das Bücherregal, die Schubladen und die Bücher auf dem Schreibtisch. Aber nichts von alldem gab ihm den leisesten Hinweis auf das, was sich in Genf ereignet hatte.

„Ich hoffe, Sie machen keine Scherze …“

„Oh nein. Ich bin überzeugt, dass ich weiß, wer Ihren Vater getötet hat. Und wie und warum.“

„Wer war es?“

„Bevor ich Ihnen das sage“, setzte Tomás an, „möchte ich mehr über das *Quantenauge* erfahren, um meine Vermutung zu bestätigen.“

Peters Augen blitzten auf.

„Aber dazu müssten wir erst einmal wissen, wo diese verdammten Projektunterlagen überhaupt stecken.“

„Ich weiß auch, wo Ihr Vater sie versteckt hat.“

Bei diesen Worten schaute Peter ihn skeptisch an.

„Wie bitte? Sie wollen wissen, wo das *Quantenauge* ist?“

Tomás stand von seinem Stuhl auf.

„Ich bin ziemlich sicher“, sagte er. „Aber alles zu seiner Zeit.“ Er deutete auf die Tür zum Nebenzimmer. „Wir sollten jetzt besser erst einmal Maria Flor befreien. Sie ist schon lange genug dort eingesperrt ...“

Peter stand ebenfalls auf und zog die Handschellenschlüssel aus seiner Tasche. Dann schloss er zunächst die Tür zum Nebenraum auf.

„Wie geht's?“, fragte Tomás auf Englisch, um nicht Peters Misstrauen zu wecken.

„Geht so“, sagte sie trocken.

„Tut mir Leid“, beeilte sich Peter zu sagen, als er die Handschellen öffnete. „Nehmen Sie mir es bitte nicht übel, aber da Sie ohne Vorwarnung in die Wohnung meines Vaters eingedrungen sind, musste ich erst sichergehen, wer Sie sind und was Sie hier wollen. Ich hoffe, es geht Ihnen gut?“

„Keine Sorge, das verstehe ich voll und ganz“, antwortete Maria Flor und rieb sich die schmerzenden Handgelenke. „Ich bin ja selbst schuld, dass ich mich in diese Sache, die mich nichts angeht, hineinziehen lassen habe. Ich sollte jetzt wohl besser gehen.“

Tomás seufzte, erleichtert darüber, dass es seiner Freundin gut ging. Er hätte sie am liebsten in die Arme genommen, sie geküsst und ihr gesagt, dass er stolz auf sie sei und noch so viel mehr, aber er hielt sich zurück. Zwar hatte er ein gewisses Vertrauen in Peter, aber er durfte nicht vergessen, dass auch er ein Geheimdienstagent war, und für diese Leute gehörten Täuschung und Manipulation zum Tagesgeschäft. Daher hielt er es für besser, weiterhin so zu tun, als sei Maria Flor ihm gleichgültig.

„Ja, wir gehen jetzt“, sagte er. „Aber erst würde ich gern noch sehen, wo ...“

„Ich will aber sofort hier weg“, unterbrach sie ihn. „Augenblicklich!“

Der wütende Tonfall überraschte Tomás.

„In Ordnung, wir fahren noch an der Universität vorbei und setzen dich da ab. Jorge wird sicher ...“

„Ich will zurück nach Portugal“, fauchte sie weiter, „und zwar so schnell wie möglich.“

Mit solch einer Reaktion hatte Tomás nicht gerechnet. Maria Flor war doch stärker erschüttert, als er gedacht hatte; sie verlangte zu viel des Guten. Erst wollte er sie dazu überreden, doch noch zu bleiben, aber dann überlegte er es sich anders. Vielleicht wäre es wirklich besser, wenn sie nach Hause zurückkehrte.

Er warf einen Blick auf seine Uhr.

„Es ist jetzt 0:30 Uhr. Peter, was glauben Sie, wann der nächste Flug nach Lissabon geht?“

Der Amerikaner ging zum Schreibtisch und fuhr seinen Computer hoch.

„Das werden wir gleich wissen“, sagte er.

Wenig später erschien auf seinem Bildschirm eine Liste aller Flüge, die in den nächsten Stunden in die portugiesische Hauptstadt führen würden.

„Es gibt keinen Direktflug mehr“, stellte Tomás fest. „Um 2:10 Uhr geht ein Flug über London.“ Er klickte auf den Link, so dass die Einzelheiten angezeigt wurden. „Du kämst am Nachmittag in Heathrow an und könntest um 15:15 Uhr weiter nach Lissabon fliegen.“ Er drehte sich zu Maria Flor um. „Ist das in Ordnung?“

„Ja.“

Tomás buchte den Flug, und wenige Sekunden später erschien eine Meldung der Fluggesellschaft, dass die Bordkarte per E-Mail verschickt worden sei.

„Ach Mist!“, schimpfte Peter. „Ich habe ganz vergessen, dass der Drucker nicht funktioniert.“ Er überlegte kurz. „Aber egal, mit der Buchungsnummer können Sie sich am Schalter das Ticket problemlos ausstellen lassen.“

Er nahm einen Notizblock und notierte den Buchungscode. Dann riss er den Zettel ab und reichte ihn Maria Flor. Sie steckte ihn ein, ohne Peter eines Blickes zu würdigen. Dann ging sie zur Tür.

„Worauf warten wir noch?“

LX

Ruckartig hielt der schwarze Chevrolet, kaum dass er den Dupont Circle erreicht hatte, am Straßenrand. Der Fahrer suchte mit den Augen die Umgebung ab, und, als alles ruhig schien, stieg er aus. Mit großen Schritten ging er auf das Wohnhaus zu.

Der Pförtner in der Loge blickte von seiner Zeitschrift auf.

„Guten Abend. Kann ich Ihnen helfen?“

Fuentes hielt ihm seinen CIA-Ausweis hin.

„Ich komme wegen einer Mieterversammlung.“

Gewissenhaft prüfte der Pförtner die Karte.

„Sie sind ganz schön aktiv in letzter Zeit“, sagte er dann spitz. „Erst heute Morgen waren ein paar Kollegen von Ihnen wegen einer Mieterversammlung hier.“

Major Fuentes bleckte die Zähne wie ein Kampfhund.

„Sie scheinen auch ganz schön aktiv zu sein“, erwiderte er dann und zeigte auf den Hemdkragen des Mannes. „Oder stammt der Lippenstift von Ihnen?“

Errötend winkte der Pförtner ihn durch. Fuentes ging zum Aufzug und wartete. In dem Gebäude wohnten mehrere Mitarbeiter der CIA, und im obersten Stock hatte die Agency ein kleines Studio für gelegentliche Treffen gemietet. Seit Bellamys Tod erwies sich das als sehr nützlich, um unauffällig ins Haus zu gelangen.

Kaum hatte sich die Tür hinter ihm geschlossen und die Kabine sich ruckelnd in Gang gesetzt, zückte Fuentes seine Pistole und steckte, wie schon eine halbe Stunde zuvor, den Schalldämpfer wieder auf.

Dann hielt der Aufzug an, und er trat hinaus. Vorsichtig näherte er sich der Wohnung von Bellamy. Als er vor der Tür stand, schüttelte er abschätzig den Kopf. Da war die CIA für ihre hochmodernen technischen Wunderwaffen berühmt und berüchtigt, aber ausgerechnet der Direktor für Wissenschaft und Technologie hatte ein vergleichsweise vorsintflutliches Schloss an seiner Wohnungstür. Er zog einige Werkzeuge aus seinem Koffer und ging in die Knie. Nur wenige Handgriffe später hatte er den Mechanismus geknackt, und die Tür ging auf.

LXI

Eilfertig summend öffnete sich die Garagentür. Dann trat Peter Bellamy kurz aufs Gaspedal, und sein Jeep schoss die Rampe hinauf. Um diese Uhrzeit war der Verkehr nur noch spärlich. Mühelos nahmen sie den Kreisel des Dupont Circle und bogen dann in die New Hampshire Avenue Richtung Foggy Bottom und Potomac River ein, auf dessen anderer Seite der Flughafen lag.

„Wir haben eine halbe Stunde bis zum Check-In“, sagte der Amerikaner mit einem Blick auf seine Uhr. „Aber bei dem geringen Verkehr ist das kein Problem.“

Vom Beifahrersitz aus drehte Tomás sich um und lächelte Maria Flor aufmunternd an.

„Es ist gut, dass du nach Hause fliegst“, sagte er. „Das ist wirklich das Vernünftigste. Hier ist es zu gefährlich.“

„Hmmm.“

Ohne ihn anzuschauen, blickte sie aus dem Fenster. Tomás konnte sich nicht erklären, was mit ihr los war.

„Stimmt etwas nicht?“

„Doch, doch.“

Was war nur passiert? Sollte Peter grob zu ihr gewesen sein? Aus den Augenwinkeln suchte er nach Hinweisen auf Gewalt, aber es war zu dunkel, und er konnte nichts erkennen.

„Sagen Sie, Peter, was haben Sie während des Verhörs mit Maria Flor gemacht?“, fragte er dann.

Der Amerikaner zuckte mit den Schultern.

„Nichts besonderes. Ich habe ihr einige Fragen gestellt, und sie hat geantwortet. Dann habe ich mich mit Ihnen unterhalten, um zu sehen, ob Ihre Antworten übereinstimmten."

„Sie waren nicht irgendwie grob zu ihr?"

Erstaunt schaute Peter ihn an.

„Fragen Sie das im Ernst?"

„Leider ja." Er gab sich einen Ruck und fragte dann: „Haben Sie ihr Gewalt angetan?"

Der CIA-Mann seufzte.

„Ich habe nur ein wenig psychologischen Druck ausgeübt, damit sie ehrlich auf meine Fragen antwortete", sagte er. „Ich habe ihr mit der Pistole gedroht, aber mehr brauchte ich gar nicht zu tun, damit sie mir die ganze Geschichte erzählte."

„Keine körperliche Gewalt?"

„Nun ja, vermutlich waren die Handschellen eine gewisse Form von Gewalt. Aber wenn Sie auf Schläge oder andere Dinge anspielen, kann ich Ihnen versichern, dass das nicht der Fall war."

Im Auto machte sich Stille breit, während der Jeep den Potomac River überquerte und den Custis Memorial Parkway entlang rollte. Nach einigen Minuten tauchten links von ihnen die Lichter des Flughafens auf. Im selben Moment erfüllte dröhnender Lärm den Wagen; ein Flugzeug im Landeanflug nahm Kurs auf die Piste.

„Wir sind gleich da", sagte Peter. „Wie gehen wir dann weiter vor?"

„Wir suchen das *Quantenauge*."

„Halderman und Fuchs haben in den letzten Tagen nichts anderes gemacht, als es zu suchen", wandte Peter ein. „Wieso glauben Sie, dass ausgerechnet Sie es finden?"

„Nun, ich habe eine zuverlässige Information."

„Von wem?"

„Von Ihrem Vater."

Der Amerikaner blickte Tomás abrupt an.

„Was sagen Sie da?“

Tomás griff in seine Hosentasche und zog das große Pentakel heraus.

„Haben Sie vergessen, was Ihr Vater mir geschickt hat? Auf der einen Seite dieses Amuletts steht in hebräischer Schrift *Maphteah Shelomo*, was so viel heißt wie *Der Schlüssel des Salomon*.“

„Stimmt, das hatten Sie gesagt. Und ehrlich gesagt war das auch der Auslöser, der mich davon überzeugt hat, dass die Notiz meines Vaters, in der er Sie als ‚den Schlüssel‘ bezeichnet hat, sich auf dieses Objekt bezieht und nichts mit seinem Tod zu tun hat.“

„Das freut mich zu hören“, sagte Tomás. „Und wie wir herausgefunden haben, stellen diese Zahlen und Buchstaben zwischen den Zacken des Sterns geografische Koordinaten dar. Und raten Sie mal, auf welchen Ort sie verweisen?“

„Wollen Sie damit sagen, dass mein Vater Ihnen damit verraten wollte, wo das *Quantenauge* ist?“

„Sie sind ein echtes Genie!“

Als er den Ausdruck hörte, den sein Vater immer gesagt hatte, musste Peter lächeln.

„Ich nehme einmal an, Sie haben schon geprüft, welchen Ort der Erde diese Koordinaten bezeichnen?“

Der Jeep hielt vor der Abflughalle, ganz in der Nähe einiger Gepäckwagen. Tomás schaltete die Deckenleuchte ein und reichte Peter das große Pentakel.

„Selbstverständlich“, bestätigte er. „Könnten Sie die Daten bitte in Ihr GPS-System eingeben? Mal sehen, was es anzeigt.“

„Gute Idee.“

Peter schaltete das Gerät ein, und Tomás nannte ihm die Koordinaten.

„38°, 57’, 6,5” Nord und 77°, 8’, 44” West.“

Eine Karte von Washington erschien auf dem Display. Peter zoomte hinein und erkannte das Südufer des Potomac. Er zoomte erneut, und die Umrisse eines Gebäudes wurden deutlich.

„Sowas aber auch!", sagte er. „Langley."

„Dort ist das *Quantenauge* versteckt", sagte Tomás und wollte schon die Tür öffnen, aber Peter hielt ihn zurück.

„Warten Sie", sagte er. „Wenn ich noch mehr vergrößere, kann ich vielleicht erkennen, in welchem Teil des Gebäudes es steckt."

Er klickte noch zwei, drei Mal auf das Lupensymbol, bis das Gebäude des CIA-Hauptsitzes das gesamte Display des GPS-Geräts ausfüllte.

„Und?", fragte Tomás. „Welcher Teil ist es?"

Peter Bellamy starrte verwundert auf die Anzeige. Dann drehte er sich langsam zu Tomás um.

„Das Büro meines Vaters."

LXII

Als Fuentes mit gezückter Waffe in die Wohnung trat, wurde ihm schnell klar, dass er zu spät kam. Sie war leer. Auf dem Schreibtisch waren ein paar Bücher bewegt worden, und ein Block und Stift lagen ebenfalls unordentlich darauf. Im Zimmer schwebte ein leichter Geruch nach Damenparfüm.

„*Señor* Noroña und seine *chica*", murmelte er. „Habe ich euch also knapp verpasst."

Er setzte sich auf den Drehsessel und dachte nach. Offensichtlich waren sie erst vor kurzem hier gewesen. Zwar war er ihnen dicht auf den Fersen, aber noch hatten sie einen gewissen Vorsprung. Er würde schneller sein und die nächsten Schritte des Portugiesen vorhersehen müssen. Was würde dieser als Nächstes tun? Alles hing davon ab, was Noronha in Bellamys Wohnung gefunden hatte. Etwas jedoch war sicher: Er würde irgendwo schlafen müssen.

„Verdammt!", fluchte der Major. „Von dort komme ich gerade."

Zweifellos wäre es vernünftiger gewesen, auf dem Unigelände auf Tomás zu warten, als zu versuchen, ihn hier in Bellamys Wohnung zu erwischen. Aber hinterher war man immer klüger. Er müsste also so schnell wie möglich zurück zum Campus, denn sobald der Portugiese seinen Freund dort vorfände, würde er sicher wieder untertauchen.

Er stand auf und wollte schon zur Tür gehen, als er den Notizblock bemerkte. Er strich mit dem Zeigefinger sanft über die oberste Seite und spürte leichte Vertiefungen.

„Aha, was ist das denn?“

Er öffnete die oberste Schublade und nahm einen Bleistift heraus, mit dem er sorgfältig über das Blatt fuhr, bis es fast schwarz war und die durchgedrückte Schrift sich weiß daraus abhob. Fuentes entzifferte ein Wort, das wie Lissabon aussah, dazu eine Uhrzeit – 2:10 Uhr – und ein weiteres Wort, das er nach einigem Zögern als Heathrow erkannte.

„Der Flughafen!“, rief er. „Der Mistkerl ist zum Flughafen unterwegs!“

LXIII

Langsam und schweigend stiegen Tomás, Maria Flor und Peter aus dem Auto und gingen zum Eingang der Abflughalle. Sie blieben kurz stehen, um auf der großen Anzeigetafel den zuständigen Check-In-Schalter zu suchen.

Am Schalter angekommen, reichte Maria Flor der Mitarbeiterin ihren Reisepass. Dann warf sie einen Blick auf den Zettel, auf dem Peter den Buchungscode notiert hatte.

„Ich fliege über Heathrow nach Lissabon. Mein Buchungscode lautet YQBCD8."

Die Angestellte überprüfte die Angaben auf ihrem Bildschirm.

„Maria Sequeira?", fragte sie. „Ihr Flug geht von Gate 43." Dann reichte sie Maria Flor mit höflich-professionellem Lächeln ihren Reisepass und zwei Bordkarten. „Ich wünsche Ihnen einen angenehmen Flug."

Nachdem sie ihre Unterlagen eingesteckt hatte, drehte Maria Flor sich zu Peter um und zwang sich zu einem Lächeln.

„Ich denke, wir verabschieden uns jetzt am besten", sagte sie und reichte ihm die Hand. „Danke, dass Sie mich hierher gebracht haben ..."

„Wir begleiten dich noch bis zur Abflughalle", fiel Tomás, der ihre demonstrative Gleichgültigkeit nicht einordnen konnte, ihr ins Wort.

Maria Flor musterte ihn abschätzig.

„Nicht nötig, ich komme allein zurecht", sagte sie. „Ich gehe jetzt zur Sicherheitskontrolle." Sie winkte halbherzig. „Auf Wiedersehen."

„Warte!“, rief Tomás. „Wir kommen mit dir.“

„Auf Wiedersehen!“

Als hätte sie ihn weder gehört noch gesehen, drehte Maria Flor sich um. Entgeistert zögerte Tomás einen Moment, dann stürzte er hinterher.

„Was soll das denn, einfach so ‚auf Wiedersehen‘?“, fragte er verwirrt. „Was ist los? Habe ich dir irgendetwas getan?“

Bebend vor Zorn blieb Maria Flor stehen.

„Nein, Tomás Noronha, nein, du hast mir nichts getan!“, schrie sie. „Ich habe nur keine Lust mehr, dir als *bimbo* zu Diensten zu sein. Wenn ich für dich nur so was wie ein hübsches Dummchen fürs Bett bin, dann such dir gefälligst eine andere!“

„Du … hast gehört, was wir gesagt haben?“

„Ja, stell dir vor, Meister Neunmalklug“, fauchte sie.

Sie ging schnurstracks weiter, ohne sich um die anderen Reisenden zu kümmern, die sie amüsiert ansahen.

„Warte!“, rief Tomás und rannte hinter ihr her. „Das ist ein Missverständnis!“

Maria Flor sah ihn verächtlich an, ohne stehen zu bleiben.

„Das Missverständnis bist du!“

„Nein, warte“, fuhr Tomás fort. „Was ich zu Peter gesagt habe, war nur zu deinem Schutz gedacht! Ich wollte nicht, dass er merkt, wie viel du mir …“

„Ich brauche deinen Schutz nicht!“, rief sie.

Tomás legte seine Hand auf ihre Schulter.

„Flor, hör mir bitte …“

Sie stieß seine Hand brüsk zurück.

„Lass mich!“

„Bitte, hör mir zu“, flehte Tomás. „Ich habe das alles nur gesagt, damit er dich nicht benutzt, um mich zu erpressen. Ich wollte nicht, dass Peter dachte, ich sei …“

„Verschwinde!“, fauchte sie nur. „Ich will dich nicht mehr sehen. Hast du verstanden?“

„Aber ..."

Ein Mann in Uniform schob sich plötzlich zwischen sie.

„Belästigt Sie dieser Herr?"

„Ja. Könnten Sie ihm bitte sagen, dass er mich in Ruhe lassen soll?"

Der Polizist nickte und drehte sich entschlossen zu Tomás um. Eine Hand griff nach seinem Schlagstock.

„Ihren Ausweis, bitte."

Tomás schaute ihn prüfend an und drehte sich dann um, wo er Maria Flor zur Zollkontrolle gehen sah. Resigniert zog er seinen Reisepass aus der Tasche.

„Hier."

Nachdem er die Identität kontrolliert hatte, fasste der Mann Tomás am Arm.

„Wie Sie vielleicht wissen, ist Belästigung hierzulande ein Verbrechen. Folgen Sie mir bitte."

In diesem Moment erschien Peter und hielt dem Beamten seinen CIA-Ausweis hin.

„Das ist nicht nötig. Mister Noronha gehört zu mir. Ich bringe ihn zu einer dringenden Besprechung in die Zentrale. Es geht um eine Terrorwarnung von höchster Wichtigkeit. Ich hoffe, Sie verstehen, dass die nationale Sicherheit in diesem Fall Vorrang hat."

Als er die Karte der CIA sah, war der Polizist versucht zu protestieren, aber die Worte ‚Terrorwarnung' und ‚nationale Sicherheit' waren der Ausschlag dafür, dass er nachgab.

„In Ordnung. Aber wehe, er fängt wieder an."

„Keine Sorge, das wird nicht passieren. Gute Nacht."

Peter schob Tomás am Ellenbogen zum Ausgang des Terminals. Der ließ es geschehen, drehte sich aber noch zweimal nach Maria Flor um. Vergeblich. Er hatte sie aus den Augen verloren.

LXIV

Als er am Flughafen ankam, hielt Fuentes direkt vor dem Halteverbotsschild. Jede Sekunde zählte, da konnte er sich nicht mit Verkehrsregeln aufhalten. Er sprang aus dem Wagen und rannte zum Check-In-Schalter. Von Tomás Noronha war nichts zu sehen.

„*Coño!*", fluchte er. Vermutlich hatte seine Zielperson schon den Sicherheitsbereich passiert. Was tun?

Er wusste, dass er im Notfall Harry Fuchs anrufen konnte, wollte ihn aber nicht belästigen. Daher ging er zum Büro für Flughafensicherheit und sprach den diensthabenden Beamten an.

„Major Manuel Fuentes, von der CIA", sagte er und zeigte ihm seine Karte. „Ich brauche unbedingt Zugang zum Wartebereich. Dort muss ich einen Verdächtigen abfangen, der heute um 2:10 Uhr nach London fliegen will."

Lieutenant Brown, wie auf seinem Namensschild zu lesen war, überprüfte Fuentes' Karte und, nachdem er sie für in Ordnung befunden hatte, stand er auf.

„Sowas aber auch, die CIA gibt sich hier heute ein Stelldichein", scherzte er und winkte dem Major, mitzukommen.

„Was wollen Sie damit sagen, ‚die CIA gibt sich hier heute ein Stelldichein'?"

„Einer Ihrer Kollegen war vor etwa zehn Minuten hier. Es gab einen kleinen Zwischenfall im Terminal, und als die Polizei eingeschritten ist, um ihn festzunehmen, hat er ihn selbst mitgenommen.

Er war wohl irgendein hohes Tier im Kampf gegen den Terrorismus."

Fuentes brummte etwas. Das schien ihn nicht zu betreffen. Am Ende des Gangs stiegen sie ein paar Stufen hoch und traten zwischen zwei Duty-Free-Shops durch eine unauffällige Tür wieder in das öffentliche Gelände. Sie folgten der Ausschilderung und standen wenige Minuten später im Wartebereich vor Gate 43.

Dort warteten mehr als zweihundert Passiere. Mit dem Sicherheitsbeamten an seiner Seite machte sich der Major auf die Suche nach Tomás, dessen Gesichtszüge sich ihm ins Gedächtnis eingebrannt hatten.

Nachdem er zweimal die Runde gemacht hatte, musste er es einsehen.

„Er ist nicht hier."

Lieutenant Brown zeigte auf die junge Frau am Bordkartenschalter, die gerade das Mikrofon in die Hand nahm, um eine Durchsage zu machen.

„Wollen Sie vielleicht die Passagierliste überprüfen?"

„Gute Idee."

Die beiden Männer gingen also zum Schalter, und der Beamte erklärte der Mitarbeiterin, dass es ein Problem gebe und sie nachschauen müssten, ob eine bestimmte Person auf diesen Flug gebucht sei. Die junge Frau zeigte ihm umgehend die Liste. Der Major näherte sich dem Bildschirm und überflog die Namen, erst schnell, dann ein zweites Mal langsamer. Tomás Noronha war nicht dabei, aber ein portugiesisch klingender Frauenname erregte seine Aufmerksamkeit.

Maria Sequeira.

Alarmiert nahm er die Akte aus seinem Koffer und fand sofort den Namen von Noronhas Begleiterin: Maria Flor Sequeira. Dahinter war auch das Foto, das die Außenstelle Lissabon nach Langley übermittelt hatte.

„Dieses Gesicht kenne ich irgendwoher", sagte der Major und schaute sich um.

Der CIA-Mann startete seine dritte Runde durch den Wartebereich, diesmal auf der Suche nach Maria Flor. Endlich sah er sie, auf einem Sitz in der hintersten Reihe, seitlich weggedreht und vornübergebeugt. Ihr Oberkörper bebte. Sie weinte.

Fuentes gab Lieutenant Brown ein Zeichen, der daraufhin zu der Passagierin trat.

„Würden Sie mich bitte begleiten, Miss?"

Maria Flor hob den Kopf und schaute ihn mit verweinten Augen an. Dass sie angesprochen wurde, erschreckte sie zusätzlich.

„Wie bitte?"

„Mein Name ist Lieutenant Brown von der Flughafensicherheit. Ich möchte Sie bitten, mir kurz zu folgen."

Panik blitzte in Maria Flors Augen auf.

„Wieso? Gibt es ein Problem?"

Der Polizist wies nachdrücklich Richtung Ausgang.

„Kommen Sie jetzt bitte mit mir."

„Aber ich muss den Flug nach London …"

„Es handelt sich um eine Routinekontrolle", sagte Brown. „Das dauert allenfalls fünf Minuten."

Maria Flor blieb nichts anderes übrig, als ihm zu folgen. Dabei bemerkte sie, wie ein zweiter Mann hinter sie trat und ihnen bis zum Büro der Flughafensicherheit folgte.

Dort machte der Lieutenant einen Schritt zur Seite und ließ Maria Flor und den Major zuerst eintreten.

„Major Fuentes hat einige Fragen an Sie", sagte er. „Er ist ein Mitarbeiter der CIA."

Maria Flor wurde bleich.

„Der … CIA?"

„Ja, Miss", bestätigte Fuentes. „Ich leite die Untersuchung eines Hackerangriffs auf das System der CIA, das gestern Nacht stattgefunden hat. Möchten Sie dazu etwas sagen, bevor ich Ihnen zwei, drei Fragen stelle?“

Maria Flor zögerte.

„Ich …“, stammelte sie. „Ich verlange einen Anwalt.“

Der Major lachte nur und zwinkerte Lieutenant Brown komplizenhaft zu, so, als sei ein solches Ansinnen bereits ein Schuldeingeständnis.

„Sie können Ihren Anwalt haben, wenn es soweit ist. Wobei es vielleicht sogar gar nicht nötig sein wird … wenn Sie mit uns kooperieren, versteht sich. Wir brauchen nur eine klitzekleine Information. Wenn Sie mir die geben, können Sie gleich in Ihren Flieger steigen.“

„Was wollen Sie von mir wissen?“

Der Amerikaner blickte sie barsch an.

„Wo ist Thomas Noroña?“

Maria Flor zögerte kurz und blickte dann hilfesuchend zu Lieutenant Brown. Als dieser keine Reaktion zeigte, nahm sie all ihren Mut zusammen und schaute den Major an.

„Ich weiß es nicht.“

„Wissen Sie es nicht, oder wollen Sie es nicht sagen?“

„Er hat mich zum Flughafen gebracht und ist dann wieder gefahren.“

„Wohin ist er gefahren?“

„Ich habe nicht die geringste Ahnung.“

Der CIA-Agent hielt ihrem Blick stand und wählte seine nächsten Worte.

„In diesem Fall tut es mir Leid, Ihnen mitzuteilen, dass Sie mich nach Langley begleiten müssen. Sie werden dort einem Lügendetektortest unterzogen. Wenn Sie den Test bestehen, wird die Agency Ihnen ein neues Flugticket beschaffen. Wenn Sie aber gelogen haben, werden Sie verhaftet und offiziell der Mithilfe an einem Angriff auf die Sicherheit der Vereinigten Staaten angeklagt. Habe ich mich deutlich ausgedrückt?“

Maria Flor nickte zaghaft.

„Bleiben Sie dabei, dass Sie nicht wissen, wo Thomas Noroña sich aufhält?“

„Selbstverständlich.“

Der Major legte seinen Koffer auf den Tisch und zog ein Paar Handschellen heraus.

„In diesem Fall kläre ich Sie darüber auf, dass Sie gemäß der amerikanischen Rechtsprechung im Kampf gegen den Terrorismus festgenommen sind“, und fügte dann die seit dem berühmten Fall *Miranda v. Arizona* offizielle Belehrung hinzu: „Sie haben das Recht zu schweigen. Alles, was Sie sagen, kann und wird vor Gericht gegen Sie verwendet werden. Sie haben das Recht, zu jeder Vernehmung einen Verteidiger hinzuzuziehen. Wenn Sie sich keinen Verteidiger leisten können, wird Ihnen einer gestellt. Während jedem Verhör können Sie zu jedem beliebigen Zeitpunkt entscheiden, dieses Recht geltend zu machen, nicht auf eine Frage zu antworten oder keine weitere Aussage zu machen.“

Die Erklärung betete er nur runter, damit Lieutenant Brown nicht sagen könnte, die Festnahme sei nicht ordnungsgemäß abgelaufen. Normalerweise gab sich die CIA nicht mit solchen Formalitäten ab. Dann stand Fuentes auf, ging um den Tisch und legte Maria Flor die Handschellen an. Anschließend führte er sie aus dem Büro und quer durch das Terminal, ohne sich um die Tränen zu kümmern, die ihr unentwegt über das Gesicht liefen.

LXV

Leicht nervös näherte sich Peter Bellamy der Sicherheitsschranke des CIA-Komplexes und hielt ordnungsgemäß vor der Absperrung. Als der Pförtner herantrat, öffnete er sein Fenster und zeigte seine Karte vor.

„Guten Abend“, grüßte er. „Ich habe einen Besucher dabei.“

„Ihre Papiere bitte, Sir.“

Tomás hatte seinen Reisepass schon griffbereit und reichte ihn dem Mann, der damit in sein Büro zurückging und die Daten vorschriftsmäßig überprüfte. Nach ein paar Minuten reichte er dem Portugiesen einen Besucherausweis.

„Hiermit haben Sie Zutritt zu den freigegebenen Bereichen.“ Dann reichte er Peter ein Papier zum Unterschreiben. „Wie Sie wissen, Mister Bellamy, dürfen Sie Ihren Gast zu keinem Zeitpunkt allein im Gebäude lassen. Er steht unter Ihrer Verantwortung.“

Der Pförtner gab seinen Mitarbeitern ein Zeichen, die den Jeep daraufhin auf Sprengstoff untersuchten. Schließlich öffnete sich die Schranke, und Peter rollte auf den Parkplatz, der um diese Uhrzeit fast verwaist dalag. Er stellte den Wagen auf seinem Privatparkplatz ab, dann stiegen er und Tomás aus und gingen zum Hauptgebäude.

Tomás schaute zum Himmel und winkte.

„Was machen Sie da?“, fragte Peter.

„Ich stelle mir vor, dass russische und chinesische Satelliten diesen Ort rund um die Uhr beobachten“, sagte er scherzhaft, „und wollte ihnen einfach mal Hallo sagen.“

Lachend betraten sie das Gebäude. Dort mussten sie unter den wachsamen Augen eines Aufsehers eine weitere Sicherheitskontrolle passieren.

„Und jetzt?", fragte Peter. „Wo fangen wir an?"

Tomás fühlte sich bei dem Gedanken, im Hauptsitz der CIA zu sein, klein und verloren. Ein wenig eingeschüchtert zögerte er und wusste nicht recht, was er hier tatsächlich tun durfte und was nicht.

„Kann ich mich hier frei bewegen?"

„Natürlich nicht", antwortete Peter. „Aber ich habe nahezu überall Zutritt. Unter den gegebenen Umständen werde ich wohl ein paar Regeln missachten müssen, um Sie an eigentlich verbotene Orte zu bringen." Er senkte die Stimme und fügte hinzu: „Wenn man uns erwischt, werde ich verhaftet und wegen Gefährdung der nationalen Sicherheit angeklagt. Was Ihnen bevorsteht, wissen Sie ja. Wir sollten uns also wirklich unauffällig verhalten. Wo gehen wir jetzt hin?"

„Ins Büro Ihres Vaters", sagte Tomás, „wenn das möglich ist?"

Der Amerikaner machte auf dem Absatz kehrt.

„Wir haben keine andere Wahl. Hier entlang."

Schweigend gingen sie über einen langen Flur. Tomás blickte sich erstaunt um; er hatte sich den Hauptsitz der CIA kalt und abweisend und voller hochmoderner Sicherheitsvorkehrungen vorgestellt, doch stattdessen sah er Büros mit großen Glasfenstern, durch die hindurch man trotz der Dunkelheit die das Gebäude umgebenden Bäume sehen konnte.

Sie kamen an eine Metalltür mit erneuter Zugangskontrolle. Peter schob seine Karte ins Magnetlesegerät, tippte eine Nummer ein und legte seinen rechten Zeigefinger auf den Scanner.

Die Tür öffnete sich.

„Wir betreten jetzt den unerlaubten Bereich", sagte Peter und prüfte aus den Augenwinkeln die Einstellung der Überwachungskamera an der Decke des Flurs. „Tun Sie so, als würden Sie sich ebenfalls legitimieren."

Tomás tat, wie ihm geheißen und legte seinen Besucherausweis auf das Gerät, tat so, als gebe er eine Geheimzahl über die Tastatur ein und legte seinen Zeigefinger über den Scanner, ohne ihn jedoch zu berühren. Dann betraten sie den Mitarbeiterbereich, der sich auf den ersten Blick nicht vom öffentlichen Bereich unterschied. In Anbetracht der späten Stunde war die Mehrzahl der Räume leer; nur in wenigen Büros, in denen die Agenten an Operationen in Asien oder im Mittleren Osten arbeiteten, brannte noch Licht.

Nachdem sie einen Innenhof umrundet hatten, hielten sie vor einer weiteren Sicherheitstür, an der sie das Prozedere der ersten Tür wiederholten. Als sie aufschwang, ließ Peter seinem Gast mit höflicher Geste den Vortritt.

„Unter normalen Umständen käme ich mit meiner Karte hier nicht hinein“, erklärte er. „Aber dank meines Vaters habe ich die Erlaubnis erhalten. Und offensichtlich ist sie noch nicht widerrufen worden.“

„Aha? Der Sohn eines Direktors erhält einfach so eine Zugangserlaubnis?“

Sie betraten einen geräumigen Warteraum, an dessen Ende eine zweite Tür lag, auch diese mit Zugangskontrolle. Peter öffnete sie ebenfalls.

„Ja, wenn es sich um das Büro seines Vaters handelt.“

Der Moment war gekommen, in dem Tomás Noronha in Frank Bellamys Allerheiligstes eindrang.

LXVI

Leichenblass lag Maria Flor auf der Rückbank des Chevrolets. Nach einem gezielten Schlag auf den Nacken hatte sie das Bewusstsein verloren. Dann war Major Fuentes auf den Fahrersitz gesprungen und hatte Gas gegeben. Er verließ das Flughafengelände und fuhr auf die Autobahn Richtung Washington.

An der ersten Ausfahrt fuhr er ab und nahm eine Parallelstraße, dann einen Seitenweg, der wiederum in ein Kiefernwäldchen führte. Hinter einer engen Kurve bog er in einen unscheinbaren Fahrweg ein, der vor einem verlassenen Steinbruch endete. Er hielt neben einem Busch und legte den reglosen Körper seiner Gefangenen zurecht. Die Handgelenke fesselte er an die Verankerungen des Sicherheitsgurts, dann wickelte er ein Seilstück um ihre Füße. Anschließend betrachtete er sein Werk. Die Umstände waren alles andere als ideal; ein Bett wäre auf jeden Fall besser, aber das würde ihn nicht hindern. Er hatte schon einmal einen Taliban in einem Auto verhört, und das hatte sich als gar nicht so übel erwiesen.

Fuentes öffnete den Deckel einer Mineralwasserflasche und spritzte einige Tropfen auf das Gesicht seines Opfers.

„Was …? Wo bin ich?", stammelte die hübsche Portugiesin.

„*Señorita* Sequeira", antwortete der Major. „*Señorita* Sequeira, hören Sie mich?"

Noch ganz benommen blickte Maria Flor ihn an.

„Was ist passiert?" Als sie versuchte, sich zu bewegen, merkte sie, dass ihre Hand- und Fußgelenke gefesselt waren. Dann riss sie ihre

Augen auf. „Was soll das? Warum haben Sie mich gefesselt? Lassen Sie mich los!“

Sie war schnell wieder zur Besinnung gekommen.

„*Señorita* Sequeira, Sie haben die Wahl: Entweder arbeiten Sie freiwillig mit uns zusammen, oder ich sehe mich zu härteren Maßnahmen gezwungen. Wie entscheiden Sie sich?“

Maria Flor versuchte erneut, sich aufzurichten, aber vergeblich.

„Machen Sie mich los!“, rief sie. „Sie haben kein Recht, mich so zu behandeln!“

Der CIA-Agent rollte mit den Augen. Jedes Mal, wenn er einen Amerikaner oder Europäer verhörte, beharrten diese auf ihren vermeintlichen Rechten. Wieso verschwendeten sie nur immer so viel Zeit?

„Sie haben nicht auf meine Frage geantwortet“, erwiderte er. „Antworten Sie freiwillig, oder muss ich nachhelfen? Es ist Ihre Entscheidung.“

„Binden Sie mich los!“

Der Major kannte das Spiel in- und auswendig. Am Anfang sträubten sich die Gefangenen immer noch, aber nach den ersten schmerzhaften Erfahrungen wurden sie schnell sehr gesprächig.

Er kannte seine Handgriffe quasi im Schlaf. Mit einer raschen Bewegung steckte er ihr ein Taschentuch in den Mund und klebte ein Stück Klebeband darüber.

„Hmmm! Hmmm!“

Auch diese erstickten Hilfeschreie kannte der Major zur Genüge. Sie begleiteten nahezu jedes seiner Verhöre. Maria Flor war nicht die Erste und würde auch nicht die Letzte sein, der diese Erfahrung zuteil wurde.

Er nahm die Kneifzange und hielt sie ihr vor die Augen.

„Diese Zange hier ist außerordentlich wirksam. Wollen Sie mal sehen, wie sie funktioniert?“

Er hockte sich auf den Rand des Rücksitzes und beugte sich schräg über Maria Flor, um ihre rechte Hand zu packen. Seine Sitzposition war zwar alles andere als bequem und würde ihm die Aufgabe nicht erleichtern, aber in der Regel genügte eine einzige Amputation, um selbst schweigsame Gemüter dazu zu bringen, Vater und Mutter zu verraten. Nur in den seltensten Fällen musste er mehrere Finger oder gar ein Handgelenk abtrennen. Er legte den kleinen Finger seines Opfers zwischen die Backen der Zange.

Sein Handy klingelte in genau dem Moment, als er zudrücken wollte. Es war Fuchs. Er fluchte.

„Ja, hallo!", rief er knapp.

„Der Verrückte ist in der Agency!", bellte Fuchs ihm ins Ohr.

„Wie bitte?"

„Was machen Sie gerade?"

Fuentes blickte auf Maria Flor. Zwar sprach sein Chef bestimmt über eine sichere Leitung, aber er musste dennoch aufpassen, was er sagte.

„Ähm, ich ... arbeite gerade an ein paar Informationen über unseren Verdächtigen. Ich habe seine Puppe hier bei mir und wollte mich jetzt ... nett mit ihr unterhalten."

„Dieser Hurensohn ist in der Agency", wiederholte Fuchs. „Langley hat mich gerade angerufen. Bei der automatischen Datenkontrolle wurde die Registrierung eines Portugiesen namens Thomas Noroña festgestellt. Er ist vor etwa zwanzig Minuten in die Zentrale eingedrungen!"

Fuentes kniff ungläubig die Augen zusammen.

„Wie das?"

„Der Sohn des Alten ist bei ihm, dieser kleine Scheißer!"

„Aber das ist ... genial!"

„Ganz und gar nicht!"

„Aber doch! Unser Verdächtiger ist in Langley, er ist sogar freiwillig zu uns gekommen. Was wollen wir mehr? Dass Noroña uns in den Arsch kriecht?"

„So einfach ist das nicht", entgegnete Fuchs. „Wenn der Typ zusammen mit Bellamys Sohn in der Agency ist, dann ist das äußerst lästig.

Dann können wir ihn nicht mal eben so schnappen; Bellamy junior ist nicht irgendwer, der lässt sich nicht einfach beseitigen. Der kann uns durchaus Ärger machen."

„Das verstehe ich nicht. Der Sohn von Bellamy macht gemeinsame Sache mit dem Mann, der seinen Vater ermordet hat? Aber das ergibt doch keinen Sinn ..."

„Wie schon gesagt, ist das alles nicht so einfach. Dieser Noroña ist äußerst gerissen und wer weiß, was er dem Sohn des Alten für eine Geschichte erzählt hat. Aber das ist ja auch egal. Wichtig ist, dass wir schnell handeln, und zwar auf unsere Art."

„Haben Sie schon eine Idee?"

Fuchs dachte einen Moment lang nach.

„Sagten Sie nicht, dass seine Puppe bei Ihnen ist?"

„Doch, das stimmt. Ich wollte mich gerade ein wenig mit ihr über ihren Macker unterhalten, aber das ist ja wohl nicht mehr nötig. Was soll ich tun? Sie beseitigen?"

„Bloß nicht! Diese Tussi ist unser bester Trumpf."

„Wie das?"

„Wir werden sie als Köder benutzen. Ich fahre jetzt sofort in die Agency. Wir müssen unbedingt einen Weg finden, dass er aus freien Stücken wieder verschwindet."

„Und wie soll das gehen?"

„Hören Sie gut zu. In den nächsten Stunden sind Sie kein CIA-Agent mehr, sondern ein Verbrecher, der Noroñas Freundin entführt hat. Bringen Sie sie irgendwo hin und drohen Sie damit, sie zu töten. Wenn ich ihn richtig einschätze, wird er um jeden Preis versuchen wollen, sie zu retten."

„Und dann? Was mache ich anschließend?"

„Sobald er das Gelände der Agency verlassen hat, haben wir freie Hand. Dann schnappen Sie ihn sich und verhören ihn. Wenn er uns alles über das *Quantenauge* erzählt hat, können Sie ihn liquidieren. Danach verschwinden Sie erst einmal von der Bildfläche. Die Polizei wird denken, dass es sich um Raubmord oder einen Racheakt handelt. Wir hingegen bekommen nicht nur Zugriff auf das *Quantenauge*, sondern rächen gleichzeitig auch noch Frank Bellamy."

„Und was mache ich danach mit Noroñas *chica*?"

„Sie liquidieren sie!"

LXVII

Es wurde schlagartig hell im Büro des verstorbenen CIA-Direktors, und Tomás musste blinzeln. Der Raum war groß und klassisch eingerichtet, mit edlem Holzparkett und einem Webteppich mit dem Logo der CIA sowie einem Schreibtisch aus massivem Mahagoniholz, der vor der amerikanischen Flagge und einem Portrait des Präsidenten thronte. Gegenüber dem Fenster stand ein prall gefülltes Bücherregal, daneben hing eine Weltkarte gespickt mit roten Punkten, die die wichtigsten Hauptstädte der Welt markierten.

„Das ist das erste Mal, dass ich hier bin, seit …“, sagte Peter mit belegter Stimme.

„Wo ist der Safe?“, unterbrach ihn Tomás, der das Gebäude der CIA so schnell wie möglich wieder verlassen wollte.

Peter deutete auf das Portrait an der Wand.

„Dahinter“, sagte er. „Ich weiß, dass Halderman und Fuchs ihn schon geöffnet haben. Sie haben offenbar vertrauliche Berichte, Informationen über aktuelle Projekte und einiges Bargeld gefunden, aber über das *Quantenauge* … nichts.“

„Keinerlei Hinweise?“

„Nein, nichts.“

Auf der Suche nach irgendeinem Detail, das den anderen entgangen war, blickte sich der Kryptanalyst im Büro um. Er betrachtete die Bücher im Regal, die fast ausschließlich von wissenschaftlichen und geostrategischen Themen handelten: Werke von John von Neumann, Richard Feynman und Stephen Hawking, Klassiker wie die von Laotse, Clausewitz, Hobbes, Machiavelli und T. E. Lawrence sowie von Kissinger und Churchill. Die Weltkarte schien nichts als ein dekoratives Element zu sein und schon seit Jahren dort zu hängen.

Er drehte sich um und näherte sich dem Fenster, das auf den Hof zeigte, den sie wenige Minuten zuvor überquert hatten. Tomás schaute hinaus und sah eine abstrakte Skulptur, eine S-förmig geschwungene Kupferwand mit gestanzten Buchstaben, die an eine alte Papier- oder Papyrusrolle erinnerte.

In diesem Büro hatte Frank Bellamy all die Jahre gearbeitet und den technologischen Fortschritt der CIA mit vorangetrieben.

„Irgendwo hier muss es einen Hinweis auf das *Quantenauge* geben, der auch das Rätsel um den Tod Ihres Vaters löst", murmelte er. „Fragt sich nur, wo."

Er trat zum Schreibtisch und blätterte in den Dokumenten, die dort sauber gestapelt lagen. Dann widmete er sich den Schubladen, ebenfalls, ohne etwas Interessantes zu finden.

„Halderman und Fuchs haben das Büro schon stundenlang durchforstet", sagte Peter. „Und sie haben rein gar nichts gefunden." Er schüttelte skeptisch den Kopf. „Um ehrlich zu sein, wüsste ich nicht, wie wir jetzt doch etwas entdecken sollten."

Tomás drehte sich langsam um seine eigene Achse. Schließlich blieb sein Blick auf dem Portrait des Präsidenten hängen.

„Wie öffnet man den Safe?", fragte er.

„Er enthält wirklich nichts Hilfreiches", wiederholte Peter. „Wie schon gesagt, haben Halderman und Fuchs …"

„Ich bin nicht sicher, ob die beiden einen eventuellen Hinweis auch richtig interpretieren konnten", entgegnete Tomás. „Deshalb würde ich gern selbst einen Blick hineinwerfen. Vielleicht ist den beiden ja etwas entgangen."

„Das wage ich zu bezweifeln", brummte Peter. „Aber unabhängig davon kenne ich die Geheimzahl des Safes nicht."

Sie steckten in einer Sackgasse. Erneut begann Tomás, wie ein Tiger im Käfig im Büro auf und ab zu gehen. Als er die Hände in seinen Hosentaschen vergrub, stieß er auf das Amulett, das Frank Bellamy ihm geschickt hatte.

„Das große Pentakel!“, rief er aus. „Vielleicht enthält das ja weitere Hinweise!“

„Glauben Sie?“

Tomás legte das Amulett auf den Tisch, und die beiden Männer beugten sich darüber.

„Die Koordinaten stehen zwischen den sieben Zacken des Sterns“, bemerkte Peter. „Ansonsten ist da noch der Stern selbst …“

„Der siebenzackige Stern ist ein Heptagramm“, erklärte Tomás. „Das ist ein alchemistisches Symbol für die vier Grundelemente der westlichen Kultur – Erde, Luft, Wasser und Feuer – sowie die drei Grundelemente der östlichen Kultur, Salz, Quecksilber und Schwefel. Das Heptagramm ist bestimmt nicht zufällig gewählt, sondern weil es alles darstellt, was im Universum existiert.“

„Das würde auch zu den wissenschaftlichen Arbeiten meines Vaters passen“, sagte Peter. Dann deutete er auf die hebräischen Schriftzeichen. „Dann steht hier ja noch *Der Schlüssel des Salomon*, nicht wahr?“

„Ja, aber da ist noch einiges mehr“, sagte Tomás. „Und ich bin sicher, dass alles, was Ihr Vater hier eingraviert hat, von Bedeutung ist. Wir müssen seine Botschaft nur noch entschlüsseln.“

Der Codespezialist setzte sich an den Schreibtisch, nahm Stift und Papier zur Hand und kopierte die lateinischen Buchstaben.

TTVPYN4SOTPYRK

„Und das soll etwas bedeuten?“, fragte Peter und zog die Augenbrauen hoch.

Tomás’ Augen überflogen die Zeichen und leuchteten auf. Die Lösung war so einfach!

„Aber sicher doch!“, sagte er aufgeregt. „Sehen Sie, die hebräischen Zeichen מפתח שלמה heißen *Maphteah Shelomo*, und Hebräisch wird von rechts nach links gelesen. Da die lateinischen Buchstaben im gleichen Kreis stehen, könnten sie doch auch von rechts nach links gelesen werden …“

Er nahm den Stift wieder zur Hand und notierte die Zeichen diesmal in umgekehrter Reihenfolge.

KRYPTOS4NYPVTT

„Das heißt doch immer noch nichts“, sagte Peter enttäuscht.

Eilig kritzelte Tomás die Zeichen noch einmal hin, jetzt allerdings mit zwei Leerzeichen.

KRYPTOS 4 NYPVTT

„Erkennen Sie es jetzt?“

Dem Amerikaner blieb der Mund offen stehen.

„*Kryptos*!“, rief er dann. „Das steht *Kryptos*!“

Er lief zum Fenster und deutete auf die Skulptur im Innenhof.

„Genau dieses Kunstwerk meinte Ihr Vater“, sagte Tomás zufrieden.

Sie hatten die Spur gefunden, die Frank Bellamy ihnen hinterlassen hatte.

LXVIII

Sorgenvoll schüttelte Harry Fuchs den Kopf, als er den Parkplatz in Langley erreichte. Was zum Teufel war in Tomás Noronha gefahren, dass er sich in die Höhle des Löwen begab? Was suchte er hier?

„Das *Quantenauge*", stieß er gepresst hervor und eilte auf das Hauptgebäude zu. „Dieser Scheißkerl glaubt anscheinend, er könne das *Quantenauge* finden. Für wen hält er sich nur?"

Allein die Vorstellung schien ihm lächerlich. Er und seine Männer hatten das Gebäude von oben bis unten durchsucht. Ohne Erfolg. Aber ein paar Einzelheiten beschäftigten ihn. Warum hatte der Alte in seiner letzten Nachricht Tomás Noronha als ‚den Schlüssel' bezeichnet? Es konnte sich eigentlich nur um den Schlüssel zum *Quantenauge* handeln. So weit, so gut. Was er jedoch nicht verstand, war das Verhalten des Portugiesen. Trotz aller Gefahren war der Geschichtsprofessor nach Langley gekommen. Er musste im Besitz irgendeiner wichtigen Information sein.

Kaum hatte er das Gebäude betreten, sah er Sam Dunn, den Leiter der Nachtmannschaft, der in der Eingangshalle auf ihn wartete. Er war es gewesen, der ihn von der Anwesenheit des Portugiesen benachrichtigt hatte. Fuchs hatte kein übermäßiges Vertrauen in Dunn, aber er wusste, dass der Mann effizient war und er ihm notgedrungen ein paar Informationen geben musste, um das *Quantenauge* zu finden.

„Wo ist der Mistkerl?"

„Im Büro vom alten Bellamy, Sir."

Rasch passierten sie die Sicherheitskontrolle und eilten den Gang zum Büro des einstigen Direktors für Wissenschaft und Technologie entlang.

„Ich hoffe, niemand ist eingeschritten?“, fragte Fuchs.

„Nein, Sir. Ich habe sie in Ruhe gelassen und nur beobachtet, wie Sie befohlen hatten.“

Die Überwachung war zwar diskret, deckte aber das gesamte Gelände der CIA ab. Es war klar, dass Tomás Noronha ohne die Hilfe von Peter Bellamy hier keinen Erfolg gehabt hätte. Auch nicht ohne die Zurückhaltung von Sam Dunn, der sich darauf beschränkt hatte, jeden Schritt der beiden Eindringlinge zu beobachten, ohne einzugreifen.

An der zweiten Sicherheitstür mussten sie sich erneut legitimieren, und Fuchs nutzte die Gelegenheit, um Dunn darüber einzuweihen, dass er Noronhas Freundin entführen lassen hatte, um Druck auf den Portugiesen auszuüben.

„Aber das ist nur eine Inszenierung, damit der Kerl kooperiert“, fügte er hinzu. Selbstverständlich würde er dem Mitarbeiter nicht auf die Nase binden, dass Maria Flor beseitigt werden sollte.

Im Bereich der Direktion für Wissenschaft und Technologie angekommen, gingen die beiden Männer zielstrebig in das Büro des stellvertretenden Leiters. Walter Halderman, den Fuchs umgehend über die Ereignisse informiert hatte, wartete schon ungeduldig auf sie.

„Der Typ ist im Büro des Alten“, platzte Halderman heraus, während er mit den Fingern auf den Tisch trommelte. „Was machen wir jetzt?“

„Ihn festnehmen.“

Sie gingen zu dem Büro, in dem üblicherweise Bellamys Sekretärin arbeitete. Unter dem Türspalt sahen sie Licht brennen. Halderman legte seinen Ausweis auf den Sicherheitsscanner und gab seinen Code ein. Dann ging die Tür auf. Mit vorgehaltener Waffe rückten die drei Männer vor.

„Scheiße!“

Das Büro war leer. Verärgert darüber, dass seine Zielpersonen nicht da waren, wo er sie erwartet hatte, schaute Dunn auf der Privattoilette von Bellamy nach.

Fuchs und Halderman wechselten einen wütenden Blick. Dann ballte Fuchs die Faust und schlug gegen das Bücherregal. Als er sich umdrehte, bemerkte er aus den Augenwinkeln eine Bewegung. Er trat ans Fenster und sah zwei Männer im Innenhof. Die beiden eilten auf die Skulptur zu. Der eine war Peter Bellamy. Den anderen hatte er noch nie gesehen, erkannte ihn aber instinktiv: Tomás Noronha.

LXIX

Interessiert umrundete Tomás die merkwürdige Skulptur im nordwestlichen Teil des Hofs der Direktion von Wissenschaft und Technologie. Wie er wusste, bestand das Kunstwerk aus vier großen Kupferplatten, Elementen aus weißem Quarz sowie grünem und rotem Granit, und es enthielt Geheimnisse, an denen sich selbst die besten CIA-Kryptologen schon die Zähne ausgebissen hatten.

Mit der flachen Hand fuhr Tomás über die unregelmäßige Oberfläche der Kupferplatten, als könne er der Skulptur durch die Berührung ihr Geheimnis entlocken.

„*Kryptos* ist wirklich so rätselhaft wie sein Name vermuten lässt“, sagte Peter. „Es heißt, die Skulptur enthalte mehrere Geheimbotschaften, die zu entschlüsseln aber noch niemandem gelungen ist.“

„Ich weiß nicht, ob Sie es wissen, aber ich bin nicht nur Historiker, sondern auch Kryptanalyst“, entgegnete Tomás, der die Skulptur fasziniert betrachtete. „Ich kenne dieses Werk daher sehr gut, denn es ist eines der großen Rätsel der Kryptologie. Es stammt von dem amerikanischen Bildhauer James Sanborn und enthält vier verschlüsselte Botschaften, von denen drei sehr wohl bereits entschlüsselt wurden. Nur die vierte Lösung wurde noch nicht gefunden.“

„Aha, und was haben die ersten drei Botschaften enthüllt? Ein mystisches Geheimnis?“

Tomás lächelte.

„Nein, nein, nichts dergleichen.“ Er deutete auf eine der vier Platten der Skulptur. „Hier steht die erste Botschaft. Sie wurde mit Hilfe der Vigerère-Chiffre erstellt, einer polyalphabetischen Ersetzungschiffre. Das Schlüsselwort dazu lautet ‚Palimpsest‘, und ergibt den Satz ‚Zwischen subtiler Schattierung und der Abwesenheit von Licht liegt die Abstufung von Illusion.‘“

„Wow, das ist ja poetisch …“

Tomás ging zur zweiten Platte weiter.

„Diese zweite Botschaft enthält … geografische Koordinaten. Merkwürdig, nicht wahr?“

„Wie die auf dem großen Pentakel?“

„Exakt. Und zwar 38°, 57’, 6,5” Nord und 77°, 8’, 44” West. Ich habe es schon mit GPS überprüft.“ Er drehte sich um und deutete nach Südwesten. „Das liegt etwa fünfundvierzig Meter in diese Richtung.“

Peter folgte Tomás’ ausgestrecktem Arm, um zu sehen, welcher Ort in der zweiten Botschaft von *Kryptos* bezeichnet war.

„Aber das ist ja … das Büro meines Vaters!“

„Das deutet darauf hin, dass er in Sanborns Geheimbotschaften eingeweiht war. Was nicht weiter überrascht, denn immerhin war Ihr Vater einer der dienstältesten Mitarbeiter der CIA.“

„Das stimmt.“

„Die zweite Botschaft bestätigt also, dass die Nachricht, die Ihr Vater uns übermitteln wollte, dort verborgen ist, und dass *Kryptos* uns den Schlüssel dazu liefert.“

Fasziniert betrachtete Peter die ungewöhnliche Skulptur, als suche er nach einem Hinweis auf den Mörder seines Vaters.

„Das heißt, Sie glauben, dass die dritte Botschaft diesen Schlüssel enthält?“, fragte Peter und rieb sich das Kinn.

„Das ist zwar möglich, aber nicht wahrscheinlich“, erwiderte Tomás. „Diese Botschaft wurde ja ebenfalls schon entschlüsselt und beruht auf einem etwas umformulierten Zitat von Howard Carter aus dessen Buch über die Entdeckung des Grabes von Tutanchamun. Genauer gesagt, geht es darin um den Augenblick, als die Grabkammer geöffnet wurde.“

„Ah! Heißt Grabkammer nicht auch Krypta? Sprich, um eine Krypta zu öffnen, braucht man einen Schlüssel …“

„Aber Carter hat keinen Schlüssel verwendet, um das Grab zu öffnen. Von daher denke ich nicht, dass diese Botschaft die Lösung unseres Problems enthält.“

Peter wurde ungeduldig.

„Wenn die Lösung weder in der ersten, noch in der zweiten und dritten Botschaft verborgen ist, wo zum Teufel steckt sie dann? In der vierten Botschaft kann sie ja kaum sein, denn die wurde ja noch nicht entschlüsselt.“

„Vielleicht doch.“

„Was wollen Sie damit sagen?“

Tomás antwortete nicht gleich. Er bückte sich zur vierten Platte hinab und schaute sie konzentriert an, als wolle er sie zwingen, ihm ihr Geheimnis zu verraten.

„Die Lösung verbirgt sich in dieser vierten Botschaft.“

LXX

Schreckensbleich lag Maria Flor auf der Rückbank des Wagens und fühlte sich in einem Alptraum gefangen.

„Schön ruhig bleiben, meine Hübsche", sagte Fuentes vom Fahrersitz, als er bemerkte, dass sein Opfer versuchte, sich zu bewegen. „Wir sind gleich am Ziel, und dann widme ich dir wieder meine ganze Aufmerksamkeit …"

Der Anruf, den der Major erhalten hatte, hatte Maria Flor keineswegs gerettet, sondern ihr nur eine Schonfrist gewährt. Sie hatte natürlich nicht das gesamte Gespräch verfolgen können, hatte aber genug gehört, um zu wissen, dass sie als Lockvogel für Tomás dienen sollte. Aber der würde kaum irgendein Risiko eingehen, um eine Frau zu retten, die für ihn nur eine hübsche Puppe war. Und selbst, wenn er es versuchen sollte, was würde es nützen? Er war Geschichtsprofessor und sein Gegner ein erfahrener CIA-Mann.

Ihre Handgelenke waren eingeschnürt und taten weh, ihre Hände waren geschwollen. Gern hätte sie ihren Entführer gebeten, die Fesseln wenigstens etwas zu lockern, aber mit dem Knebel im Mund blieb ihr nur ein gequältes Stöhnen.

Als er das hörte, drehte Fuentes sich kurz zu seiner Gefangenen um, ein boshaftes Lächeln auf den Lippen. Dann gab er der Versuchung nach und fasste ihr an die Brüste.

„Schade, dass wir die Gelegenheit nicht nutzen können. Du hättest es bestimmt genossen. Aber ich bin nun mal Profi, und die Arbeit geht vor. Pech für dich."

Maria Flor versuchte, den Händen des Majors zu entkommen.

„Hmmm! Hmmm!"

„Du bist widerspenstig, was? Ah, solche Frauen liebe ich. Das gefällt mir. Aber leider werden wir nicht mehr das Vergnügen haben."

Er warf ihr einen letzten Blick zu, dann konzentrierte der Major sich wieder auf die Straße. Nur selten kam ihm ein Auto entgegen und blendete ihn kurz. Um diese Uhrzeit war kaum noch jemand unterwegs.

„Du wirst sehen, was ich für dich vorbereitet habe …"

LXXI

Tomás kniete vor der *Kryptos*-Skulptur und suchte angestrengt nach der Lösung des vierten Geheimnisses – oder zumindest einem Hinweis für sein Problem. Dann blickte er zu Peter auf.

„Was stand doch gleich auf dem Amulett, das Ihr Vater mir geschickt hat?"

Der Amerikaner griff in seine Hosentasche und zog den Zettel heraus, auf dem er die Buchstabenfolge notiert hatte.

KRYPTOS 4 NYPVTT

„Nun, die Bedeutung von *Kryptos* ist offensichtlich", sagte er. „Dann steht da noch ‚4 NYPVTT'."

„Auch was damit gemeint ist, ist klar."

„Aha?"

Peter Bellamy fixierte die Buchstabenfolge NYPVTT. Die ersten beiden waren ihm vertraut.

„NY sind die Initialen von New York", begann er zögernd. „Vielleicht bezieht sich die Vier ja auf den vierten Stadtbezirk, die Bronx?"

Der Codespezialist schmunzelte.

„Ihr Geheimdienstler macht es gern kompliziert, nicht wahr?", sagte er lachend und tippte auf die betreffenden Zeichen. „Sehen Sie nicht, dass KRYPTOS 4 sich auf die vierte Botschaft von *Kryptos* bezieht?"

„Meinen Sie?“, fragte Peter skeptisch. „Haben Sie nicht vorhin selbst gesagt, dass die noch nicht entschlüsselt wurde? Wie hätte mein Vater seine Nachricht mit einer unbekannten Botschaft verschlüsseln sollen?“

„Wer weiß, ob er die Bedeutung der Botschaft nicht doch kannte?“

„Aber selbst, wenn er sie kannte, kennt doch niemand anderer die Lösung.“

Tomás antwortete nicht sofort. Er strich erneut mit der Hand über die ausgestanzten Buchstaben, die völlig willkürlich wirkten. Beim vierundsechzigsten hielt er inne und blickte zu Peter auf.

„Hier, sehen Sie!“

Der CIA-Analyst bückte sich zu Tomás und versuchte, die Zeichen zu erkennen.

NYPVTT

„Das gibt’s ja nicht!“, rief er plötzlich. „Das sind die gleichen Buchstaben wie auf dem Amulett! Was hat das zu bedeuten?“

Tomás stand auf und schaute den Amerikaner an.

„Da niemand in der Lage war, die Botschaft der vierten Platte zu entschlüsseln, hat James Sanborn 2010 einen Hinweis gegeben. Er sagte, dass die Lösungen der ersten Platten die Antwort auf die letzte enthalten und dass diese Buchstaben“, er deutete auf die Sequenz NYPVTT, „für BERLIN stehen.“

„Berlin?“

„Ja.“ Er rieb sich das Kinn. „Mit der Nachricht KRYPTOS 4 NYPVTT auf dem großen Pentakel wollte Ihr Vater, dass wir die vierte Platte von *Kryptos* aufsuchen, auf der die Sequenz NYPVTT steht. Und deren Bedeutung wiederum ist Berlin.“

Peter Bellamy war völlig verdattert von der neuen Erkenntnis.

„Das Geheimnis um den Tod meines Vaters findet sich also in Berlin?“, wunderte er sich. „Aber … “

„Hände hoch!“

Überrascht drehten Tomás und Peter sich um.

Harry Fuchs hielt seine Pistole auf sie gerichtet.

LXXII

Völlig erschöpft gab Maria Flor sich keiner Illusion hin; ihr stand nichts Gutes bevor. Sie sollte als Lockvogel für Tomás dienen, und dann – wenn er in die Falle gegangen wäre oder auch nicht – würde sie beseitigt werden.

„Gleich sind wir da, Püppchen", murmelte Fuentes vom Fahrersitz. „Schauen wir mal, ob die Luft rein ist."

Nach einer Kurve fuhr er erst langsamer, dann hielt er den Wagen an. Er zog die Handbremse und blickte sich in alle Richtungen um. Ungehalten verzog er das Gesicht.

„Verdammt! Es ist zwei Uhr nachts, und da spazieren immer noch irgendwelche Idioten rum." Er stellte den Motor ab. „Haben die nichts Besseres zu tun?"

Dann duckte sich der Major und wartete, bis die Nachtschwärmer vorbeigegangen wären. Die kurze Pause nutzte er, um sich seiner Gefangenen zu widmen. Er knöpfte die obersten Knöpfe ihrer Bluse auf und fuhr ihr erneut über die Brüste.

„Ich sehe, du bist nervös", sagte er. „Oder aufgeregt?", fügte er fast kichernd hinzu. Dann schaute er auf. Die Spaziergänger waren außer Sichtweite. „Aber jetzt habe ich etwas Dringenderes zu tun."

Er nahm sein Handy und drückte eine Kurzwahltaste.

„Ich muss mit Tomás Noroña sprechen."

LXXIII

Es war wie ein Schock, als Peter den CIA-Chef mit der Waffe in der Hand sah.

„Harry, ich bin's, Peter Bellamy. Nehmen Sie die Pistole runter."

Fuchs deutete mit dem Lauf auf den Portugiesen.

„Ich bin auch nicht Ihretwegen hier, sondern seinetwegen."

„Aha. Und was soll Professor Noronha verbrochen haben?"

„Er hat Ihren Vater umgebracht. Sollten Sie etwa schon den Zettel mit seiner letzten Nachricht vergessen haben?"

„Jetzt machen Sie mal halblang. Sie wissen genauso gut wie ich, dass das nicht stimmt. Er hat keineswegs geschrieben, Professor Noronha habe ihn ..."

„Aber so gut wie. Ihr Vater hat geschrieben, er ist ‚der Schlüssel'. Was das heißt, ist ja wohl klar."

„Erzählen Sie keine Märchen."

„Ich habe nur zitiert. Die Nachricht ist eindeutig."

Peter atmete tief durch.

„Wissen Sie, warum es ein Märchen ist?", fragte er herausfordernd. „Weil derjenige, der ihn getötet hat, niemand anderer ist als Sie."

Der CIA-Chef lachte gezwungen.

„Sie sind ja verrückt geworden! Weshalb hätte ich so etwas tun sollen? Ihr Vater war mein Freund!"

„Sein Freund? Sie? Dass ich nicht lache! Glauben Sie nicht, dass mein Vater Ihr Spiel nicht durchschaut hätte." Er deutete mit dem

Zeigefinger auf Fuchs. „Sie wollten ihn loswerden, notfalls auch mit Gewalt. Sie wollten endlich Zugriff auf das *Quantenauge* bekommen, um Ihren Arsch zu retten. Sie dachten, mit Hilfe des *Quantenauges* könnten Sie Ihre Unfähigkeit kaschieren, die Sie schon so oft unter Beweis gestellt haben." Er lachte. „Nein, für Sie war mein Vater garantiert kein Freund, sondern ein Hindernis."

Harry Fuchs ging drohend einen Schritt auf Bellamy zu.

„Ich verbiete Ihnen, so etwas zu sagen!", fauchte er. „Nur der Respekt vor Ihrem Vater hindert mich daran, Sie …"

Unbeeindruckt verschränkte Peter die Arme vor der Brust und schaute Fuchs abschätzig an.

„Hören Sie auf mit dem Theater!", unterbrach er ihn und deutete auf die Waffe in seiner Hand. „Was genau wollen Sie?"

Fuchs zeigte auf Tomás.

„Ich will Ihrem Freund ein paar Fragen stellen."

„Worüber?"

„Zum Tod Ihres Vaters … unter anderem."

„Und das wäre?"

Der CIA-Chef kniff die Augen zusammen.

„Zum Beispiel … das *Quantenauge*."

Peter Bellamy sah ihn spöttisch an.

„Natürlich wollen Sie ihn über das *Quantenauge* befragen! Dieses Projekt ist das Einzige, was Sie an der ganzen Sache interessiert."

„Ihre Meinung ist völlig unwichtig. Ich muss Ihrem Freund einige Fragen stellen."

„Er wird Ihnen aber nichts sagen, denn er vertraut Ihnen nicht. Er weiß nur zu gut, dass Sie ihn nur benutzen und bei der nächstbesten Gelegenheit beseitigen wollen. Er weiß auch, dass es alles andere als normal ist, wenn der Geheimdienstchef höchstpersönlich um zwei Uhr nachts hier auftaucht, um ihn zu verhaften."

Harry Fuchs zögerte.

„Das sind nichts als Vermutungen. In dieser Geschichte gibt es noch einiges zu klären."

So sehr Peter auch überlegte, was Fuchs eigentlich wollte, merkte er doch, dass er irgendetwas übersah.

„Sie wissen genau, dass Sie ihn hier in Langley nicht zum Reden bringen können, und die Tatsache, dass ich bei ihm bin, verbietet jede illegale Maßnahme. Ich frage mich nur, was für ein Spiel Sie spielen. Was haben Sie bloß ausgeheckt?"

In diesem Moment kamen zwei Männer in den Hof. Peter erkannte Walter Halderman sofort, den Assistenten seines Vaters. Neben ihm ging Sam Dunn, der Leiter des Nachtteams. Die beiden kamen direkt auf sie zu.

„Ein Anruf für Tomás Noronha", sagte Dunn und hielt ein Handy in die Höhe. „Jemand hat die Nummer unserer Zentrale gewählt und darauf bestanden, mit ihm zu sprechen." Er schaute Tomás an. „Der Mann hat gesagt, es handle sich um den Freund von Peter Bellamy. Ich nehme an, das sind Sie?"

Tomás starrte den Neuankömmling entgeistert an.

„Ein Anruf für mich?", fragte er. „Das muss ein Irrtum sein …"

Dunn reichte ihm das Gerät.

„Hier, hören Sie selbst."

Tomás nahm das Handy mit einem unguten Gefühl entgegen.

„Hallo?"

„Der Flug nach London wird in Kürze mit einer Passagierin weniger starten", sagte die Stimme am anderen Ende. „Sie ist jetzt bei mir, und ihre Zeit läuft ab. Ihr bleibt nur noch eine Stunde zu leben."

„Maria Flor?", hauchte Tomás entsetzt. Dann fügte er hinzu: „Wer sind Sie?"

„Ich bin der Alptraum Ihrer heutigen Nacht. Warten Sie einen Augenblick, Ihre Freundin wird Ihnen jetzt etwas sagen."

Tomás hörte erst ein leises Stöhnen, dann eine Frauenstimme, die er sofort erkannte.

„Pass auf, Tomás, der Typ will …"

Ein dumpfes Geräusch gefolgt von neuem Stöhnen unterbrach sie.

„Flor!", schrie Tomás verzweifelt. „Flor!"

„Ihre Freundin hält jetzt ein Nickerchen", fuhr die Männerstimme fort. „Wie schon gesagt, bleibt ihr nur …"

„Rühren Sie sie nicht an!", schrie Tomás außer sich vor Wut. „Wenn Sie ihr auch nur ein einziges Haar krümmen, werde ich …"

„Werden Sie was?" Der Unbekannte lachte. „Gar nichts werden Sie!" Dann änderte er den Tonfall. „Hör zu, Freundchen, denn sonst wirst du deine Freundin nicht wiedersehen. Sie wird in genau einer Stunde, um Punkt drei Uhr, hingerichtet, im Gerichtssaal des Salomontempels, dreizehn oberhalb der Basis des Pentagramms, auf dem Altar des Mausolus. Wenn du das nicht willst, komm her und überzeuge mich davon, dass deine Antworten ihr Leben wert sind."

Dann legte der Anrufer auf, bevor Tomás auch nur ein weiteres Wort sagen konnte. Völlig betäubt stand er mit dem Telefon in der Hand da.

„Was ist los?", fragte Peter Bellamy beunruhigt.

„Sie ist entführt worden", hörte Tomás sich antworten.

„Wie bitte?"

„Sie wird um drei Uhr hingerichtet, wenn ich nicht hinfahre und einige Fragen beantworte."

Die Waffe noch in der Hand, schien Harry Fuchs immer erstaunter.

„Was ist denn das für eine Geschichte? Wenn das stimmt, sollten Sie sich jedenfalls beeilen und Ihre Freundin retten. In Amerika kann jeder eine Waffe haben. Und es gibt immer wieder Verrückte, die sich eine Pistole kaufen, ein paarmal auf den Schießstand zum Üben gehen und dann … zum Beispiel in einer Schule … das Feuer eröffnen. Gefährliche Irre!"

Um seine Worte zu unterstreichen, steckte Fuchs seine Waffe weg und bedeutete Tomás, ihm zu folgen. Der war noch ganz von der plötzlichen Wendung der Dinge benebelt und folgte dem CIA-Chef, aber Peter hielt ihn zurück.

„Warten Sie! Die ganze Geschichte stinkt.“

Tomás sah ihn ausdruckslos an.

„Wieso? Was ist?“

„Denken Sie doch mal nach“, sagte Peter. „Was für Informationen will dieser Typ genau? Wie will er sie von Ihnen erhalten? Und vor allem, was wird er mit Ihnen und Ihrer Freundin machen, wenn er sie erhalten hat?“

Resigniert winkte Tomás ab.

„Selbstverständlich ist das eine Falle. Aber was kann ich anderes tun?“

„Machen Sie gar nichts. Sehen Sie nicht, dass die Frau nur als Köder dient, um Sie zu schnappen?“

„Ich weiß, aber ich kann sie doch nicht sterben lassen …“

„Besser die Puppe als Sie“, entgegnete Peter.

Tomás seufzte.

„Als Sie mich in der Wohnung Ihres Vaters verhört haben, habe ich das nur gesagt, damit Sie sie nicht benutzen würden, um mich unter Druck zu setzen.“ Er schüttelte vehement den Kopf. „Nein, ich kann sie nicht einfach sterben lassen.“ Dann schaute er Harry Fuchs an. „Außerdem habe ich doch Unterstützung, nicht wahr?“

„Selbstverständlich“, beeilte sich der CIA-Chef zu sagen. „Ich werde einen meiner Männer rufen, damit er Sie begleitet und …“

„Fuchs ist alles andere als Ihr Verbündeter“, fiel Peter ihm ins Wort. „Glauben Sie mir, ich arbeite bei der Agency und kenne ihre Taktik. Denken Sie nach, Tomás. Woher wusste der Typ, der Ihre Freundin entführt hat, dass Sie hier in Langley sind? Wer hat ihn informiert?“ Er blitzte Fuchs anklagend an. „Die Antwort ist offensichtlich, finden Sie nicht?“

„Was wollen Sie damit andeuten?“, fragte dieser entrüstet. „Dass ich etwas mit dieser … Entführung zu tun habe? Was erlauben Sie sich? Die Tatsache, dass Sie der Sohn meines alten Freundes Frank Bellamy sind, gibt Ihnen nicht das Recht, alles zu sagen, was Ihnen in den Sinn kommt. Vergessen Sie nicht, dass ich Ihr Vorgesetzter bin!“

Peter antwortete verächtlich: „Hören Sie doch auf! Ich lasse mich von Ihnen und Ihren miesen Tricks nicht ins Bockshorn jagen, Fuchs." Er wandte sich zu Tomás um. „Ich frage noch einmal: Woher wusste der Kidnapper, dass Sie in Langley sind?"

„Mir ist schon klar, dass sie versuchen, mich hier wegzulocken, um mich ohne Zeugen zu verhören", stimmte Tomás zu. Dann gab er sich einen Ruck: „Aber ich habe eine bessere Idee! Der Entführer hat gesagt, er werde Maria Flor um drei Uhr töten. Mir bleibt also eine Stunde Zeit, um das *Quantenauge* zu finden." Er schaute Peter an und deutete auf Sam Dunn. „Ist er vertrauenswürdig?"

Peter zögerte.

„Er gehört zum Team von Fuchs", antwortete er. „Aber er gehört nicht zu seiner engeren Clique. Deshalb wurde er auch auf den Posten des Nachtteamleiters versetzt. Von daher würde ich sagen, ja, man kann ihm vertrauen."

Tomás schaute den Mann direkt an.

„Hören Sie, wenn ich Ihnen das *Quantenauge* gebe und beweise, wer Frank Bellamy getötet hat, geben Sie mir Maria Flor heil und gesund zurück – einverstanden?"

Sam Dunn zog erstaunt die Augenbrauen hoch.

„Aber … ich habe mit der Entführung Ihrer Freundin gar nichts zu tun!"

„Natürlich haben Sie das!", entgegnete Tomás entschieden. „Die Entführung ist eine Ihrer Operationen. Sind wir uns also einig?"

Dunn blickte hilfesuchend zu Fuchs.

„Ich …"

„Warten Sie nicht auf einen Befehl Ihres Chefs, er könnte für den Mord an Frank Bellamy verantwortlich sein", unterbrach Tomás ihn. „Dann hat er bestimmt kein Interesse daran, dass die Wahrheit ans Tageslicht kommt. Walter Halderman ist übrigens auch verdächtig", fügte er hinzu. Er sah den jungen Mann eindringlich an. „Deshalb wende ich mich an Sie. Geben Sie mir Ihr Wort, dass meine

Freundin heil wieder freikommt, wenn ich das Rätsel vollständig löse?"

„Sie tun so, als hätten Sie die Karten in der Hand …"

„Das habe ich auch. Mit dem, was ich weiß, kann ich die gesamte Geschichte in weniger als einer Stunde aufklären, aber das mache ich nur, wenn Maria Flor verschont wird. Ich wiederhole: Ich liefere Ihnen das Geheimprojekt von Frank Bellamy, das für die Sicherheit Ihres Landes so wichtig ist, im Austausch gegen das Leben meiner Freundin." Er hielt ihm die Hand hin. „Das ist ein ausgezeichneter Deal, finden Sie nicht?"

Dunn wusste, was auf dem Spiel stand und holte tief Luft. Dann schlug er ein.

„Einverstanden."

LXXIV

Rasch steckte Major Fuentes sein Mobiltelefon, das er nun nicht mehr brauchte, in seine Jackentasche zurück. Dann beäugte er Maria Flor, die noch völlig benommen war von dem Schlag, den er ihr verpasst hatte. Nur langsam kam sie wieder zur Besinnung. Er grinste sie breit an.

„Die Würfel sind gefallen, meine Puppe. Dein Prinz kommt gleich angerannt.“ Er schaute sich um und öffnete dann die Fahrertür. „Jetzt sind wir endlich allein. Gleich bringe ich dich in unser lauschiges Heim.“

Fuentes stieg aus und öffnete auch die hintere Seitentür. Als er seine Arme um sie legte, zuckte Maria Flor zusammen und wimmerte, doch der CIA-Mann hob sie nahezu mühelos hoch.

„Da wären wir, meine Schöne“, sagte er, während er sie aus dem Auto trug. „Jetzt gehen wir ins Allerheiligste. Salomon erwartet dich schon sehnsüchtig in seinem Tempel …“

Maria Flor fühlte sich vollkommen ausgeliefert. Doch alles, was sie tun konnte, war, den Kopf zu drehen, um zu sehen, wo sie war.

„Hmmm …“

Sie erkannte, dass sie in der Stadt waren. Es war zwei Uhr morgens, und die Straßen waren menschenleer. Dann ging ihr Peiniger einige Stufen hoch. Als sie aufblickte, sah sie eine Art Sphinx und darüber die ebenmäßigen Linien klassisch griechischer Säulen – integriert in ein modernes Gebäude mitten in Washington.

Innen angekommen, legte der Major sie in einer großen Halle auf dem Boden ab. Der Boden bestand aus poliertem Marmor und war hart und kalt. Trotz ihrer Fesseln gelang es ihr, sich aufzurichten. Sie schaute sich um. Die Halle hatte hohe Wände und war nahezu leer. An der Decke, die mit massivem Eichenholz verkleidet war und von dorischen Säulen aus grünem Granit gestützt wurde, hingen ovale Alabasterlampen. In der Mitte des Raums stand eine Art Tisch aus weißem Marmor. Hohe Fenster mit Hieroglypheninschriften und Statuen von Pharaonen am Eingang erinnerten an einen altägyptischen Tempel.

Maria Flor erschauderte. Sie hatte keine Ahnung, wo sie war.

Als der Major ihren fragenden Blick auffing, machte er eine ausladende Armbewegung und sagte: „Willkommen in der Grabkammer."

LXXV

Getrieben von der Sorge um Maria Flor warf Tomás einen Blick auf die Wanduhr im Büro von Frank Bellamy. Achtundfünfzig Minuten.

Ihm blieb nicht viel Zeit, und es war keineswegs sicher, dass er sein Versprechen gegenüber Dunn halten können würde.

„Was machen wir hier?", fragte Peter, der nicht verstand, warum der Kryptanalyst darauf bestanden hatte, hierher zurückzukehren.

„Haben Sie schon vergessen, welchen Hinweis *Kryptos* uns gegeben hat?"

„Ganz im Gegenteil. Schließlich lautete der Hinweis doch Berlin. Ich gehe also davon aus, dass mein Vater uns sagen wollte, dass das *Quantenauge* sich in Berlin befindet." Er sah Tomás unsicher an. „Oder etwa nicht?"

„Doch, selbstverständlich ist es in Berlin."

„Was ist das für eine Geschichte mit Berlin?", wollte Fuchs wissen.

Anstatt zu antworten, ging Tomás quer durch das Büro zu der großen Weltkarte und verschränkte die Arme.

„Fällt Ihnen an dieser Karte etwas auf?"

Die vier Amerikaner betrachteten die Weltkarte, die noch aus den Sechzigerjahren stammte und somit etliche veraltete Ländergrenzen enthielt. Vietnam und der Jemen waren noch geteilt, ebenso wie Deutschland.

„Nein, was ist daran ungewöhnlich?", fragte Fuchs ungeduldig.

Tomás deutete auf die kleinen roten Punkte, die die Hauptstädte markierten.

„Washington, London, Paris, Berlin, Moskau, Peking, Tokio ... Wie Sie sehen, sind alle großen Hauptstädte der Welt vertreten."

„Ja, und?"

Der Historiker drehte sich um und sah die CIA-Agenten herausfordernd an.

„Diese Karte stammt aus der Zeit des Kalten Krieges. Eine dieser Städte war damals aber gar keine Hauptstadt."

Die vier Männer drängten sich noch näher vor der Karte. Dann sahen sie es auch.

„Natürlich!", rief Harry Fuchs. „Die Hauptstadt von Deutschland war früher Bonn und nicht Berlin!"

„Dieses Detail ist mir zwar gleich aufgefallen, aber richtig klar wurde mir seine Bedeutung erst dank der *Kryptos*-Inschrift, deren Zeichenfolge NYPVTT für Berlin steht. Damit hat Frank Bellamy mir mitgeteilt, dass die Lösung des Rätsels mit dieser Karte zusammenhängt."

Mit einer feierlichen Geste, fast so, wie Howart Carter einst die Grabkammer Tutanchamuns geöffnet haben dürfte, drückte Tomás auf den kleinen roten Punkt, der Berlin markierte. Es ertönte ein leises Klacken. Dann fiel die Weltkarte von der Wand und offenbarte einen dahinter liegenden Safe.

„Verdammt und zugenäht!", ereiferte sich Fuchs. „Diese Nische ist in keinem Gebäudeplan verzeichnet!"

Neugierig schauten die fünf Männer den Safe an, insbesondere das Schließsystem. Es gab dort weder Ziffern noch Buchstaben, sondern lediglich eine sternförmige Vertiefung in der Mitte.

„Das wird nicht leicht", seufzte Halderman. „Ich werde die Techniker rufen, damit sie ihn komplett abmontieren. Aber erst mal muss sichergestellt werden, dass es keinen Selbstzerstörungsmechanismus gibt. Ansonsten müssen wir eine andere Lösung finden, um das Problem zu umgehen."

„Wie lange wird das dauern?"
Halderman wiegte den Kopf.
„Zwischen einer und sechs Wochen."
Tomás warf einen Blick auf die Wanduhr.
Fünfundfünfzig Minuten.
„Wir haben weniger als eine Stunde Zeit."
„Schneller geht es leider nicht", sagte der Amerikaner. „Tut mir Leid für Ihre Freundin. Aber wir können den Safe unmöglich aufbrechen, ohne zu riskieren, dass der Inhalt zerstört wird."
„Sie wollen doch wohl nicht andeuten, dass Sie sie sterben lassen würden, weil Sie nicht in der Lage sind, den Safe schnell genug zu öffnen …"
„Natürlich nicht!", sagte Fuchs. „Aber ich verlange doch, dass Sie von sich aus noch mehr Einsatz zeigen."
Tomás hatte noch einen zweiten Trumpf parat. Er holte das große Pentakel aus seiner Tasche und untersuchte aufmerksam die beiden Sterne.
„Dass Bellamy mich als ‚den Schlüssel' bezeichnet hat, hat meines Erachtens mehrere Bedeutungen", fing er an. „Zum einen wollte er natürlich damit sagen, dass ich der Schlüssel sei, um seinen Tod aufzuklären. Zum anderen hat er mir damit den Schlüssel zur Lösung des Problems gegeben."
„Meinen Sie damit dieses Objekt?"
Tomás strich fast zärtlich über das Amulett.
„Das Motiv des großen Pentakels ist erstmals in *Der Schlüssel des Salomon* aufgetaucht. Es besteht aus einem äußeren siebenzackigen Stern und einem inneren sechszackigen Stern mit vergoldetem Rand, auch Siegel des Salomon genannt.
Mit den Fingerspitzen drückte Tomás leicht auf den inneren Stern des Amuletts und drehte ihn gleichzeitig im Uhrzeigersinn. Die vergoldeten Ränder des sechszackigen Sterns traten plötzlich ein Stück aus der Oberfläche hervor. Die Amerikaner verfolgten das Ganze mit offenem Mund.

„Das ist ja unglaublich!“, staunte Fuchs.

Triumphierend hielt Tomás den CIA-Agenten das große Pentakel entgegen, auf dem die Konturen des sechszackigen Sterns jetzt deutlich erhoben hervortraten.

„Der Legende zufolge war das Siegel des Salomon in Wirklichkeit der Ring des Aandaleeb, der seinem Träger Macht über zweiundsiebzig Dämonen verlieh. Schauen wir doch mal, welche Dämonen wir heute damit bändigen können.“

Als er das große Pentakel an die Safetür legte, passte der sechszackige Stern perfekt in die Vertiefung. Mit einer theatralischen Geste drehte Tomás das Amulett im Schloss, was eine Folge klackender Geräusche auslöste.

„Sesam, öffne dich.“

Gierig starrte Harry Fuchs auf die Tür, und drängte sich, kaum dass sie offen war, nach vorn. Mit beiden Händen griff er in den Safe und zog eine Aktenmappe daraus hervor. Als er den Namen las, der in sauberer Handschrift auf der ersten Seite stand, leuchteten seine Augen begeistert auf.

„Das *Quantenauge*!“, jubelte er. „Endlich!“

Wie in einem Rausch blätterte er die Mappe durch, ein Dokument von etwa zweihundert Seiten.

Tomás blickte erneut auf die Uhr. Einundfünfzig Minuten. Er wandte sich an Sam Dunn.

„Hören Sie, ich habe meinen Teil der Abmachung erfüllt. Jetzt ist es an Ihnen, Ihr Wort zu halten. Rufen Sie Ihren Mann an, damit er meine Freundin freilässt.“

Dunn wandte sich an seinen Chef.

„Was machen wir?“

Fuchs runzelte die Stirn und klappte die Mappe verärgert zu.

„Ich verstehe kein Wort von dem, was hier steht! Nichts als Gleichungen! Reines Kauderwelsch! Das werde ich erst meinen Leuten zeigen müssen, um sicher zu sein, dass es auch das ist, was wir suchen.“

Dunn zuckte bedauernd mit den Schultern.

„Tut mir wirklich Leid, aber solange wir nicht sicher sind, kann ich nichts für Sie tun."

„Der Titel des Dokuments beweist doch eindeutig, dass es sich um das *Quantenauge* handelt!", sagte Tomás um Fassung ringend. „Was wollen Sie denn noch?"

„Mister Fuchs hat noch kein grünes Licht gegeben. Außerdem haben Sie noch nicht die Umstände vom Mord an Frank Bellamy erklärt."

Tomás drehte sich genervt um und ging zum Schreibtisch. Er nahm die Mappe, die Fuchs durchgeblättert hatte und platzte wütend heraus: „Und was ist hiermit?"

Erstaunlicherweise blieb der CIA-Chef ruhig. Er zückte vielmehr sein Handy und verließ den Raum. Er musste einen dringenden Anruf tätigen.

Tomás setzte sich derweil ans Fenster und überflog das Dokument in Windeseile. Zwar war er eigentlich Historiker, hatte sich in den letzten Jahren jedoch ausgiebig mit der faszinierenden Welt der Quantenphysik beschäftigt, um die mathematischen Formeln und Gleichungen zu verstehen. In wenig mehr als einer Viertelstunde hatte er die wesentliche Aussage des *Quantenauges* erfasst.

Er schlug die Mappe wieder zu und schaute abermals, wie viel Zeit Maria Flor noch blieb.

Fünfunddreißig Minuten.

„Was ist, Mister Noronha?", fragte Sam Dunn. „Haben Sie die Antworten, die wir suchen, gefunden?"

Noch ganz unter dem Einfluss der hoch wissenschaftlichen Lektüre stand Tomás langsam auf und wandte sich an Dunn und Halderman.

„Frank Bellamy hat eines der größten Rätsel des Universums gelöst", setzte er an. „Er hat den Traum aller Physiker verwirklicht."

„Welchen Traum?“

Geradezu behutsam legte Tomás die Mappe auf den Schreibtisch zurück, bevor er antwortete.

„Die Theorie von Allem.“

LXXVI

Ärgerlich zückte Major Fuentes sein Mobiltelefon, das genau in dem Moment zu klingeln anfing, als er Maria Flor vom Boden aufheben wollte, um sie auf den Opferaltar zu legen.

„Es gibt Neuigkeiten", sagte Fuchs am anderen Ende der Verbindung. „Wir haben das Projekt, das wir wollten, und der Mistkerl versucht jetzt, den Inhalt zu verstehen."

„Sehr gut, Sir. Was soll ich tun?"

„Sie führen unseren Plan wie besprochen aus, mit einer kleinen Änderung. Dieser Idiot von Dunn hat mit Noronha einen Deal geschlossen, dass wir Sie zurückpfeifen, falls es dem Portugiesen gelingt, vor drei Uhr das Rätsel zu lösen. Ich kenne Dunn, der befolgt gewissenhaft jede noch so kleine Vorschrift. Selbst wenn es dem Wunderknaben nicht gelingt, alles rechtzeitig aufzuklären, bin ich daher gezwungen, Sie anzurufen, damit Sie Noronhas Tussi freilassen, um keine Scherereien mit dem Kongress und dem FBI zu riskieren."

Diese Wendung der Dinge gefiel dem Major gar nicht.

„Entschuldigen Sie, Sir, aber die Puppe hat mein Gesicht gesehen. Sie sollte nicht einfach so hier wegspazieren …"

„Ich weiß. Und ich werde Sie trotzdem vor drei Uhr anrufen, um Ihnen zu befehlen, sie freizulassen."

„Aber Sir, …"

„Dennoch werde ich Ihnen den Befehl nicht erteilen."

Fuentes zog verwirrt die Augenbrauen zusammen.

„Wie bitte? Also … Sie rufen mich an, um …“

„Ich werde Ihnen den Befehl nicht erteilen, weil mir das leider nicht möglich sein wird“, fügte Fuchs hinzu. „Der Akku Ihres Handys wird in, sagen wir, zwei Minuten den Geist aufgeben.“

„Sie wollen also, dass ich mein Handy ausschalte?“

„Ja, Sie sollen unerreichbar sein. Dann kann ich Ihnen vor drei Uhr keinen anderslautenden Befehl geben, die Frist verstreicht, und Sie beseitigen die Frau. Danach setzen Sie sich ab, Ihr nächster Einsatz wartet in Libyen auf Sie. Und da außer mir niemand weiß, wer mit dieser Mission hier betraut ist, können auch Dunn und Bellamy junior nichts gegen Sie ausrichten. Gegen mich übrigens auch nicht.“

Der Major lachte hämisch.

„Wir hinterlassen also keine Spuren.“

„Das ist es, was ich an Ihnen mag“, sagte Fuchs. Dann legte er auf.

Fuentes rief noch schnell in der Zentrale an, damit man ihm einen Platz im nächsten Flugzeug nach Tripolis buchte – um acht Uhr würde eine Maschine der U.S. Air Force vom Militärflughafen Andrews starten. Dann nahm er seinen Akku aus dem Handy.

Maria Flors Schicksal war besiegelt.

LXXVII

Nervös schaute Tomás auf die Uhr. Noch vierunddreißig Minuten. Wie sollte er es schaffen, all das, was er zu sagen hatte, in so kurzer Zeit so überzeugend zu vermitteln, dass die CIA-Leute Maria Flor freiließen?

Die vier Amerikaner ihm gegenüber sahen ihn erwartungsvoll an. Harry Fuchs lächelte sogar ein wenig, als er die Arme vor der Brust verschränkte.

„Haben Sie schon von den Bemühungen der Physiker gehört, eine Theorie von Allem zu entwickeln?“, fragte Tomás. „Wissen Sie, worin die Schwierigkeit besteht, die klassische Physik mit der Quantenphysik in Einklang zu bringen?“

Die Geheimdienstagenten wechselten einen skeptischen Blick.

„Ich habe eine vage Idee davon“, sagte Dunn.

„Das war das Fachgebiet von Frank“, ergänzte Halderman. „Ich bin eher Ingenieur.“

„Ich habe zwar schon davon gehört“, antwortete Fuchs mit der Andeutung eines Lächelns, „aber das war zu der Zeit, als ich noch *Star Trek* geschaut habe.“

Somit war nur Peter Bellamy einigermaßen im Bilde, worum es ging. Es würde wahrlich nicht leicht werden, alles in nur wenigen Minuten zu erklären. Aber er hatte keine andere Wahl.

„Die Zeit drängt. Ich werde daher einige Behauptungen aufstellen, ohne näher auf sie einzugehen“, fing er an. „Sie sind notwendig, um das *Quantenauge* verstehen zu können. Wenn Sie sie schon kennen, umso besser."

„Legen Sie los!", forderte Fuchs ihn auf.

Tomás räusperte sich.

„Die klassische Physik, die hauptsächlich auf den Entdeckungen Newtons und den beiden Relativitätstheorien Albert Einsteins basiert, bezieht sich auf die reale, deterministische Welt des Makrokosmos. Wenn wir zum Beispiel die Position und Geschwindigkeit des Mondes kennen, können wir mit Hilfe der Gesetze der klassischen Physik berechnen, wo der Mond in tausend oder meinetwegen einer Million Jahre stehen wird. Wenn wir von allen Objekten des Universums Position und Geschwindigkeit wüssten, wären wir in der Lage, ihre gesamte Geschichte zu verstehen, die Vergangenheit ebenso wie die Zukunft. Ein Asteroid fliegt nicht nach rechts oder links, weil ihm das so gefällt, sondern weil die Gesetze der klassischen Physik ihn dazu zwingen. Sprich, das Verhalten der Gesamtheit der Objekte des Makrokosmos ist deterministisch."

„Das ist offensichtlich", sagte Fuchs und hielt seine Waffe empor. „Die Ballistik ist dafür ein gutes Beispiel. Wenn man die Geschwindigkeit kennt, mit der die Kugel den Lauf verlässt, und wenn man die Auswirkungen von Erdanziehung und Wind im Moment des Abfeuerns einbezieht, lässt sich präzise vorhersagen, wo das Geschoss einschlägt."

„Ganz genau", stimmte Tomás zu. „Und doch hat man festgestellt, dass die mikroskopische Welt der Quantenphysik sich völlig anders verhält. Elektronen zum Beispiel können übergangslos von einem Zustand in einen anderen wechseln, ohne die dazwischen liegenden Zustände oder Kreisbahnen zu durchlaufen. Sie sind vielmehr überall gleichzeitig, und wenn sie von Punkt A zu Punkt B unterwegs sind, nehmen sie alle nur möglichen Wege gleichzeitig. Noch unglaublicher klingt es, dass den Berechnungen mancher Physiker zufolge heute ein Beobachter das gestrige Verhalten eines Elektrons oder Protons beeinflussen kann, was nichts anderes heißt, als dass es nicht nur mehrere verschiedene Zukunftsszenarien gibt, sondern auch mehrere mögliche Versionen der Vergangenheit. Außerdem gibt es die Materie so, wie wir sie kennen, nicht, solange sie nicht beobachtet wird; sie existiert dann lediglich potenziell, als eine bestimmte Wahrscheinlichkeit, wie sie von Schrödingers Wellenfunktion beschrieben und mit dem Symbol *Psi* dargestellt wird. Als wäre das alles nicht genug, hängt die Realität nicht nur von der Anwesenheit eines Beobachters ab, sondern in letzter Konsequenz vom Bewusstsein. Es konnte bewiesen werden, dass die bewusste Entscheidung, den Mikrokosmos zu beobachten, bereits ausreichte, um diesen zu beeinflussen. Wenn ich beispielsweise beschließe, ein Elektron oder Photon auf eine bestimmte Art zu beobachten, ist dieses Partikel eine Welle, die sich im Raum ausbreitet. Beobachte ich es hingegen auf eine andere, direkte Art, bricht die Welle zusammen, und das Elektron oder Photon manifestiert sich an einem konkreten Punkt im Universum als Teilchen."

„Das heißt also, ein Elektron ist Welle und Teilchen gleichzeitig", versuchte Peter, das Gehörte zusammenzufassen.

„Nein. Wenn es eine Welle ist, ist das Elektron ausschließlich eine Welle. Und wenn es Teilchen ist, ist es nur Teilchen. Welche Form das Elektron annimmt, hängt davon ab, ob und wie es beobachtet wird. Verstehen Sie? Das heißt, dass eine bewusste Beobachtung die Realität grundlegend verändern kann."

„Entschuldigen Sie, aber das erinnert mich stark an *Star Trek*", amüsierte sich Fuchs. „Das ist doch reine Science-Fiction!"

„Ich gebe zu, dass es verrückt klingt, aber alles, was ich Ihnen hier erzähle, ist schon zigtausende Male in den unterschiedlichsten Laboren der Welt bestätigt worden, insbesondere das Doppelspaltexperiment und seine diversen Varianten. Das Universum existiert erst seit es beobachtet wird in der Form, in der wir es kennen, und die Beobachtung, die mit dem Bewusstsein gekoppelt ist, erschafft einen Teil der Realität. Die Ergebnisse werden in der Wissenschaft heutzutage kaum noch angezweifelt. Einzig die Interpretation der Daten ist noch umstritten. So weigern sich einige Forscher aus philosophischen Gründen, die Idee zu akzeptieren, dass die Beobachtung die Realität mitgestalten kann.“

„Zu Recht!“

„Hören Sie, ich kann Ihnen das jetzt hier nicht alles demonstrieren, aber Sie können es sich jederzeit von einem Physiker Ihres Vertrauens bestätigen lassen“, sagte Tomás gereizt. „Übrigens hielt auch Einstein bestimmte Aspekte der Quantenphysik zunächst für absurd. Erst, als er mit den Ergebnissen der Experimente konfrontiert wurde, musste er schließlich klein beigeben. Nichtsdestotrotz glaubte er weiterhin, es seien noch weitere Entdeckungen nötig, die das ‚bizarre‘ Verhalten des Mikrokosmos unter deterministischer Sichtweise erklären würden. In der Tat brachte er einen wichtigen Einwand vor: Im Universum können auf Makroebene keine anderen Gesetze gelten als auf Mikroebene. Die Realität müsse also deterministisch oder probabilistisch sein, sie müsse unabhängig von der Beobachtung existieren oder von ihr mitgestaltet werden. Sie könne nicht im Makrokosmos so und im Mikrokosmos anders sein.“

„Das klingt vernünftig“, warf Dunn ein, der Tomás’ Erklärungen mühelos folgen konnte. „Wenn ein Atom überall gleichzeitig sein kann, und wenn jeder von uns aus Atomen besteht, wie lässt sich dann erklären, dass wir nicht auch alle überall gleichzeitig sind? Wieso gelten für uns andere Gesetze als für unsere Bausteine?“

„Genau diese Frage hat auch zahlreiche Physiker verwirrt, und zwar bis heute“, fuhr Tomás fort. „Um dieses Paradoxon zu lösen, wird nach einer neuen Theorie gesucht, die in der Lage sein soll, das ‚bizarre‘ Quantenverhalten mit dem uns vertrauten Verhalten der Dinge auf Makroebene in Einklang zu bringen.“

Fuchs folgte Tomás’ Erklärungen mit wachsender Ungeduld.

„Das ist ja schön und gut“, sagte er. „Aber was hat das Ganze mit dem *Quantenauge* zu tun?“

„Alles.“

„Wie das, alles? Walter Halderman und ich waren dabei, als der Präsident Frank Bellamy im Weißen Haus damit beauftragte, einen makroskopischen Quantencomputer zu entwickeln, der in der Lage wäre, selbst komplizierteste Codes in kürzester Zeit zu entschlüsseln. Das *Quantenauge* ist ein Projekt zur Entwicklung eines solchen Quantencomputers. Von einer Theorie von Allem und all dem anderen Zeug habe ich noch nie etwas gehört ..."

Der Geheimdienstchef war zweifellos ein intelligenter Mann, aber seine wissenschaftliche Ausbildung ließ zu wünschen übrig.

„Wie Sie vielleicht wissen, gibt es bereits Quantencomputer", sagte Tomás. „Das Problem besteht jedoch darin, dass deren Rechenleistung auf zehn Quantenbits beschränkt ist. Um wirklich effizient und nützlich zu sein, bräuchten sie mindestens ein paar hundert Quantenbits."

„Na und?", rief Fuchs, „dann müssen eben leistungsfähigere Computer gebaut werden!"

Tomás fragte sich, wie jemand, der so wenig mit Wissenschaft zu tun hatte wie Fuchs, an einen so wichtigen Posten bei der CIA gekommen war.

„In einem klassischen Computer wird eine Information als Eins *oder* Null gespeichert", erklärter er so ruhig wie möglich. „Bei einem Quantencomputer hingegen kann ein Qubit null *und* eins sein." Er wiegte kurz den Kopf. „Um genau zu sein, kann ein Qubit auch gleichzeitig Antworten von eins, zwei, drei, vier und so weiter liefern. So, wie auf Quantenebene ein Elektron durch die Schlitze A und B geht und somit an zwei Orten gleichzeitig ist, behandelt ein Quantencomputer Informationen, deren Antworten null und eins, ja und nein, rechts und links lauten, gleichzeitig. Außerdem kann er sogar Zustände in Superposition bearbeiten, das heißt Zustände, die noch keine endgültig definierte Existenz angenommen haben. Das macht ihn zu einem überaus effizienten Werkzeug, wie Sie sich vorstellen können. Allerdings bricht mit zunehmender Größe des Quantencomputers seine Wellenfunktion zusammen, was dazu führt, dass er nicht mehr auf Quantenebene funktioniert, verstehen Sie? Anders ausgedrückt: Wenn man ihn vergrößert, wechselt er von der Mikro- auf die Makroebene und funktioniert nicht mehr nach den Gesetzen der Quantenwelt, von der Supraleitfähigkeit einmal abgesehen. Deshalb sind wir auch noch nicht in der Lage, einen makroskopischen Quantencomputer zu bauen."

Sam Dunn verstand als Erster, worauf Tomás hinauswollte.

„Darum brauchte Frank Bellamy also die Theorie von Allem", sagte er überwältigt. „Erst, wenn man die Verbindung zwischen Mikro- und Makroebene geschafft hat, lässt sich ein leistungsfähiger Quantencomputer bauen!"

„Exakt!", bestätigte Tomás, erleichtert darüber, dass Dunn ihn verstanden hatte. „Um also den Auftrag des Präsidenten auszuführen, musste Bellamy zunächst ein wissenschaftliches Rätsel lösen, an dem sich sogar Albert Einstein die Zähne ausgebissen hatte."

Ungläubig starrte Peter ihn an.

„Wollen Sie damit sagen, mein Vater habe die Theorie von Allem aufgestellt?"

Tomás nickte.

„Ja."

„Und wie ist ihm das gelungen?"

„Mit Hilfe der Informationstheorie von Claude Shannon." Er kratzte sich nachdenklich am Kinn, bevor er weitersprach. „Wir wissen heute, dass die Quantentheorie letztlich eine Informationstheorie ist und dass die Information nichts Abstraktes ist, sondern eine physikalische Größe, eine konkrete Eigenschaft, die sich in Form von Materie und Energie ausdrückt. Das gesamte Universum gehorcht den Gesetzen der Information, und alles im Universum wird von der Information beherrscht. Die Information bestimmt das Verhalten der Atome, das Leben und sogar das Universum selbst. Jedes subatomare Teilchen, jedes Atom, jedes Molekül, jede Zelle, jedes Lebewesen, jeder Planet, jeder Stern und jede Galaxie enthält eine unfassbare Menge an Information. Und jede Interaktion, die sich im Universum ereignet, drückt Information aus. Anders gesagt: Die Information ist die Sprache der Natur.“

„Alles ist also letztlich Information?“, fragte Peter.

„Alle Atome des gleichen Stoffs sind identisch, sprich, ein Wasserstoffatom in meinem Körper ist genau gleich aufgebaut wie ein Wasserstoffatom auf der Sonne oder in irgendeiner entfernten Galaxie. Der Unterschied besteht in der Information zur Anordnung und Struktur der verschiedenen Atome, also der Beziehungen der Atome zueinander. Nehmen wir an, Sie und ich könnten unsere Kohlenstoffatome austauschen, so dass ich Ihre und Sie meine bekämen, dann wäre ich trotzdem weiterhin ich, und Sie blieben Sie. Das, was jeden von uns zu dem macht, was er ist, läuft letztlich auf die Information hinaus, die in uns gespeichert ist. Das ist ähnlich wie bei einer Basketballmannschaft, sagen wir …“

„Wie die Chicago Bulls, zum Beispiel.“

„Gut. Das, was die Chicago Bulls ausmacht, sind nicht nur fünf Spieler, sondern die in der Gesamtheit enthaltene Information. Wenn Sie die fünf Stammspieler durch fünf andere ersetzen, bleiben sie trotzdem die Chicago Bulls.“ Er machte eine ausladende Geste. „Das Gleiche gilt für das Universum. Nicht ein einzelnes Atom ist von besonderem Interesse, sondern die Information, die die unterschiedlichen Atome strukturiert und miteinander verbindet. Letzten Endes ist das Leben selbst nichts anderes als ein Verfahren, das dazu dient, Information zu erhalten und weiterzugeben. Wir alle werden eines Tages sterben, aber die in uns enthaltene Information überlebt uns. Ein Großteil der in unseren Genen gespeicherten Information ist bereits einige Milliarden Jahre alt, und sie wird nicht nur unseren Tod überleben, sondern auch die Auslöschung unserer Art. Unser Gehirn und unsere Gene sind für einen Menschen das Gleiche wie das Mainboard und der Prozessor es für einen Computer sind: Bauteile. Information ist also, wie gesagt, nicht etwas Abstraktes, das sich nicht greifen lässt, sondern eine reale ‚physikalische Größe‘. Sie ist in jedem Gen, jedem Wort, jedem Magnetfeld und jeder Rotation eines Atoms enthalten. Information ist überall.“

Fuchs schäumte inzwischen vor Ungeduld.

„Schon gut, das Universum besteht aus Information“, sagte er gereizt und trommelte mit den Fingerspitzen auf den Tisch. „Und weiter?“

„Einstein hatte dies gewissermaßen schon geahnt, als er seine Relativitätstheorie aufgestellt hat, die nicht mehr und nicht weniger ist als eine Informationstheorie beziehungsweise Theorie über die Übertragung von Information. Lassen Sie mich Ihnen eine Frage stellen: Was beweist diese Theorie im Hinblick auf die Lichtgeschwindigkeit?“

„Na, Einstein hat bewiesen, dass nichts schneller sein kann als das Licht“, sagte Dunn wie aus der Pistole geschossen.

„Das ist in der Tat die übliche Antwort, aber sie ist nicht ganz korrekt“, stellte Tomás richtig. „Man weiß beispielsweise, dass der Raum sich schneller ausbreitet als das Licht. Was die Relativitätstheorie tatsächlich beweist, ist, dass es unmöglich ist, Information schneller als mit Lichtgeschwindigkeit zu übermitteln – das ist ein großer Unterschied.“ Er blickte sich suchend im Büro um. „Haben Sie bitte mal etwas zu schreiben?“

Sam Dunn nahm ein Blatt Papier aus dem Drucker und reichte ihm seinen Kugelschreiber.

„Hier.“

Tomás fertigte rasch eine kleine Zeichnung an.

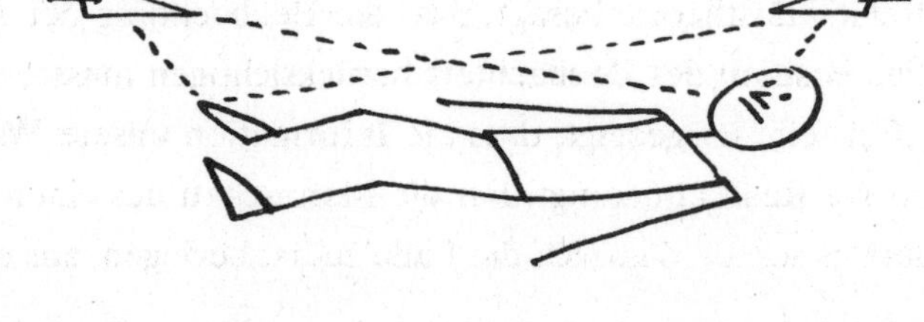

„Nehmen wir einmal an, im Mittelpunkt einer Galaxie treffen zwei Raumschiffe auf einen Menschen, der so riesig ist, dass es ein Lichtjahr dauert, um von seinem Kopf bis zu den Füßen zu fliegen. Eines der Raumschiffe bleibt bei seinen Füßen, das andere in der Nähe seines Kopfs. Stellen wir uns nun vor, der Riese bewegt Kopf und Füße gleichzeitig. Was sehen dann die Besatzungen der beiden Raumschiffe? Die Mannschaft in der Nähe seiner Füße sieht, dass sich zuerst die Füße und dann der Kopf bewegen, nicht wahr? Warum?"

„Weil die Information von der Bewegung der Füße schneller zum Raumschiff gelangt als die von der Bewegung des Kopfes", antwortete Peter.

„Exakt. Entsprechend sieht das andere Raumschiff, dass der Riese zuerst den Kopf und dann die Füße bewegt. Daraus ergibt sich folgende Frage: Wer hat die Realität zutreffender wahrgenommen? Welche der beiden Sichtweisen ist richtig?"

„Ähm … ich nehme an, es ist die Sicht des Riesen selbst, da er ja Kopf und Füße gleichzeitig bewegt hat."

„Das ist durchaus der Eindruck, den er hat, aber er könnte sich ja täuschen; immerhin dauert es ein Lichtjahr, bis die Information zum Bewegen der Füße in den Füßen ankommt und ein weiteres Lichtjahr, bis sie wieder zum Kopf zurückkehrt." Er deutete mit zwei Fingern auf die beiden Raumschiffe und mit einem dritten auf den Riesen. „Tatsache ist, dass alle drei recht haben, aber jeder von seinem eigenen Standpunkt aus. Unterschiedliche Beobachter, die ein und dieselbe Information empfangen, kommen oft zu unterschiedlichen und widersprüchlichen Ergebnissen, die nichtsdestotrotz alle zutreffend sind."

„Das ist interessant", sagte Fuchs. „Aber worauf wollen Sie hinaus?"

„Die Relativitätstheorie besagt, dass die Beobachtung der Realität die relative Position des Beobachters berücksichtigen muss", erklärte Tomás. „Einstein hat gezeigt, dass die Information unsere Wahrnehmung von der Realität bedingt. Für die Mannschaft des einen Raumschiffs sieht es so aus, dass sich die Füße zuerst bewegen, aus der Perspektive des anderen ist es der Kopf. Und vom Standpunkt des Riesen wiederum bewegen sich beide gleichzeitig. Alle drei haben Recht, auch wenn sich die drei ‚Wahrheiten' gegenseitig widersprechen. Und warum? Weil die Information die Realität des Beobachters entsprechend seinem Standpunkt erschafft. Man kann das eine nicht vom anderen trennen."

„Ist das nicht das Gleiche, was auch die Quantenphysik bewiesen hat und Einstein nicht glauben wollte?", fragte Peter.

„Der Unterschied besteht darin, dass die Relativitätstheorie von der Annahme ausgeht, die Realität existiere unabhängig vom Beobachter, während die Quantenmechanik davon ausgeht, dass der Beobachter und die Realität untrennbar miteinander verbunden sind. Einstein hat zwei grundlegende Verhaltenseigenschaften der Materie auf Mikroebene nicht akzeptiert, die heute jedoch bestätigt sind. Erstens, dass die Quantenwelt indeterminiert, also unbestimmt, ist. Das meinte Einstein mit seinem berühmten Zitat ‚Gott würfelt nicht'. Zweitens, dass die Realität nicht ohne Beobachter existiert. Einstein mochte die Superposition der Quanten nicht einsehen, also dass ein Photon, Elektron oder Atom sich an mehreren Orten gleichzeitig befinden und durch zwei oder mehr Schlitze gleichzeitig gehen kann. Er fand es bizarr, dass dieser Zustand der Superposition verschwinden und das Photon, Elektron oder Atom sich für einen einzigen Ort oder Zustand entscheiden sollte, wenn es direkt beobachtet und die Information gewonnen würde. Er weigerte sich zu akzeptieren, dass der Vorgang der Informationsgewinnung die Realität teilweise mitgestaltet. Außerdem bedeuteten die Phänomene der Superposition und des Zusammenbrechens der Wellenfunktion, dass es Verschränkungen gebe – einen Quantenzustand, bei dem zwei Zwillingsteilchen auch in größter Entfernung ohne jede Verzögerung miteinander zu kommunizieren scheinen, wenn man eines von ihnen beobachtet, was wiederum bedeutete, dass sie schneller als mit Lichtgeschwindigkeit Information austauschen würden. Deshalb argumentierte Einstein, es seien weitere Entdeckungen nötig, die all diese ‚bizarren' Quantenphänomene logisch und gemäß der deterministischen Denkweise erklären würden."

„Ich nehme mal an, dass beim Wechsel von der Mikro- auf die Makroebene an einem bestimmten Punkt diese Quanteneffekte verschwinden und nur noch die Realität, wie wir sie kennen, zum Tragen kommt", vermutete Dunn.

„Das war tatsächlich eine verbreitete Meinung, aber sämtliche Experimente zeigten, dass es keine Schranke gibt, die die physikalischen Gesetze verändern würde. Die Frage lautet daher: Wieso können wir nicht gleichzeitig in Paris und in Washington sein, während ein einzelnes Atom es kann? Darauf hat bis heute noch niemand eine Antwort gefunden …"

„Und mein Vater hat das Rätsel gelöst?", fragte Peter. „Er hat wirklich eine Erklärung dafür gefunden, weshalb es auf der uns vertrauten Makroebene keine Superposition gibt?"

Mit einem begeisterten Leuchten in den Augen schaute Tomás die vier Agenten der Reihe nach an. Ihm war bewusst, dass die Antwort auf diese Frage das Selbstverständnis der Menschen und ihre Sicht der Welt komplett über den Haufen werfen würde.

„Die Antwort wird Sie überraschen", sagte er lächelnd.

LXXVIII

Genüsslich steckte Major Fuentes sein Mobiltelefon wieder ein. Endlich konnte er sich ganz seinem Opfer widmen.

Er legte Maria Flor geradezu zärtlich auf den marmornen Tisch, wo er sie wie ein Opferlamm festband. Dann trat er zwei Schritte zurück, um sein Werk zu begutachten.

„Ausgezeichnet“, murmelte er. „Du bist bereit für den großen Augenblick.“

Maria Flor hatte zwar nicht hören können, was der Major am Telefon gesagt hatte, aber sein unerbittlicher Blick und seine Worte ließen keinen Zweifel aufkommen an dem, was er vorhatte. Gern hätte sie versucht, ihn durch Reden zu erweichen, ihn anzuflehen, sie zu verschonen, aber der Knebel hinderte sie daran.

Sichtlich zufrieden mit seiner Inszenierung, drehte Fuentes sich um. Er zog einen kunstvoll verzierten Dolch aus seinem Aktenkoffer und spielte mit der frisch geschliffenen Klinge.

„Wie gefällt es dir, dein Leben nach der Art meiner aztekischen Vorfahren zu beenden?“, fragte er. Er platzierte die Spitze des Dolchs unterhalb von Maria Flors Brustkorb. „Hier werde ich den Schnitt ansetzen“, fuhr er fort. „Dann reiße ich dir dein *tona*, dein Herz, heraus und opfere es dem Sonnengott Huitzilopochtli.“

„Hmmm! Hmmm!“

Trotz der Kälte bildeten sich Schweißperlen auf der Stirn der Gefangenen, deren Blick ängstlich zwischen der drohenden Klinge und dem

Gesicht ihres Schlächters hin und her flackerte. Sie war in der Gewalt eines Psychopathen.

Fuentes warf einen Blick auf seine Uhr und lächelte.

„Bald ist es soweit."

LXXIX

Leicht skeptisch schauten die CIA-Agenten Tomás an.

„Wie lässt sich denn nun erklären, dass Atome an mehreren Orten gleichzeitig sein können, aber ein Mensch, der ja auch aus Atomen besteht, nicht?“, fragte Peter. „Wieso gibt es unterschiedliche Gesetze für den Mikro- und den Makrokosmos?“

Tomás legte seine Hand auf die Mappe des *Quantenauges*.

„Ihr Vater hat herausgefunden, dass die Informationstheorie die Antwort liefert. Die Tatsache, dass ein Beobachter die Realität mitgestaltet, bedeutet, dass die Übertragung von Information dem ganzen Problem zugrunde liegt. Ein Elektron, von dessen Existenz niemand etwas weiß, über das also keine Information vorliegt, ist nicht als Teilchen existent. Es ist gewissermaßen virtuell und wird erst dann real, wenn man Informationen über es gewinnen will.“ Er hielt kurz inne und dachte einen Moment nach. „Jetzt kommt die entscheidende Frage: Wer oder was empfängt und verarbeitet eigentlich die Information über ein Elektron, wenn es beobachtet wird?“

Die Amerikaner wechselten einen verdutzten Blick.

„Nun, …“, sagte Peter zögernd, „die Menschen?“

Tomás unterdrückte ein Lächeln, denn die Antwort war ebenso einfach wie ungewöhnlich.

„Das Universum selbst.“

„Wie bitte?“

„Frank Bellamy hat festgestellt, dass das Universum sich unentwegt selbst beobachtet", erläuterte Tomás, „und ununterbrochen Informationen über seine Einzelteile registriert, von den subatomaren Teilchen bis hin zu den größten Sternen und Galaxien." Er deutete aus dem Fenster auf den Innenhof. „Wenn wir hinausschauen und dort Steine und Bäume sehen, verarbeitet unser Gehirn Informationen, die das Universum bereits empfangen hat. Die Sonne hat ein Photon freigesetzt, das von der Oberfläche von *Kryptos* reflektiert wurde und dabei die Skulptur ‚gemessen' hat. Die Interaktion zwischen dem Photon und den Molekülen des Metalls von *Kryptos* oder den Zellen eines Blatts ist eine Art, wie das Universum die Materie beobachtet. Dadurch, dass das Photon die Moleküle oder Zellen beobachtet und ‚misst', bricht deren Wellenfunktion zusammen, und sie werden zu Teilchen. Es ist also die Wechselwirkung zwischen dem Quantenteilchen und der Umgebung, beziehungsweise der Kontakt zwischen Molekül und Licht, der dazu führt, dass dieses sich für eine seiner unzähligen Möglichkeiten entscheidet."

„Okay, aber wie erklärt sich dann, dass die Welt auch nachts, wenn es dunkel ist, weiterexistiert?"

„Im Universum wimmelt es geradezu von Photonen, deren allergrößter Teil nicht von der Sonne, sondern von den Sternen oder sogar aus der Zeit des Big Bang stammt. Diese Lichtteilchen breiten sich ständig und überall aus und empfangen jederzeit Informationen über die Materie und das Licht."

Peter war noch nicht restlos überzeugt.

„Nun gut, aber nehmen wir einmal an, wir könnten *Kryptos* vollständig von allen Teilchen, die das Universum emittiert, isolieren. Wenn man die Skulptur zum Beispiel unter Vakuumverschluss bringen würde, so dass keine Photonen, Neutrinos oder was auch immer mit ihren Molekülen in Kontakt treten könnten – wenn das also möglich wäre, gäbe es *Kryptos* dann noch?"

„In diesem Fall wäre *Kryptos* in einem Zustand der Quantensuperposition, er würde sich in eine Welle verwandeln. Er hätte also keine physische Existenz mehr, sondern eine virtuelle. Aber selbst, wenn die vollständige Isolation möglich wäre, würde die Skulptur letztlich wieder Teilchenform annehmen."

„Wieso das?", fragte Peter. „Wenn man *Kryptos* vom Rest des Universums isolieren könnte, wie könnte dieses ihn dann beobachten?"

Tomás wies auf die Aktenmappe.

„Das Projekt *Quantenauge* zeigt, dass das Universum sich ununterbrochen selbst beobachtet, sogar in einem völligen Vakuum."

„Wie ist das möglich?"

„Nun, das beruht auf dem Phänomen der sogenannten Quanten- oder Vakuumfluktuation, die aus der Unschärferelation von Heisenberg herzuleiten ist", antwortete Tomás.

Fuchs, Halderman und Dunn zogen die Augenbrauen hoch.

„Was ist das denn nun schon wieder?", fragte Fuchs.

„Wissen Sie, kein Vakuum ist wirklich völlig leer; das Universum erschafft unentwegt neue Teilchen und lässt sie wieder verschwinden. Sie tauchen quasi aus dem Nichts auf, empfangen vorübergehend Informationen über ihre Umgebung und kehren dann ins Nichts zurück. Die Vakuumfluktuation besteht aus Teilchen, die zufällig zwischen virtueller und realer Existenz hin und her wechseln. Dieser sogenannte Casimir-Effekt wurde in zahlreichen Experimenten bestätigt."

„Es ist also nicht möglich, ein Objekt der Selbstbeobachtung des Universums vollständig zu entziehen …"

„Um genau zu sein, ist das zwar möglich, aber nur vorübergehend. Je kleiner ein Objekt ist, desto unwahrscheinlicher ist es, dass es von den Quantenteilchen im Rahmen der Vakuumfluktuation aufgespürt wird. Frank Bellamy hat eine Antwort gefunden auf das Paradoxon, dass mein Körper nicht an zwei Orten gleichzeitig sein kann, obwohl er aus Atomen besteht, die genau dies können. Und diese Antwort ist erstaunlich simpel."

„Und wie lautet sie?"

Tomás klopfte einmal mehr auf Bellamys Vermächtnis: die Mappe mit der Aufschrift *Quantenauge*.

„Er hat dargelegt, dass der Unterschied zwischen der Realität des Mikro- und des Makrokosmos darauf beruht, dass die vom Universum freigesetzten Teilchen zur Selbstbeobachtung winzige Partikel weniger leicht aufspüren können als größere Objekte. Deshalb besteht die Quantenebene aus Wellen, in denen alle virtuellen Möglichkeiten gleichermaßen enthalten sind, während die uns vertraute Makroebene nur eine einzige Form der Realität aufweist. Es ist also die ständige Selbstbeobachtung des Universums, die dazu führt, dass die Welle eines Elektrons zusammenbricht und es eine physische Form erhält. Mikro- und Makrokosmos werden durchaus von den selben Gesetzen beherrscht; dass sie unterschiedlich zu sein scheinen, liegt lediglich daran, dass es dem Universum auf Mikroebene schwerer fällt, Informationen über sich zu gewinnen."

Die vier Amerikaner starrten Tomás mit offenem Mund an. Selbst ohne wissenschaftliche Ausbildung dämmerte ihnen die Reichweite dieser Entdeckung.

„Der Unterschied zwischen Mikro- und Makroebene besteht also darin, dass die Quantenteilchen so klein sind, dass es länger dauert, bis das Universum sie entdeckt, während große Objekte schneller und regelmäßiger aufgespürt werden?"

„Das ist richtig."

„Wahnsinn!", rief Peter aus. „Mein Vater hat also tatsächlich das größte Rätsel der Physik gelöst!"

„Um genau zu sein, hat er nicht nur ein einziges Rätsel gelöst, sondern mehrere. Diese Entdeckung erlaubt es uns unter anderem, das Phänomen des Bewusstseins besser zu verstehen. Die klassische Physik hat die Welt immer unter mechanistischen Gesichtspunkten betrachtet, als einen Ort, an dem alle Ereignisse eine oder mehrere Ursachen haben und ihrerseits Konsequenzen auslösen, die wiederum zur Ursache für weitere Ereignisse werden und so weiter. Dementsprechend wird das menschliche Gehirn gern als biochemische Maschine zur Informationsverarbeitung dargestellt, die rein nach dem Ursache-Wirkungs-Prinzip funktioniert – ob es sich um unser Verhalten oder eine beliebige Entscheidung handelt, die wir treffen. Auch der freie Wille wäre demnach nur eine Folge der mechanistischen Zusammenhänge. Allerdings hat die Quantenmechanik uns gelehrt, dass das Universum letztlich nicht deterministisch ist, sondern zufällig. Die Quantenfluktuation lässt Partikel ohne jegliche Ursache entstehen und wieder verschwinden."

„Falsch", fuhr Halderman dazwischen, der als Ingenieur seine eigene Meinung zu dem Thema hatte. „Die Tatsache, dass wir die Ursache für das Auftauchen der Partikel nicht kennen, bedeutet nicht, dass es auch keine Ursache gibt. Es gibt also einen Grund, aber wir wissen nicht, welchen."

„Das ist eine weit verbreitete Ansicht von Wissenschaftlern, die nicht auf diesem Bereich spezialisiert sind", entgegnete Tomás. „Die diversen Experimente und die Unschärferelation haben jedoch gezeigt, dass es nicht an unserer Unwissenheit liegt, sondern dass die Quantenfluktuation schlicht keine deterministischen Ursachen hat. Ich weiß, es ist schwer zu glauben, aber das sind nun einmal die wissenschaftlichen Forschungsergebnisse. Vergessen Sie nie, dass im Zweifel die Mathematik gegenüber dem vermeintlich gesunden Menschenverstand recht behält, so, wie die einst unglaubliche Entdeckung Kopernikus', dass die Erde sich um die Sonne dreht und nicht umgekehrt. Es ist also tatsächlich so, dass die Partikel ohne genaue Ursache aus dem Nichts auftauchen und wieder verschwinden – fast so, als handelten sie aus freien Stücken. Oder, wenn Sie so wollen, als hätten sie einen freien Willen."

„Aber das ist ja … surrealistisch!"

„Auch viele Quantenphysiker empfinden das als schockierend. Und man muss sich nur einmal die Tragweite von Frank Bellamys Entdeckung auf das Phänomen des Bewusstseins vor Augen führen! Der klassischen Physik zufolge ist das Gehirn eine komplexe Maschine, die Informationen auf mechanistische Weise verarbeitet; und da jede Wirkung eine

Ursache habe, auch wenn wir diese nicht kennen, könne es den freien Willen nicht geben. Die Quantenphysik indes zwingt uns, die Funktionsweise des Gehirns zu überdenken. Immer mehr Wissenschaftler gehen inzwischen davon aus, dass sich in unserem Gehirn, das ja aus Atomen besteht, höchstwahrscheinlich Quantenphänomene zutragen."

„Was heißt das?"

„Dass wir am Beginn einer regelrechten Revolution stehen. Die Quantensuperposition bedeutet, dass jede Realität möglich und keine von ihnen notwendig ist. Wenn ein Teilchen beobachtet wird, bricht sein Zustand der Superposition zusammen, und es wird zu einer einzigen materiellen Realität. Genauso sieht das Gehirn sich ständig mit diversen Ideen und Möglichkeiten konfrontiert, die wie in einem Zustand der Superposition nebeneinander bestehen, und im Augenblick der Entscheidung wählt es eine von ihnen aus. Wenn sich im Gehirn tatsächlich Quantenphänomene abspielen, sind die Entscheidungen, die wir treffen, nicht zwangsläufig determiniert, ebenso wenig, wie sie die Folge des Ursache-Wirkungs-Prinzips sind, sondern das Ergebnis einer echten Wahl. Angesichts mehrerer Optionen wählt das Bewusstsein", er hielt kurz inne und dachte an Doktor Colaços Erklärung, ehe er fortfuhr, „beziehungsweise das Gehirn eine von ihnen aus, ein wenig so, wie ein Elektron sich für einen von zwei Schlitzen entscheidet, wenn es beobachtet wird. Die Quanteneffekte im Gehirn werden erst seit kurzem untersucht, und sie werden vielleicht bestimmte Eigenschaften des Bewusstseins erklären können, die die Neurowissenschaft mit ihrer klassischen, deterministischen Denkweise bislang nicht verstanden hat. Zahlreiche Neurowissenschaftler behaupten, das Gehirn sei nichts weiter als ein biochemischer Computer und das Bewusstsein daher nur eine Illusion, aber die Entdeckungen der Quantenphysik deuten darauf hin, dass, wenn im Gehirn tatsächlich Quantenphänomene auftreten, das Bewusstsein eine Entscheidung zwar nicht allein und völlig unabhängig trifft, aber auch keine Illusion und nicht nur die Folge einer biochemischen Reaktion ist."

„Moment mal“, sagte Peter. „Wie sollten solche Quantenphänomene im Gehirn stattfinden?“

„Ihr Vater hat dazu die Hypothese aufgestellt, dass an den Synapsen, also den neuronalen Schaltstellen, Quantensprünge auftreten könnten. Dabei gibt es chemische und elektrische Synapsen. Dort werden letztlich die Informationen verarbeitet und die Gedanken generiert. Die Synapsen sind auch der Ort, an dem ein Reiz, also eine Information, von einer Nervenzelle auf die nächste übertragen und weitergeleitet wird. Wenn man diese Möglichkeit der Informationsübertragung nun als eine Wellenfunktion betrachtet, ist es nicht ausgeschlossen, dass sich dabei Quanteneffekte ereignen.“

„Einverstanden, aber wie sollten diese konkret aussehen?“

„Das könnten zum Beispiel Quantensprünge im Zusammenhang mit dem Tunneleffekt sein, dank dessen ein Elektron an einer Stelle verschwindet, um woanders wieder zu erscheinen. Prinzipiell sind diese Sprünge nur über Distanzen von etwas mehr als einem halben Nanometer möglich, aber in seltenen Ausnahmen können auch etwa zwanzig Nanometer überwunden werden. Und sieh an, der synaptische Spalt ist etwa zwanzig Nanometer breit. Da die Elektronen ständig in Bewegung sind, können sie während des Sekundenbruchteils, den eine elektrisch polarisierte Synapse aktiv ist, mehrere Milliarden Mal versuchen, den Synapsenspalt zu passieren, was bei dieser Breite zu einer fünfzigprozentigen Erfolgsquote bei der Überwindung des Tunnels führt. Man hat herausgefunden, dass der Aufbau einer Synapse – noch so ein merkwürdiger ‚Zufall‘ – geradezu perfekt für das Zustandekommen des Tunneleffekts ist. Wenn nämlich ein elektrischer Impuls an einer Synapse ankommt, wird der Spalt polarisiert, so dass ein ankommender Reiz nur noch in einer Richtung weitergeleitet werden kann, und dieses starke elektrische Feld ermöglicht den Tunneleffekt. Man kann daher annehmen, dass das Aufkommen eines Gedankens die Wellenfunktion in den Synapsen zusammenbrechen lässt, und dieses Phänomen wiederum liegt dem Bewusstsein zugrunde.“

Endlich hatten auch die Amerikaner die Reichweite dieser Entdeckung verstanden.

„Sowas aber auch!“, rief Peter aus. „Unser Gehirn ist also nicht eine Art mechanistisches Billardspiel, bei dem ein Ereignis das nächste auslöst, und unser Verhalten ist keine automatische Reaktion auf einen bestimmten Reiz wie bei der Pawlowschen Konditionierung. Das heißt also, dass es den freien Willen tatsächlich gibt.“

Tomás nahm den Kugelschreiber erneut zur Hand und kritzelte rasch ein Symbol auf das Blatt Papier, das Dunn ihm gegeben hatte.

ψ

„Das *Psi* ist das mächtigste Symbol aller Zeiten“, sagte er. „In der Schrödingergleichung steht es für die Wellenfunktion, in der sämtliche potenziellen Realitäten enthalten sind. Aber wenn man die letzten Entdeckungen mit einbezieht, symbolisiert das *Psi* auch noch zwei weitere Dinge, die verschieden zu sein scheinen, in Wahrheit aber identisch sind. Erstens, das Bewusstsein. Das *Quantenauge* legt den Gedanken nahe, dass das Bewusstsein gewissermaßen beschrieben werden kann als eine Wellenfunktion, in der alle hypothetischen Möglichkeiten nebeneinander existieren; genau wie das Atom, das eine Vielzahl von Möglichkeiten in sich vereint, aber bei Beobachtung eine konkrete Form annimmt, produziert auch der Geist eine Vielzahl virtueller Alternativen, aus denen plötzlich eine konkrete Idee oder Entscheidung entsteht. Das Gehirn gehört im Wesentlichen dem deterministischen Makrokosmos an, weshalb wir akzeptieren müssen, dass es letztlich ein mechanistischer biochemischer Computer ist; aber das Bewusstsein, das aus der Superposition der indeterministischen Quantenwelt heraus entsteht, lässt eine tatsächliche Wahlfreiheit zu. Vor diesem Hintergrund ist die zweite Bedeutung des *Psi* noch wichtiger.“

„Was könnte wichtiger sein als das Bewusstsein?“

Tomás machte eine ausladende Armbewegung.

„Das Universum."

Die vier Amerikaner schauten ihn entgeistert an.

„Was?"

Tomás wusste, dass das, was er als Nächstes zu sagen hatte, nicht leicht zu verdauen sein würde. Aber es war essenziell für das Verständnis von Frank Bellamys wissenschaftlichem Meisterstück.

„Wie Sie wissen, war das *Quantenauge* zunächst ein Projekt, das die Entwicklung eines makroskopischen Quantencomputers zum Ziel hatte. Und was ist ein Quantencomputer anderes als eine universale Maschine zur Datenverarbeitung? Der Unterschied zwischen beiden besteht darin, dass ein makroskopischer Quantencomputer in der Lage ist, die ‚bizarren' Eigenschaften der Wellenfunktion zu nutzen und mehrere Millionen Bits gleichzeitig zu verarbeiten und dass er auf diese Weise ein beliebiges System, das den Gesetzen der Physik gehorcht, simulieren kann. Dabei entspricht nun die Zeit, die ein Quantencomputer für die Berechnung der Simulation benötigt, genau der, die das System für seine Entwicklung braucht, und die erforderliche Speicherkapazität ist proportional zur Anzahl der Untersysteme des simulierten Systems. Verstehen Sie, was das bedeutet?"

„Das erinnert mich an Jorge Luis Borges' Kindermärchen *Von der Strenge der Wissenschaft*", sagte Peter. „Der zuverlässigste Straßenplan ist eine Karte im Verhältnis 1:1, also im gleichen Maßstab wie die Realität. Die beste Straßenkarte einer zehn Kilometer langen Strecke ist also ebenfalls zehn Kilometer lang."

„Exakt das ist es", stimmte Tomás zu. „Die Quantencomputer sind derart leistungsfähig, dass es unmöglich ist, die Simulation vom simulierten System zu unterscheiden. Alle vom Quantencomputer ausgeführten Rechenoperationen würden die exakt gleichen Ergebnisse liefern wie die Operationen des realen Systems."

„Und was hat das Universum damit zu tun?", fragte Fuchs.

„Ist das nicht offensichtlich?", fragte Tomás. „Auch dem Universum selbst liegt eine riesige Wellenfunktion zugrunde, und es besteht aus unzähligen Mikroteilchen, von denen jedes Atom, jedes Molekül, jedes Objekt mit allen anderen Objekten in Wechselwirkung tritt, deren Information das Universum verarbeitet. Diese Verarbeitung ist nichts anderes als eine Berechnung. Anders ausgedrückt, das Universum stellt Berechnungen an. Und da es Quanteneffekte verarbeitet, deren Verhalten jeweils auf einer Wellenfunktion beruht, handelt es sich um Quantenberechnungen. Das Universum verarbeitet also keine Bits sondern Qubits. Sehen Sie jetzt, worauf das alles hinausläuft?"

Peter zögerte.

„Wollen Sie damit sagen, dass das Universum …"

„Ja, das Universum ist ein makroskopischer Quantencomputer."

„Das ist ja irre!"

„Und doch ist es genau das, was Frank Bellamy erkannt hat. Das Universum ist ein physikalisches System, das in der Lage ist, zunehmend komplexe Informationen zu verarbeiten und das von einem universalen Quantencomputer, der genauso groß ist, wie es selbst, simuliert werden kann. Das bedeutet, dass man das Universum nicht von einem Quantencomputer unterscheiden kann. In den USA gibt es doch die Redensart, ‚Was aussieht wie eine Ente, watschelt wie eine Ente und quakt wie eine Ente, ist wohl eine Ente!' Das gilt auch für das Universum: Es rechnet mit Qubits, seine Rechenkapazität entspricht der eines Quantencomputers, und seine Rechenoperationen unterscheiden sich nicht von denen eines gleich großen Quantencomputers, was schlicht und einfach daran liegt, dass das Universum ein Quantencomputer ist."

Den Amerikanern verschlug es die Sprache.

Fuchs, der vor Ungeduld platzte, endlich in den Besitz des *Quantenauges* zu kommen, reagierte als Erster.

„Und was ist mit dem makroskopischen Quantencomputer, an dem der alte Bellamy gearbeitet hat?", fragte er und deutete auf die Aktenmappe. „Wo sind die Baupläne dazu?"

„Frank Bellamy hat keinen makroskopischen Quantencomputer entwickelt", korrigierte Tomás, dem bewusst war, dass seine Antwort

Fuchs nicht gefallen würde. „Er hat vielmehr etwas noch Größeres entdeckt. Das Universum selbst."

Der CIA-Direktor schaute ihn verwirrt an.

„Was meinen Sie damit?"

„Frank Bellamy hat erkannt, dass das Universum ein makroskopischer Quantencomputer *ist*. In dieser Aktenmappe hat er seine Argumentation dargelegt. Das ist das gesamte Projekt *Quantenauge*."

Fuchs' Gesicht erblasste, als ihm klar wurde, dass das Projekt, auf dem seine ganze Hoffnung geruht hatte, ganz offensichtlich nicht seinen Posten retten würde.

„Aber was ist dann … mit dem makroskopischen Quantencomputer?"

„Er ist überall."

Von plötzlicher Wut gepackt sprang Harry Fuchs auf.

„Verdammter Mist!", brüllte er los. „Bellamy, dieser Schurke, hat mich reingelegt! Auf dass er in der Hölle schmore!"

Tomás hatte andere Prioritäten. Er warf einen Seitenblick auf die Wanduhr, die 02:40 Uhr anzeigte. Maria Flor blieb nicht mehr viel Zeit.

„Hören Sie, ich habe meinen Teil der Abmachung erfüllt und Ihnen erklärt, was das *Quantenauge* ist. Mir ist klar, dass es nicht Ihren Erwartungen entspricht, aber das ist nicht meine Schuld. Rufen Sie jetzt bitte Ihren Mann an, und sagen Sie ihm …"

„Das können Sie vergessen", unterbrach ihn Fuchs noch völlig außer sich. „Sie haben noch kein Wort über den Mord am alten Bellamy verloren."

„Sehen Sie nicht, dass die Zeit drängt?", fragte Tomás verzweifelt.

„Das ist mehr als genug."

Flehend blickte Tomás von einem Agenten zum anderen, aber keiner kam ihm zu Hilfe.

„Mister Fuchs hat recht", sagte Dunn schließlich. „Wir haben vereinbart, dass Sie uns auch den Namen von Bellamys Mörder nennen."

„Aber in der Zwischenzeit wird sie getötet!"

„Zwanzig Minuten sollten genug sein." Er schaute in Richtung seines Vorgesetzten. „Ein Anruf reicht, und die Sache ist erledigt, keine Sorge."

Widerstrebend gab Tomás sich geschlagen.

„Nun gut", seufzte er. „Wie schon gesagt, hat Frank Bellamy das größte Rätsel der Wissenschaft unserer heutigen Zeit gelöst und gezeigt, dass die Wellenfunktion der Schrödingergleichung nicht nur potenzielle Möglichkeiten beschreibt, bevor sie eine reale Form annehmen. Die Wellenfunktion bezieht sich auch auf die Natur des Bewusstseins und sogar des gesamten Universums. Zufällig wurde zu dem Zeitpunkt, als Bellamy diese bahnbrechende Erkenntnis gelang, bei einer ärztlichen Untersuchung festgestellt, dass Daniel Dare an Bauchspeicheldrüsenkrebs erkrankt war und ihm nur noch sechs Monate zu leben blieben. Da geriet Bellamy regelrecht in Panik."

„Wieso das?", wunderte sich Peter. „Wer ist dieser Daniel Dare?"

Tomás schaute ihm tief in die Augen, bevor er ihm die Neuigkeit eröffnete.

„Der Mörder Ihres Vaters."

LXXX

In aller Ruhe inspizierte Major Fuentes seine Sig Pro. Mit einem Finger fuhr er über die Mündung des Schalldämpfers und schüttelte ungehalten den Kopf, als er sah, dass dieser voller Schmauch war. Dann reinigte er die Waffe sorgfältig und nickte zufrieden. Er war bereit.

Noch neunzehn Minuten.

Die Zeit verstrich für seinen Geschmack deutlich zu langsam. Er blickte zu seinem Opfer auf dem Tisch, das schon für die Zeremonie bereit lag. Wieso sollte er bis drei Uhr warten und seine Zeit verschwenden? Das Schicksal der Frau war besiegelt, und seit er sein Handy ausgeschaltet hatte, konnte ihn ohnehin niemand mehr erreichen.

Ein wenig träge stand er auf. Er wirkte wie in Trance. Langsam durchquerte er die Halle, gerührt von der symbolischen Kraft des Ortes und näherte sich dem Opfertisch. Maria Flor beobachtete jede seiner Bewegungen und starrte entsetzt auf die Waffe in der Hand ihres Entführers.

„Hmmm! Hmmm!“

Erneut schaute Fuentes auf seine Uhr.

Siebzehn Minuten.

„Es reicht, meine Hübsche“, säuselte er mit einem verzückten Lächeln. „Hab keine Angst.“

Er setzte den Schalldämpfer auf die rechte Schläfe seines Opfers. In höchster Verzweiflung schüttelte Maria Flor wild den Kopf, um dem Lauf der Pistole auszuweichen. Vergeblich.

„Hmmm! Hm…“

Major Fuentes drückte den Abzug.

LXXXI

Couragiert bereitete Tomás sich auf die Herausforderung vor, den CIA-Agenten zu enthüllen, wer Frank Bellamy ermordet hatte, als ihn plötzlich eine böse Vorahnung überkam. Würde es ihm gelingen, den Killer rechtzeitig zu stoppen?

Er musste sich unbedingt konzentrieren! Als er den Namen von Bellamys Mörder genannt hatte, war Sam Dunns Gesicht ausdruckslos geblieben. Offensichtlich hatte er noch nie von Daniel Dare gehört. Die anderen zeigten indes eine Reaktion: Peter war errötet, Halderman und Fuchs erblassten. Tomás machte sich eine mentale Notiz.

„Ich sehe, Peter, dass dieser Name Ihnen bekannt ist …"

Bellamys Sohn nickte langsam.

„Ist das nicht der Mann, von dem …"

„Genau das ist er", unterbrach ihn Tomás, um den Effekt nicht zu verderben. Er drehte sich zu Fuchs und Halderman um. „Auch Sie, meine Herren, scheinen den Namen zu kennen, nicht wahr? Sie wissen, wer Daniel ist."

Die beiden CIA-Routiniers hatten sich bereits wieder unter Kontrolle. Halderman schwieg, und Fuchs zog es vor, eine ausweichende Antwort zu geben.

„Sagen Sie uns lieber, wie Sie auf die Idee gekommen sind, dass dieser Typ Bellamy umgelegt haben soll."

Tomás musterte Fuchs und Halderman noch einen Moment. Auch wenn sie sich alle Mühe gaben, unbeteiligt dreinzuschauen, ahnte er doch den Grund für ihre Verlegenheit. Vorerst würde er sie jedoch in Ruhe lassen.

„Nun, Frank Bellamy hat zwar das größte Rätsel der modernen Wissenschaft gelöst, aber ihm fehlte der endgültige Beweis dafür: das Higgs-Feld. Dabei handelt es sich um ein Energiefeld, das sich unserer Wahrnehmung entzieht. Es tritt mit den Partikeln in Wechselwirkung und verleiht ihnen so ihre Masse. Anders ausgedrückt ist es das Higgs-Feld, das die Materie entstehen lässt. Für viele Physiker, die glauben, dass es das Bewusstsein ist, das über die Beobachtung die Realität mitgestaltet, ist diese Frage durchaus wichtig. Frank Bellamy hatte also verstanden, dass das Higgs-Feld, wenn es die Materie erschafft, an der Quantenverschränkung des Universums beteiligt sein könnte."

„Was zum Teufel soll das heißen?"

Tomás fuhr sich mit den Fingern durch die Haare. Ihm war klar, dass das, was er als Nächstes sagen würde, einfach unglaublich war. Und welch ungeahnte Perspektiven diese Erkenntnis bot.

„Das Universum hat ein Bewusstsein."

Im Büro hätte man eine Stecknadel fallen hören können. Die Amerikaner schauten Tomás verwirrt an.

„Haben Sie immer noch nicht verstanden, worin Frank Bellamys Entdeckung tatsächlich besteht?", fragte er. „Das Doppelspaltexperiment und seine Variationen zeigen, dass die Realität durch die Beobachtung mitgestaltet wird. Wenn wir beschließen, ein Elektron auf eine bestimmte Weise zu beobachten, was ich einmal indirekte Beobachtung nenne, ist es eine Welle, die sich im Raum ausbreitet. Wenn wir aber bewusst beschließen, das Elektron direkt zu beobachten, manifestiert es sich als einzigartiges Teilchen im Raum. Anders gesagt, bildet sich die Realität auf die eine oder andere Weise aus, je nachdem, wie wir entscheiden, sie zu beobachten. Es ist unser Bewusstsein, das diese Entscheidung trifft, und so ist es letztlich das Bewusstsein, das die Realität mitgestaltet."

„Okay, das sind die Schlussfolgerungen aus dem Doppelspaltexperiment“, sagte Peter. „Aber wie kommen Sie auf die Behauptung, das Universum habe ein Bewusstsein?“

„Indem man anerkennt, dass das Universum sich ununterbrochen selbst beobachtet. Das macht es einerseits mit Hilfe der Vakuumfluktuation, aber auch, wie Ihr Vater vermutete, über das Higgs-Feld. Dadurch, dass es sich selbst beobachtet, löst das Universum das Zusammenbrechen der Wellenfunktion aus und erschafft die Realität, so, wie wir sie kennen. Da in letzter Instanz aber eine bewusste Beobachtung notwendig ist, damit die Wellenfunktion zusammenbricht, folgt daraus zwangsläufig, dass das Universum ein Bewusstsein hat.“

„Das sehe ich anders“, widersprach Peter. „Wenn ein Geigerzähler atomare Strahlung misst, lässt es die Wellen der Partikel zusammenbrechen und reale Teilchen entstehen. Aber Sie wollen ja wohl nicht behaupten, dass ein Geigerzähler ein Bewusstsein hat, oder?“

„Nein“, sagte Tomás, „aber Sie irren sich. Wenn ein Geigerzähler die Strahlung misst, lässt er keine realen Teilchen entstehen. Er bildet vielmehr eine Quantenverschränkung mit der Welle, die er messen soll und wird selbst ebenfalls eine Welle. Wie John von Neumann es kurz nach der fünften Solvay-Konferenz darlegte, löst sich diese Quantenverschränkung nur dann auf und lässt Partikel entstehen, wenn eine bewusste Instanz den Geigerzähler beobachtet. Das ist ein enormer Unterschied! Etliche Wissenschaftler, darunter auch Albert Einstein, haben sich geweigert und weigern sich noch heute aus philosophischen Gründen, dies anzuerkennen, aber die Experimente deuten nichtsdestotrotz darauf hin, dass es ohne Bewusstsein keine Realität gäbe.“

„Ich glaube, ich verstehe, was Sie meinen …“

„Ihr Vater hat daraus gefolgert, dass das Universum ein Bewusstsein hat und dass das Higgs-Feld den ultimativen Beweis dafür liefere. Wie Sie vielleicht wissen, hat das CERN den Großen Hadronen-Speicherring gebaut, um das Higgs-Feld und das Higgs-Boson nachzuweisen. Mit dem Nachweis eines solchen ‚Gottesteilchens‘, wie das Higgs-Boson auch genannt wird, konnte ebenfalls die Existenz des Higgs-Feldes bewiesen werden. Ihr Vater hat diese Entdeckung als Beweis für seine Hypothese angesehen, derzufolge das Universum eine gigantische Wellenfunktion ist, in der alle Möglichkeiten nebeneinander koexistieren, bis eine bewusste Beobachtung eine davon real werden lässt."

Peter zeigte auf das Symbol ψ, das Tomás gezeichnet hatte.

„Wenn ich es richtig verstehe, sind das Universum und das Bewusstsein ein und dasselbe", sagte er. „Beide sind eine virtuelle Wellenfunktion, beide werden durch das *Psi* dargestellt."

„Das ist in der Tat die tiefere Aussage der letzten Nachricht Ihres Vaters", stimmte Tomás zu. „Und das ist noch nicht alles: Genauso wie das Universum ist auch das Gehirn ein Quantencomputer. Die Vorstellungskraft, in der alle Möglichkeiten gleichzeitig vorhanden sind, ist die Wellenfunktion; wird eine Entscheidung getroffen, bricht die Wellenfunktion zusammen und lässt eine der Möglichkeiten real werden. Diese Entdeckung hat verblüffende Folgen. Wenn bei den Berechnungen unseres Gehirns Bewusstsein entsteht, verfügt auch das Universum – das ja ebenfalls ein Quantencomputer ist – über Bewusstsein."

„Das ist ja unglaublich!"

„Allerdings tauchte irgendwann, als Frank Bellamy diese Entdeckung gemacht hat, ein ernstes Problem auf. Eine medizinische Untersuchung an einer Bostoner Klinik ergab, dass Daniel Dare Bauchspeicheldrüsenkrebs hatte."

„Wer zum Teufel ist dieser Daniel Dare?", fragte Sam Dunn.

Tomás zögerte. Dies war der Zeitpunkt, Harry Fuchs und Walter Halderman nicht aus den Augen zu lassen.

„Ihr Chef kann Ihnen diese Frage vielleicht beantworten …"

Fuchs schüttelte den Kopf.

„Ich? Ganz und gar nicht! Ich habe keine Ahnung, wer das ist!"

„Ich auch nicht", sagte Halderman.

Tomás schaute die beiden skeptisch an.

„Nun kommen Sie schon! Sagen Sie mir nicht, dass Ihnen der Name Daniel Dare noch nie untergekommen ist …“

Ungeduldig beendete Fuchs als Erster das Versteckspiel.

„Ich habe wirklich keine Ahnung, wer das ist. Aber es stimmt, dass ich den Namen schon einmal gelesen habe.“

„Darf ich fragen, wo?“

Mit einem kurzen Seitenblick auf Halderman und Peter Bellamy, sprach der CIA-Chef es schließlich aus.

„In einer Schreibtischschublade in der Wohnung des Alten.“

„Sie waren also dort?“

„Ja. Walter, ich und meine Männer.“

Peter wurde vor Wut rot im Gesicht.

„Also doch! Endlich geben Sie es zu! Sie sind in die Wohnung eingebrochen“, polterte er los. „Sie waren es, die das Appartement meines Vaters durchsucht haben wie die Aasgeier.“

„Sie werden verstehen, dass wir um jeden Preis das *Quantenauge* finden mussten“, sagte Fuchs achselzuckend. „Da war dieses Attentat in Tripolis, und wir hatten nichts in der Hand. Dann wurde der Präsident fuchsteufelswild und sagte, wenn das so weitergehe, werde er die nächste Wahl verlieren und uns alle feuern. Da haben wir die Nerven verloren. Wir haben das Büro Ihres Vaters umgekrempelt, aber nichts gefunden. Deshalb dachten wir, dass er die Unterlagen vielleicht bei sich zu Hause versteckt hat.“

„Sie sind also in Frank Bellamys Wohnung eingebrochen, um seinen Schreibtisch zu durchsuchen“, mischte sich Tomás wieder ein.

„Ja, das stimmt. Und dabei sind wir auf den medizinischen Bericht über Daniel Dare gestoßen. Aber ich schwöre, dass ich nicht die leiseste Idee habe, wer der Typ ist. Wir haben alle Akten der Agency überprüft, aber niemanden gefunden, der so heißt. In den bundesweiten Datenbanken gab es auch nur zwei Personen dieses Namens: einen Obdachlosen in New York und einen Landwirt in Louisiana. Keiner von beiden war an Bauchspeicheldrüsenkrebs erkrankt. Es ist und bleibt ein Rätsel!“

„Nicht für mich", erwiderte Tomás schmunzelnd.

Die vier Amerikaner starrten ihn überrascht an.

„Sie wissen, wer Daniel Dare ist?"

„Wenn Sie Bellamys Büro in seiner Wohnung durchsucht haben, dann haben Sie mit Sicherheit auch seine Bücher bemerkt, nicht wahr?", wandte Tomás sich an Fuchs und Halderman.

„Selbstverständlich", sagte Fuchs. „Berge von Physikbüchern."

„Ausschließlich Physikbücher?"

„Na ja, da waren auch noch einige Science-Fiction-Titel."

„Was für Science-Fiction-Titel? Nur Romane?"

Halderman versuchte, sich zu erinnern.

„Nein, er hatte auch etliche Comichefte. Ich erinnere mich, ein paar alte Ausgaben von *Flash Gordon, Eagle* und *Weird Science* gesehen zu haben."

„Haben Sie jemals *Eagle*-Hefte gelesen?"

„*Eagle* war eine britische Comicreihe, und ich habe als Kind in England gelebt. Selbstverständlich kenne ich die Geschichten."

„Welche der Figuren haben Sie am meisten gemocht?"

„Dan Dare, natürlich. Und ..."

Überrascht schaute der CIA-Chef in die Runde.

„Könnten Sie den Namen noch einmal wiederholen?", bat Tomás.

„Dan Dare. Teufel aber auch! Daniel Dare!"

„Glauben Sie, dass das Zufall ist?"

„Was wollen Sie damit sagen?", fragte Halderman.

„Erinnern Sie sich noch an den Namen des Zeichners der *Eagle*-Hefte?"

Der CIA-Agent zog die Augenbrauen zusammen.

„War das nicht ... Frank Bellamy?"

Tomás lächelte.

„Haben Sie es jetzt verstanden?"

Erneut tauschten die vier Amerikaner einen verwirrten Blick.

„Nicht wirklich."

„Es ist ganz einfach“, sagte Tomás. „Schon in seiner Jugend hat sich unser Frank Bellamy für Science-Fiction interessiert und unter anderem die *Eagle*-Hefte über den Raumschiffpiloten Dan Dare gelesen. Dabei ist ihm garantiert aufgefallen, dass einige Hefte von Frank Bellamy gezeichnet waren. Der eigentliche Erfinder von Dan Dare hieß zwar Frank Harcourt, aber der bekannteste Zeichner der Serie war Frank Bellamy. Es war reiner Zufall, dass der Starzeichner der britischen Comicserie genauso hieß wie einer seiner amerikanischen Leser. Von da an jedenfalls hat unser Frank Bellamy den Namen Dan Dare immer dann verwendet, wenn er anonym bleiben musste, wie im Fall der medizinischen Untersuchung in Boston.“

„Daniel Dare war Frank Bellamy?“

„Exakt.“

„Aber wieso musste er anonym bleiben?“

„Nun, als CIA-Direktor wusste er haargenau, wie wichtig Informationen sind und wollte so wenig wie möglich über sich preisgeben. Und ganz bestimmt wollte er nicht, dass jemand erfuhr, dass er bald sterben würde. Was wäre wohl passiert, wenn die CIA erfahren hätte, dass er an Bauchspeicheldrüsenkrebs im Endstadium litt?“

„Sie hätte ihn natürlich von seinen Aufgaben entbunden“, antwortete Fuchs prompt. „Die Stelle war viel zu wichtig, als dass ein Todkranker sie besetzen gekonnt hätte.“

„Sehen Sie, ich denke, genau das wollte Frank Bellamy vermeiden. Er war ein Agent der alten Schule und hielt es für seine Pflicht, bis zum letzten Atemzug zu arbeiten. Er hat also seine Krankheit verheimlicht und beschlossen, auf seine Weise von der Bühne abzutreten. Als er erfahren hat, dass das CERN ein neues Experiment zur Entstehung des Higgs-Bosons plante, entschied er sich, nach Genf zu fahren und dabei zu sein. Der Nachweis des Teilchens und des Higgs-Feldes würde bestätigen, dass das Universum tatsächlich über ein Bewusstsein verfügt. Damit würde seiner Meinung nach die Vereinigung der Quantentheorie mit der klassischen Physik gelingen und Mikro- und Makrokosmos endlich miteinander in Einklang sein. Er fuhr daher in seiner Eigenschaft als Direktor für Wissenschaft und Technologie der CIA nach Genf, wo ihm womöglich spontan die Idee kam, im Rahmen der aktuellen Experimente von der Bühne abzutreten. Allerdings konnte er nicht einfach aus dem Leben treten, ohne irgendjemandem seine Theorie anzuvertrauen. Aber die Personen, denen er vertraute und die Wissenschaftler, die er kannte, waren in den USA."

„Das hätte ihn nicht davon abgehalten, mit ihnen auf die eine oder andere Art in Kontakt zu treten", wandte Fuchs ein.

„Stimmt, aber wenn er jemandem sein Vorhaben erklärt hätte, wäre es möglich gewesen, dass die amerikanische Botschaft in der Schweiz davon erfahren und alles vereitelt hätte."

„Das ist wohl wahr."

„Dieses Risiko konnte er nicht eingehen. Nun war ich zufällig im Auftrag der Gulbenkian-Stiftung in Genf, und nicht nur dort, sondern auch im selben Hotel wie er. Ich nehme an, dass ihm die Idee zu seiner Inszenierung kam, als er mich dort gesehen hat. Er hat mich als das ‚echte Genie' erkannt, wie er mich gern nannte und …"

„Oh, da waren Sie nicht der Einzige", sagte Peter mit belegter Stimme. „Mein Vater hat quasi jeden, dessen Kombinationsfähigkeiten er schätzte, als ‚echtes Genie' bezeichnet."

„Davon gehe ich aus", antwortete Tomás. „Wie auch immer, er dürfte gedacht haben, dass ich die ideale Person sei, um seinen Plan umzusetzen. Er brachte meine Zimmernummer in Erfahrung und schob eine Nachricht unter meiner Tür durch, in der er sich als Antiquar ausgab und mich für den nächsten Tag ins CERN einlud, um mir ein wertvolles Objekt zu zeigen. Und ich Trottel bin auch noch auf die Sache hereingefallen."

„Und warum hat er Sie ins CERN gelockt?"

„Ganz einfach, um mich zu kompromittieren. Er wollte, dass ich zum Zeitpunkt seines Todes im CERN war."

„Das verstehe ich nicht", warf Fuchs ein. „Wieso hätte er den Verdacht auf Sie lenken sollen? Und woher wusste er, dass er dort umgebracht werden würde?"

„Frank Bellamy war ein Vollblut-CIA-Agent", erklärte Tomás. „Er dachte immer ein Stück voraus und liebte kleine Spielereien. Er wusste, dass die CIA mich unweigerlich als Mordverdächtigen suchen würde und dass ich seinen Safe mit den Unterlagen über das *Quantenauge* finden müsste, um diesen Mordverdacht abzuwenden. Seit unserer Zusammenarbeit vor einigen Jahren kannte er mich gut genug, um mir zuzutrauen, dass mir das gelingen würde. Der Rest ist einfach. Er hat mir das große Pentakel per Post geschickt, damit ich alle notwendigen Anhaltspunkte zur Verfügung hätte, und am nächsten Tag wartete er, bis ich ins CERN kam. Seine Abschiedsbotschaft hatte er bereits vorbereitet: den Zettel mit dem Symbol *Psi*, auf dem er mich als ‚den Schlüssel' bezeichnete. Dann ging er für den letzten Akt in den Hochsicherheitsbereich des Teilchendetektors ATLAS."

Peter Bellamy konnte seine Tränen nicht länger zurückhalten.

„Mein armer Vater … er wollte sich nicht dem Krebs geschlagen geben."

„Er wollte sein Schicksal bis zuletzt selbst bestimmen. Er ist in den Hochsicherheitsbereich eingedrungen, wo er die Kühlleitungen mit dem flüssigen Helium einschlug. Den Rest kennen Sie. Er war fast augenblicklich tot."

Im Büro breitete sich Stille aus.

„Bellamy hat sich also selbst umgebracht", sagte Fuchs verwundert.

Ängstlich schaute Tomás auf die Wanduhr. Nur noch dreizehn Minuten.

„Hören Sie, ich habe meinen Teil der Vereinbarung eingehalten. Jetzt sind Sie an der Reihe. Rufen Sie Ihren Mann an und sagen Sie ihm, dass er meine Freundin freilassen soll."

Sam Dunn drehte sich zu Harry Fuchs um und sah ihn erwartungsvoll an.

„Schon gut, schon gut“, brummte der CIA-Chef und zog sein Handy aus der Tasche.

Er wählte eine Nummer und verzog kurz darauf ärgerlich das Gesicht. Dann legte er auf.

„Was ist los?“, fragte Tomás. „Warum sagen Sie nichts, verdammt nochmal?“

„Er ist nicht erreichbar“, sagte Fuchs.

Stürmisch riss Tomás ihm das Gerät aus der Hand und drückte die Wahlwiederholung. Kurz darauf hörte er eine weibliche Stimme.

„Die gewünschte Nummer ist vorübergehend nicht erreichbar. Bitte versuchen Sie es zu einem späteren …“

„Scheiße!“, schrie Tomás. „Was machen wir jetzt?“

Fuchs zuckte mit den Schultern und schaute den Portugiesen an.

„Ich fürchte, es ist zu spät.“

LXXXII

Hilflos lag Maria Flor auf dem Opfertisch und wusste weder, wer der Mann war, der sie so quälte, noch, warum er das tat. Sie wusste nur, dass ihr Schicksal besiegelt war. Was sie in der letzten Minute durchgemacht hatte, als Fuentes die Pistole an ihre Schläfe gesetzt und den Abzug gedrückt hatte, ließ sich mit Worten nicht beschreiben. Sie merkte, wie sie unkontrolliert zitterte und gleichzeitig schwitzte.

„Na, meine Hübsche“, hörte sie den Major sagen. „Habe ich dich etwa erschreckt?“ Er lachte gehässig.

„Hmmm!“

Verzweifelt versuchte Maria Flor, seinem Blick auszuweichen. Sie wollte ihm das Vergnügen, die Angst in ihren Augen zu sehen, nicht gönnen. Aber umsonst.

„Schon gut, meine Kleine, beruhige dich“, murmelte er. „Das war nur ein Test, ein Vorspiel für das, was gleich kommt.“

Er hielt ihr seine Waffe so vors Gesicht, dass sie gar nicht anders konnte, als jede seiner Gesten zu verfolgen.

„Schau, die Pistole war noch nicht entriegelt“, kicherte er und löste nun genussvoll den Sicherungshebel. Dann zog er ein Stück schwarze Plastikfolie aus seinem Koffer und breitete sie um den Opfertisch herum aus.

„Niemand soll sagen können, ich mache keine saubere Arbeit“, sagte er. „Damit wird erst dein Gehirn aufgefangen und dann dein Blut.

Dann rolle ich deinen Körper darin ein. Du wirst nämlich den Fischen des Potomac als Nahrung dienen, meine Kleine.“

Er lachte erneut und schaute auf seine Armbanduhr. 02:49 Uhr.

LXXXIII

Betäubt starrte Tomás auf das Telefon in seiner Hand. Elf Minuten. Der Entführer war nicht erreichbar, und die Zeit verstrich unaufhaltsam. Das, was sich um drei Uhr ereignen würde, mochte Tomás sich gar nicht vorstellen.

Sam Dunn zuckte resigniert mit den Schultern.

„Tut mir Leid …“

„Er muss sein Handy ausgeschaltet haben“, sagte Fuchs entschuldigend. „Oder sein Akku ist leer. Ich habe jedenfalls keine Ahnung, wo er Ihre Freundin hingebracht hat.“

Aber Tomás war nicht bereit aufzugeben. Er stürzte zum Schreibtisch und fuhr den Computer hoch.

„Das stimmt nicht ganz“, sagte er. „Der Typ hat mir immerhin gesagt, ich solle bis drei Uhr in den Gerichtssaal des Salomontempels kommen, und er hat etwas von dreizehn oberhalb der Basis des Pentagramms und dem Altar des Mausolus gesagt.“

„Aber der Tempel des Salomon ist in Jerusalem“, warf Halderman ein. „Außerdem existiert er nicht mehr. Der Typ wollte Sie doch wohl nicht nach Israel lotsen? Und was bedeutet dreizehn oberhalb der Basis des Pentagramms?“

Kaum war der Computer betriebsbereit, ließ Tomás sich eine Karte von Washington anzeigen.

„Das Grab des Mausolus ist eines der sieben Weltwunder der Antike“, sagte er nebenbei. „Es befindet sich in Halikarnassos in der Türkei.“

„In der Türkei?"

Ein Stadtplan der amerikanischen Hauptstadt füllte den Bildschirm aus.

„Können wir einen Hubschrauber haben?", fragte er.

Peter schaute Sam Dunn auffordernd an.

„Ja, sicher", antwortete dieser. „Wieso?"

„Er soll sich startklar machen."

Ohne weitere Fragen zu stellen, nahm der Leiter des Nachtteams sein Mobiltelefon und drückte eine Taste.

„Was haben Sie mit dem Helikopter vor?", fragte Fuchs stirnrunzelnd.

Tomás zoomte in das Regierungsviertel des Stadtplans.

„Sehen Sie hier unten das Weiße Haus?", fragte er. „Wenn man von dort die Connecticut Avenue verfolgt, gelangt man zum Dupont Circle, wo Bellamy gewohnt hat. Von dort wiederum verbindet erst die Massachusetts Avenue und dann die K Street den Dupont Circle mit dem Scott Circle, Vernon Square und Washington Circle; vom Washington Circle zieht die Rhode Island Avenue zum Logan Circle, und die Vermont Avenue verbindet schließlich den Logan Square mit dem Weißen Haus. Wenn man all diese Punkte miteinander verbindet, erhält man Folgendes …"

Die CIA-Agenten drängten sich hinter Tomás und verfolgten, was der Kryptanalyst dort unkonventionell mit Filzstift auf dem Bildschirm markierte.

„Einen fünfzackigen Stern", sagte Peter.

„Ja, aber nicht irgendeinen Stern. Wie Sie sehen, handelt es sich um ein Pentagramm, mit zwei nach oben und einem nach unten gerichteten Zacken. Das ist ein umgekehrtes Pentagramm, das mit dem Kopf des Baphomet assoziiert wird. Das Symbol des Teufels."

„Wie bitte?"

„Das Regierungsviertel von Washington wurde im 18. Jahrhundert von Pierre Charles L'Enfant als Zentrum der Macht entworfen. Was könnte die Macht besser darstellen als ein Symbol des Teufels?"

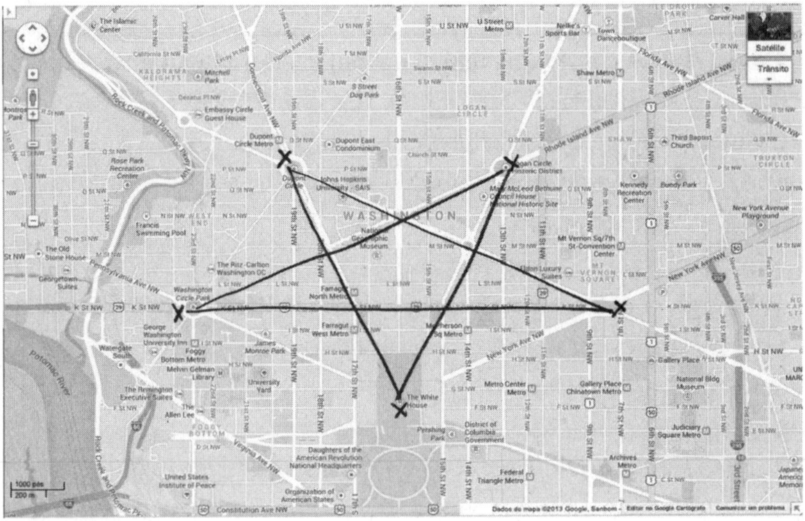

„Wollen Sie damit etwa andeuten, dass die Macht Amerikas … satanisch ist?“

„Ganz und gar nicht. Aber es ist nun einmal eine Tatsache, dass Macht quasi immer und überall den Charakter verdirbt. Daher ist das umgekehrte Pentagramm für jemanden, der nach Macht strebt, ein geradezu ideales Symbol.“ Er deutete auf den untersten Punkt des Pentagramms. „Und es ist garantiert kein Zufall, dass die Spitze dieses Zackens auf das Weiße Haus zeigt.“

„Was wollen Sie damit sagen? Dass Ihre Freundin ins Weiße Haus verschleppt wurde?“

„Nein. Wie schon gesagt, hat der Entführer mich aufgefordert, ins Haus des Salomontempels zu kommen, dreizehn oberhalb der Basis des Pentagramms, zum Altar des Mausolus im Gerichtssaal. Das Weiße Haus ist nicht der Tempel, aber es ist naheliegend, dass wir von dort ausgehen müssen. Wenn wir also vom Weißen Haus ausgehend die 16. Straße dreizehn Häuserblöcke nach Norden verfolgen, passiert man den Scott Circle und landet … hier. An der Kreuzung der R Street und S Street mit der 16. Straße.“ Er drehte sich zu den vier Amerikanern um und fragte: „Gibt es dort irgendein besonderes Gebäude?“

Fuchs und Halderman schüttelten den Kopf. Entweder wussten sie es wirklich nicht, oder sie wollten es ihm nicht sagen. Peter hingegen schaute noch einmal genau auf die Karte, um sich zu vergewissern, dass er sich nicht täuschte.

„Der Oberste Rat!“, rief er dann.

„Was ist das denn?“, fragte Tomás.

In diesem Augenblick stürmte Sam Dunn ins Büro und winkte den Anderen, sich zu beeilen.

„Kommen Sie, der Helikopter ist gleich startklar.“

Tomás und Peter rannten sofort los, ohne sich um Fuchs und Halderman zu kümmern. Der Kryptanalyst warf einen letzten Blick auf die Wanduhr. Noch sieben Minuten. Sie eilten die Flure entlang und aus dem Gebäude, wo der Helikopter bereits mit dröhnenden Rotorblättern wartete. Atemlos sprangen Tomás und die beiden Amerikaner hinein. Noch während sie sich die Headsets aufsetzten, hob der Pilot wieder ab. Dann nannte ihm Peter Bellamy ihr Ziel.

„Zum Hauptsitz der amerikanischen Freimaurer.“

LXXXIV

Um ein Blutopfer korrekt auszuführen, mussten zahlreiche rituelle Regeln beachtet werden. Major Fuentes kannte die Traditionen seiner Vorfahren bis ins kleinste Detail. Diesmal ging es nicht nur darum, die feindlichen Reihen zu durchbrechen oder eine Zielperson zu identifizieren und unauffällig zu liquidieren. Diesmal hatte er alle Zeit der Welt, um die Zeremonie vorschriftsmäßig zu zelebrieren.

Zwar hätte er am liebsten seinen Dolch verwendet, aber das hatte ihm Harry Fuchs bereits mehrfach untersagt. Dies hier war der Sitz des Obersten Rates vom 33. Grad des Schottischen Ritus, das Machtzentrum der amerikanischen Freimaurer. Hier war eine ‚saubere' Hinrichtungsart gefragt, und er würde daher seine Pistole wählen, allerdings nicht, ohne vorher ein paar rituelle Elemente aus der präkolumbianischen Zeit zum Einsatz zu bringen.

Mit dem Dolch in der rechten Hand und verzückt geschlossenen Augen breitete er die Arme aus und stimmte den rituellen Opfergesang seiner Ahnen an.

„Wo ist das Herz?", murmelte er in Nahuatl, der Sprache der Azteken. Er war mittlerweile in Trance, und sein Gesicht wirkte völlig entrückt. „Gib mir dein Herz, denn wenn du es mitnimmst, kannst du es doch nicht behalten, sondern zerstörst nur das irdische Herz."

Maria Flor verstand natürlich kein Wort von dem, was er wie eine Litanei aufsagte, aber ihr war klar, dass er sich auf einen Opferritus vorbereitete. Als Major Fuentes seinen merkwürdigen Gesang beendet hatte, steckte er den Dolch wieder in seinen Koffer. Maria Flors Herz raste, als wolle es ihr aus der Brust springen. Sie sah, wie ihr Peiniger seine Pistole zur Hand nahm und ein letztes Mal prüfte. Dann trat er langsam neben sie und sah auf die Uhr.

„Noch eine Minute."

LXXXV

Die wenigen Gebäude, die Tomás vom Hubschrauber aus klar erkennen konnte, waren die wichtigsten Machtsymbole Amerikas: das Kapitol, das Weiße Haus, das Lincoln Memorial und der Obelisk. Sie wurden auch nachts von kräftigen Scheinwerfern hell erleuchtet.

„Dort“, sagte Peter und deutete nach unten. „Da ist der Oberste Rat.“

Tomás schaute in die angegebene Richtung und erblickte ein imposantes Gebäude in griechischem Stil.

„Deshalb hat der Entführer also vom Tempel Salomons gesprochen“, sagte Tomás. Das Sprechen bot ihm ein Ventil für seine Sorge um Maria Flor. „Die Freimaurer beziehen sich oft auf König Salomon und benennen ihre Gebäude gern nach ihm.“ Er wandte sich an Peter. „War Ihr Vater Freimaurer?“

„Mein Vater … Freimaurer?“

„Ich denke, er war es“, sagte Tomás. „Schon, dass er am Dupont Circle gewohnt hat, war bestimmt kein Zufall.“

Um der Frage auszuweichen, hielt Peter seinen Blick fest auf das Gebäude gerichtet.

„Das ist also das Haus des Tempels. Aber was bedeutet der Altar von diesem … wie hieß er doch gleich?“

„Mausolus. Der Washingtoner Freimaurertempel wurde Anfang des 20. Jahrhunderts nach dem Vorbild des Grabmals des Mausolus gestaltet. Das Grabmal war eines der sieben Weltwunder der Antike und so grandios, dass sich daraus der Begriff ‚Mausoleum' entwickelt hat. Bestimmt hat der Handlanger von Fuchs diesen Ort hier gewählt, um …"

„Noch dreißig Sekunden", meldete sich der Pilot zu Wort. „Ich kann dort nicht landen, gehe aber so weit wie möglich runter, auf etwa zehn Meter. Öffnen Sie die Tür, und lassen Sie sich am Seil ab. Auf mein Zeichen hin gehen Sie raus." Dann fügte er noch hinzu: „Viel Glück."

Der Einzige, der dies schon einmal gemacht hatte, war Sam Dunn, der die CIA-Außenstelle in Mogadischu geleitet hatte, bevor er nach Langley kam. Er riss sich das Headset vom Kopf und öffnete die seitliche Schiebetür des Helis. Sofort schlug ihm die kalte Nachtluft entgegen. Nachdem er sich vergewissert hatte, dass das Seil gut verankert war, schwang er es hinaus. Dann wandte er sich an seine beiden Begleiter, die ihn mit einem flauen Gefühl im Magen beobachteten, und reichte ihnen je ein Paar Handschuhe.

„Hier, nehmen Sie die", rief er über den Lärm hinweg. „Das Seil ist dick und ungleichmäßig, was das Hinabgleiten erleichtert. Halten Sie sich gut fest, und passen Sie auf, dass Sie nicht zu schnell werden. Verstanden?"

„Um Himmels Willen, das schaffen wir nie …"

„Natürlich schaffen Sie das. Sie haben gar keine andere Wahl. Ich gehe als Erster raus, dann sehen Sie, wie man es macht. Und wenn ich fünf Meter weit unten bin, sind Sie an der Reihe. Noch Fragen?"

Ohne eine Antwort abzuwarten, machte Dunn sich bereit.

Der Helikopter schwebte in schwindelerregender Höhe über dem Boden. Dann gab der Pilot sein Zeichen.

„Los geht's!"

Augenblicklich begann Sam Dunn, am Seil hinabzugleiten. Tomás und Peter wechselten einen ängstlichen Blick. Der Boden wirkte unglaublich weit weg. Zögernd trat Tomás zur Tür und blickte hinaus. Dann fasste er sich ein Herz, packte das Seil und schwang sich mit dem Mut der Verzweiflung ins Leere. Er fühlte, wie er die Kontrolle verlor, doch dann erinnerte er sich an Dunns Rat. Mit aller Kraft umklammerte er das Seil und konnte einen Sturz gerade noch vermeiden. Wenige Sekunden später hatte er wieder festen Boden unter den Füßen.

„Machen Sie Platz“, kommandierte Dunn sofort.

Als Tomás mit weichen Knien ein paar Schritte zur Seite wankte, sah er einen schwarzen Schatten auf sich zukommen: Peter Bellamy. Rasch blickte er sich um. Sie befanden sich auf einer Kreuzung. Auf der anderen Seite ragte der monumentale Freimaurertempel auf.

„Schnell!“

Sie rannten über die Straße und stürmten an den beiden Sphinxen vorbei die Treppe hinauf. Der Haupteingang, den ein bronzener Türklopfer in Form eines Löwenkopfs zierte, war verschlossen.

Eilig umrundeten sie das Gebäude, bis sie auf eine Seitentür stießen, deren Schloss aufgebrochen worden war. Tomás wollte die Tür gleich aufreißen, doch Dunn hielt ihn zurück.

„Warten Sie! Das könnte eine Falle sein.“

Mit den Fingerspitzen tastete er sorgfältig den Türrahmen ab und versuchte zu erahnen, was er nicht sehen konnte. Dann fand er, wonach er gesucht hatte und holte tief Luft. Ohne ein Wort nahm er ein Multifunktionsmesser zur Hand und öffnete den Seitenschneider. Vorsichtig schob er ihn zwischen Rahmen und Tür. Als er zudrückte, hörten sie ein leises Klack.

„War’s das?“, fragte Tomás.

„Ja, jetzt ist die Luft rein.“

Sie traten in einen schmalen Flur. Dunn zog seine Dienstwaffe und ging voran. Der Flur führte in eine Vorhalle, deren Wände von Alabasterlampen auf langstieligen Bronzeständern erleuchtet wurden.

Eine große Treppenflucht führte in die oberen Etagen beziehungsweise hinab zum Erdgeschoss.

„Was machen wir jetzt?“, flüsterte Dunn.

Tomás hielt seinen Zeigefinger vor die Lippen und spitzte die Ohren. Er glaubte, ein Geräusch gehört zu haben.

„Hmmm … Hmmm!“

Jetzt hörten es auch die anderen.

„Das kommt von unten!“

Sam Dunn gab seinen Begleitern ein Zeichen, ihre Schuhe auszuziehen. Auf Zehenspitzen schlichen sie durch die Vorhalle zur Treppe hinab ins Erdgeschoss und passierten eine Statue von Albert Pike, dem Gründer der amerikanischen Freimaurer. Als sie den letzten Treppenabsatz erreichten, lag plötzlich die Haupthalle vor ihnen.

Im Zentrum des Raums stand ein riesiger Marmortisch. Rundherum war eine schwarze Plane ausgebreitet, und auf dem Tisch erkannten sie einen menschlichen Körper. Maria Flor.

LXXXVI

Dort lag Maria Flor. Bewegungslos. Am liebsten hätte Tomás sie gerufen, wäre zu ihr gerannt, um zu schauen, ob sie noch am Leben war. Aber er hielt sich zurück. Dann sah er, dass sich ihr Fuß bewegte.

„Da", flüsterte Tomás erleichtert. „Haben Sie gesehen? Sie lebt!"

„Pssst!", machte Dunn und suchte den Saal nach verdächtigen Zeichen ab. „Der Typ kann nicht weit weg sein."

Maria Flor drehte den Kopf ein wenig in ihre Richtung und sah sie auf dem Treppenabsatz stehen.

„Hmmm! Hmmm!"

Tomás war überglücklich, dass sie lebte. Doch dann bemerkte er die Angst in ihrem Gesicht.

„Es sieht fast so aus, als wollte sie uns etwas mitteilen …"

„Na klar", brummte Peter hinter ihm. „Sie will, dass wir sie losbinden."

Sam Dunn bedeutete ihnen zu schweigen. Er suchte den Saal mehrmals mit den Augen ab, dann begann er, langsam die Treppe hinabzusteigen. Mit beiden Händen hielt er die Pistole umklammert, bereit zu schießen.

„Hmmm! Hmmm!"

Auch wenn er nichts Verdächtiges entdeckt hatte, war Sam Dunn doch überzeugt, dass irgendwo eine nicht sichtbare Gefahr lauerte. Er würde improvisieren müssen.

„Sie beide machen gleich etwas Lärm“, flüsterte er und zeigte dann auf eine Reihe dorischer Säulen. „Ich werde mich dort verstecken, und wenn der Typ reagiert, erledige ich ihn.“

Als Dunn bereit war, gab er seinen Begleitern ein Zeichen.

„Maria Flor, hörst du mich?“, fragte Tomás auf Portugiesisch. „Ist der Typ, der dich entführt hat, hier im Saal?“

Sie nickte heftig mit dem Kopf, und Tomás blickte sich in alle Richtungen um, konnte aber nach wie vor nichts entdecken. Wo auch immer er steckte, der Mann blieb unsichtbar.

„Weiß er, dass wir hier sind?“

Wieder nickte Maria Flor.

„Wo ist er?“

„Hmmm! Hmmm!“

„Achtung, Sam“, sagte Tomás auf Englisch. „Sie sagt, dass der Typ hier im Raum ist.“

Danach herrschte Stille. Alle schienen den Atem anzuhalten und zu warten, dass jemand anderes etwas unternahm. Tomás hätte gern eine Waffe gehabt; er fühlte sich schutzlos. Dann sah er, dass auch Peter unbewaffnet war. Was für ein Fehler!

„Hören Sie“, rief Sam Dunn. „Wir kommen von Langley im Auftrag von Harry Fuchs. Die Anweisungen haben sich geändert: Die Operation ist abgeblasen. Haben Sie gehört? Die Operation wurde abgeblasen. Mister Fuchs hat mehrmals versucht, Sie zu erreichen. Schalten Sie Ihr Handy wieder ein, dann werden Sie mehrere Anrufe in Abwesenheit sehen. Ich gebe Ihnen zwei Minuten, um das zu überprüfen. Haben Sie verstanden?“

Er wartete einige Sekunden, erhielt aber keine Antwort.

„Auch gut“, fuhr Dunn fort. „Die zwei Minuten beginnen … jetzt.“

Wieder machte sich Stille im Raum breit. Aufmerksam beobachtete Tomás seine Freundin und erkannte, dass sie eindringlich nach links blickte. Dort war ebenfalls eine Reihe dorischer Säulen. Ihre Botschaft schien eindeutig.

„Der Typ ist dort“, hauchte er. „Hinter den Säulen …“

Die Säulen aus sorgfältig poliertem grünen Granit trugen einen Dachbalken, und vor ihnen, dem Saalinneren zugewandt, stand jeweils ein hölzerner Stuhl mit ägyptischen Motiven. Tomás konnte beim besten Willen nichts Auffälliges entdecken. Dann gab er Sam Dunn einen Wink.

„Die zwei Minuten sind um“, sagte Dunn laut. „Binden Sie jetzt die Gefangene los.“

Tomás wechselte einen unentschlossenen Blick mit dem CIA-Agenten. Dem Historiker war klar, dass sie um jeden Preis verhindern mussten, dass Dunn etwas zustieß, denn er war den Einzige von ihnen, der eine Waffe hatte. Es war also an ihm zu handeln.

Er gab Dunn zu verstehen, dass er vorgehen würde. Der CIA-Mann zögerte einen Moment, nickte dann aber und machte sich bereit, das Feuer zu eröffnen.

„Ich werde jetzt die Gefangene losbinden“, sagte Tomás laut. „Ich bin unbewaffnet. Schießen Sie also nicht.“

Sein Herz schlug ihm bis zum Hals, aber es gelang ihm, seine Angst zu überwinden und die Treppe hinabzusteigen. Zum Beweis dafür, dass er unbewaffnet war, hielt er die Hände in die Höhe.

„Hmmm! Hmmm!“

Mit fast aus den Höhlen tretenden Augen begann Maria Flor erneut, sich zu regen. Es war klar, dass sie ihn auf eine Gefahr aufmerksam machen wollte. Tomás zögerte. Er wusste, dass er sich in der Schusslinie eines Profikillers befand, aber so sehr er die Säulen auch anstarrte, er konnte dort nicht die geringste Bewegung ausmachen. Langsam ging er mit erhobenen Händen weiter. Aus den Augenwinkeln registrierte er Sam Dunn nahe einer der Säulen.

Endlich hatte er den Marmortisch erreicht und streckte die Hand aus, um Maria Flors Knebel zu entfernen. In diesem Moment hob sich die schwarze Plane wie von Geisterhand, und zwei Schüsse donnerten los. Tomás drehte sich um und sah, wie Sam Dunn zu Boden stürzte. Eine Kugel hatte ihn mitten in den Kopf getroffen.

LXXXVII

Höchst professionell hatte Fuentes nur zwei Schüsse abgegeben. Meisterschüsse. Die erste Kugel streckte Sam Dunn nieder, die zweite traf Peter Bellamy unter dem linken Auge. Er war sofort tot. Alles hatte sich so schnell ereignet, dass Tomás wie versteinert da stand.

„Herzlichen Glückwunsch, *señor* Noroña", sagte der Major. „Sie sind schnell hergekommen. Das hätte ich nicht erwartet."

Tomás war völlig benommen.

„Wissen Sie eigentlich, was Sie … gerade gemacht haben?", stammelte er. „Sie haben zwei Ihrer Kollegen getötet."

Fuentes zuckte mit den Schultern.

„Ich bin Soldat und führe meine Befehle aus."

„Aber wer hat Ihnen so einen Befehl gegeben? Haben Sie nicht gehört, was Sam Dunn gesagt hat? Harry Fuchs hat die Operation abgeblasen."

„Um seinen Befehl auszuführen, musste ich die beiden Idioten ja gerade beseitigen", entgegnete der Major. „So, wie ich jetzt auch euch zwei hübschen Vögel verschwinden lassen muss."

„Die Operation wurde abgeblasen", wiederholte Tomás noch einmal. „Verstehen Sie nicht, was ich sage? Harry Fuchs hat mehrmals versucht, Sie anzurufen, um …"

Fuentes schüttelte den Kopf.

„Sie haben einen Riesenfehler gemacht, hierher zu kommen", sagte er kalt. „Ich weiß sehr genau, dass die Operation beendet ist. Das hat

Mister Fuchs mir bereits mitgeteilt. Aber er hat mir auch aufgetragen, ordentlich aufzuräumen, denn es gab ein paar Probleme. Zum Beispiel den … Zwischenfall mit Ihrem Freund an der Georgetown Universität."

„Jorge? Sie haben Jorge umgebracht?"

„Ich habe getan, was ich tun musste, und jetzt räume ich auf." Er deutete auf Maria Flor. „Die Operation wurde eingestellt, als ich Ihre Freundin schon geschnappt hatte. Dumm für die Kleine, denn sie ist damit zu einer peinlichen Zeugin geworden. Und deshalb muss ich sie jetzt beseitigen, so, wie alle anderen, die meinen Weg gekreuzt haben."

„Aber das ist doch lächerlich. Sie machen Ihre Lage doch nur schlimmer."

„Glauben Sie? Wer soll mich denn bitteschön verklagen, wenn Sie beide im Potomac schwimmen?"

Tomás dachte an die, die dem Major bislang begegnet waren. Alle waren tot – oder kurz davor, getötet zu werden.

„Harry Fuchs", sagte er dann. „Er weiß, was Sie getan haben."

Fuentes lachte laut auf.

„Mein Chef würde mich nie verraten, ich habe schließlich seine Befehle ausgeführt. Ihn können Sie getrost von der Liste streichen. Außer ihm weiß niemand, dass ich an der Sache beteiligt bin. Wenn Sie nicht hier aufgekreuzt wären, woher hätten Sie wissen sollen, dass Major Fuentes mit dieser Operation beauftragt war?"

Schlagartig wurde Tomás klar, dass Harry Fuchs kein einziges Mal den Namen seines Killers genannt hatte. Es gab also tatsächlich keine Möglichkeit, ihm auf die Spur zu kommen. Ein regelrechtes Phantom.

„Hören Sie, es ist Verstärkung unterwegs, die jeden Augenblick hier sein kann. Ich an Ihrer Stelle würde …"

„Ich weiß", erwiderte Fuentes und hob seine Pistole. „Deshalb muss ich euch beide auch beseitigen, bevor es zu spät ist."

Als er den Lauf auf sich gerichtet sah, wich Tomás instinktiv zurück.

„Warten Sie, wir können doch …"

„Adiós."

Der Major drückte den Abzug, aber nichts passierte.

„Was ist das denn …?"

Fuentes schaute seine Waffe an, dann stieß er einen Fluch aus.

„Verdammt! Das Scheißding klemmt!"

Ohne zu zögern hechtete Tomás in die Richtung der Säulen, wo der leblose Körper von Sam Dunn und seine Heckler & Koch lagen.

In dem Moment, als er sich nach der Waffe bückte, wurde er jedoch niedergeworfen, und ein heftiger Schmerz brannte in seiner rechten Seite. Er war getroffen. Auf dem Boden liegend streckte er den linken Arm aus und tastete nach Dunns Waffe, aber wie aus dem Nichts tauchte plötzlich ein Fuß auf und trat ihm auf die Hand. Tomás blickte hoch und sah den Major über sich aufragen.

„Sie sind schnell", sagte Fuentes anerkennend. „Aber nicht schnell genug."

Als der Major sich beugte, um Dunns Waffe an sich zu nehmen, zog Tomás in höchster Verzweiflung das große Pentakel aus seiner Tasche und schlug es dem Soldaten mit voller Kraft ins Gesicht. Sofort strömte ihm das Blut aus der Nase, und er kam ins Wanken, so dass Tomás seine linke Hand frei bekam.

Rasch nahm er die Pistole an sich, stand auf und richtete die Waffe auf seinen Gegner. Der kam inzwischen wieder zu Sinnen und machte einen Schritt in Richtung des Portugiesen, aber Tomás drückte den Abzug und schoss. Dann schoss er noch einmal und noch einmal …

Er feuerte insgesamt fünf Mal, bevor er aufhören konnte. Auch wenn es nicht so beabsichtigt gewesen war, hatte er seinen Gegner mit der ersten Kugel vor allem stoppen wollen. Die zweite Kugel war für Jorge gewesen, die dritte für Peter, die vierte für Dunn. Und die fünfte war für Maria Flor – für das, was er ihr angetan hatte und das, was er noch mit ihr vorgehabt hatte.

Endlich ließ er seinen Arm sinken und besah sich den Körper des Majors, der neben einer Granitsäule auf dem Marmorboden lag. Drei Kugeln hatten ihn in die Brust getroffen, zwei ins Gesicht.

„Hmmm! Hmmm!"

Maria Flor schaute ihn mit einer Mischung aus Erleichterung und Dankbarkeit an. Bestürzt warf Tomás die Pistole zu Boden und eilte zu seiner Freundin. Mit einem sanften Ruck zog er das Klebeband von ihrem Mund und entfernte den Knebel. Dann band er sie los.

„Geht es dir gut? Bist du verletzt? Hat er dich auch nicht angefasst?"

„Nein, nein, mir geht es gut", sagte Maria Flor und streichelte sein Gesicht. „Und dir?"

Dann begannen die Tränen, über ihr Gesicht zu laufen. Von seinen Gefühlen überwältigt, nahm Tomás sie in die Arme. Dann drückte er sie an sich, um zu spüren, dass sie noch lebte. Er drückte sie, als habe er Angst, sie zu verlieren. Er wollte sie nie wieder loslassen.

NACHGESCHICHTE

Am Fenster zog die grüne Landschaft Portugals rasch an ihnen vorbei. Maria Flor und Tomás saßen im Zug von Lissabon nach Coimbra. Sie waren endlich zurück. Nach einem melancholischen Blick auf die Pinienwälder draußen nahm Tomás einmal mehr die Ausgabe der *Washington Post* zur Hand, die er am Vortag am Dulles Airport gekauft hatte. Der Artikel, der seine Aufmerksamkeit erregte, trug den Titel ‚CIA-Agenten unter den Opfern von Tripolis'. Dort stand zu lesen, dass man unter den Trümmern der amerikanischen Botschaft in Libyen, die einige Tage zuvor Ziel eines Attentats geworden war, die Leichen eines Bereichsleiters der CIA, Samuel Dunn, des strategischen Analysten Peter Bellamy und des Majors Manuel Benitez Fuentes geborgen hatte, ‚eines der besten Agenten der CIA'. Außerdem habe der Direktor der CIA den Mut der drei Männer gelobt, die ihr Leben ‚für die Sicherheit Amerikas' ließen. Ein anderer Artikel weiter unten auf der Seite berichtete über den ‚Selbstmord des Geheimdienstleiters' Henry Anderson Fuchs. Gut informierten Quellen zufolge hatte sich der an Depressionen leidende Mann in den Potomac gestürzt. Dieser Suizid habe den stellvertretenden Assistenten für Wissenschaft und Technologie, Walter Halderman, Fuchs' langjährigen Freund, ‚tief getroffen und schockiert', so dass er vorzeitig in den Ruhestand gegangen sei.

Eine Stimme holte ihn aus seinen düsteren Gedanken wieder in die Gegenwart zurück.

„Bist du soweit, Schatz?"

Tomás blickte auf und sah in Maria Flors lächelndes Gesicht.

„Wie bitte?“

„Wir sind gleich da.“

„Es ist einfach unglaublich, wie diese Geschichte vertuscht wird“, sagte Tomás und reichte Maria Flor ihren Koffer. „Sie haben Fuchs sogar ‚Selbstmord‘ begehen lassen. Das muss man sich einmal vorstellen!“

„Vergiss es, das ist doch jetzt vorbei.“

Zwei Minuten später hielt der Zug im Bahnhof von Coimbra. Die Sonne schien, die Luft war sauber, die Farben glänzten so klar wie es nur in Portugal der Fall sein konnte. Das war genug, um glücklich zu sein.

„Und jetzt, meine Puppe? Nehmen wir ein Taxi?“

„Nenn mich nicht Puppe!“

„In Ordnung“, sagte er lachend.

„Du kannst dir gar nicht vorstellen, wie wütend ich war, als du das gesagt hast. Wenn ich gekonnt hätte, dann … ich glaube, ich hätte dich in Stücke gerissen.“

Sie gingen zum Taxistand gegenüber dem Eingang und, nachdem sie dem Fahrer die Adresse von Haus SeniFit genannt hatten, verstummten sie. Eng aneinander geschmiegt saßen sie auf der Rückbank und dachten an die Personen, die ihnen in den letzten Tagen begegnet waren. Die Erinnerungen an Jorge, Peter und Dunn stimmten sie traurig und wütend zugleich. Das Ganze war so sinnlos.

„Das macht neun Euro.“

Die Worte des Fahrers rissen sie aus ihrer Lethargie. Tomás reichte ihm einen Zehn-Euro-Schein. Dann nahm er ihr Gepäck aus dem Kofferraum, und sie gingen in das Gelände des Seniorenheims. Die Angestellten eilten herbei, um ihre Heimleiterin zu begrüßen. Tomás indes wollte so schnell wie möglich seine Mutter wiedersehen.

„Sie ist draußen“, sagte eine der Pflegerinnen. „Dona Graça sitzt gern ein wenig in der Sonne.“

Eilig stellte Tomás die Koffer ab. Dann ging er auf die große Terrasse, auf der einige Heimbewohner in der Nachmittagssonne saßen. Seine Mutter lag in einem Liegestuhl; ihre Augenlider waren geschlossen, das Gesicht der Sonne zugewandt. Sie genoss ganz offensichtlich die Wärme. Er beugte sich zu ihr hinab und gab ihr einen Kuss auf die Wange.

„Hallo Mutter. Wie geht es dir?"

Graça Noronha öffnete überrascht die Augen und betrachtete den Neuankömmling.

„Guten Tag. Wer sind Sie?"

„Ich bin's Mutter, Tomás."

Sie schüttelte den Kopf.

„Nein, mein Tomás ist in der Schule", widersprach sie. „Kennen Sie Detinha? Das ist seine Grundschullehrerin, und sie sagt, er sei im Kopfrechnen ein Ass. Er subtrahiert und multipliziert so schnell wie kein anderer in seiner Klasse." Sie seufzte. „Ach, er hat so viel Ähnlichkeit mit seinem Vater. Aber stellen Sie sich nur vor, er interessiert sich eigentlich viel mehr für Geschichte. Eines Tages wird er bestimmt berühmt, glauben Sie mir. Und alle Welt wird dann sagen: ‚Das ist die Mutter von Tomás Noronha.' Mein Tomás wird es noch zu etwas bringen, da bin ich mir sicher …"

Der Zustand seiner Mutter hatte sich also verschlechtert. Zumindest hatte sie einen ihrer schlechten Tage, die allerdings immer häufiger wurden. Tomás wusste, dass es dafür kaum eine Behandlungsmöglichkeit gab.

Er setzte sich neben seine Mutter und fuhr ihr zärtlich mit der Hand durchs Haar. Dann fiel sein Blick auf die Parasolkiefer, an der er vor weniger als einer Woche hinabgeglitten war, und dachte zurück an die Ereignisse der letzten Tage: die geheimnisvolle Sendung aus Genf, die Verfolgungsjagd durch Coimbra, die Reise in die Vereinigten Staaten, ihr Treffen mit Peter, die Entdeckung des *Quantenauges* …

Selbstverständlich hatte Maria Flors Entführung alles andere in den Hintergrund verdrängt. Aber jetzt merkte Tomás, dass er der Aussage von Frank Bellamys Vermächtnis mehr Aufmerksamkeit schenken sollte. Das *Quantenauge* war zweifellos eine der ganz großen Entdeckungen, die sogar den Nobelpreis verdiente. Denn Bellamy hatte nichts Geringeres geleistet, als die Quantenphysik, die Relativitätstheorie und die klassische Physik miteinander zu vereinen. Er hatte den Kreislauf der Realität geschlossen, indem er dargelegt hatte, dass das Universum Leben entstehen lässt, aus dem wiederum Bewusstsein entspringt, das seinerseits das Universum erschafft.

„Ich bin geboren im Geist", murmelte Tomás ein Zitat aus dem dreizehnten Buch des Hermes Trismegistos. Auch eine weitere Passage des Gründers der hermetischen Lehre fiel ihm wieder ein – der dritte Satz der *Tabula Smaragdina*: ‚Und ebenso wie alles aus dem Einen entstammt: ebenso werden auch alle Dinge aus diesem Einen Ding in gleicher Art und Weise gezeugt.'

Die Erkenntnis war wirklich atemberaubend. Aber noch erstaunlicher war die Entdeckung, dass das Universum die Realität durch seine eigene ununterbrochene Beobachtung erschafft. Es gibt erst dann eine Realität, wenn sie beobachtet wird. Was für eine merkwürdige Vorstellung. Erst die Beobachtung lässt die Superposition zusammenbrechen, die durch das ψ symbolisiert wird, und zwingt die Wellenfunktion, sich auf eine ihrer unbegrenzten Möglichkeiten festzulegen und die Realität zu erschaffen, so, wie wir sie kennen. Nachdem bereits das Doppelspaltexperiment gezeigt hatte, dass das Bewusstsein die Art und Weise bestimmt, wie sich die Realität manifestiert, führte die Vorstellung, dass das Universum sich selbst beobachtet, zu einer beunruhigenden und schwindelerregenden Schlussfolgerung: Das Universum besaß ein Bewusstsein.

Was bedeutete es für ihn, für sein Leben, für seine Familie und Freunde, dass das Universum ein Bewusstsein hat, fragte sich Tomás. Je länger er nachdachte, desto klarer formte sich eine Idee in seinem

Geist, eine befremdliche Idee. Wenn das Universum ein Bewusstsein hatte, wer war dann er, Tomás? Wer seine Mutter? Wer Maria Flor? Wenn das Universum sie alle durch sein Bewusstsein erschuf, was bedeutete das letztlich für den Ursprung und den Sinn seiner eigenen Existenz? Ja, wer war er?

Eine Figur.

Die Erkenntnis traf ihn wie eine Ohrfeige. Er, Tomás, war eine Figur. Eine Figur auf dem großen Spielfeld des Universums. Diese Idee nistete sich in seinem Gehirn ein, heimtückisch und grausam. Er versuchte, sie zu vertreiben, sich davon zu überzeugen, dass so etwas nicht möglich sei, dass das alles nur ein Produkt seiner lebhaften und zügellosen Phantasie sei, aber vergeblich – die Idee kehrte jedes Mal hartnäckig zurück. Er, seine Mutter, Maria Flor, Frank Bellamy und all die anderen, selbst der psychopathische Major Fuentes – sie alle waren Figuren, die ihr Leben einer Laune des Universums verdankten. Das Universum hatte sie erschaffen, es manipulierte sie und gab ihnen vor, was sie zu tun und zu sagen hatten, es bestimmte, was ihnen zu einem beliebigen Zeitpunkt widerfahren würde.

Wenn das Universum über ein Bewusstsein verfügte, war es ein Geschichtenerzähler – ein Schriftsteller – und Tomás eine Romanfigur. Diese Vorstellung war zweifellos erschreckend; andererseits spürte er, dass sie stimmte. Irgendjemand hatte ihn geschaffen, irgendjemand ließ ihn diese haarsträubenden Abenteuer bestehen, irgendjemand verdiente sogar sein Geld mit ihm. Er, Tomás, war nur eine literarische Figur, und das bewusste Universum, das ihn zum Leben erweckt hatte, war das Gehirn eines Schriftstellers. ‚Was für eine verrückte Vorstellung', dachte er. ‚Was für eine aufreizende, aber auch glaubwürdige Idee …'

Das Universum war also wie der Geist eines kreativen Schriftstellers. Wenn ein Schriftsteller die Ereignisse, die ihm in den letzten Tagen widerfahren waren, erfunden hatte, dann hatte er zweifelsfrei entscheiden müssen, wo seine Geschichte beginnen sollte. Er hatte sich für die Schweiz entschieden, aber wo in der Schweiz? In Zürich? In Genf? In

Bern? Oder in einem abgelegenen Alpendorf? Für den Autor, der sie geschaffen hatte, war die Schweiz eine Wellenfunktion, die alle nur möglichen Varianten in Superposition bereithielt, mit unterschiedlich hoher Wahrscheinlichkeit. Die Wahrscheinlichkeit, dass die Wahl auf Zürich oder Genf fallen würde, war höher als für ein Bergdorf. Und zu einem bestimmten Zeitpunkt musste der Autor sich festlegen, wo er seine Geschichte konkret beginnen wollte. Während er sich diese Frage stellte, machte er eine bewusste Beobachtung, und in dem Augenblick, als er seine Entscheidung traf, wurden die in Superposition vorhandenen Möglichkeiten auf eine einzige Realität reduziert: das CERN bei Genf. Die Geschichte hatte zunächst virtuell begonnen und sich auf die gesamte Schweiz erstreckt, bevor der Autor sich konkret für das CERN entschieden hatte. Auf die gleiche Weise schuf auch das Universum die Realität. Es ging von einer allumfassenden Wellenfunktion aus, die sämtliche Möglichkeiten nebeneinander enthielt und im Zeitpunkt der Entscheidung ein konkretes Teilchen an einem einzigen Ort entstehen ließ. Das Universum war ein Schriftsteller.

Die Ironie der Geschichte bestand darin, dass der Autor selbst ebenfalls das Ergebnis einer Schöpfung war, was dieser Autor möglicherweise noch gar nicht erkannt hatte.

Doch all dies war ohne Belang. Tatsache ist, dass das Universum über Bewusstsein verfügt, und wenn das Bewusstsein buchstäblich die Realität erschafft, dann ist auch der Erfinder von Tomás Noronha und seinen Geschichten eine literarische Figur – das Produkt der bewussten Phantasie des Universums.

Das gleiche gilt natürlich auch für seine Leser.

Hermes Trismegistos hatte recht.

Wir sind geboren im Geist.

„Möchtest du eine Tasse Tee?"

Tomás drehte sich um. Hinter ihm stand Maria Flor. Seine Verlobte lächelte ihn liebevoll an.

„Du bist ein wahrer Engel."

SCHLUSSBEMERKUNG

Auch wenn es wie Fiktion klingen mag, ist die Vorstellung, dass der Beobachter einen Teil der Wirklichkeit beeinflusst, ein Ergebnis der Wissenschaft des 20. Jahrhunderts. Sie löste lebhafte Debatten zwischen Albert Einstein, Niels Bohr, Erwin Schrödinger, Werner Heisenberg und all den anderen Größen der Physik aus, vor allem bei der fünften Solvay-Konferenz 1927, aber auch bei späteren Treffen und Anlässen. Noch heute ruft diese Frage polemische Reaktionen hervor, und die Wissenschaftler sind geteilter Meinung, wie die Entdeckungen hinsichtlich der merkwürdigen Welt der Quanten zu interpretieren sind.

Im Mittelpunkt steht dabei die Rolle des Beobachters bei der Erschaffung der Realität, und einige berühmte Physiker wie John von Neumann und John Wheeler haben angemerkt, dass die Beobachtung gleichzusetzen ist mit Bewusstsein. Diese Schlussfolgerung ist zwar durchaus umstritten, wird aber von zahlreichen anderen Physikgrößen unterstützt. So schrieb beispielsweise der Atomphysiker und Nobelpreisträger Eugene Wigner, ‚Bewusstsein erzeugt Realität' und ‚es ist nicht möglich, die Gesetze der Quantenmechanik gänzlich widerspruchsfrei zu formulieren, ohne einen Bezug zum Bewusstsein herzustellen', und auch der russische Kosmologe und Mitbegründer der Inflationstheorie des Universums, Andrej Dmitrijewitsch Linde, betonte: ‚Ich kann mir keine kohärente Theorie von Allem vorstellen, die das Bewusstsein ignoriert.' Diese Aussage griff auch der Quantenphysiker

Roger Penrose an anderer Stelle auf: ‚Bewusstsein ist ein Teil unseres Universums. Deshalb kann keine physikalische Theorie, die dem Bewusstsein keinen angemessenen Stellenwert einräumt, eine wahre Beschreibung der Welt liefern.'

Diese Einstellung ist alles andere als unumstritten. Die verwirrenden Folgen, die sich aus diesen Entdeckungen ergeben, beunruhigen viele Wissenschaftler, die – aus philosophischen Gründen – die Rolle des Bewusstseins kategorisch ablehnen. Deshalb neigen sie dazu, der durch das Doppelspaltexperiment und all die anderen quantenmechanischen Versuche aufgeworfenen Problematik mit einer technischen Spitzfindigkeit auszuweichen: dem ‚Messproblem'. Das unbequeme Problem wird somit auf eine harmlose Frage reduziert, die zudem kaschiert, was der Begriff ‚Messung' in letzter Instanz bedeutet.

Nämlich bewusste Beobachtung.

Wenn man etwas misst, führt man eine Beobachtung durch. Nun zeigt aber das Doppelspaltexperiment, dass ein Quantenteilchen, ein Atom oder ein Molekül je nach der Art des Versuchsaufbaus – und dem Zeitpunkt der bewussten Beobachtung – entweder eine Welle oder ein Teilchen ist. Es ist also letztlich die Wahl des Beobachters, der die Beschaffenheit der Realität bestimmt, wie schon Niels Bohr es mit seinem Komplementaritätsprinzip und Werner Heisenberg mit seiner Unschärferelation festgestellt hatten. Das Doppelspaltexperiment ist derart verwirrend, dass Albert Einstein es als ‚unbegreiflich' bezeichnete, während Richard Feynman sagte, ‚es enthält das gesamte Rätsel der Quantenmechanik', und die wiederum sei ein Phänomen, das man ‚unmöglich, absolut unmöglich auf klassische Weise erklären' könne.

Ein wesentlicher Anteil dieses Rätsels beruht auf der geheimnisvollen Welle-Teilchen-Dualität. Schrödinger glaubte, es handle sich bei den Partikeln um reale Wellen, eine Auffassung, die auch Louis de Broglie teilte, aber zahlreiche Wissenschaftler ihrer Zeit waren anderer Ansicht. Trotz einer vorsichtigen Formulierungsweise erklärte Bohr schließlich, ‚es gibt keine Quantenwelt' und erteilte somit einer

Realität ohne Beobachtung eine Absage; Heisenberg erklärte seinerseits, ‚Atome oder Elementarteilchen sind nicht so real; sie formen eine Welt von Eventualitäten oder Möglichkeiten, anstelle von Dingen oder Fakten.‘

Einstein, der sich dieser Idee widersetzte und die Auffassung vertrat, es gebe eine von der Beobachtung unabhängige Realität, bezeichnete die von der Wellenfunktion beschriebene Welle als *Gespensterfeld*; sie habe somit keine reale Existenz, wie wir sie kennen. Heisenberg wiederum sagte, die Wellenfunktion sei vielmehr eine Wahrscheinlichkeitswelle, ‚die etwa in der Mitte zwischen Möglichkeit und Wirklichkeit steht, in der Mitte zwischen der Idee des Ereignisses und dem tatsächlichen Ereignis‘. So, als sei die Realität ohne Beobachtung – und folglich ohne Bewusstsein – selbst gespenstisch, eine Art virtueller (oder, um es mit der Terminologie Heisenbergs zu sagen, potenzieller) Realität, die erst in dem Augenblick, in dem sie beobachtet wird, eine definitive oder reale Gestalt annimmt. John Gribbin, der Biograf Werner Schrödingers, erklärte sinngemäß, dass die versammelten Phantom-Elektronen nur das beschrieben, was in Abwesenheit eines Beobachters passiere. Und er betonte, ‚wenn sie beobachtet werden, lösen sich all die Phantome auf, bis auf eines, das sich als reales Elektron materialisiert‘. An diesem Punkt greift das Bewusstsein in den Prozess der partiellen Gestaltung der Realität ein. Der ‚gespenstische‘ Quantenprozess kann mit der Schrödingergleichung und seiner Wellenfunktion berechnet werden, die dieselbe Realität beschreibt wie die Heisenberg’sche Matrizenmechanik. Die Realität stellt uns jedoch naturgemäß vor ein Rätsel, denn schon Max Planck schrieb: ‚Das letzte Geheimnis der Natur kann die Wissenschaft nicht lösen. Und zwar darum nicht, weil wir im Grunde selbst ein Teil der Natur sind und also ein Teil des Geheimnisses, das wir lösen wollen.‘

Angesichts der beunruhigenden philosophischen Fragen, die die Quantenexperimente und mathematischen Berechnungen aufgeworfen haben – die zudem in der Lage sind, das Verhalten der Elementarteilchen erstaunlich präzise vorherzusagen –, haben viele Wissenschaftler es jahrzehntelang vorgezogen, vor diesem Rätsel die Augen zu verschließen und so zu tun, als sei nichts Ungewöhnliches passiert. Nachdem die Quantentheorie sich kein einziges Mal als fehlerhaft erwiesen hatte, setzte sich der Konsens durch, sie als zutreffend zu bezeichnen, wobei zahlreiche Physiker sich darauf konzentrierten, die Schrödingergleichung mathematisch anzuwenden, aber die außerordentlichen philosophischen Konsequenzen, die sich aus diesen Berechnungen ergaben, zu ignorieren. Die Konsequenzen waren einfach zu befremdlich, was Richard Feynman zu der Äußerung veranlasste, ‚Man darf wohl mit Fug und Recht behaupten, dass es niemanden gibt, der die Quantenmechanik versteht.‘

Nach der berühmten und bahnbrechenden fünften Solvay-Konferenz im Jahr 1927 und der sich daraus entwickelnden Debatte wurde die Erforschung der philosophischen Auswirkungen der Quanteneffekte zunehmend unattraktiv, denn die Beschäftigung mit diesem heiklen Thema konnte einen aufstrebenden Wissenschaftler seine Karriere kosten. Selbst John Bell gab später zu, er habe nicht eher gewagt, seine berühmte Ungleichung auszuarbeiten, bis er ein Sabbatjahr eingelegt und somit ohne den ständigen Druck und die Zensur der Kollegen geforscht habe. Er gab zu verstehen, dass er sich andernfalls nicht zu einem solchen Projekt durchgerungen hätte.

Auch heute noch tun sich die Physiker schwer mit dem merkwürdigen Verhalten von Energie und Materie auf Quantenebene, ebenso wie mit der Kopenhagener Deutung, derzufolge die Beobachtung die Realität mitgestaltet. Nur wenige Wissenschaftler glauben wirklich, dass die Realität durch die Beobachtung entsteht, weshalb neue Erklärungsversuche unternommen werden. Einer davon ist die Dekohärenztheorie, derzufolge die Wellenfunktion dadurch zusammenbricht, dass ein Quantensystem mit seiner Umgebung in Wechselwirkung tritt und so gezwungen wird, sich wie im Fall einer ‚Beobachtung‘ zu verhalten. Das würde auch erklären, weshalb die Wellenfunktion makroskopischer Objekte schneller zusammenbricht als die mikroskopischer – eine Hypothese, die am Ende des vorliegenden Romans erwogen wird.

Eine andere beliebte Erklärung ist die von Hugh Everett vorgetragene Hypothese der multiplen Universen, die besagt, dass die Wellenfunktion nicht zusammenbricht, sondern sich sämtliche Möglichkeiten realisieren. Wenn also ein Elektron am Doppelspalt beobachtet werde, wähle es nicht etwa einen der beiden Schlitze aus, sondern gehe durch beide – wenn auch in unterschiedlichen Paralleluniversen. Im einen Universum gehe es durch Schlitz A, im anderen durch Schlitz B. Die Hypothese der Multiversen blieb lange unbeachtet, wird inzwischen jedoch von mehreren Wissenschaftlern vorgebracht, um die verwirrenden Entdeckungen im Zusammenhang mit dem Anthropischen Prinzip zu erklären, das auch in meinem Roman *Das Einstein Enigma* behandelt wird. Diese Entdeckungen legen nahe, dass das Universum geschaffen wurde, um Leben und Bewusstsein entstehen zu lassen. Den Anhängern der Theorie der Multiversen zufolge gibt es also Milliarden und Abermilliarden von Universen, so dass es unter statistischen Gesichtspunkten quasi unvermeidlich sei, dass in einem davon auch Leben entstand.

Das große Problem besteht darin, dass die Kopenhagener Deutung, die in Wahrheit viel mehr als nur eine simple Deutung ist, kein einziges Mal eine falsche Prognose ergeben hat, so abwegig sie – wie zum Beispiel im Falle der Quantenverschränkung und dem EPR-Paradoxon – auch klingen mag; man kommt also nicht an ihr vorbei. Und genau darin besteht die Ironie: Viele Physiker sind skeptisch in Bezug auf die Kopenhagener Deutung, sind aber völlig überzeugt von der ihr zugrundeliegenden Mechanik. An dieser Stelle sollte angemerkt werden, dass selbst die Vertreter der Kopenhagener Deutung an den philosophischen Konsequenzen ihrer Theorie zweifelten, so befremdlich erschienen sie ihnen, und dass sich in ihren Texten durchaus Unstimmigkeiten und sogar Widersprüche finden. So schrieb beispielsweise Heisenberg, ‚Was wir beobachten, ist nicht die Natur selbst, sondern die Natur, wie sie sich unserer Methode der Untersuchung darstellt.' Außerdem führe die Wechselwirkung zwischen Messgerät und Objekt zu unkontrollierbaren Veränderungen des beobachteten Systems, was, wie wir heute wissen, eine unzutreffende Erklärung der Quanteneffekte ist. Heisenberg erkannte ebenfalls, dass es sich dabei um ein grundlegendes Problem handelte, als er sagte, ‚Atome oder Elementarteilchen sind nicht real' und ‚die Bahn [eines Teilchens] beginnt erst dann zu existieren, wenn wir es beobachten'. Bohr wählte seine Worte stets mit Bedacht. Er sagte, ‚Es ist falsch zu denken, es wäre Aufgabe der Physik herauszufinden, wie die Natur beschaffen ist. Aufgabe ist vielmehr, herauszufinden, was wir über die Natur sagen können.' Einstein wiederum gab nicht viel auf Wortspiele und nannte die philosophischen Konsequenzen der Quantenphysik unverblümt und unmissverständlich beim Namen. Die Aussage der Quantenmechanik, man könne nicht gleichzeitig Ort und Impuls eines Teilchens kennen, kommentierte er wie folgt: ‚Man darf nicht erwarten, dass dies irgendeine vernünftige Definition der Realität zulässt.' Dieser Satz stammt aus einem Aufsatz, in dem Einstein gemeinsam mit Boris Podolsky und Nathan Rosen das bekannte EPR-Paradoxon formulierte, das auch Niels Bohr nicht zufriedenstellend auflösen konnte. Von John Wheeler, Bohrs Schüler und überzeugter Anhänger der Quantentheorie, stammt wiederum dieser berühmte Satz: ‚Kein elementares Phänomen ist ein reales Phänomen, bis es ein beobachtetes Phänomen geworden ist.' Demzufolge existiert ein Photon weder, bevor es emittiert noch, nachdem es beobachtet worden ist, wie er in Bezug auf das Doppelspaltexperiment schrieb. Nichtsdestotrotz gab Wheeler zu, er sei zwar prinzipiell fest davon überzeugt, dass es ohne Beobachtung keine Realität gebe, weil die Experimente dies so belegten, es gebe jedoch auch Tage, an denen ihm diese Idee völlig verrückt und unglaubwürdig erscheine. Auch Werner Heisenberg verlieh seiner Verwirrung Ausdruck: ‚Ich wiederholte immer und immer wieder die Frage, ob die Natur wirklich so absurd sein könne, wie sie uns in diesen Atomexperimenten erschien.' All dies ändert nichts daran, dass die Kopenhagener Deutung nach wie vor die wichtigste Grundlage für das Verständnis des Quantenuniversums ist.

Auch wenn die Beobachtung nicht auf ein Bewusstsein verweist, setzt sich doch immer mehr die Idee durch, dass das Bewusstsein die Basis der Realität bildet. Es wurden Ähnlichkeiten zwischen der Funktionsweise unseres Gehirns und der Quantentheorie entdeckt. Immer mehr Physiker denken darüber nach, ob es einen tiefen Zusammenhang zwischen den beiden gibt. John Wheeler zufolge existiert das Universum nur, weil eine bewusste Instanz es beobachtet; eine Vorstellung, die seit den Experimenten des Quantenradierers und der verzögerten Wahl – die unabhängig voneinander an den Universitäten von Maryland und München durchgeführt wurden –, zunehmend an Bedeutung gewinnt. Seine Folgerung daraus lautete sinngemäß, ‚Die Physik erzeugt einen aktiven Beobachter; der aktive Beobachter erzeugt Information; die Information erzeugt die Physik.'

Na und? Gibt es den Mond auch dann, wenn er nicht beobachtet wird? Diese Frage wurde zuerst von Einstein in einem Gespräch mit seinem Biografen aufgeworfen. Wie Albert Pais schrieb, blieb Einstein während eines Spaziergangs plötzlich stehen und fragte ihn, ob er glaube, der Mond existiere nur, wenn man ihn anschaue. In Anbetracht der Kopenhagener Deutung des Doppelspaltexperiments konnte die Antwort nur negativ sein. Der Mond besteht aus Atomen und Elementarteilchen; wenn nun ‚Atome und Elementarteilchen nicht real sind' (Heisenberg), wenn ‚ein Photon weder vor seiner Aussendung noch nach der Beobachtung existiert' (Wheeler) und wenn die Materiewelle ein ‚Gespensterfeld' ist (Einstein), dann gilt eben diese Argumentation zwangsläufig auch für größere Objekte – wie den Mond.

Im Übrigen geht das Experiment mit dem Quantenradierer tatsächlich in diese Richtung, ebenso wie die Bell'sche Ungleichung und das Aspect-Experiment. John Bell bemerkte dazu, dass der instantane Informationsaustausch zwischen zwei Partikeln selbst bei größter Entfernung voneinander – wie er im Rahmen des Aspect-Experiments nachgewiesen wurde – der Vorstellung von einer lokalen Realität widerspricht. Mit *Realität* ist eine von Messung und Beobachtung unabhängige Existenz gemeint, und *lokal* bezeichnet das Vorhandensein von Ursache-Wirkungsbeziehungen, die den Grenzen der Lichtgeschwindigkeit unterliegen. Laut Bell ist zumindest eine dieser Vorstellungen falsch. Wenn man glaubt, die Welt existiere unabhängig von der Beobachtung, muss es etwas geben, das schneller ist als die Lichtgeschwindigkeit; und wenn man die Lichtgeschwindigkeit als absolute Grenze annimmt, muss man die Vorstellung aufgeben, die Realität existiere unabhängig von der Beobachtung. Eines der beiden Konzepte, oder gar beide, sind Bell zufolge jedenfalls falsch. Aus philosophischen Gründen entschied er sich für die zweite Version, aber die Kopenhagener Deutung legt zweifelsfrei dar, dass es die erste Prämisse sein muss, dic nicht längcr haltbar ist, dass es also keine Realität ohne Beobachtung gibt. Anders ausgedrückt, gilt für den Mond das Gleiche wie für ein Elektron: Er existiert nur, wenn er beobachtet wird. Die einzige Möglichkeit, diese ‚Bizarrheit' zu überwinden und zu erklären, dass die Realität doch unabhängig von unserer Beobachtung existiert, besteht meiner Meinung nach darin, die im vorliegenden Roman vorgestellte Idee zu akzeptieren, dass das Universum über ein Bewusstsein verfügt und sich unablässig selbst beobachtet, wodurch der Mond entsteht, ebenso wie alles andere, das wir als Realität wahrnehmen.

Und was hat das alles mit dem menschlichen Bewusstsein zu tun? Zahlreiche Physiker, angefangen mit Bohr und Schrödinger, sind der Ansicht, dass das Leben, einschließlich des Gehirns, Verhaltensweisen zeigt, die nach der klassischen Theorie unbegreiflich sind. Dazu sagte Schrödinger in Anlehnung an die heiligen hinduistischen Schriften der Upanishaden, ‚Bewusstsein gibt es seiner Natur nach nur in der Einzahl. Ich möchte sagen: die Gesamtzahl aller *Bewusstheiten* ist immer bloß *eins*', die Vielfalt sei also eine Illusion. Der amerikanische Physiker Henry Stapp legte sogar nahe, die Quantenmechanik spiele eine Rolle bei der Entstehung des Bewusstseins, indem er schrieb, ein wichtiger

Aspekt bei der Dynamik des Gehirns, bei dem die atomaren Vorgänge eine Schlüsselrolle spielen, sei die Freisetzung der Neurotransmitter am synaptischen Spalt, die mit fünfzigprozentiger Wahrscheinlichkeit erfolgreich sei. Dabei sei jedes Element in der quantenmechanischen Wellenfunktion enthalten. Sir Roger Penrose griff diese Idee auf, um die Vorstellung zu verteidigen, das Bewusstsein sei aufgrund der Quantengravitation mit den Fluktuationen in der Raum-Zeit verbunden. Er bemerkte außerdem, dass das Bewusstsein aus Quantenzuständen in Superposition entsteht und dass die möglichen Quanteneffekte in den Synapsen auftreten, worauf bereits der Neurophysiologe John Eccles hingewiesen hatte. Dieses Thema ist sehr umstritten und bietet Raum für Spekulationen, aber Tatsache ist, dass man sich dafür zu interessieren beginnt.

Der Schlüssel des Salomon beruht also auf Tatsachen. Ziel des Romans ist es, die erstaunlichen Entdeckungen, die bereits seit Anfang des 20. Jahrhunderts zur wahren Natur der Realität bekannt sind, einem breiten Publikum zugänglich zu machen. Bislang werden sie lediglich in einem recht engen Kreis von Wissenschaftlern und speziell interessierten Personen diskutiert. Das Buch ist selbstverständlich Fiktion, aber ist die Realität letztlich – und wie hier bereits ausführlich dargelegt – nicht selbst eine merkwürdige Form von Fiktion?

Um diesen Roman zu schreiben, habe ich umfangreiche Literatur genutzt, die ich im Folgenden nennen möchte, denn – mit Ausnahme der Handlung – habe ich schließlich nichts erfunden. Zur Bedeutung des Bewusstseins las ich die Bücher *Mind, Language and Society – Philosophy in the Real World* von John Searle; *O Sentimento de Si – O Corpo, a Emoção e a Neurobiologia da Consciência* von António Damásio; *Consciousness Explained* von Daniel C. Dennett; *A Alma Está no Cérebro – Uma Radiografia da Máquina de Pensar* von Eduardo Ponset; *Bewusstsein* von Susan Blackmore; *Mind, Matter and Quantum Mechanics* von Henry P. Stapp; *Schatten des Geistes.*

Wege zu einer neuen Physik des Bewusstseins von Sir Roger Penrose und *Eyewitness Testimony* von Elizabeth Loftus.

Außerdem habe ich folgende Artikel verwendet: „Evolution of consciousness“ von John C. Eccles; „Can conscious experience affect brain activity?“, „Unconscious cerebral initiative and the role of conscious will in voluntary action“ und „Do we have free will?“ von Benjamin Libet; „Time of conscious intention to act in relation to onset of cerebral activity (readiness potential) – The unconscious initiation of a freely voluntary act“ von Benjamin Libet, Curtis Gleason, Elwood Wright und Dennis Pearl; „Biological foundations of accuracy and inaccuracy in memory“ von Larry Squire; und „Perceiving the world“ von David Krech und Richard Cruchfield.

Hinsichtlich der Quantenphysik gehören zu meinen wichtigsten Quellen die klassischen Grundlagenwerke wie *Ideas and Opinions* von Albert Einstein; *The Evolution of Physics – From Early Concepts to Relativity and Quanta* von Albert Einstein und Leopold Infeld; *My View of the World* und *Mind and Matter* von Erwin Schrödinger; *Determinismus oder Indeterminismus* und *Where is Science Going?* von Max Planck; *The Physical Principles of the Quantum Theory, Physics and Beyond* und *La Nature dans la physique contemporaine* von Werner Heisenberg; *Die implizite Ordnung. Grundlagen eines dynamischen Holismus* von David Bohm; und *Speakable and Unspeakable in Quantum Mechanics* von John Bell; ebenso wie die Biografien *Subtil É o Senhor – Vida e Pensamento de Albert Einstein* von Abraham Pais; *Einstein – A Life* von Denis Brian; *Beyond Uncertainty – Heisenberg, Quantum Physics, and the Bomb* von David Cassidy und *Erwin Schrödinger and the Quantum Revolution* von John Gribbin.

Des Weiteren habe ich klassische Artikel konsultiert wie, „Physics and reality“ und „Reply to criticisms“ von Albert Einstein; „Can quantum-mechanical description of physical reality be considered complete?“ von Albert Einstein, Boris Podolsky und Nathan Rosen; „Discussions with Einstein on epistemological problems in atomic physics“,

„The quantum postulate and the recent development of atomic theory“, „The structure of the atom“ und „Can quantum-mechanical description of physical reality be considered complete?“ von Niels Bohr; „The fundamental idea of wave mechanics“ und „The present situation in quantum mechanics“ von Erwin Schrödinger; „The development of quantum mechanics“ von Werner Heisenberg; „The statistical interpretation of quantum mechanics“ von Max Born; „Remarks on the mind-body problem“ von Eugène Wigner; „Einstein and the quantum theory“ von Abraham Pais; „Information, physics, quantum: the search for links“, „Law without law“ und „Assessment of Everett's ‚Relative State‘ formulation of quantum theory“ von John Wheeler; „Quantum theory, the Church-Turing principle and the universal quantum computer“ von David Deutsch; „The wave function: it or bit?“ und „Quantum discreteness is an illusion“ von Dieter Zeh; „Is the moon there when nobody looks? Reality and the quantum theory“ von David Mermin; „On the Einstein Podolsky Rosen Paradox“, „On the problem of hidden variables in quantum mechanics“ und „On the impossible pilot wave“ von John Bell; „John Bell and the second quantum revolution“ von Alain Aspect; „Experimental test of Bell's inequalities using time-varying analyzers“ und „Experimental realization of Einstein-Podolsky-Rosen-Bohm *Gedankenexperiment*: a new violation of Bell's inequalities“ von Alain Aspect, Jean Dalibard und Gérard Roger; „Experiment and the foundation of quantum physics“ von Anton Zeilinger; „A quantum renaissance“ von Anton Zeilinger und Markus Aspelmeyer; „Happy centenary, photon“ von Anton Zeilinger, Gregor Weihs, Thomas Jennewein und Markus Aspelmeyer; „The theory of the universal wave function“ und „‚Relative State‘ formulation of quantum mechanics“ von Hugh Everett III; „The state of the universe“ und „Theories of everything and Hawking's wave function of the universe“ von James Hartle; „Quantum theory of gravity. I – The canonical theory“ von Bryce DeWitt; „Interference fringes with feeble light“ von G. I. Taylor; „Quantum eraser: a proposed photon correlation experiment concerning observation and ‚delayed choice' in quantum mechanics" von Marlan Scully und Kai Drühl und „Observation of a ‚quantum eraser': a revival of coherence in a two-photon interference experiment" von Paul Kwiat, Aephraim Steinberg und Raymond Chiao.

Zu meinen weiteren Quellen gehören *Y a-t-il un grand architecte dans l'univers ?* von Stephen Hawking und Leonard Mlodinow; *The Feynman Lectures on Physics – Volume III: Quantum Mechanics, QED, Lumière et matière – Une étrange histoire* und *The Character of Physical Law* von Richard Feynman; *L'Univers élégant – Une révolution scientifique : de l'infiniment grand à l'infiniment petit, l'unification de toutes les théories de la physique, Die verborgene Wirklichkeit – Paralleluniversen und die Gesetze des Kosmos* und *La Magie du cosmos – L'espace, le temps, la réalité: tout est à repenser* von Brian Greene; *Quanten: Einstein, Bohr und die große Debatte über das Wesen der Wirklichkeit* von Manjit Kumar; *The Quantum Story – A History in 40 Moments* von Jim Baggott; *Quantum Theory at the Crossroads: Reconsidering the 1927 Solvay Conference* von Guido Bacciagaluppi und Antony Valentini; *Decoding the Universe* von Charles Seife; *Programming the Universe – A Quantum Computer Scientist Takes on the Cosmos* von Seth Lloyd; *Parallel Worlds – A Journey Through Creation, Higher Dimensions, and the Future of the Cosmos* von Michio Kaku; *Decoding Reality – The Universe as Quantum Information* von Vlatko Vedral; *Higgs Force – Cosmic Symmetry Shattered* von Nicholas Mee; *Das schöpferische Teilchen* von Leon Lederman; *The Quantum Frontier – The Large Hadron Collider* von Don Lincoln; *Present at the Creation – Discovering the Higgs Boson* von Amir D. Aczel; *Higgs Discovery – The Power of Empty Space* von Lisa Randall; *The God Effect – Quantum Entanglement, Science's Strangest Phenomenon* von Brian Clegg; *The Big Questions – Physics* von Michael Brooks; *50 Quantum Physics Ideas* von Joanne Baker; *Quantum Enigma* von Bruce Rosenblum und Fred Kuttner; *The Cosmic Code – Quantum Physics as the Language of Nature* von Heinz R. Pagels; *Theories of the Universe* von Gary Moring; *Auf der Suche nach Schrödingers Katze: Quantenphy-*

sik und Wirklichkeit und *Schrödingers Kätzchen und die Suche nach der Wirklichkeit* von John Gribbin; *The Physics of Consciousness* von Evan Harris Walker; *Biocentrism* von Robert Lanza; *Chroniques des atomes et des galaxies* von Hubert Reeves; *The Self-Aware Universe* von Amit Goswami, Maggie Goswami und Richard Reed; *The Goldilocks Enigma – Why Is the Universe Just Right for Life?* und *Gott und die moderne Physik* von Paul Davies; *The Matter Myth – Dramatic Discoveries that Challenge Our Understanding of Physical Reality* von Paul Davies und John Gribbin; und *Information and the Nature of Reality – From Physics to Metaphysics* von Paul Davies und Niels Henrik Gregersen (Hrsg.).

Was die Themen Tod und Nahtoderfahrungen angeht, die übrigens viel häufiger sind, als man denkt, habe ich *Spook – Science Tackles the Afterlife* von Mary Roach und *What Happens When We Die – A Groundbreaking Study into the Nature of Life and Death* von Sam Parnia gelesen.

Außerdem möchte ich bestimmten Menschen meinen Dank aussprechen, allen voran dem kanadischen Wissenschaftler Hubert Reeves, der mich während eines äußerst interessanten Gesprächs bei ihm zuhause in Paris auf das Bell'sche Theorem aufmerksam gemacht hat und mir so die Anregung gab, diesen Roman zu schreiben. Ein großes Dankeschön gilt auch meinen wissenschaftlichen Revisoren, insbesondere Pedro Ferreira, Physikprofessor an der Technischen Universität von Lissabon sowie am Zentrum für theoretische und computergestützte Physik der Universität Lissabon, und Carlos Costa Leite, Professor für Kognitions- und Computerwissenschaften an der portugiesischen Universität. Dabei ist es mir wichtig zu betonen, dass sie keinerlei Verantwortung für die Darstellung der Dinge in meinen Büchern trifft, ebenso wenig wie für etwaige Fehler, die womöglich ihrer Aufmerksamkeit entgangen sind und ausschließlich auf meiner eigenen Dickköpfigkeit beruhen. Ich danke auch Paulo Ornelas Flor von der Polizei für öffentliche Sicherheit, den beiden Wissenschaftlern vom CERN, die mir sehr geholfen haben, aber deren Namen ich gemäß den Vorschriften des

Forschungszentrums nicht nennen darf; und nicht zuletzt meinen Verlegern in aller Welt, angefangen bei Guilherme Valente und dem gesamten Team von Gradiva in Lissabon, über die Verleger und ihre Partner in Paris, Barcelona, Rom, Amsterdam, Moskau, Plovdiv, Budapest, Bukarest, Prag, Helsinki, Oslo, Athen, Istanbul, New York, Bangkok, Rio de Janeiro und nun auch Münster. Herzlichen Dank auch Ihnen, liebe Leserin und lieber Leser, dass Sie sich mit mir auf diese Reise begeben haben. Zu guter Letzt danke ich natürlich Florbela, meiner wie immer ersten Begleiterin.

Bevor ich mich für heute verabschiede, möchte ich Ihnen noch ein letztes Rätsel aufgeben. Auf den Seiten dieses Romans versteckt sich die Antwort eines Weisen auf die Frage nach dem Universum, das uns umgibt, und die heute noch mindestens genauso wahr ist wie einst. Sie finden sie, indem Sie jeweils den ersten Buchstaben aller Kapitel von der Vorgeschichte bis zur Nachgeschichte aneinander reihen. So öffnet sich Ihnen das Tor zu einem der größten Mysterien der Existenz.

Der menschliche Körper ist ein Abbild des kosmischen Körpers,
der menschliche Geist ist ein Abbild des kosmischen Geistes,
der Mikrokosmos ist ein Abbild des Makrokosmos,
das Atom ist ein Abbild des Universums.
Die Upanishaden

DIE WELT

IST NUR EIN TRAUM

IHRE SCHÄTZE

SIND NUR ILLUSION

UND DIE DINGE

IRREAL. ALLES IST

VERGÄNGLICH.

BUDDHA

Vorgeschichte

13. Mai 1951

Der Mann mit der dunklen Brille riss das Streichholz an und hielt die bläuliche Flamme an seine Zigarette. Er tat einen tiefen Zug, und langsam stieg eine Wolke grauen Rauchs vor seinem Gesicht auf. Dann ließ er seinen Blick über die Straße gleiten.

Die Sonne schien, in den gepflegten Gärten standen anmutige Holzhäuser, die Blätter rauschten im leichten Morgenwind. Die milde Luft war erfüllt vom frischen Duft der Glyzinien, vom Konzert der Kolibris und der emsig zirpenden Grillen. Ein Kind hüpfte, sorglos lachend und einen bunten Drachen hinter sich herziehend, den Gehweg entlang.

Frühling in Princeton.

Ein Geräusch in der Ferne zog die Aufmerksamkeit des Mannes auf sich. Von rechts tauchten drei Polizeimotorräder auf, die eine Wagenkolonne anführten. Der Motorenlärm schwoll rasch an und wurde schier unerträglich. Der Mann nahm die Zigarette aus dem Mund und drückte sie auf der Fensterbank aus.

„Sie kommen", sagte er mit einem Blick über die Schulter.

„Soll ich mit der Aufnahme beginnen?", fragte der andere, mit dem Finger am Knopf des Tonbandgeräts.

„Ja, besser ist es."

Die Wagenkolonne hielt direkt gegenüber, vor einem zweistöckigen, weißen Wohnhaus mit einer griechisch anmutenden überdachten Veranda. Polizisten in Uniform und in Zivil übernahmen die Kontrolle über das Gelände, und ein untersetzter Mann, offensichtlich ein Bodyguard, öffnete die Tür eines schwarzen Cadillacs. Ein Mann mit weißem, über die Ohren reichenden Seitenhaar und Kopfglatze stieg aus und ordnete seinen dunklen Anzug.

„Ich kann Ben-Gurion schon sehen", sagte der Beobachter mit der dunklen Brille.

„Und was ist mit unserem Freund? Ist er schon da?", fragte der andere, frustriert, weil er nicht auch zum Fenster gehen und die Szene beobachten konnte.

Sein Kollege blickte zum Haus. In der Tür erschien eine leicht gebeugte Gestalt mit weißen, zurückgekämmten Haaren und vollem grauen Schnurrbart, die lächelnd die Treppe hinunterging.

„Ja, er ist da."

Kurz darauf konnten die beiden Beobachter über die Lautsprecher verfolgen, was draußen vor sich ging.

„Schalom, Herr Premierminister."

„Schalom, Professor."

„Seien Sie willkommen in meinem bescheidenen Haus. Es ist mir ein Vergnügen, den berühmten David Ben-Gurion zu begrüßen."

Der Premierminister lachte.

„Sie scherzen wohl, das Vergnügen ist ganz meinerseits. Man ist nicht alle Tage bei Albert Einstein zu Gast, nicht wahr?"

Der Mann mit der dunklen Brille blickte zu seinem Gefährten.

„Nimmst du auch auf?"

Der andere vergewisserte sich, dass die Anzeigenadeln der Geräte korrekt ausschlugen.

„Ja, mach dir keine Sorgen."

Vor der Tür posierten Einstein und Ben-Gurion für die Reporter. Dann bedeutete Einstein seinem Gast, dass sie bei dem herrlichen Wetter draußen bleiben könnten und zeigte auf eine Gruppe Holzstühle auf dem feuchten Rasen. Die Fotografen und Kameramänner hielten den Moment fest, als Ben-Gurion und Einstein dort Platz nahmen. Nach ein paar Minuten verscheuchte ein Leibwächter die Pressevertreter mit ausgebreiteten Armen und sorgte dafür, dass die beiden Männer sich ungestört unterhalten konnten.

Im Haus zeichnete das Tonbandgerät ihre Stimmen nach wie vor auf.

„Sind Sie mit dem Verlauf Ihrer Reise zufrieden, Herr Premierminister?"

„Ja, Gott sei Dank habe ich einige Unterstützung und zahlreiche Spenden gewinnen können. Im Anschluss werde ich nach Philadelphia reisen, wo ich weiteres Geld zu erhalten hoffe. Aber genug ist es ja nie, nicht wahr? Unsere junge Nation ist von Feinden umzingelt und braucht alle Hilfe, die sie nur bekommen kann."

„Israel ist erst drei Jahre alt, Herr Premierminister. Da ist es ganz natürlich, dass es Schwierigkeiten gibt."

„Aber um sie zu überwinden, brauchen wir Geld, Professor. Guter Wille alleine genügt nicht."

Drei Männer in dunklen Anzügen stürmten durch die Tür des gegenüberliegenden Hauses. Beidhändig richteten sie ihre Pistolen auf die zwei Verdächtigen, die das Gespräch belauschten.

„Keine Bewegung!", brüllte einer der Bewaffneten. „FBI! Nehmen Sie die Hände hoch, aber schön langsam!"

Der Mann mit der Sonnenbrille und sein Kollege am Tonbandgerät hoben zwar die Hände, wirkten aber keineswegs beunruhigt. Mit den Waffen im Anschlag traten die FBI-Leute näher.

„Auf den Boden legen!"

„Das ist nicht nötig", erwiderte der Mann mit der Sonnenbrille seelenruhig.

„Ich habe gesagt, auf den Boden legen!", fauchte der FBI-Agent. „Nochmal wiederhole ich es nicht."

„Immer mit der Ruhe, Jungs", sagte der Mann mit der Sonnenbrille. „Wir sind von der CIA."

Der FBI-Agent runzelte die Stirn.

„Können Sie das beweisen?"

„Ja, wenn Sie mich meinen Ausweis aus der Tasche holen lassen."

„Dann los, aber langsam. Keine abrupten Bewegungen."

Langsam griff der Mann mit der Sonnenbrille in seine Jackentasche und zog eine Karte heraus, die er dem FBI-Mann hinhielt. Die Karte mit dem runden Siegel der Central Intelligence Agency wies ihn als Geheimdienstagenten Frank

Bellamy aus. Widerstrebend gab der FBI-Mann seinen Kollegen ein Zeichen, die Waffen zu senken und blickte sich prüfend im Raum um.

„Was hat die CIA hier zu suchen?"

„Das geht euch nichts an."

Der FBI-Agent sah zu den Tonbandgeräten.

„Ihr nehmt das Gespräch auf?"

„Wie gesagt, das geht euch nichts an."

„Dem Gesetz nach dürft ihr keine amerikanischen Staatsbürger ausspionieren, das wisst ihr doch wohl."

„Der israelische Premierminister ist aber kein amerikanischer Staatsbürger."

Der FBI-Mann überdachte die Antwort. Der Agent von der Konkurrenz hatte de facto ein gutes Argument.

„Wir bemühen uns seit Jahren darum, unseren Freund dort drüben abzuhören", sagte er und sah aus dem Fenster zu Einstein hinüber. „Uns ist zu Ohren gekommen, dass er und seine zickige Sekretärin den Sowjets geheime Informationen zukommen lassen. Aber Hoover lässt uns keine Wanzen bei ihm installieren, aus Angst vor dem, was passieren könnte, falls der Bursche dahinterkommt." Er kratzte sich am Kopf. „Offensichtlich habt ihr dieses Problem umgehen können."

Bellamy verzog seine schmalen Lippen zu einem Anflug von Lächeln.

„Pech für euch, dass ihr vom FBI seid." Er deutete mit einer Kopfbewegung zur Tür. „Und jetzt los, verschwindet. Lasst die Großen arbeiten."

Der FBI-Mann machte ein abschätziges Gesicht.

„Immer noch die gleichen Arschlöcher, was?", brummte er, ehe er sich zur Tür wandte. Dann winkte er seinen Begleitern. „Kommt, Jungs, wir gehen."

Sobald die FBI-Leute das Haus verlassen hatten, trat Bellamy wieder zum Fenster und beobachtete die beiden Juden, die sich nach wie vor im Garten des gegenüberliegenden Hauses unterhielten.

„Bob, nimmst du immer noch auf?"

„Ja", sagte der andere. „Das Gespräch ist gerade in eine entscheidende Phase getreten. Ich stelle lauter."

Bob betätigte den Lautstärkeregler, und im Raum ertönten abermals die Stimmen Einsteins und Ben-Gurions.

„... Verteidigung Israels", beendete Ben-Gurion gerade einen Satz.

„Ich weiß nicht, ob ich das machen kann", erwiderte Einstein.

„Können Sie nicht oder wollen Sie nicht, Professor?"

Es entstand eine kurze Pause.

„Ich bin, wie Sie wissen, Pazifist", nahm Einstein den Faden wieder auf. „Ich finde, es gibt schon genug Unglück auf der Welt, und wir spielen hier mit dem Feuer. Dies ist eine Macht, vor der wir Respekt haben müssen, und ich weiß nicht, ob wir reif genug dafür sind, mit ihr umzugehen."

„Und dennoch waren Sie es, der Roosevelt davon überzeugt hat, die Bombe zu entwickeln."

„Das war etwas anderes."

„In welcher Hinsicht?"

„Die Bombe sollte dazu dienen, Hitler zu bekämpfen. Aber wissen Sie, ich habe es schon bereut, den Präsidenten zu ihrem Bau überredet zu haben."

„Ach ja? Und was, wenn die Nazis sie zuerst gebaut hätten? Was wäre dann passiert?"

„Sicher", pflichtete Einstein ihm bei. „Das wäre eine Katastrophe gewesen. So schwer es mir fällt, das zu sagen, aber womöglich war der Bau der Bombe tatsächlich ein notwendiges Übel."

„Dann geben Sie mir also Recht."

„Tue ich das?"

„Ja, natürlich. Und worum ich Sie bitte, könnte erneut ein notwendiges Übel sein, um das Überleben unserer jungen Nation zu gewährleisten. Was ich damit sagen will: Sie haben Ihren Pazifismus bereits im Zweiten Weltkrieg hintangestellt und es erneut getan, um bei der Geburt Israels behilflich zu sein. Ich muss wissen, ob Sie es wieder tun werden."

„Ich weiß nicht."

Ben-Gurion seufzte.

„Professor, unsere junge Nation ist in Todesgefahr. Sie wissen ebenso gut wie ich, dass Israel von Feinden umzingelt ist und etwas braucht, das diese Feinde abschreckt und zum Rückzug zwingt. Andernfalls wird das Land noch in den Kinderschuhen verschluckt werden. Deswegen bitte ich Sie und flehe Sie an, stellen Sie Ihren Pazifismus ein weiteres Mal hintan und helfen Sie uns in dieser schweren Stunde."

„Das ist nicht das einzige Problem, Herr Premierminister."

„Sondern?"

„Das Problem ist, dass ich zurzeit sehr beschäftigt bin. Ich bin dabei, eine einheitliche Feldtheorie zu entwickeln, die Gravitation und Elektromagnetismus einbezieht. Es ist eine sehr wichtige Arbeit, vielleicht die wichtigste ..."

„Kommen Sie, Professor", unterbrach ihn Ben-Gurion. „Ich bin mir sicher, Sie erkennen, dass das, was ich Ihnen sage, Vorrang hat."

„Zweifellos", räumte der Wissenschaftler ein. „Bleibt die Frage, ob das, worum Sie mich bitten, auch umgesetzt werden kann."

„Und, kann es das?"

Einstein zögerte.

„Vielleicht", sagte er schließlich. „Ich weiß nicht, ich muss die Sache prüfen."

„Tun Sie das, Professor. Tun Sie es für uns, tun Sie es für Israel."

Frank Bellamy machte sich rasch ein paar Notizen und warf dann einen Blick auf die Anzeige. Die roten Nadeln bewegten sich im Rhythmus des Tons, es wurde also jedes Wort aufgezeichnet. Bob verfolgte das Gesagte und schüttelte dann den Kopf.

„Ich glaube, das Wesentliche haben wir", brummte er. „Soll ich die Aufnahme beenden?"

„Nein", sagte Bellamy. „Mach weiter."

„Aber sie haben inzwischen das Thema gewechselt."

„Das macht nichts. Vielleicht kommen sie ja nochmal darauf zurück. Nimm weiter auf."

„... mehrmals, ich habe nicht die herkömmliche Vorstellung von Gott, aber es fällt mir schwer zu glauben, dass es über die Materie hinaus nichts weiter geben soll", sagte Ben-Gurion. „Ich weiß nicht, ob ich mich verständlich mache."

„Doch, vollkommen."

„Sehen Sie", fuhr der Premierminister fort. „Das Gehirn besteht aus Materie, genau wie der Tisch. Aber der Tisch kann nicht denken. Das Gehirn ist Teil eines lebendigen Organismus, so wie meine Nägel, nur dass meine Nägel nicht denken können. Und wenn mein Gehirn vom Körper getrennt wird, kann es ebenfalls nicht denken. Die Gesamtheit aus Körper und Kopf macht es möglich, dass man denkt, was mich zu der Annahme führt, dass das Universum als Ganzes möglicherweise ein denkender Körper ist. Meinen Sie nicht?"

„Möglich ist es."

„Ich habe immer gehört, Sie seien Atheist, Professor, aber glauben Sie nicht..."

„Nein, ich bin kein Atheist."

„Nicht? Dann sind Sie also ein religiöser Mensch?"

„Ja, das kann man so sagen."

„Aber ich habe irgendwo gelesen, Sie seien der Meinung, dass die Bibel irrt ..."

Einstein lachte.

„Und das tue ich auch."

„Aber das bedeutet doch, dass Sie nicht an Gott glauben."

„Das bedeutet, dass ich nicht an den Gott der Bibel glaube."

„Worin besteht der Unterschied?"

Ein Seufzen war zu hören.

„Wissen Sie, als Kind war ich sehr religiös. Aber mit zwölf Jahren habe ich angefangen, diese populärwissenschaftlichen Bücher zu lesen, ich weiß nicht, ob Sie sie kennen ..."

„Doch, doch."

„... und bin zu dem Schluss gelangt, dass die meisten Geschichten in der Bibel nicht mehr sind als Mythen. Praktisch von einem Tag auf den anderen habe ich aufgehört zu glauben. Ich habe lange darüber nachgedacht und begriffen, dass die Vorstellung von einem Gott in Menschengestalt ein wenig naiv, geradezu kindlich, ist."

„Warum?"

„Weil es eine anthropomorphe Vorstellung ist, erschaffen von der Fantasie des Menschen in dem Versuch, damit auf sein Schicksal einzuwirken und in schweren Stunden Trost zu finden. Da wir die Natur nicht beeinflussen können, haben wir diese Vorstellung von einem gütigen, väterlichen Gott geschaffen, der alles lenkt und der uns hört und leitet. Das ist ein sehr tröstlicher Gedanke, meinen Sie nicht? Wir geben uns der Illusion hin, dass wir ihn mit vielen Gebeten dazu bewegen können, die Natur zu kontrollieren und unsere Wünsche zu erfüllen. Und wenn wir nicht verstehen, warum ein so gütiger Gott es zulässt, dass die Dinge schlecht laufen, vermuten wir dahinter irgendeine mysteriöse Absicht und fühlen uns ein wenig getröstet. Das ergibt doch keinen Sinn, oder?"

„Glauben Sie denn nicht, dass Gott sich um uns sorgt?"

„Sie müssen bedenken, Herr Premierminister, dass wir eine von Millionen Spezies sind, die den dritten Planeten eines peripheren Sterns einer mittelgroßen Galaxie mit mehreren Milliarden Sternen bewohnen, und dass diese Galaxie selbst nur eine von mehreren Milliarden Galaxien ist, die es im Universum gibt. Wie soll ich da bitteschön an einen Gott glauben, der sich die Arbeit macht, sich in der Unendlichkeit dieser unvorstellbaren Dimensionen um jeden Einzelnen von uns zu kümmern?"

„Nun, in der Bibel steht, dass Gott gut und allmächtig ist. Und wenn er allmächtig ist, dann ist er zu allem in der Lage, auch dazu, sich um das Universum und um jeden Einzelnen von uns zu kümmern."

Einstein schlug sich mit der linken Hand aufs Knie.

„Gut und allmächtig soll er sein? Das ist doch absurd. Wenn er das tatsächlich wäre, so wie die Bibel behauptet, aus welchem Grund erlaubt er dann die Existenz des Bösen? Aus welchem Grund hat er zum Beispiel den Holocaust zugelassen? Wenn man es recht betrachtet, sind das doch zwei widersprüchliche Gedanken, oder nicht? Wenn Gott gut ist, kann er nicht allmächtig sein, da er nicht imstande ist, dem Bösen ein Ende zu setzen. Und wenn er allmächtig ist, dann kann er nicht gut sein, da er das Böse zulässt. Ein Denkmodell schließt das andere aus. Welches ist Ihnen lieber?"

„Nun, vielleicht das, demzufolge Gott gütig ist."

„Aber ist Ihnen schon mal aufgefallen, mit wie vielen Problemen dieser Gedanke verbunden ist? Wenn Sie die Bibel aufmerksam lesen, werden Sie feststellen, dass sie nicht das Bild eines gütigen Gottes vermittelt, sondern eher das eines eifersüchtigen Gottes, der blinde Gefolgschaft verlangt und Furcht einflößt; eines Gottes, der straft und opfert und der imstande ist, Abraham zu befehlen, seinen Sohn zu töten, nur um die Gewissheit zu haben, dass er ihm treu ergeben ist. Wozu dient eine so grausame Prüfung, wenn er gütig ist? Er kann es also gar nicht sein."

Ben-Gurion lachte auf.

„Jetzt haben Sie mich erwischt, Professor", gab er zu. „Also gut, Gott ist nicht unbedingt gütig. Aber wenn er der Schöpfer des Universums ist, dann ist er doch zumindest allmächtig, nicht wahr?"

„Tatsächlich? Wenn er das wäre, warum straft er dann seine Geschöpfe, wo doch alles von ihm erschaffen wurde? Straft er sie dann nicht für Dinge, für die allein er die Verantwortung trägt? Richtet er nicht über sich selbst, wenn er über sie richtet? Um ehrlich zu sein, kann meiner Meinung nach nur seine Nichtexistenz ihn entschuldigen." Er legte eine Pause ein. „Bei genauer Betrachtung kann es diese Allmacht übrigens gar nicht geben, auch dieser Gedanke steckt voller unlösbarer logischer Widersprüche."

„Inwiefern?"

„Die Unmöglichkeit der Omnipotenz lässt sich leicht anhand des folgenden Paradoxons erklären: Wenn Gott allmächtig wäre, könnte er einen Stein erschaffen, der so schwer wäre, dass nicht einmal er selbst ihn heben könnte."

Einstein hob die Augenbrauen.

„Verstehen Sie? Wenn Gott den Stein nicht heben kann, ist er nicht allmächtig. Kann er ihn doch heben, ist er ebenfalls nicht allmächtig, weil er nicht imstande war, einen Stein zu erschaffen, den er nicht heben kann." Er grinste. „Die Schlussfolgerung lautet, es gibt keinen allmächtigen Gott, das ist eine Fantasievorstellung des Menschen, der Trost und zudem eine Erklärung für das sucht, was er nicht versteht."

„Dann glauben Sie also nicht an Gott."

„Nein, an den Gott in Menschengestalt aus der Bibel glaube ich nicht."

„Meinen Sie denn, dass es nichts über die Materie hinaus gibt?"

„Doch, natürlich. Es muss etwas über die Energie und die Materie hinaus geben."

„Was denn nun, Professor, glauben Sie oder glauben Sie nicht."

„An den Gott der Bibel glaube ich nicht, das habe ich Ihnen ja bereits gesagt."

„Woran glauben Sie dann?"

„Ich glaube an den Gott von Spinoza, der sich in der harmonischen Ordnung dessen offenbart, was ist. Ich bewundere die Schönheit und die einfache Logik des Universums, ich glaube an einen Gott, der sich im Universum offenbart, an einen Gott, der ..."

Frank Bellamy rollte genervt die Augen und schüttelte den Kopf.

„Himmel aber auch!", brummte er. „Was reden die denn da?"

Vor den Tonbandgeräten rutschte Bob auf seinem Stuhl hin und her.

„Sieh es doch mal positiv, Frank", sagte er. „Wir hören hier gerade mit an, was das größte Genie in der Geschichte der Menschheit über Gott denkt. Was meinst du, wie viele Leute dafür bezahlen würden, an unserer Stelle zu sein?"

„Das ist hier keine Showveranstaltung, Bob. Es geht um die nationale Sicherheit, wir müssen noch mehr über das erfahren, was Ben-Gurion von ihm will. Wenn Israel die Atombombe hat, was glaubst du, wie lange es dauert, bis alle anderen sie auch haben?"

„Du hast völlig Recht, entschuldige."

„Es ist zwingend notwendig, weitere Einzelheiten zu erfahren."

„Natürlich. Hören wir lieber wieder zu."

„... von Spinoza."

Es entstand eine lange Pause, bis Ben-Gurion wieder sprach.

„Halten Sie es für möglich, die Existenz Gottes zu beweisen, Professor?"

„Nein, Herr Premierminister, das halte ich nicht für möglich. Die Existenz Gottes lässt sich nicht beweisen, ebenso wenig wie seine Nichtexistenz. Wir können lediglich das Geheimnis spüren und den großartigen Plan bewundern, der sich im Universum ausdrückt."

Es entstand abermals eine Pause.

„Aber warum wollen Sie nicht zumindest versuchen, den Beweis für die Existenz oder Nichtexistenz Gottes zu führen?"

„Ich habe Ihnen doch schon gesagt, ich glaube nicht, dass das möglich ist."

„Und wenn es doch möglich wäre, welches wäre der Weg?"

Stille.

Nun zögerte Einstein mit einer Antwort. Er wandte den Kopf und betrachtete das dichte Grün entlang der Mercer Street. Aus seinem Blick sprachen zugleich die Weisheit und die Jungenhaftigkeit eines Menschen, der über alle Zeit der Welt verfügt und der noch nicht die Fähigkeit verloren hat, das Wunder des üppig blühenden Frühlings zu bestaunen.

Er atmete tief ein.

„Raffiniert ist der Herrgott, aber boshaft ist er nicht", sagte er schließlich auf Deutsch.

Ben-Gurion machte ein neugieriges Gesicht.

„Was wollen Sie damit sagen?", fragte er ebenfalls auf Deutsch.

„Die Natur verbirgt ihr Geheimnis durch die Erhabenheit ihres Wesens, aber nicht durch List."

Frank Bellamy schlug mit der Faust auf die Fensterbank.

„Verdammt!", rief er aus. „Jetzt reden sie auch noch Deutsch."

„Was sagen sie denn?", fragte Bob.

„Was weiß ich, sehe ich vielleicht aus wie ein Kraut?"

Bob schien verwirrt.

„Was soll ich jetzt machen? Weiter aufnehmen?"

„Selbstverständlich. Wir nehmen das Band mit ins Büro und lassen es übersetzen." Er verzog verächtlich das Gesicht. „Bei all den Nazis, die wir jetzt da haben, dürfte das ja wohl nicht so schwierig sein."

Der Agent drückte seine Nase gegen die Fensterscheibe, die von seinem Atem beschlug, und blickte zu den beiden Alten hinüber, die sich im Garten des Hauses Nummer 112 Mercer Street unterhielten und aussahen wie Brüder.

Im Original erschienen unter dem Titel „A Chave de Salomão“

1, Auflage 2018
luzar publishing
www.luzarpublishing.com

Gefördert von der Direção-Geral do Livro,
dos Arquivos c das Bibliotecas

REPÚBLICA
PORTUGUESA

CULTURA
DIREÇÃO-GERAL DO LIVRO, DOS ARQUIVOS E
DAS BIBLIOTECAS

Covergestaltung: Armando Lopes
Illustrator: Fernando Baptista
Umschlagadaptation und Satz: Röser MEDIA GmbH & Co. KG

Redaktion: Brigitte Caspary

ISBN 978-3-946621-02-7